Read **Today**
Lead **Tomorrow**

원리해설수학 중등 1-1

발행일　2024년 10월 1일
펴낸이　김은희
펴낸곳　에이급출판사
등록번호　제20-449호

책임편집　김선희, 손지영, 이윤지, 장정숙
마케팅총괄　이재호
표지디자인　공정준
내지디자인　공정준
조판　보문씨앤씨

주소　서울시 강남구 봉은사로 37길 13, 동우빌딩 5층
전화　02) 514-2422~3, 02) 517-5277~8
팩스　02) 516-6285
홈페이지　www.aclassmath.com

원리해설 수학

개념 분명 배웠다고 생각했는데
막상 풀려고 하면 막힌다구요?
100문제를 푸는 것보다
문제가 풀리는 단 한가지
원리를 이해하는 것이 더 중요합니다.

원리의 이해 = 결과의 차이

문제해결의 원리를 이해해서
문제 속에 숨은 답을 찾는 힘!
원리해설수학입니다.

중등 1 • 1

구성과 특징

원리를 알면 수학이 보입니다.
착실하게 실력이 붙는 단계별 구성! 한 번 배운 개념도 더욱 확실히!

핵심원리

각 단원에서 반드시 알아야 할 원리를 명쾌하게 정리하였습니다. 개념을 바로 문제에 적용하여 확인할 수 있게 구성하였고 향후 학습을 위해 꼭 필요한 개념은 심화개념으로 구분하여 표시하였습니다.

---

01 | 소인수분해

핵심원리 1 약수와 배수

유형 ① ②

1. 몫과 나머지

A를 B로 나누었을 때, 몫을 Q, 나머지를 R라 하면 다음 식이 성립한다.

$A=B \times Q+R$ (단, R는 0보다 크거나 같고 B보다 작다.)

예 13을 4로 나누면 몫이 3, 나머지가 1이므로 $13=4 \times 3+1$이 성립한다.

2. $A=B \times Q+R$에서 $R=0$이면 A는 B로 나누어떨어진다고 한다.

예 15를 5로 나누면 몫이 3이고, 나머지가 0이다.

즉, $15=5 \times 3+0$이므로 15는 5로 나누어떨어진다.

3. 약수와 배수

자연수 A가 자연수 B로 나누어떨어질 때, 즉 $A=B \times Q$에서 A는 B의 배수, B는 A의 약수라고 한다.

예 24는 6으로 나누어떨어진다. 즉 $24=6 \times 4$이므로 24는 6의 배수, 6은 24의 약수이다.

꼭꼭 Check
- ■=●×▲이면
- ■는 ●의 배수
- ●는 ■의 약수

확인 1-1 24가 어떤 자연수 A로 나누어떨어질 때, 이를 만족시키는 A의 개수를 모두 구하시오.

확인 1-2 x를 y로 나누어 그 몫을 z, 나머지를 n이라 할 때, 다음 설명 중 옳은 것은 ○, 옳지 않은 것은 ×를 ( ) 안에 써넣으시오.

(1) n은 0보다 크고 z보다 작은 수이다. ( )

(2) n이 0일 때, x는 y로 나누어떨어진다고 한다. ( )

(3) x가 y로 나누어떨어질 때, y는 x의 배수이다. ( )

Step C 유형 다지기

원리와 연관된 다양한 유형을 세분화해서 어떤 문제에도 대처할 수 있는 해법을 익히도록 하였습니다. 원리와 관련 유형이 서로 링크되어 잘 모르는 부분은 다시 한 번 되돌아가서 공부할 수 있습니다.

Step C 유형 다지기

유형 ① 몫과 나머지   6쪽 | 핵심원리 1

01 32를 어떤 수로 나누었더니 몫은 5이고, 나머지는 2였다. 어떤 수를 구하시오.

02 어떤 수 a를 9로 나누었더니 나머지가 1이었다. a를 3으로 나눈 나머지를 구하시오.

05 50에 가장 가까운 13의 배수를 구하시오.

06 다음 중 옳지 않은 것을 모두 고르면?

① 모든 자연수는 2개 이상의 약수를 가진다.
② 20의 약수는 6개이다.
③ 48은 16의 배수이다.
④ 127은 127의 약수이면서 127의 배수이다.
⑤ 52의 배수는 6개이다.

유형 ② 약수와 배수   6쪽 | 핵심원리 1

주어진 수의 약수를 각각 구하시오.

(2) 27
(4) 40

유형 ③ 배수의 판별   7쪽 | 핵심원리 2

07 다음 수가 8의 배수가 되도록 □ 안에 알맞은 숫자를 모두 구하시오.

(1) 38□2
(2) 2548□

01 세 자리 자연수 중에서 약수의 개수가 7개인 수를 구하시오.

●●● 비법

약수가 7개인 수는 a^6 (단, a는 소수) 꼴로 나타낼 수 있다.

02 자연수 a의 약수의 개수를 $g(a)$로 나타낼 때, 다음을 구하시오.

(1) $g(160)$
(2) $g(g(300))$
(3) $g(120) \times g(x) = 64$를 만족시키는 가장 작은 자연수 x

자연수 $x = a^l \times b^m \times c^n$ (단, a, b, c는 서로 다른 소수, l, m, n은 자연수)의 약수의 개수는 $(l+1) \times (m+1) \times (n+1)$개이다.

03 $\dfrac{N}{210}$은 기약분수이고 $\dfrac{1}{6} < \dfrac{N}{210} < \dfrac{1}{5}$을 만족한다. 이때 자연수 N을 모두 구하시오.

N은 210이 가지고 있는 소인수의 배수가 아니어야 한다.

Step **A** 만점 승승장구

종합적 사고력을 필요로 하는 고난도의 문제로 변별력 1%까지 확실하게 잡아 최상위권의 실력과 자신감을 키웁니다.

---

01 2029년 3월 1일은 목요일이다. 2030년 3월 1일은 무슨 요일인지 구하시오.

02 800에 가장 가까운 9의 배수를 a, 1000에 가장 가까운 15의 배수를 b라 할 때, $a+b$의 값을 구하시오.

03 다음 중 옳지 않은 것은?

① $\dfrac{1}{a} \times \dfrac{1}{b} \times \dfrac{1}{a} \times \dfrac{1}{b} = \dfrac{1}{a^2} \times \dfrac{1}{b^2}$
② $a \times b \times a \times b = a^2 b^2$
③ $a \times b^2 \times a \times a = a^3 \times b^4$
④ $2 \times a \times b \times 2 \times a^3 \times b = 2^2 \times a^3 \times b^2$
⑤ $\dfrac{1}{a^2} \times \dfrac{1}{b^3} \times \dfrac{1}{b} = \dfrac{1}{2 \times a \times 3 \times b}$

05 다음 중 소수에 관한 설명으로 옳지 않은 것을 모두 고르면?

① 1은 소수이다.
② 모든 소수는 홀수이다.
③ 소수는 약수를 2개만 가진다.
④ 10 이하의 소수는 모두 4개이다.
⑤ 모든 소수는 1과 자기 자신만을 약수로 가진다.

06 2, 3, 4, 5, 7 중에서 서로 다른 두 수를 택하여 두 자리 자연수를 만들려고 한다. 만들 수 있는 수 중 약수가 3개 이상인 수는 모두 몇 개인지 구하시오.

Step **B** 내신 다지기

학교 시험에 꼭 출제되는 수준 높은 문제만을 엄선하여 응용력과 실전력을 탄탄하게 완성합니다. 내신 만점에 도전하세요.

차례

I. 소인수분해

핵심원리 1 약수와 배수

1. 몫과 나머지

A를 B로 나누었을 때, 몫을 Q, 나머지를 R라 하면 다음 식이 성립한다.

$A = B \times Q + R$ (단, R는 0보다 크거나 같고 B보다 작다.)

예 13을 4로 나누면 몫이 3, 나머지가 1이므로 $13 = 4 \times 3 + 1$이 성립한다.

2. $A = B \times Q + R$에서 $R = 0$이면 A는 B로 나누어떨어진다고 한다.

예 15를 5로 나누면 몫이 3이고, 나머지가 0이다.

즉, $15 = 5 \times 3 + 0$이므로 15는 5로 나누어떨어진다.

3. 약수와 배수

자연수 A가 자연수 B로 나누어떨어질 때, 즉 $A = B \times Q$에서 A는 B의 배수, B는 A의 약수라고 한다.

예 24는 6으로 나누어떨어진다. 즉 $24 = 6 \times 4$이므로 24는 6의 배수, 6은 24의 약수이다.

꼭꼭 Check

■ $= ● \times ▲$이면
■는 ●의 배수
●는 ■의 약수

확인) 1 - 1 24가 어떤 자연수 A로 나누어떨어질 때, 이를 만족시키는 A의 개수를 모두 구하시오.

확인) 1 - 2 x를 y로 나누어 그 몫을 z, 나머지를 n이라 할 때, 다음 설명 중 옳은 것은 ○, 옳지 않은 것은 ×를 ( ) 안에 써넣으시오.

(1) n은 0보다 크고 z보다 작은 수이다. ( )

(2) n이 0일 때, x는 y로 나누어떨어진다고 한다. ( )

(3) x가 y로 나누어떨어질 때, y는 x의 배수이다. ( )

확인) 1 - 3 두 자연수 x, y에 대하여 x를 y로 나누면 몫이 150이고, 나머지가 32이다. 자연수 x를 15로 나눌 때의 나머지를 구하시오.

핵심원리 2 배수의 판별

1. **4의 배수** : 끝의 두 자리 수가 00 또는 4의 배수이면 4의 배수이다.

$$abcd = a \times 10^3 + b \times 10^2 + c \times 10 + d = \underbrace{4 \times (a \times 250 + b \times 25)}_{4의\ 배수} + c \times 10 + d$$

$c \times 10 + d$가 00 또는 4의 배수이면 $abcd$는 4의 배수이다.

2. **8의 배수** : 끝의 세 자리 수가 000 또는 8의 배수이면 8의 배수이다.

$$abcde = ab \times 1000 + cde = \underbrace{ab \times 8 \times 125}_{8의\ 배수} + cde$$

cde가 000 또는 8의 배수이면 $abcde$는 8의 배수이다.

3. **9의 배수** : 각 자리의 숫자의 합이 9의 배수이면 9의 배수이다.

$$\begin{aligned}
abcd &= a \times 10^3 + b \times 10^2 + c \times 10 + d \\
&= a \times (999+1) + b \times (99+1) + c \times (9+1) + d \\
&= a \times 999 + b \times 99 + c \times 9 + a + b + c + d \\
&= \underbrace{9 \times (a \times 111 + b \times 11 + c)}_{9의\ 배수} + a + b + c + d
\end{aligned}$$

$a+b+c+d$가 9의 배수이면 $abcd$는 9의 배수이다.

참고 ▶ 각 자리의 숫자의 합이 3의 배수이면 3의 배수이다.

4. **11의 배수** : 주어진 수에서 홀수 번째의 숫자의 합과 짝수 번째의 숫자의 합의 차가 0 또는 11의 배수이면 11의 배수이다.

$$\begin{aligned}
abcd &= a \times 10^3 + b \times 10^2 + c \times 10 + d \\
&= a \times (1001-1) + b \times (99+1) + c \times (11-1) + d \\
&= 11 \times (a \times 91 + b \times 9 + c) + b + d - a - c
\end{aligned}$$

$b+d-a-c$에서 $a+c$와 $b+d$의 차가 0 또는 11의 배수이면 $abcd$는 11의 배수이다.

꼭꼭 Check
각 자리의 숫자의 합이 3의 배수이면 3의 배수이고 9의 배수이면 9의 배수이다.

확인 **2 – 1** 다음 중 4의 배수가 아닌 자연수를 모두 고르시오.

12052	37043	25181	11012	50700

확인 **2 – 2** 네 자리 수 72□0은 8의 배수이면서 동시에 9의 배수이다. □ 안에 알맞은 수를 구하시오.

소수와 거듭제곱

1. 거듭제곱

(1) **거듭제곱** : 같은 수나 문자를 여러 번 곱한 것을 간단히 나타낸 것

예 $2 \times 2 \times 2 = 2^3$, $\dfrac{1}{3} \times \dfrac{1}{3} = \left(\dfrac{1}{3}\right)^2$,

$3 \times 3 \times 5 \times 5 \times 5 = 3^2 \times 5^3$, …

(2) **밑** : 거듭제곱에서 여러 번 곱한 수나 문자

(3) **지수** : 거듭제곱에서 밑을 곱한 횟수

$$\underbrace{a \times a \times a \times \cdots \times a}_{n\text{개}} = a^{n\;\leftarrow\text{지수}}_{\;\;\leftarrow\text{밑}}$$

(4) 2^2, 2^3, 2^4, …을 각각 2의 제곱, 2의 세제곱, 2의 네제곱, …이라 읽는다.

참고 $a \neq 0$일 때, $a^1 = a$이다. 예 $2^1 = 2$, $3^1 = 3$

2. 소수와 합성수

(1) **소수** : 1보다 큰 자연수 중에서 1과 자기 자신만을 약수로 가지는 수

예 2, 3, 5, 7, 11, …

(2) **합성수** : 1보다 큰 자연수 중에서 소수가 아닌 수로 적어도 세 개의 약수를 가지는 수

예 4, 6, 8, 9, 10, …

(3) 1은 소수도 아니고, 합성수도 아니다.

(4) 2는 소수 중 가장 작은 수이고, 유일한 짝수이다.

(5) 소수는 약수가 2개이고, 합성수는 약수가 3개 이상이다.

참고 '에라토스테네스의 체'를 이용하여 소수를 찾는 방법

예 1부터 30까지의 자연수 중에서 소수 찾기

① 1은 소수가 아니므로 지운다.

② 2를 남기고 2의 배수를 모두 지운다.

③ 3을 남기고 3의 배수를 모두 지운다.

④ 5를 남기고 5의 배수를 모두 지운다.

~~1~~	2	3	~~4~~	5	~~6~~	7	~~8~~	~~9~~	~~10~~
11	~~12~~	13	~~14~~	~~15~~	~~16~~	17	~~18~~	19	~~20~~
~~21~~	~~22~~	23	~~24~~	~~25~~	~~26~~	~~27~~	~~28~~	29	~~30~~

⑤ 이와 같은 방법으로 남은 수 중에서 가장 작은 수는 남기고 그 수의 배수를 계속 지워 나간다.

⑥ 이 과정에서 지워지지 않은 2, 3, 5, 7, 11, 13, 17, 19, 23, 29가 소수이다.

위와 같이 소수를 찾는 방법을 '에라토스테네스의 체'라고 한다.

꼭꼭 Check

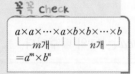

$$\underbrace{a \times a \times \cdots \times a}_{m\text{개}} \times \underbrace{b \times b \times \cdots \times b}_{n\text{개}}$$
$$= a^m \times b^n$$

확인 3 – 1 다음 수 중 소수와 합성수를 각각 고르시오.

9	17	25	43	51	133

확인 3 – 2 다음 수의 밑과 지수를 각각 말하시오.

(1) 2^8 (2) 5^{12} (3) $\left(\dfrac{1}{5}\right)^{10}$

핵심원리 4 소인수분해

유형 6 7 8

1. 소인수분해

(1) 자연수 a, b, c에 대하여 $a=b\times c$일 때, a의 약수 b, c를 a의 인수라 한다.

　예 $8=2\times 4$에서 2, 4는 8의 인수이다.

(2) 소인수 : 인수 중 소수인 것

　예 15의 약수 1, 3, 5, 15는 15의 인수이다. 이 중 소수 3, 5는 15의 소인수이다.

(3) 소인수분해 : 1보다 큰 자연수를 소인수만의 곱으로 나타내는 것

　예 $20=2\times 2\times 5=2^2\times 5$

2. 소인수분해하는 방법

[방법 1]
$18=2\times 9$
$\quad=2\times 3\times 3$
$\quad=2\times 3^2$

[방법 2]
$18 <^{\ 2}_{\ 9}{<^{\ 3}_{\ 3}}$　∴ $18=2\times 3^2$

[방법 3]

$2\,)\,\underline{18}$
$3\,)\,\underline{\ 9}$
$\qquad 3$

∴ $18=2\times 3^2$

① 나누어떨어지는 소수로 계속 나눈다.

② 몫이 소수가 나오면 멈춘다.

③ 나눈 소수들과 마지막 몫을 곱셈 기호 ×로 연결한다.

이때 같은 소인수의 곱은 거듭제곱으로 나타낸다.

참고 ▶ 자연수를 소인수분해한 결과는 곱하는 순서를 생각하지 않으면 오직 한 가지뿐이다.

3. 자연수의 제곱수

(1) 어떤 자연수의 제곱이 되는 수를 자연수의 제곱수라 한다. 예 1, 4, 9, 16, …

(2) 자연수의 제곱수는 소인수분해했을 때, 소인수의 거듭제곱의 지수가 모두 짝수이다.

　예 $144=2^4\times 3^2$

> **꼼꼼 check**
>
> 자연수의 제곱수를 소인수분해하면 소인수의 거듭제곱의 지수는 모두 짝수이다.

확인 4 – 1 다음은 자연수 36을 소인수분해하는 과정이다. □ 안에 알맞은 수를 써넣으시오.

(1) $36=2\times \square$
$\quad=2\times 2\times \square$
$\quad=2\times 2\times 3\times \square$
$\quad=2^{\square}\times 3^{\square}$

(2)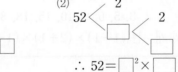
∴ $52=\square^2\times \square$

(3)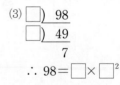
∴ $98=\square\times \square^2$

확인 4 – 2 다음 □ 안에 알맞은 수를 써넣고, 주어진 수를 소인수분해하시오.

(1)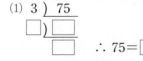
∴ $75=\square$

(2)
3　∴ $48=\square$

소인수분해를 이용하여 약수 구하기

유형 **9** **10** **11**

1. 자연수 12와 60의 약수

(1) 자연수 12의 약수

자연수 12를 소인수분해하면 $12=2^2 \times 3$이다.

12의 약수는 (2^2의 약수)$\times$(3의 약수)이므로 1, 2, 3, 4, 6, 12이다.

×	1	2	2^2
1	1	2	4
3	3	6	12

12의 약수의 개수는 (2^2의 약수의 개수)$\times$(3의 약수의 개수)이므로

$(2+1) \times (1+1) = 3 \times 2 = 6$(개)이다.

(2) 자연수 60의 약수

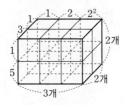

자연수 60을 소인수분해하면 $60=2^2 \times 3 \times 5$이다.

60의 약수는 (2^2의 약수)$\times$(3의 약수)$\times$(5의 약수)이므로 1, 2, 3, 4, 5, 6, 10, 12, 15, 20, 30, 60이다.

60의 약수의 개수는 (2^2의 약수의 개수)$\times$(3의 약수의 개수)$\times$(5의 약수의 개수)이므로

$(2+1) \times (1+1) \times (1+1) = 3 \times 2 \times 2 = 12$(개)이다.

2. 자연수 P의 약수

(1) 자연수 P가 $P=a^l \times b^m$ (단, a, b는 서로 다른 소수, l, m은 자연수)으로 소인수분해될 때

① P의 약수 : (a^l의 약수)$\times$(b^m의 약수)

② P의 약수의 개수 : $(l+1) \times (m+1)$개

예 $225 = 3^2 \times 5^2$으로 소인수분해되므로 약수는 1, 3, 5, 9, 15, 25, 45, 75, 225이고, 약수의 개수는 $(2+1) \times (2+1) = 3 \times 3 = 9$(개)이다.

(2) 자연수 P가 $P=a^l \times b^m \times c^n$ (단, a, b, c는 서로 다른 소수, l, m, n은 자연수)으로 소인수분해될 때

① P의 약수 : (a^l의 약수)$\times$(b^m의 약수)$\times$(c^n의 약수)

② P의 약수의 개수 : $(l+1) \times (m+1) \times (n+1)$개

예 $90 = 2 \times 3^2 \times 5$로 소인수분해되므로

약수는 1, 2, 3, 5, 6, 9, 10, 15, 18, 30, 45, 90이고

약수의 개수는 $(1+1) \times (2+1) \times (1+1) = 2 \times 3 \times 2 = 12$(개)이다.

꼭꼭 Check

자연수 $P=a^l \times b^m \times c^n$
(a, b, c는 서로 다른 소수, l, m, n은 자연수)의 약수의 개수 :
$(l+1) \times (m+1) \times (n+1)$개

● 확인 **5-1** 소인수분해를 이용하여 98의 약수의 개수를 구하려고 한다. 물음에 답하시오.

(1) 98을 소인수분해하시오.

(2) 오른쪽 표를 완성하시오.

(3) 98의 약수의 개수를 구하시오.

×	1	
1		
7		

● 확인 **5 – 2** 다음 그림은 직육면체의 개수를 이용하여 120의 약수의 개수를 구하는 방법이다. ☐ 안에 알맞은 수를 써넣으시오.

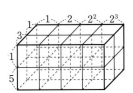

120의 약수의 개수는 왼쪽 그림에서 작은 정육면체의 개수와 같다. 가로에는 ☐개. 세로에는 ☐개, 높이에는 ☐개의 정육면체가 놓여 있으므로 120의 약수의 개수는 ☐개이다.

● 확인 **5 – 3** 다음 표를 완성하고, 주어진 수의 약수를 모두 구하시오.

(1) $2^2 \times 5$

×	1	2	2^2
1			
5			

➡ 약수 : _____

(2) $2^3 \times 3^2$

×	1	2	2^2	2^3
1				
3				
3^2				

➡ 약수 : _____

● 확인 **5 – 4** 다음 수의 약수의 개수를 구하시오.

(1) 2×3^3

(2) 36

(3) $3 \times 5^2 \times 7$

(4) 96

약수의 합

1. 자연수 12와 60의 약수의 합

(1) 자연수 12의 약수의 합

$12 = 2^2 \times 3$

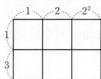

12의 약수의 합은 위의 직사각형 전체의 넓이를 구하는 것과 같다.

∴ (12의 약수의 합) $= (1+2+2^2) \times (1+3) = 7 \times 4 = 28$

(2) 자연수 60의 약수의 합

$60 = 2^2 \times 3 \times 5$

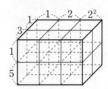

60의 약수의 합은 위의 직육면체 전체의 부피를 구하는 것과 같다.

∴ (60의 약수의 합) $= (1+2+2^2) \times (1+3) \times (1+5) = 7 \times 4 \times 6 = 168$

2. 자연수 P의 약수의 합

자연수 P가 $P = a^l \times b^m \times c^n$ (단, a, b, c는 서로 다른 소수, l, m, n은 자연수)으로 소인수분해될 때, 약수의 합은

$$(1+a+a^2+\cdots+a^l) \times (1+b+b^2+\cdots+b^m) \times (1+c+c^2+\cdots+c^n)$$

> **꼭꼭 Check**
>
> 자연수 $P = a^l \times b^m \times c^n$
> (a, b, c는 서로 다른 소수,
> l, m, n은 자연수)의 약수
> 의 합 :
> $(1+a+a^2+\cdots+a^l)$
> $\times(1+b+b^2+\cdots+b^m)$
> $\times(1+c+c^2+\cdots+c^n)$

확인 6-1 소인수분해를 이용하여 36의 약수의 합을 구하려고 한다. 물음에 답하시오.

(1) 36을 소인수분해하시오.

(2) 36의 약수의 합을 구하시오.

확인 6-2 다음 수의 약수의 합을 구하시오.

(1) 84

(2) $2^2 \times 5^2$

핵심원리 (심화) **7** 약수의 곱

유형 13

1. 자연수 12의 약수의 곱

자연수 12의 약수는 1, 2, 3, 4, 6, 12이고, 이 약수의 곱을 x라 하면

$$x = 1 \times 2 \times 3 \times 4 \times 6 \times 12$$
$$\times)\ x = 12 \times 6 \times 4 \times 3 \times 2 \times 1$$
$$x^2 = 12 \times 12 \times 12 \times 12 \times 12 \times 12$$
$$= (12 \times 12 \times 12)^2$$
$$\therefore x = 12 \times 12 \times 12 = 12^3 = 12^{\frac{6}{2}} = 12^{\frac{(약수의\ 개수)}{2}}$$

2. 자연수 P의 약수의 곱 (약수의 개수가 짝수일 때)

$$P^{\frac{(약수의\ 개수)}{2}}$$

참고 ▶ 약수의 개수가 홀수일 때

$36 = 2^2 \times 3^2$의 약수는 1, 2, 3, 4, 6, 9, 12, 18, 36이므로

$$(36의\ 약수의\ 곱) = 1 \times 2 \times 3 \times 4 \times 6 \times 9 \times 12 \times 18 \times 36$$
$$= 36 \times 36 \times 36 \times 36 \times 6 = 36^4 \times 6$$
$$= 36^{\frac{9-1}{2}} \times 6$$
$$= 36^{\frac{(약수의\ 개수)-1}{2}} \times (제곱해서\ 36이\ 되는\ 수)$$

꼭꼭 Check

자연수 P의 약수의 곱
(약수의 개수가 짝수일 때):
$$P^{\frac{(약수의\ 개수)}{2}}$$

• 확인 **7 – 1** 자연수 20에 대하여 다음을 구하시오.

(1) 20의 약수

(2) 20의 약수의 곱

• 확인 **7 – 2** 자연수 50에 대하여 다음을 구하시오.

(1) 50의 약수의 개수

(2) 50의 약수의 곱

6쪽 | 핵심원리1

유형 1 · 몫과 나머지

01 32를 어떤 수로 나누었더니 몫은 5이고, 나머지는 2였다. 어떤 수를 구하시오.

02 어떤 수 a를 9로 나누었더니 나머지가 1이었다. a를 3으로 나눈 나머지를 구하시오.

6쪽 | 핵심원리1

유형 2 · 약수와 배수

03 주어진 수의 약수를 각각 구하시오.

(1) 15   (2) 27

(3) 35   (4) 40

04 서로 다른 세 자연수 a, b, c가 $a \times b \times c = 105$를 만족할 때, $a+b+c$의 최댓값을 구하시오.

05 50에 가장 가까운 13의 배수를 구하시오.

06 다음 중 옳지 <u>않은</u> 것을 모두 고르면?

① 모든 자연수는 2개 이상의 약수를 가진다.
② 20의 약수는 6개이다.
③ 48은 16의 배수이다.
④ 127은 127의 약수이면서 127의 배수이다.
⑤ 52의 배수는 6개이다.

7쪽 | 핵심원리2

유형 3 · 배수의 판별

07 다음 수가 8의 배수가 되도록 ☐ 안에 알맞은 숫자를 모두 구하시오.

(1) 38☐2   (2) 2548☐

08 다음 자연수가 [ ] 안에 있는 수의 배수가 되도록 ☐ 안에 알맞은 숫자를 모두 구하시오.

(1) 2☐5 [3]   (2) 71☐ [4]

(3) 79☐ [5]   (4) 44☐ [9]

유형 4 거듭제곱으로 나타내기

09 다음 수를 거듭제곱으로 나타내시오.

(1) $2 \times 3 \times 5 \times 5$

(2) $2 \times 3 \times 3 \times 7 \times 7$

10 다음 중 옳은 것은?

① $a \times b \times b \times c \times c \times c = a \times 2b \times 3c$

② $4^2 = 8$

③ $x + x + x + x = x^4$

④ $2 \times 8 \times 3 \times 3 = 2^4 \times 3^2$

⑤ $\dfrac{1}{5} \times \dfrac{1}{5} \times \dfrac{1}{5} \times \dfrac{1}{5} = \dfrac{4}{5^4}$

서술형

11 $2^5 = a$, $3^b = 81$일 때, $a + b$의 값을 구하시오.

풀이과정

답

I

소인수분해

유형 5 소수와 합성수

12 다음 중 소수인 것을 모두 고르면?

① 1   ② 21   ③ 37

④ 53   ⑤ 119

13 다음 물음에 답하시오.

(1) 23 이하의 자연수 중에서 합성수의 개수는 모두 몇 개인지 구하시오.

(2) 51에서 80까지의 자연수 중에서 소수를 모두 구하시오.

14 보기 에서 옳은 것을 모두 고른 것은?

보기

ㄱ. 소수이면서 합성수인 자연수가 존재한다.

ㄴ. 소수 중 짝수는 없다.

ㄷ. 1은 소수도 아니고 합성수도 아니다.

ㄹ. 두 소수의 합은 합성수이다.

ㅁ. 모든 소수는 약수의 개수가 2개이다.

ㅂ. 자연수는 소수와 합성수로 이루어져 있다.

① ㄱ   ② ㄱ, ㄴ   ③ ㄷ, ㅁ

④ ㄹ, ㅁ   ⑤ ㄷ, ㄹ, ㅁ

9쪽 | 핵심원리 4

유형 6 소인수분해하기

15 다음 중 소인수분해한 것으로 옳지 <u>않은</u> 것은?

① $90 = 2 \times 3^2 \times 5$

② $104 = 2^3 \times 13$

③ $120 = 2^2 \times 3 \times 5$

④ $132 = 2^2 \times 3 \times 11$

⑤ $140 = 2^2 \times 5 \times 7$

16 180을 소인수분해하면 $2^a \times 3^b \times 5^c$이다. 이때 $a+b+c$의 값을 구하시오. (단, a, b, c는 자연수)

9쪽 | 핵심원리 4

유형 7 소인수 구하기

17 168의 소인수를 모두 구하시오.

18 다음 중 소인수가 나머지 넷과 <u>다른</u> 하나는?

① 12   ② 18   ③ 48

④ 54   ⑤ 64

9쪽 | 핵심원리 4

유형 8 제곱인 수를 만들기 위해 곱하거나 나눌 수 있는 수 구하기

19 72에 자연수를 곱하여 어떤 자연수의 제곱이 되게 하려고 한다. 이때 곱할 수 있는 가장 작은 자연수를 구하시오.

20 675를 자연수 a로 나누어 어떤 자연수의 제곱이 되게 하려고 한다. a의 값이 될 수 있는 수를 모두 고르면?

① 3   ② 4   ③ 9

④ 25   ⑤ 75

21 80에 가장 작은 자연수 a를 곱하여 어떤 자연수 b의 제곱이 되도록 할 때, $a+b$의 값을 구하시오.

22 108을 가장 작은 자연수로 나누어 어떤 자연수의 제곱이 되게 하려고 한다. 어떤 자연수의 제곱이 되는지 구하시오.

10쪽 | 핵심원리 5

유형 9 소인수분해를 이용하여 약수 구하기

23 다음 중 112의 약수가 <u>아닌</u> 것은?

① 8　　　　② 14　　　　③ 16

④ 24　　　　⑤ 56

24 다음 중 $2^2 \times 3 \times 5^4$의 약수가 <u>아닌</u> 것은?

① 9　　　　② 12　　　　③ 20

④ 60　　　　⑤ 100

25 200의 약수 중에서 어떤 자연수의 제곱이 되는 수를 모두 구하시오.

10쪽 | 핵심원리 5

유형 10 약수의 개수 구하기

26 다음 중 약수의 개수가 가장 많은 것은?

① $2^3 \times 11$　　　　② $2 \times 5^2 \times 7^2$

③ 144　　　　④ 360

⑤ 520

27 자연수 x를 소인수분해하였더니 $a^2 \times b^3 \times c$가 되었다. 자연수 x의 약수의 개수를 구하시오.

(단, a, b, c는 서로 다른 소수)

서술형

28 $\dfrac{130}{m}$ 을 자연수가 되게 하는 자연수 m의 개수를 구하시오.

풀이과정

답

10쪽 | 핵심원리 5

유형 11 약수의 개수가 주어졌을 때, 미지수 구하기

29 다음에서 자연수 a의 값을 구하시오.

(1) $2^a \times 7^3$의 약수의 개수가 16개이다.

(2) $2^3 \times 3 \times 7^a$의 약수의 개수가 64개이다.

서술형

30 150의 약수의 개수와 $2 \times 7^m \times 11$의 약수의 개수가 같을 때, 자연수 m의 값을 구하시오.

풀이과정

답

31 $2^3 \times \square$의 약수의 개수가 12개일 때, 다음 중 □ 안에 들어갈 수 없는 수는?

① 9   ② 12   ③ 18
④ 25   ⑤ 49

32 약수의 개수가 6개인 수 중 가장 작은 자연수를 구하시오.

12쪽 | 핵심원리 6

유형 12 약수의 합 구하기

33 다음 수의 약수의 합을 구하시오.

(1) 30   (2) 56
(3) $2 \times 3^2 \times 11$

서술형

34 50의 약수의 개수를 a개, 98의 약수의 총합을 b라 할 때, $a+b$의 값을 구하시오.

풀이과정

답

13쪽 | 핵심원리 7

유형 13 약수의 곱 구하기

35 다음 수의 약수의 곱을 구하시오.

(1) 18   (2) 30

36 다음 중 약수의 곱이 가장 작은 수는?

① 14   ② 15   ③ 3^3
④ 20   ⑤ 23

Step B 내신 다지기

01 2029년 3월 1일은 목요일이다. 2030년 3월 1일은 무슨 요일인지 구하시오.

02 800에 가장 가까운 9의 배수를 a, 1000에 가장 가까운 15의 배수를 b라 할 때, $a+b$의 값을 구하시오.

03 다음 중 옳지 않은 것은?

① $\dfrac{1}{a} \times \dfrac{1}{b} \times \dfrac{1}{a} \times \dfrac{1}{b} = \dfrac{1}{a^2} \times \dfrac{1}{b^2}$

② $a \times b \times a \times b = a^2 \times b^2$

③ $a \times b^2 \times a \times b^2 \times a = a^3 \times b^4$

④ $2 \times a \times b \times 2 \times a^2 \times b = 2^2 \times a^3 \times b^2$

⑤ $\dfrac{1}{a} \times \dfrac{1}{a} \times \dfrac{1}{b^2} \times \dfrac{1}{b} = \dfrac{1}{2 \times a \times 3 \times b}$

04 3을 51번 곱해서 나온 수의 일의 자리의 숫자를 구하시오.

05 다음 중 소수에 관한 설명으로 옳지 않은 것을 모두 고르면?

① 1은 소수이다.

② 모든 소수는 홀수이다.

③ 소수는 약수를 2개만 가진다.

④ 10 이하의 소수는 모두 4개이다.

⑤ 모든 소수는 1과 자기 자신만을 약수로 가진다.

06 2, 3, 4, 5, 7 중에서 서로 다른 두 수를 택하여 두 자리 자연수를 만들려고 한다. 만들 수 있는 수 중 약수가 3개 이상인 수는 모두 몇 개인지 구하시오.

07 다음 중 840의 약수가 아닌 것은?

① $2^2 \times 5$ ② 3×7 ③ $2^2 \times 5^2 \times 7$

④ $3 \times 5 \times 7$ ⑤ $2^3 \times 3 \times 7$

08 약수의 개수가 2개이고, 그 약수의 합이 24가 되는 자연수를 구하시오.

09 자연수 x의 소인수 중 가장 큰 수를 $M(x)$, 가장 작은 수를 $N(x)$라 할 때, $M(156)-N(315)$의 값을 구하시오.

풀이과정

답

10 1890을 소인수분해하면 $2^a \times 3^b \times 5^c \times 7^d$이다. 자연수 a, b, c, d에 대하여 $a+b+c+d$의 값은?

① 6   ② 8   ③ 10

④ 12   ⑤ 14

11 다음 수에 가장 작은 자연수를 곱하여 어떤 자연수의 제곱이 되게 하려고 할 때, 곱해야 하는 자연수가 나머지 넷과 <u>다른</u> 하나는?

① 30   ② 40   ③ 90

④ 250   ⑤ 1000

12 자연수의 성질에 대한 설명으로 옳지 <u>않은</u> 것을 보기에서 모두 고른 것은?

보기
- ㄱ. 114의 약수의 개수는 8개이다.
- ㄴ. $2^7 \times 5^7 \times 3 \times 7 \times 10$은 10자리 자연수이다.
- ㄷ. 12 이하의 자연수 중에서 소수는 6개이다.
- ㄹ. 약수가 15개인 자연수 중에서 가장 작은 수는 144이다.
- ㅁ. 45의 소인수는 3, 5, 9이다.
- ㅂ. 1은 소수도 아니고 합성수도 아니다.

① ㄴ, ㄹ   ② ㄴ, ㅁ   ③ ㄷ, ㅁ

④ ㄱ, ㅁ, ㅂ   ⑤ ㄷ, ㅁ, ㅂ

13 다음 중 $27 \times a = b^2$(단, a, b는 자연수)을 만족시키는 a의 값이 될 수 있는 수는?

① $5^2 \times 7^2$ ② 12   ③ $2^2 \times 3^2$

④ 98   ⑤ $2^5 \times 3 \times 5^2$

14 다음 그림은 2030년 10월 달력이다. 1일부터 31일까지 31개의 수 중 약수의 개수가 2개인 수에 동그라미를 그릴 때, 동그라미가 가장 많은 요일을 구하시오.

			2030년 10월			
일	월	화	수	목	금	토
		1	2	3	4	5
6	7	8	9	10	11	12
13	14	15	16	17	18	19
20	21	22	23	24	25	26
27	28	29	30	31		

서술형

15 다음 수를 약수의 개수가 많은 수부터 차례대로 나열하시오.

9   11   12   14   16   24

풀이과정

답

16 다음 중 약수의 개수가 같은 수로 짝 지어진 것은?

① 36, 75
② $2 \times 3 \times 5 \times 7$, 144
③ 72, 270
④ 24, 135
⑤ $2^3 \times 3 \times 5$, $2^2 \times 3 \times 7 \times 11$

17 약수의 개수가 8개인 수 중에서 가장 작은 자연수를 구하시오.

18 540을 자연수 a로 나누어 어떤 자연수의 제곱이 되게 하려고 한다. a가 될 수 있는 수 중에서 두 번째로 작은 수를 구하시오.

19 세 수 96, $2^2 \times 3^a \times 7$, $3^b \times 11^2$의 약수의 개수가 모두 같을 때, 자연수 a, b에 대하여 $a+b$의 값을 구하시오.

22 1512를 두 자리 자연수 n으로 나누면 나누어떨어지고, 몫은 어떤 자연수의 제곱이다. 두 자리 자연수 n의 값을 구하시오.

20 자연수 $2^3 \times 3^2 \times a$의 약수의 개수는 24개이고, 네 자리 자연수 $5a24$는 3의 배수이다. 이때 자연수 a의 값을 구하시오.

23 $2^a \times 3^b \times 7^c$이 72를 약수로 가질 때, 자연수 a, b, c에 대하여 $a+b+c$의 최솟값을 구하시오.

서술형

21 자연수 a에 대하여 약수의 개수를 n개라 할 때, 물음에 답하시오.

(1) 다음 표에서 A, B의 값을 각각 구하시오.

a	1	2	3	4	5	6	7	8	9	10
n	1	2	2	3	2	4	2	A	B	4

(2) 다음 경우에 대하여 $a>20$이 되는 수 a를 작은 수부터 두 개 구하시오.

① $n=2$일 때　　② $n=3$일 때

풀이과정

답

24 504에 가능한 한 작은 자연수 a를 곱하여 어떤 자연수 b의 제곱이 되게 하려고 한다. 이때 $a+b$의 값을 구하시오.

01 세 자리 자연수 중에서 약수의 개수가 7개인 수를 구하시오.

🔴 약수가 7개인 수는 a^6 (단, a는 소수) 꼴로 나타낼 수 있다.

02 자연수 a의 약수의 개수를 $g(a)$로 나타낼 때, 다음을 구하시오.

　(1) $g(160)$

　(2) $g(g(300))$

　(3) $g(120) \times g(x) = 64$를 만족시키는 가장 작은 자연수 x

🔴 자연수 $x = a^l \times b^m \times c^n$ (단, a, b, c는 서로 다른 소수, l, m, n은 자연수)의 약수의 개수는 $(l+1) \times (m+1) \times (n+1)$개이다.

03 $\dfrac{N}{210}$ 은 기약분수이고 $\dfrac{1}{6} < \dfrac{N}{210} < \dfrac{1}{5}$ 을 만족한다. 이때 자연수 N을 모두 구하시오.

🔴 N은 210이 가지고 있는 소인수의 배수가 아니어야 한다.

04 자연수 1부터 n까지의 곱을 $n! = 1 \times 2 \times 3 \times \cdots \times (n-1) \times n$으로 정의한다. 10!을 소인수분해하면 $2^a \times 3^b \times 5^c \times 7^d$이 될 때, $a+b+c+d$의 값을 구하시오.

　　　　　　　　　　　　　　　　　　　　　　　(단, a, b, c, d는 자연수)

🔴 $5! = 1 \times 2 \times 3 \times 4 \times 5$

핵심원리 1 공약수와 최대공약수

1. 공약수 : 두 개 이상의 자연수의 공통인 약수

에 12의 약수는 1, 2, 3, 4, 6, 12이고, 18의 약수는 1, 2, 3, 6, 9, 18이므로 12와 18의 공약수는 1, 2, 3, 6이다.

2. 최대공약수 : 공약수 중에서 가장 큰 수

에 12와 18의 공약수는 1, 2, 3, 6이므로 최대공약수는 6이다.

3. 서로소 : 최대공약수가 1인 두 자연수

에 6의 약수는 1, 2, 3, 6이고, 13의 약수는 1, 13이므로 6과 13의 공약수는 1뿐이다. 따라서 두 수의 최대공약수는 1로 두 수는 서로소이다.

4. 최대공약수의 성질

두 개 이상의 자연수의 공약수는 그들의 최대공약수의 약수이다.

에 12와 18의 최대공약수는 6이므로 12는 6으로 나눌 수 있고, 18도 6으로 나눌 수 있다.

$12=6\times2=3\times2\times2=1\times2\times2\times3$, $18=6\times3=2\times3\times3=1\times2\times3\times3$

따라서 12와 18은 최대공약수 6의 약수 1, 2, 3, 6을 모두 공약수로 가진다.

꼭꼭 check

두 수 a, b의 공약수는 a, b 의 최대공약수의 약수이다.

● 확인 1-1 두 수 32, 48에 대하여 다음을 구하시오.

⑴ 32의 약수

⑵ 48의 약수

⑶ 32, 48의 공약수

⑷ 32, 48의 최대공약수

● 확인 1-2 다음 중 두 수가 서로소인 것은?

① 4, 18   ② 5, 30   ③ 20, 34

④ 7, 29   ⑤ 26, 72

● 확인 1-3 두 자연수 A, B의 최대공약수가 15일 때, 두 수의 공약수를 모두 구하시오.

핵심원리 **2**

최대공약수 구하기

유형 **1** **2** **3** **6** **7** **8** **9**

1. 공약수로 나누는 방법

① 몫의 공약수가 1뿐일 때까지 1이 아닌 공약수로 각 수를 나눈다.

② 나누어 준 공약수를 모두 곱한다.

$$
\begin{array}{r}
2\,)\,\underline{20 \quad 70} \\
5\,)\,\underline{10 \quad 35} \\
2 \quad 7
\end{array}
$$
공약수

$$
\begin{array}{r}
3\,)\,\underline{30 \quad 45 \quad 60} \\
5\,)\,\underline{10 \quad 15 \quad 20} \\
2 \quad 3 \quad 4
\end{array}
$$
공약수

$\therefore$ (최대공약수)$=2\times5=10$ $\therefore$ (최대공약수)$=3\times5=15$

2. 소인수분해를 이용하는 방법

① 각 수를 소인수분해한다.

② 각 수의 공통인 소인수를 찾아 모두 곱한다. 이때 지수가 같은 것은 그대로, 다른 것은 작은 것을 택한다.

$$
\begin{array}{llll}
20= & 2 \times 2 \times 5 & = 2^2 \times 5 \\
70= & 2 \quad\;\; \times 5 \times 7 & = 2 \times 5 \times 7 \\
\hline
& 2 \quad\;\; \times 5 & = 2 \times 5
\end{array}
$$

$\therefore$ (최대공약수)$=2\times5=10$

꼭꼭 Check

$$
\begin{array}{r}
m\,)\,\underline{A \quad B} \\
n\,)\,\underline{a \quad b} \\
c \quad d
\end{array}
$$

두 수 A, B의 최대공약수는 $m\times n$이다. (단, c, d는 서로소)

확인 **2-1** 다음은 나눗셈을 이용하여 최대공약수를 구하는 과정이다. ☐ 안에 알맞은 수를 써넣으시오.

(1)
$$
\begin{array}{r}
2\,)\,\underline{30 \quad 42} \\
\Box\,)\,\underline{15 \quad \Box} \\
5 \quad 7
\end{array}
$$

$\therefore$ (최대공약수)$=2\times\Box=\Box$

(2)
$$
\begin{array}{r}
\Box\,)\,\underline{42 \quad 84 \quad 105} \\
\Box\,)\,\underline{14 \quad \Box \quad \Box} \\
2 \quad 4 \quad \Box
\end{array}
$$

$\therefore$ (최대공약수)$=\Box\times\Box=\Box$

확인 **2-2** 다음은 소인수분해를 이용하여 최대공약수를 구하는 과정이다. ☐ 안에 알맞은 수를 써넣으시오.

$$
\begin{array}{llll}
24= & 2 \times 2 \times 2 \times \Box & = 2^3 \times \Box \\
60= & 2 \times \Box \quad \times 3 \times 5 & = 2^\Box \times 3 \times 5 \\
\hline
& 2 \times \Box \quad \times 3 & = 2^\Box \times 3
\end{array}
$$

$\therefore$ (최대공약수)$=2^\Box\times3=\Box$

확인 **2-3** 다음 두 수의 최대공약수를 구하시오.

(1) $2^2\times3\times7,\ 2\times3^3\times5$ (2) $2\times3^2\times5^2,\ 2^4\times3^2\times5$

공배수와 최소공배수

1. **공배수** : 두 개 이상의 자연수의 공통인 배수

   예 2의 배수는 2, 4, 6, 8, 10, 12, …이고, 3의 배수는 3, 6, 9, 12, …이므로 2와 3의 공배수는 6, 12, …이다.

2. **최소공배수** : 공배수 중에서 가장 작은 수

   예 2와 3의 공배수는 6, 12, …이므로 최소공배수는 6이다.

3. **최소공배수의 성질**

   두 개 이상의 자연수의 공배수는 그들의 최소공배수의 배수이다.

   예 2와 3의 최소공배수는 6이므로 6에 어떤 수를 곱하여 나온 수도 각각 두 수의 배수가 되어 두 수의 공배수가 된다.

   $2 \rightarrow 2 \times 3 = 6 \rightarrow 2 \times 3 \times 2 = 6 \times 2 = 12 \rightarrow 2 \times 3 \times 3 = 6 \times 3 = 18 \rightarrow \cdots$

   $3 \rightarrow 3 \times 2 = 6 \rightarrow 3 \times 2 \times 2 = 6 \times 2 = 12 \rightarrow 3 \times 2 \times 3 = 6 \times 3 = 18 \rightarrow \cdots$

   따라서 2와 3의 공배수는 최소공배수 6의 배수이다.

   참고 ▶ 서로소인 두 자연수의 최소공배수는 두 자연수의 곱과 같다.

> 꼭꼭 Check
>
> 두 수 a, b의 공배수는 a, b 의 최소공배수의 배수이다.

확인 **3 – 1** 두 수 8, 12에 대하여 다음을 구하시오.

(1) 8의 배수

(2) 12의 배수

(3) 8, 12의 공배수

(4) 8, 12의 최소공배수

확인 **3 – 2** 서로소인 두 자연수 15와 A의 최소공배수가 105일 때, A의 값을 구하시오.

확인 **3 – 3** 세 자연수의 최소공배수가 12일 때, 다음 중 이 세 자연수의 공배수가 <u>아닌</u> 것은?

① 12   ② 30   ③ 36   ④ 48   ⑤ 60

핵심원리 4 최소공배수 구하기

1. 공약수로 나누는 방법

① 1이 아닌 공약수로 각 수를 나눈다. 이때 세 수의 공약수가 없으면 두 수의 공약수로 나누고 공약수가 없는 하나의 수는 그대로 내려 쓴다.

② 나누어 준 수와 마지막 몫을 모두 곱한다.

```
2) 12  42
3)  6  21
    2   7
```

```
2) 12  24  42
3)  6  12  21
2)  2   4   7
    1   2   7
```

$$\therefore (최소공배수)=2\times3\times2\times7 \qquad \therefore (최소공배수)=2\times3\times2\times1\times2\times7$$
$$=84 \qquad\qquad\qquad\qquad\qquad =168$$

2. 소인수분해를 이용하는 방법

① 각 수를 소인수분해한다.

② 각 수의 공통인 소인수와 공통이 아닌 소인수를 모두 찾아 곱한다. 이때 공통인 소인수의 지수가 같은 것은 그대로, 다른 것은 큰 것을 택한다.

$$12= 2 \times 2 \times 3 \qquad\quad = 2^2 \times 3$$
$$42= 2 \qquad \times 3 \times 7 = 2 \times 3 \times 7$$
$$\overline{\qquad\qquad 2 \times 2 \times 3 \times 7 = 2^2 \times 3 \times 7}$$

$$\therefore (최소공배수)=2\times2\times3\times7=84$$

꼭꼭 check

```
m) A  B  C
n) a  b  c
   d  e  f
```

세 수 A, B, C의 최소공배수는 $m \times n \times d \times e \times f$이다. (단, d, e, f는 두 수씩 서로소)

● 확인 **4 – 1** 다음은 나눗셈을 이용하여 최소공배수를 구하는 과정이다. ☐ 안에 알맞은 수를 써넣으시오.

(1)
```
3) 27    45
☐)  9   ☐
    3    5
```
$$\therefore (최소공배수)=3\times\square\times3\times5=\square$$

(2)
```
☐) 12   27   30
 2)  4  ☐   ☐
     2   9   ☐
```
$$\therefore (최소공배수)=\square\times2\times2\times9\times5=\square$$

● 확인 **4 – 2** 다음은 소인수분해를 이용하여 최소공배수를 구하는 과정이다. ☐ 안에 알맞은 수를 써넣으시오.

(1)
$$18 = 2 \times \square$$
$$30 = 2 \times 3 \times \square$$
$$\overline{\qquad\quad 2 \times \square \times \square}$$
$$\therefore (최소공배수)=\square$$

(2)
$$15 = \qquad 3 \times 5$$
$$20 = \square \qquad \times 5$$
$$24 = 2^3 \times \square$$
$$\overline{\qquad\quad \square \times \square \times \square}$$
$$\therefore (최소공배수)=\square$$

● 확인 **4 – 3** 다음 중 두 수 $3\times5^2\times7$, $5^3\times7^2$의 공배수가 아닌 것은?

① $3\times5^3\times7^2$
② $2\times3\times5^3\times7$
③ $2^2\times3\times5^3\times7^2$
④ $3\times5^3\times7^2\times11$
⑤ $3^3\times5^3\times7^3$

유형 1 → 최대공약수 구하기

01 두 수 48과 72의 최대공약수를 구하시오.

02 다음 중 세 수 $2^2 \times 3^2$, $2^3 \times 3 \times 5^2$, $2^3 \times 3^2 \times 5$의 최대 공약수는?

① 6   ② 9   ③ 12

④ 20   ⑤ 60

03 다음 중 세 수 200, 320, 480의 최대공약수는?

① 4   ② 10   ③ 20

④ 40   ⑤ 80

04 두 수 $2^2 \times 3^4 \times 5^3$, $2^3 \times 3^2 \times 7^3$의 최대공약수가 $2^a \times 3^b$일 때, $a+b$의 값을 구하시오.

(단, a, b는 자연수)

유형 2 → 서로소

05 다음 중 두 수가 서로소인 것은?

① 12와 21   ② 17과 51   ③ 18과 25

④ 35와 91   ⑤ 63과 108

06 다음 중 옳은 것은?

① 21과 56은 서로소이다.

② 1은 소수이다.

③ 2를 약수로 갖는 수는 모두 합성수이다.

④ 1을 제외한 모든 자연수는 2개 이상의 약수를 갖는다.

⑤ 두 수가 서로소이면 적어도 한 수는 소수이다.

07 77보다 작은 자연수 중에서 77과 서로소인 수는 모두 몇 개인지 구하시오.

24쪽 | 핵심원리 1 + 25쪽 | 핵심원리 2

유형 3 ● **공약수와 최대공약수**

08 다음 중 두 수 54와 72의 공약수가 <u>아닌</u> 것은?

① 2   ② 3   ③ 6

④ 8   ⑤ 9

09 다음 중 세 수 $2^2 \times 3 \times 5^2$, $2^2 \times 3^3 \times 5$, $2^3 \times 3^2 \times 5^2$의 공약수가 <u>아닌</u> 것은?

① 2^2 ② 3^2 ③ $2^2 \times 3$

④ $2 \times 3 \times 5$ ⑤ $2^2 \times 3 \times 5$

10 세 수 $2^2 \times 3^2 \times 7$, $2 \times 3^2 \times 7$, $2^2 \times 3^2 \times 7^3$의 공약수의 개수를 구하시오.

26쪽 | 핵심원리 3 + 27쪽 | 핵심원리 4

유형 4 ● **최소공배수 구하기**

11 두 수 42와 63의 최소공배수를 구하시오.

12 다음 중 세 수 $2^2 \times 3$, 2×3^2, $2^2 \times 3 \times 5$의 최소공배수는?

① 2×3 ② $2 \times 3 \times 5$ ③ $2^2 \times 3^2$

④ $2^2 \times 3 \times 5$ ⑤ $2^2 \times 3^2 \times 5$

13 세 수 30, 36, 54의 최소공배수를 구하시오.

14 세 수 $2 \times 3^2 \times 7$, $2^2 \times 3 \times 5^3$, $2^2 \times 3^3 \times 7$의 최소공배수가 $2^a \times 3^b \times 5^c \times 7^d$일 때, $a+b+c+d$의 값을 구하시오. (단, a, b, c, d는 자연수)

26쪽 | 핵심원리 3 + 27쪽 | 핵심원리 4

유형 5 ● **공배수와 최소공배수**

15 다음 중 세 수 $2^2 \times 3 \times 5$, $2^2 \times 3^2$, $3^2 \times 5$의 공배수가 <u>아닌</u> 것은?

① $2^3 \times 3 \times 5$ ② $2^2 \times 3^2 \times 5$ ③ $2^3 \times 3^2 \times 5$

④ $2^2 \times 3^2 \times 5^2$ ⑤ $2^3 \times 3^3 \times 5$

16 두 수 15, 24의 공배수 중 가장 큰 세 자리 자연수를 구하시오.

17 세 수 6, 15, 18의 공배수 중 200에 가장 가까운 수를 구하시오.

25쪽 | 핵심원리 2 + 27쪽 | 핵심원리 4

유형 6 　최대공약수와 최소공배수가 주어질 때, 소인수의 지수 구하기

18 두 수 $2^a \times 3 \times 5^2$과 $2^3 \times 3 \times 5^b$의 최대공약수가 $2^2 \times 3 \times 5^2$, 최소공배수가 $2^3 \times 3 \times 5^3$일 때, $a+b$의 값을 구하시오. (단, a, b는 자연수)

19 세 수 2×3^a, $2^b \times 3^2 \times 5$, $2 \times 3 \times 5^c$의 최소공배수가 540일 때, 자연수 a, b, c에 대하여 $a \times b \times c$의 값을 구하시오.

20 두 수 $2^2 \times 3^a \times 5$, $2^3 \times 3^3 \times 5^b$의 최대공약수가 $2^c \times 3 \times 5$, 최소공배수가 $2^3 \times 3^3 \times 5^2$일 때, $a+b+c$의 값을 구하시오. (단, a, b, c는 자연수)

풀이과정

답

25쪽 | 핵심원리 2 + 27쪽 | 핵심원리 4

유형 7 　최대공약수 또는 최소공배수가 주어질 때, 자연수 구하기

21 두 자연수 A와 84의 최대공약수는 12, 최소공배수는 252일 때, 자연수 A의 값을 구하시오.

22 서로 다른 세 자연수 21, 63, n의 최대공약수가 21, 최소공배수가 126일 때, 다음 중 n의 값이 될 수 있는 것을 모두 고르면?

① 14　　② 42　　③ 48
④ 84　　⑤ 126

23 세 자연수 72, A, $2^2 \times 3 \times 5$의 최소공배수가 $2^4 \times 3^2 \times 5$일 때, 가장 작은 자연수 A의 값을 구하시오.

25쪽 | 핵심원리 2 + 27쪽 | 핵심원리 4

유형 **8** **미지수가 포함된 세 수의 최소공배수**

24 세 자연수의 비가 2 : 4 : 5이고 최소공배수가 260일 때, 세 자연수를 모두 구하시오.

서술형

25 세 자연수 $6 \times a$, $9 \times a$, $12 \times a$의 최소공배수가 180일 때, 세 자연수의 공약수는 모두 몇 개인지 구하시오.

풀이과정

답

25쪽 | 핵심원리 2 + 27쪽 | 핵심원리 4

유형 **9** **최대공약수와 최소공배수가 주어질 때, 어떤수 구하기**

26 두 자연수 A, 36의 최대공약수는 9이고, A는 50 미만의 수일 때, A가 될 수 있는 수를 모두 구하시오.

27 두 자리 자연수 a와 21의 최대공약수는 7이다. 이때 a가 될 수 있는 수를 모두 구하시오.

28 두 자연수 A, 24의 최소공배수가 72일 때, A가 될 수 있는 수를 모두 구하시오.

핵심원리 1 최대공약수와 최소공배수의 관계

두 자연수 A, B의 최대공약수를 G, 최소공배수를 L이라 하면

1. $A=a \times G$, $B=b \times G$ (단, a, b는 서로소)

   예 10과 15의 최대공약수는 5이므로 $10=2 \times 5$, $15=3 \times 5$

2. $L=a \times b \times G$

   예 10과 15의 최대공약수는 5, 최소공배수는 30이므로 $30=2 \times 3 \times 5$

3. $A \times B=(a \times G) \times (b \times G)=G \times (a \times b \times G)=G \times L$

   예 10과 15의 최대공약수는 5, 최소공배수는 30이므로
   $30 \times 5=2 \times 3 \times 5 \times 5=10 \times 15$

참고 최대공약수(Greatest Common Divisor)를 보통 G로 나타내고,
최소공배수(Least Common Multiple)를 보통 L로 나타낸다.

$$G \underline{)\,A \quad B\,} $$
$$\quad\; a \quad b \,=L$$
$$\Rightarrow L=a \times b \times G$$

꼭꼭 Check

두 수의 곱은 두 수의 최대공약수와 최소공배수의 곱과 같다.

확인 **1 – 1** 두 자연수의 곱이 2700이고 최대공약수가 15일 때, 이 두 수의 최소공배수를 구하시오.

확인 **1 – 2** 두 자연수의 곱이 1080이고 최소공배수가 360일 때, 이 두 수의 최대공약수를 구하시오.

확인 **1 – 3** 두 수 A, B의 최대공약수를 G, 최소공배수를 120이라 하고, $A=3 \times G$, $B=4 \times G$라 할 때, $A+B+G$의 값을 구하시오.

핵심원리 **2** 최대공약수의 활용

유형 **2** **3** **4** **5** **10**

1. 최대공약수의 활용

'가장 많은', '최대의', '가능한 한 많은' 등의 표현이 들어 있는 문제는 대부분 최대공약수를 이용한다.

(1) 일정한 양을 가능한 한 많이 나누어 주는 경우

    일정한 양을 가능한 한 많이 나누어 줄 때에는 최대의 양(최대공약수)으로 똑같이 나누어 준다.

(2) 직사각형, 직육면체를 채우는 경우

    ① 직사각형을 가장 큰 정사각형으로 채우려고 할 때

    ② 직육면체를 가장 큰 정육면체로 채우려고 할 때

    ⇨ 정사각형의 한 변의 길이, 정육면체의 한 모서리의 길이를 최대공약수로 놓는다.

(3) 일정한 간격으로 놓는 경우

    직사각형 모양의 둘레에 물건 사이의 간격이 최대가 되도록(가능한 한 적은 수의 물건이 놓이도록) 일정한 간격으로 물건을 놓을 때 ⇨ 물건 사이의 간격을 최대공약수로 놓는다.

(4) 어떤 자연수로 주어진 수들을 나눌 때, 각각 일정한 나머지가 생기는 경우

    주어진 수들에서 각각 나머지를 뺀 후, 최대공약수를 구한다.

> **꼭꼭 check**
>
> $\dfrac{A}{n}$, $\dfrac{B}{n}$가 모두 자연수일 때, n은 A와 B의 공약수이다.

2. 두 분수 $\dfrac{A}{n}$, $\dfrac{B}{n}$ 를 자연수로 만들기

두 분수 $\dfrac{A}{n}$, $\dfrac{B}{n}$ 를 자연수로 만드는 n의 값은 (A와 B의 공약수)이고,

가장 큰 n의 값은 (A와 B의 최대공약수)이다.

확인 **2 - 1** 길이가 각각 90 cm, 108 cm인 나무막대가 있다. 이 나무막대를 남는 부분 없이 모두 같은 길이로 잘라 나무토막을 만들려고 한다. 가능한 한 긴 나무토막의 길이를 구하시오.

확인 **2 - 2** 가로, 세로의 길이가 각각 96 cm, 144 cm인 직사각형 모양의 벽에 타일을 빈틈없이 붙이려고 한다. 가능한 한 큰 정사각형 모양의 타일을 붙이려고 할 때, 필요한 타일의 개수를 구하시오.

최소공배수의 활용

1. 최소공배수의 활용

'가장 적은', '최소의', '가능한 한 적은' 등의 표현이 들어 있는 문제는 대부분 최소공배수를 이용한다.

(1) **동시에 시작해서 다시 만나는 경우**

처음으로 다시(그 다음 다시) 동시에 출발할 때 ⇨ 최소공배수를 구하여 다음에 만나는 시각을 구한다.

(2) **톱니바퀴가 맞물려 회전하는 경우**

톱니의 수가 각각 a개, b개인 두 톱니바퀴 A, B가 한 번 맞물린 후 같은 톱니에서 다시 맞물릴 때까지 A, B의 회전수를 구할 때 ⇨ a, b의 최소공배수를 구한 후, 두 톱니바퀴 A, B의 톱니의 수로 각각 나눈다.

(3) **정사각형, 정육면체를 만드는 경우**

① 직사각형을 붙여서 가장 작은 정사각형을 만들 때

② 직육면체를 쌓아서 가장 작은 정육면체를 만들 때

⇨ 정사각형의 한 변의 길이, 정육면체의 한 모서리의 길이를 최소공배수로 놓는다.

(4) **어떤 자연수로 나누어도 나머지가 같은 가장 작은 수를 구하는 경우**

주어진 수들의 최소공배수를 구한 후, 나머지를 더한다.

2. 두 분수를 자연수로 만들기

(1) 두 분수 $\dfrac{1}{A}$, $\dfrac{1}{B}$ 을 자연수로 만들기

두 분수 $\dfrac{1}{A}$, $\dfrac{1}{B}$ 중 어느 것에 곱해도 자연수가 되는 수는 (A, B의 공배수)이다.

(2) 두 분수 $\dfrac{A}{B}$, $\dfrac{C}{D}$ 를 자연수로 만들기

두 분수 $\dfrac{A}{B}$, $\dfrac{C}{D}$ 중 어느 것에 곱해도 자연수가 되는 가장 작은 분수는

$\dfrac{(B,\ D의\ 최소공배수)}{(A,\ C의\ 최대공약수)}$ 이다.

꼭꼭 Check

$\dfrac{A}{B} \times n$, $\dfrac{C}{D} \times n$이 자연수일 때, 가장 작은

$n = \dfrac{(B,\ D의\ 최소공배수)}{(A,\ C의\ 최대공약수)}$

이다.

확인 3 - 1 어느 버스터미널에서 A번 버스는 18분 간격으로, B번 버스는 24분 간격으로 운행한다. 오전 6시에 두 버스가 동시에 출발했다면 바로 다음에 두 버스가 동시에 출발하게 되는 시각을 구하시오.

확인 3 - 2 세 자연수 4, 6, 9의 어느 수로 나누어도 3이 남는 수 중에서 가장 작은 두 자리 자연수를 구하시오.

Step C 유형 다지기

32쪽 | 핵심원리 1

유형 1 최대공약수와 최소공배수의 관계

01 두 수 40과 A의 최대공약수가 8, 최소공배수가 280일 때, A의 값을 구하시오.

서술형

02 최대공약수가 21, 최소공배수가 420인 두 자연수를 모두 구하시오.

풀이과정

답

03 두 자연수의 곱이 240이고, 최대공약수가 4일 때, 두 수의 합을 모두 구하시오.

33쪽 | 핵심원리 2

유형 2 최대공약수의 활용 – 일정한 양을 가능한 한 많이 나누어 주기

04 컵라면 60개, 생수 48개를 되도록 많은 학생들에게 남김없이 똑같이 나누어 주려고 할 때, 나누어 줄 수 있는 학생수는?

① 9명 ② 10명 ③ 12명
④ 15명 ⑤ 20명

서술형

05 노란 색연필 12자루, 분홍 색연필 18자루, 파란 색연필 24자루를 되도록 많은 학생들에게 남김없이 똑같이 나누어 주려고 한다. 이때 한 학생이 받게 되는 색연필은 몇 자루인지 구하시오.

풀이과정

답

33쪽 | 핵심원리 2

유형 3 최대공약수의 활용 – 직사각형, 직육면체 채우기

06 가로의 길이가 252 cm, 세로의 길이가 294 cm인 직사각형 모양의 벽에 같은 크기의 정사각형 모양의 타일을 겹치지 않게 빈틈없이 붙이려고 한다. 가능한 한 큰 타일을 붙일 때, 필요한 타일은 모두 몇 개인지 구하시오.

07 가로, 세로의 길이가 각각 42 cm, 54 cm이고 높이가 78 cm인 직육면체를 잘라 같은 크기의 정육면체 여러 개로 나누려고 한다. 정육면체의 한 모서리의 길이를 x cm라 할 때, x의 값이 될 수 있는 모든 자연수의 개수는?

① 2개 ② 3개 ③ 4개
④ 6개 ⑤ 12개

33쪽 | 핵심원리2

유형 4 ● 최대공약수의 활용 – 일정한 간격으로 놓을 때

08 가로의 길이가 64 m, 세로의 길이가 120 m인 직사각형 모양의 목장의 가장자리를 따라 일정한 간격으로 말뚝을 설치하려고 한다. 네 모퉁이에는 반드시 말뚝을 설치하고 가능한 한 적은 말뚝을 설치하려고 할 때, 말뚝 사이의 간격을 구하시오.

서술형

09 오른쪽 그림과 같이 가로의 길이가 180 m, 세로의 길이가 156 m인 직사각형 모양의 공터의 네 모퉁이에 나무를 심었다. 공터의 둘레를 따라 일정한 간격으로 나무를 더 심으려고 할 때, 최소 몇 그루의 나무가 더 필요한 지 구하시오.

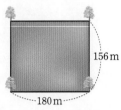
156 m
180 m

풀이과정

답

33쪽 | 핵심원리2

유형 5 ● 최대공약수의 활용 – 어떤 자연수로 나누기

10 어떤 자연수로 62를 나누면 2가 남고, 88을 나누면 4가 남는다. 이러한 자연수 중 가장 큰 수를 구하시오.

11 세 수 24, 56, 80 중 어느 수를 나누어도 그 결과가 자연수가 되게 하는 수가 아닌 것은?

① 1   ② 2   ③ 4
④ 6   ⑤ 8

12 어느 독서캠프에 참가한 학생들에게 캠프 기간 동안 먹을 간식을 나누어 주었다. 귤 45개, 건빵 69개, 초코파이 101개를 똑같이 나누어 주었더니 모두 5개씩 남았다. 독서캠프에 온 학생은 최대 몇 명인지 구하시오.

34쪽 | 핵심원리3

유형 6 ● 최소공배수의 활용 – 동시에 시작해서 다시 만나는 경우

13 어느 제과점에서는 땅콩쿠키를 45분 간격으로, 버터쿠키를 60분 간격으로 굽고 있다. 오전 9시에 이 두 종류의 쿠키를 동시에 굽기 시작하여 오후 5시까지 굽는다고 할 때, 하루 동안 두 종류의 쿠키를 동시에 굽기 시작하는 것은 모두 몇 번인지 구하시오.

14 서현, 지은, 용화는 같은 학원에서 기타를 배우는데 서현이는 6일마다, 지은이는 8일마다, 용화는 12일마다 학원에 간다고 한다. 5월 1일에 세 명이 함께 학원에 갔다면, 다음에 처음으로 다시 세 명이 함께 학원에 가는 날은 며칠인지 구하시오.

^{서술형}

15 댄서 지망생인 지민이와 현우는 매일 연습실에서 춤 연습을 한다. 지민이는 50분 동안 연습을 한 후 15분을 쉬고, 현우는 42분 동안 연습을 한 후 10분을 쉰다. 오전 10시에 두 사람이 동시에 연습을 시작해서 오후 10시까지 연습한다면 두 사람이 동시에 연습을 시작하는 것은 몇 번인지 구하시오.

풀이과정

답

^{34쪽 | 핵심원리3}

유형 7 최소공배수의 활용 – 톱니바퀴

16 서로 맞물려 돌아가는 톱니바퀴 A와 B가 있다. A의 톱니의 수는 36개, B의 톱니의 수는 54개이다. 두 톱니바퀴가 돌기 시작하여 다시 처음의 위치에서 맞물리려면 톱니바퀴 A는 최소 몇 바퀴 돌아야 하는지 구하시오.

17 어느 수정테이프에는 톱니의 수가 각각 75개, 90개인 두 톱니바퀴 A, B가 서로 맞물려 있다. 톱니바퀴 A가 한 바퀴 회전하면 수정테이프가 5 cm 나온다고 할 때, 두 톱니바퀴가 회전하기 시작하여 처음으로 다시 같은 톱니에서 맞물릴 때까지 수정테이프는 몇 cm가 나오겠는지 구하시오.

^{34쪽 | 핵심원리3}

유형 8 최소공배수의 활용 – 정사각형, 정육면체 만들기

18 가로의 길이가 14 cm, 세로의 길이가 21 cm인 직사각형 모양의 종이를 정사각형 모양의 게시판에 겹치지 않게 빈틈없이 이어 붙이려고 한다. 다음 중 게시판의 한 변의 길이가 될 수 있는 것을 모두 고르면?

① 21 cm   ② 42 cm   ③ 84 cm
④ 98 cm   ⑤ 147 cm

^{서술형}

19 가로의 길이가 18 cm, 세로의 길이가 24 cm인 직사각형 모양의 천 조각들이 있다. 이 천 조각들을 겹치지 않게 빈틈없이 이어 붙여서 가장 작은 정사각형을 만들려고 한다. 이때 필요한 천 조각의 장수를 구하시오.

풀이과정

답

20 은채는 직접 만든 초콜릿을 가로, 세로의 길이가 각 각 30 mm, 24 mm, 높이가 60 mm인 직육면체 모 양의 상자에 한 개씩 넣어 개별 포장하였다. 이 초 콜릿 상자를 가능한 한 작은 정육면체 모양의 상자 에 빈 공간 없이 담아 지훈이에게 선물하였을 때, 지훈이가 받은 초콜릿은 모두 몇 개인지 구하시오.

34쪽 | 핵심원리 3

유형 **9** — **최소공배수의 활용 – 어떤 자연수를 나누기**

21 4로 나누면 2가 남고, 6으로 나누면 4가 남고, 8로 나누면 6이 남는 두 자리 자연수 중에서 가장 작은 수를 구하시오.

22 토론대회 참가자들을 몇 개의 조로 나누려고 한다. 6명씩 한 조가 되어도, 9명씩 한 조가 되어도 세 명 이 남고 5명씩 한 조가 되면 남는 사람이 없다. 참가 자 수가 100명을 넘지 않는다고 할 때, 토론대회 참 가자는 모두 몇 명인지 구하시오.

33쪽 | 핵심원리 2 + 34쪽 | 핵심원리 3

유형 **10** — **두 분수 $\dfrac{A}{B}$, $\dfrac{C}{D}$ 를 자연수로 만들기**

23 두 분수 $\dfrac{42}{n}$, $\dfrac{98}{n}$ 이 자연수가 되게 하는 자연수 n 은 모두 몇 개인지 구하시오.

24 300 이하의 자연수 중 $\dfrac{1}{28}$, $\dfrac{1}{84}$ 의 어느 것에 곱하 여도 그 값이 자연수가 되게 하는 가장 큰 자연수를 구하시오.

25 두 분수 $\dfrac{25}{12}$, $\dfrac{15}{42}$ 의 어느 것에 곱하여도 그 결과가 자연수가 되게 하는 가장 작은 기약분수를 구하시오.

Step B 내신 다지기

01 300의 약수 중에서 8과 서로소인 수의 개수를 구하시오.

02 다음 중 옳지 않은 것을 모두 고르면?

① 공약수는 최대공약수의 약수이다.
② 최대공약수가 1인 두 수는 서로소이다.
③ 두 홀수는 서로소이다.
④ 4와 6의 공배수는 12와 15의 공배수와 같다.
⑤ 최소공배수는 공배수 중 가장 작은 수이다.

03 $2^a \times 3^2 \times 7^3$, $2^3 \times 3^b \times 7^4$, $2^3 \times 3^2 \times 7^c$의 최대공약수가 84일 때, $a-b+c$의 값을 구하시오.

04 분모가 12인 기약분수 중 1보다 크고 2보다 작은 수의 개수를 구하시오.

05 두 분수 $\dfrac{n}{6}$, $\dfrac{n}{28}$이 모두 자연수가 되게 하는 n의 값중에서 가장 작은 자연수를 구하시오.

06 두 자연수 a, b에 대하여 $a>b$, $a+b=42$이고, 최대공약수는 7이다. 이때 a, b의 값을 각각 구하시오.

07 두 자리 자연수 A, B의 곱이 294이고 최소공배수가 42일 때, $A+B$의 값을 구하시오.

08 24와 최소공배수가 360인 자연수 중에서 100 이하의 자연수를 모두 구하시오.

09 세 분수 $\dfrac{1}{5}$, $\dfrac{1}{8}$, $\dfrac{1}{20}$ 중 어느 것에 곱해도 그 결과가 자연수가 되게 하는 500 이하의 자연수의 개수를 구하시오.

10 세 자연수 24, 96, A의 최대공약수는 8, 최소공배수는 480이다. A의 값이 될 수 있는 모든 수의 합을 구하시오.

11 4에서 28^2까지의 자연수 중에서 28^2과 서로소인 자연수는 모두 몇 개인지 구하시오.

12 두 수 56과 84의 모든 공약수의 곱은 어떤 수의 세제곱수이다. 어떤 수를 구하시오.

13 세 수 $2 \times a \times 5 \times 7$, $b \times 3^3 \times 5$, $2 \times 3^3 \times c$의 최대공약수가 $2 \times 3 \times 5$, 최소공배수가 $2^2 \times 3^3 \times 5^3 \times 7$일 때, $a \times b \times c$의 약수의 개수를 구하시오.

14 세로의 길이가 24 cm, 가로의 길이가 18 cm인 직사각형 모양의 큰 김 24장을 가능한 한 큰 정사각형 모양으로 잘라 학생들에게 남김없이 똑같이 나누어 주었다. 한 학생이 자른 김 8장씩을 받았다면 모두 몇 명의 학생들에게 나누어 주었는지 구하시오.

15 두 자연수 a, b의 최대공약수를 $a \circ b$, 최소공배수를 $a \heartsuit b$로 나타낼 때, $12 \circ x = 3$, $x \heartsuit 30 = 90$인 x의 값을 구하시오. (단, $6 < x < 24$이다.)

16 a는 50보다 크고 100보다 작은 홀수로 3으로 나누어 떨어지고, 9로는 나누어떨어지지 않는다. 또, a와 70 이 1 이외의 공약수를 가질 때, a의 값을 구하시오.

17 지수는 정월대보름을 맞아 어머니께서 주신 땅콩과 호두를 친구들과 나누어 먹었다. 땅콩과 호두는 각 각 50개와 56개였는데 최대한 많은 친구들과 같은 개수씩 나누어 먹었더니 땅콩은 두 개가 남고, 호두 는 하나도 남지 않았다. 다음 물음에 답하시오.

(1) 땅콩과 호두를 총 몇 명이 나누어 먹었는지 구하 시오.

(2) 친구 한 명이 먹은 땅콩과 호두의 개수의 차를 구하시오.

풀이과정

답

18 세 자연수 10, 12, 15의 어느 수로 나누어도 6이 남 는 자연수 중에서 200에 가장 가까운 수를 구하시오.

19 자연수 a로 175를 나누면 5가 부족하고, 114를 나 누면 6이 남는다. 이러한 a 중에서 가장 작은 수를 m, 가장 큰 수를 n이라 할 때, $m+n$의 값을 구하 시오.

20 세 분수 $\dfrac{28}{15}$, $\dfrac{7}{12}$, $\dfrac{35}{24}$의 어느 것에 곱해도 그 결과 가 자연수가 되게 하는 가장 작은 기약분수를 구하 시오.

21 두 톱니바퀴 A, B가 서로 맞물려 돌고 있다. A의 톱니의 수는 28개이고, B의 톱니의 수는 15개 이상 이지만 A의 톱니의 수보다는 적다. 두 톱니바퀴가 맞물려 돌기 시작한 후 처음으로 다시 같은 톱니에 서 맞물리는 것은 A가 4바퀴를 돌고 난 후일 때, 다 음 물음에 답하시오.

(1) B의 톱니의 수를 구하시오.

(2) 두 톱니바퀴가 맞물려 돌기 시작한 후 처음으로 다시 같은 톱니에서 맞물리는 것은 B가 몇 바퀴 돌고 난 후인지 구하시오.

풀이과정

답

22 어느 마을에는 오른쪽 그림과 같이 4개의 직선으로 된 길이 있다. 이 4개의 길 각각에 모두 같은 간격으로 CCTV를 설치하려고 한다. CCTV 한 대를 설치하는 데 80만 원이 든다면 총 설치비는 최소 얼마가 드는지 구하시오. (단, A, B, C, D, E의 다섯 지점에는 반드시 CCTV를 설치한다.)

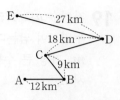

서술형
23 용암 온천의 대형 온탕에는 물이 뿜어져 나오는 세 구멍 A, B, C가 있다. 구멍 A에서는 20초 동안 물이 나오다가 4초 동안 정지한 후 다시 나오고, 구멍 B에서는 25초 동안 물이 나오다가 5초 정지 후 다시 나오며, 구멍 C에서는 35초 동안 물이 나오다가 10초 정지한 후 다시 나온다. 오전 9시에 구멍 A, B, C에서 동시에 물이 나오기 시작했다고 할 때, 다음 물음에 답하시오.

(1) 오전 9시 이후에 처음으로 세 구멍에서 동시에 물이 뿜어져 나오기 시작하는 시각을 구하시오.

(2) 오전 9시부터 오전 11시까지 세 구멍에서 동시에 물이 뿜어져 나오기 시작하는 횟수는 몇 번인지 구하시오.

풀이과정

답

24 가로가 16 mm, 세로가 24 mm, 높이가 30 mm인 직육면체를 빈틈없이 쌓아서 가장 작은 정육면체 모양을 만들려고 한다. 이때 만들어지는 정육면체의 한 모서리의 길이를 a cm, 필요한 직육면체의 개수를 b개라 할 때, $b \div a$의 값을 구하시오.

25 귤 한 박스를 사서 봉지에 나누어 담고 있다. 상자 속에는 100개 이상 150개 이하의 귤이 들어 있다. 귤을 4개씩 봉지에 담으면 1개가 남고, 5개씩, 6개씩, 8개씩 담아도 1개가 남는다고 한다. 이 귤을 한 봉지에 9개씩 담으면 남는 귤은 몇 개인지 구하시오.

26 A와 300의 최대공약수는 12이고, A를 14로 나누면 어떤 자연수의 제곱이 된다고 한다. 이 조건을 만족시키는 A의 값 중 가장 작은 자연수를 구하시오.

01 세 자연수 A, B, C의 합은 120이고, 최대공약수는 12이다. $A<B<C$일 때, 다음 물음에 답하시오.

(1) $C=72$일 때, A, B의 값을 각각 구하시오.
(2) 세 자연수 A, B, C의 쌍은 모두 몇 개인지 구하시오.

> **승승비법**
> 세 자연수 A, B, C의 최대공약수가 12이므로 $A=12\times a$, $B=12\times b$, $C=12\times c$ (단, a, b, c의 최대공약수는 1)로 놓는다.

02 다음 조건을 모두 만족시키는 자연수 a의 최댓값을 구하시오.

> ㄱ. a와 60의 최대공약수는 12이다.
> ㄴ. a와 40의 최대공약수는 8이다.
> ㄷ. a는 140보다 작다.

> a와 60의 최대공약수는 12이므로 a는 12의 배수이고, $\frac{60}{12}=5$의 배수가 아니다.

03 합이 105이고 차가 7인 두 자연수가 있다. 이 두 수의 최대공약수가 7일 때, 10보다 크고 1000보다 작은 수 중에서 이 두 수로 나누어 항상 2가 남는 수를 모두 구하시오.

> 두 수의 최대공약수가 7이므로 두 수를 $7\times a$, $7\times b$ (단, a, b는 서로소)로 놓고 합과 차를 이용하여 식을 세운다.

04 세 수 6, 8, 9의 어느 것으로 나누어도 나머지가 4인 자연수 중에서 200에 가장 가까운 수를 a, 500에 가장 가까운 수를 b라 할 때, $a+b$의 값을 구하시오.

> (세 수의 어느 것으로 나누어도 나머지가 a인 수)
> =(세 수의 공배수)+a

승승비법

05 세 분수 $\dfrac{16}{15}$, $\dfrac{40}{3}$, $\dfrac{24}{25}$ 중 어느 것에 곱해도 그 결과가 자연수가 되게 하는 가장 작은 기약분수를 a, 두 번째로 작은 기약분수를 b라 할 때, $a+b$의 값을 구하시오.

○ (세 분수에 곱해서 자연수가 되게 하는 가장 작은 분수)
$=\dfrac{(세 분수의 분모의 최소공배수)}{(세 분수의 분자의 최대공약수)}$

06 학생 몇 명에게 간식으로 빵 74개, 우유 113개, 귤 157개를 같은 개수씩 나누어 주었더니 각각 2개, 5개, 13개가 남았다. 또, 남은 간식을 종류에 상관없이 모든 학생에게 1개씩 나누어 주었더니 간식 몇 개가 또 남았다. 이때 학생 수를 구하시오.

○ 각각 남은 개수를 뺀 수들의 최대공약수의 약수가 학생 수이다.

07 서로 다른 세 자연수 32, 48, M의 최대공약수가 16, 최소공배수가 1920이다. 이때 M의 값을 모두 구하시오.

○ 세 자연수의 최대공약수가 16이므로 $M=16\times m$으로 놓고 m의 값으로 가능한 수를 먼저 구한다.

08 어느 어린이공원에는 정문에서 매표소까지 운행하는 이층버스와 미니버스가 각각 한 대씩 있다. 이층버스와 미니버스는 각각 정원이 25명, 15명이고, 정문에서 매표소까지 걸리는 시간은 각각 6분, 8분이다. 버스를 타고 내리는 시간은 생각하지 않을 때, 이 두 버스로 320명의 승객을 정문에서 매표소까지 수송하는 데 걸리는 최소 시간은 몇 시간 몇 분인지 구하시오.

○ 두 버스가 처음으로 다시 동시에 출발할 때까지 걸리는 시간은 두 버스의 왕복 시간의 최소공배수이다.

Ⅱ. 정수와 유리수

핵심원리 1 양수와 음수

1. 양의 부호와 음의 부호

(1) 서로 반대되는 성질을 갖는 양을 수로 나타낼 때, 어떤 기준을 중심으로 한쪽에는 +, 다른 쪽에는 −를 붙여서 나타낼 수 있다.

(2) '+'는 양의 부호, '−'는 음의 부호이다.

(3) 어떤 기준점을 정하여 0으로 놓고, 0보다 크거나 많은 값에 +부호, 작거나 적은 값에 −부호를 붙여 나타낸다.

예 50 % 증가를 +50 %라 하면 50 % 감소는 −50 %로 나타낸다.

2. 양수와 음수

(1) 0보다 큰 수를 **양수**라 하고, 양의 부호 +를 붙여서 나타낸다.

예 +2, +8, +13, …

(2) 0보다 작은 수를 **음수**라 하고, 음의 부호 −를 붙여서 나타낸다.

예 −5, −9, −24, …

참고 • +a는 플러스 a, −a는 마이너스 a라고 읽으며 일반적으로 양의 부호는 생략하고 쓴다.
• 실생활에서 사용되는 양수와 음수의 예

이익	100원 이익 : +100원	해발	해발 500 m : +500 m
손해	50원 손해 : −50원	해저	해저 20 m : −20 m
영상	영상 8 °C : +8 °C	지상	지상 6층 : +6층
영하	영하 5 °C : −5 °C	지하	지하 2층 : −2층

꼭꼭 Check
(양수) → 0보다 큰 수
(음수) → 0보다 작은 수

확인 1−1 부호 +, − 를 사용하여 다음 □ 안에 알맞은 것을 써넣으시오.

(1) 영상 3 °C를 +3 °C로 나타내면 영하 5 °C는 □로 나타낸다.
(2) 300원 손해를 −300원으로 나타내면 250원 이익은 □으로 나타낸다.
(3) 해저 50 m를 −50 m로 나타내면 해발 20 m는 □로 나타낸다.
(4) 지상 9층을 +9층으로 나타내면 지하 4층은 □으로 나타낸다.

확인 1−2 다음 수를 부호 +, −를 사용하여 나타내시오.

(1) 0보다 5 작은 수 (2) 0보다 3 큰 수
(3) 0보다 $\frac{2}{3}$ 작은 수 (4) 0보다 0.5 작은 수

확인 1−3 아래 수에 대하여 다음을 모두 고르시오.

$$-4.3, \quad +\frac{9}{2}, \quad 0, \quad -5, \quad +2.9, \quad -\frac{7}{6}$$

(1) 양수 (2) 음수

정수

양의 정수, 0, 음의 정수를 통틀어 정수라 한다.

1. **양의 정수 (자연수)** : 자연수에 양의 부호 +를 붙인 수

   예 +1, +2, +3, …

2. **음의 정수** : 자연수에 음의 부호 −를 붙인 수

   예 −1, −2, −3, …

3. **0(영)** : 0은 양의 정수도 음의 정수도 아니다.

참고 ▶ 양의 정수는 양의 부호 +를 생략할 수 있지만 음의 정수는 음의 부호 −를 생략할 수 없다.

꼭꼭 Check

$$
정수
\begin{cases}
양의 정수(자연수) \\
0 \\
음의 정수
\end{cases}
$$

확인 **2 – 1** 다음 수 중에서 정수를 모두 고르시오.

$$
-\frac{2}{3} \qquad -4 \qquad 0 \qquad +2.5 \qquad +7 \qquad +9\frac{1}{10} \qquad +10
$$

확인 **2 – 2** 다음 수 중에서 음의 정수는 모두 몇 개인지 구하시오.

$$
-4 \qquad -1.5 \qquad 0 \qquad +3\frac{1}{2} \qquad +5 \qquad -10 \qquad +\frac{6}{2}
$$

확인 **2 – 3** 아래 수에 대하여 다음을 모두 찾으시오.

$$
-\frac{12}{3} \qquad 0 \qquad -2.7 \qquad +\frac{1}{5} \qquad +3 \qquad +\frac{9}{4} \qquad -7
$$

(1) 양의 정수

(2) 음의 정수

(3) 정수

유리수

1. 유리수

분모, 분자가 모두 정수인 분수로 나타낼 수 있는 수(단, 분모가 0이 아닌 수)를 **유리수**
라 한다.

$$(\text{유리수}) = \frac{(\text{정수})}{(0\text{이 아닌 정수})}$$

(1) 양의 유리수 : 분모, 분자가 모두 자연수인 분수에 양의 부호 +를 붙인 수

　예 $+\dfrac{1}{2}, +\dfrac{3}{8}, +\dfrac{7}{15}, \cdots$

(2) 음의 유리수 : 분모, 분자가 모두 자연수인 분수에 음의 부호 −를 붙인 수

　예 $-\dfrac{1}{2}, -\dfrac{3}{8}, -\dfrac{7}{15}, \cdots$

(3) 양의 유리수, 0, 음의 유리수를 통틀어 유리수라 한다.

참고 ▶ 양의 유리수는 양수이고 음의 유리수는 음수이며, 양수는 +를 생략하여 나타낼 수 있다.

2. 유리수의 분류

$$
\text{유리수}
\begin{cases}
\text{정수}
\begin{cases}
\text{양의 정수(자연수)} : +1, +2, +3, \cdots \\
0 \\
\text{음의 정수} : -1, -2, -3, \cdots
\end{cases} \\
\text{정수가 아닌 유리수} : -\dfrac{1}{3}, -0.5, +\dfrac{1}{2}, +1.7, \cdots
\end{cases}
$$

참고 ▶ 앞으로 특별한 말이 없을 때 '수'라 하면 유리수를 말한다.

꼭꼭 check
> 모든 정수는 분수로 나타낼
> 수 있으므로 모든 정수는
> 유리수이다.

확인 **3 – 1** 아래의 수에 대하여 물음에 답하시오.

$$+3 \qquad -\dfrac{3}{2} \qquad 0 \qquad +\dfrac{1}{3} \qquad +1.5 \qquad -10 \qquad +8 \qquad -\dfrac{4}{5} \qquad +23$$

(1) 양의 유리수는 모두 몇 개인지 구하시오.
(2) 음의 유리수는 모두 몇 개인지 구하시오.

확인 **3 – 2** 다음 수 중에서 정수가 아닌 유리수는 모두 몇 개인지 구하시오.

$$-1.5 \qquad 9 \qquad \dfrac{6}{3} \qquad \dfrac{1}{2} \qquad -\dfrac{5}{3}$$

핵심원리 **4** 수직선

유형 5 6

1. 직선 위에 기준이 되는 점을 정하여 그 점에 0을 대응시키고, 그 점의 좌우에 일정한 간격으로 점을 잡아서 오른쪽의 점에 양수를, 왼쪽의 점에 음수를 대응시킨 직선을 **수직선**이라 한다.

2. 모든 유리수는 수직선 위의 점으로 나타낼 수 있다.

예 -4, -2.5, -1, $+\dfrac{2}{3}$, $+2$, $+\dfrac{5}{2}$를 수직선에 나타내면 다음과 같다.

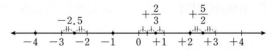

> **꼭꼭 Check**
> 수직선에서 음수는 0의 왼쪽에, 양수는 0의 오른쪽에 위치한다.

● 확인 **4-1** 다음 수직선에서 네 점 A, B, C, D가 나타내는 수를 각각 구하시오.

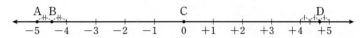

● 확인 **4-2** 다음 중 수직선 위의 다섯 개의 점 A, B, C, D, E가 나타내는 수로 옳지 <u>않은</u> 것은?

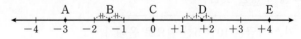

① A : -3 ② B : -2.5 ③ C : 0

④ D : $+\dfrac{5}{3}$ ⑤ E : $+4$

● 확인 **4-3** 다음 수에 대응하는 점을 수직선 위에 나타내시오.

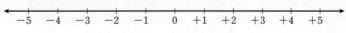

(1) $+5$ (2) -3 (3) $-\dfrac{7}{2}$ (4) $+\dfrac{10}{3}$

46쪽 | 핵심원리1

유형 1 ─ **부호를 사용하여 나타내기**

01 다음 ☐ 안에 알맞은 수를 부호 +, −를 사용하여 나타내시오.

(1) 평균 점수를 0점으로 했을 때, 평균보다 8점 높은 점수는 ☐점, 평균보다 4점 낮은 점수는 ☐점이다.

(2) 800원 손해를 −800원이라 할 때, 1000원 이익은 ☐원이다.

(3) 현재 위치에서 동쪽으로 10 m 떨어진 거리를 +10 m라 할 때, 현재 위치에서 서쪽으로 25 m 떨어진 거리는 ☐m이다.

02 다음 글에서 밑줄 친 부분을 부호 +, −를 사용하여 나타낸 것으로 옳지 <u>않은</u> 것은?

이번 달 12월의 가스 요금은 10만 5천 원으로 올해 들어 가장 많은 금액이다. 이는 ① <u>1년 전</u> 12월의 가스 요금보다 ② <u>15 % 증가</u>한 금액으로 올해 12월의 평균 기온이 작년보다 ③ <u>2 ℃ 낮아진</u> 것이 원인으로 보인다. 다음 달에는 전기요금도 ④ <u>11 % 인상</u> 된다고 한다. 내복을 껴입거나 양말을 꼭 신고 다니는 등 일상 속 작은 실천으로 가스비가 ⑤ <u>2만원 적게</u> 나오도록 노력해야 겠다.

① −1년　　② +15 %　　③ −2 ℃
④ −11 %　　⑤ −2만 원

03 다음 밑줄 친 부분을 부호 +, −를 사용하여 나타낼 때, 나머지 넷과 부호가 <u>다른</u> 것은?

① 윤주의 수학 성적이 지난번 시험 때보다 <u>15점 상승</u>했다.
② 서울의 현재 기온은 <u>영상 12 ℃</u>이다.
③ 주차를 한 곳은 <u>지하 2층</u>이다.
④ 버스 요금이 지난달보다 <u>100원 인상</u>되었다.
⑤ 마라톤 경기가 시작한 지 <u>1시간 후</u>이다.

47쪽 | 핵심원리2

유형 2 ─ **정수**

04 다음 중 정수를 모두 고르면?

① −2.9　　② $-\dfrac{5}{3}$　　③ 0

④ 1.5　　⑤ $+\dfrac{6}{3}$

05 다음 중 양의 정수가 <u>아닌</u> 정수를 모두 고르면?

① 0.9　　② $-\dfrac{1}{5}$　　③ 0

④ −5　　⑤ 10

서술형

06 다음 수 중 양의 정수를 a개, 음의 정수를 b개라 할 때, $b-a$의 값을 구하시오.

$$1.4, \quad -8, \quad -5, \quad -\frac{8}{2}, \quad 3, \quad 0, \quad 2$$

풀이과정

답

48쪽 | 핵심원리 3

유형 3 유리수

07 다음 중 세 수가 모두 정수가 아닌 유리수인 것은?

① $2.3, -\frac{1}{4}, 5$ ② $\frac{4}{7}, \frac{8}{2}, -3.1$

③ $-\frac{2}{7}, 1.8, \frac{1}{3}$ ④ $-1, 0, 1$

⑤ $\frac{3}{5}, 1, -2$

08 다음 수 중 양의 유리수를 a개, 음의 유리수를 b개, 정수가 아닌 유리수를 c개라 할 때, $a+b+c$의 값을 구하시오.

$$+\frac{8}{4} \quad -3 \quad \frac{1}{2} \quad 3.5 \quad 0 \quad -1\frac{3}{5}$$

---

09 다음 수에 대한 설명으로 옳은 것을 모두 고르면?

$$\frac{10}{5}, \quad -9, \quad -\frac{5}{7}, \quad 4.6, \quad 0, \quad +3$$

① 양수는 2개이다.
② 음수는 2개이다.
③ 정수는 4개이다.
④ 자연수는 1개이다.
⑤ 유리수는 2개이다.

47쪽 | 핵심원리 2+48쪽 | 핵심원리 3

유형 4 정수와 유리수의 성질

10 다음 설명 중 옳은 것은?

① 0은 정수이나 유리수는 아니다.
② 정수는 양의 정수와 음의 정수로 이루어져 있다.
③ 서로 다른 두 정수 사이에는 반드시 다른 정수가 있다.
④ 정수가 아닌 유리수는 무수히 많다.
⑤ 유리수가 아닌 정수도 있다.

11 다음 설명 중 옳지 <u>않은</u> 것을 모두 고르면?

① 서로 다른 두 유리수 사이에는 무수히 많은 유리수가 있다.
② 0은 음수도 아니고 양수도 아니다.
③ 음의 정수 중 가장 작은 수는 -1이다.
④ 음이 아닌 정수를 자연수라 한다.
⑤ 모든 유리수는 수직선 위에 나타낼 수 있다.

유형 5 수를 수직선 위에 나타내기

49쪽 | 핵심원리4

12 다음 수직선 위의 다섯 개의 점 A, B, C, D, E가 나타내는 수로 옳지 <u>않은</u> 것은?

```
      A   B         C     D         E
  ┼───●─┼──●┼┼┼┼─┼┼●┼─┼┼●┼┼─┼───●─┼──
 −5  −4  −3  −2  −1   0  +1  +2  +3  +4  +5
```

① A : −4　　② B : −3.5　　③ C : $\dfrac{2}{3}$

④ D : $+\dfrac{5}{2}$　　⑤ E : 5

13 다음 두 점을 수직선 위에 나타내시오.

> • 점 A가 나타내는 수 : 0보다 3만큼 작은 수
> • 점 B가 나타내는 수 : 0보다 2만큼 큰 수

```
  ┼────┼────┼────┼────┼────┼────┼────┼────┼──
 −4   −3   −2   −1    0   +1   +2   +3   +4
```

14 다음 수직선 위의 다섯 개의 점 A, B, C, D, E가 나타내는 수에 대한 설명으로 옳은 것은?

```
   B    E       A D          C
  ●┼─┼●┼┼┼─┼──┼●┼●─┼──┼┼┼●┼┼─┼───┼──
 −5  −4  −3  −2  −1   0   1   2   3   4   5
```

① C : $\dfrac{3}{2}$　　　　② E : $-\dfrac{4}{3}$

③ 정수는 1개이다.　　④ 음수는 3개이다.

⑤ 정수가 아닌 유리수는 3개이다.

15 다음 수를 수직선 위에 나타낼 때, 왼쪽에서 두 번째에 있는 수를 구하시오.

> $$-2.5, \quad \dfrac{5}{4}, \quad 0, \quad 1, \quad -1\dfrac{1}{3}, \quad -2$$

16 수직선에서 $-\dfrac{8}{3}$에 가장 가까운 정수를 a, $\dfrac{7}{4}$에 가장 가까운 정수를 b라 할 때, a, b의 값을 각각 구하시오.

유형 6 수직선에서 같은 거리에 있는 점

49쪽 | 핵심원리4

17 수직선에서 −6과 4를 나타내는 두 점으로부터 같은 거리에 있는 점이 나타내는 수를 구하시오.

18 수직선에서 5를 나타내는 점으로부터의 거리가 8인 두 점이 나타내는 두 수를 구하시오.

이해쏙쏙 술술풀이 **28쪽**

핵심원리 **1**

절댓값

1. 절댓값

(1) 수직선에서 0을 나타내는 점과 어떤 수를 나타내는 점 사이의 거리를 그 수의 **절댓값**이라 하고, 기호로 │ │를 사용하여 나타낸다.

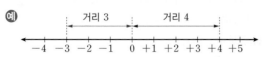

-3의 절댓값 : $|-3|=3$

$+4$의 절댓값 : $|+4|=4$

(2) 유리수 a의 절댓값

유리수 a의 절댓값은 $|a|$와 같이 나타낸다.

$$|a|=\begin{cases} a & (a>0일\ 때) \\ 0 & (a=0일\ 때) \\ -a & (a<0일\ 때) \end{cases}$$

예 $3>0$이므로 $|3|=3$이다.

$|0|=0$

$-1<0$이므로 $|-1|=-(-1)=1$이다.

2. 절댓값의 성질

(1) 양수와 음수의 절댓값은 그 수에서 부호 $+$, $-$를 떼어낸 수와 같다.

예 $|-2|=2$, $|+7|=7$

(2) 절댓값이 $a(a>0)$인 수는 $+a$, $-a$의 2개이다.

예 절댓값이 7인 수는 $+7$, -7이다.

(3) 절댓값은 거리를 나타내므로 항상 0 또는 양수이다.

(4) 절댓값이 클수록 수직선에서 0을 나타내는 점으로부터 멀리 떨어져 있다.

Tip ▸ • $|x|<1 \Longleftrightarrow -1<x<1$, $|x|>1 \Longleftrightarrow x>1$ 또는 $x<-1$

꼭꼭 Check

• a의 절댓값은 $|a|$
• 절댓값이 $a(a>0)$인 수는 $+a$, $-a$

확인 **1 – 1** 다음을 구하시오.

(1) $+6$의 절댓값

(2) $-\dfrac{7}{4}$의 절댓값

(3) $|+3.1|$

(4) $|-8|$

확인 **1 – 2** 다음을 구하시오.

(1) 절댓값이 5인 수

(2) 절댓값이 $\dfrac{4}{9}$인 수

(3) 절댓값이 $\dfrac{2}{3}$인 양수

(4) 절댓값이 1.9인 음수

확인 **1 – 3** 다음 수를 절댓값이 큰 수부터 차례대로 나열하시오.

$$2.7 \qquad -6 \qquad 3 \qquad -\dfrac{1}{2}$$

수의 대소 관계

1. 수직선 위에서의 수의 대소 관계

수직선 위에서 오른쪽으로 갈수록 큰 수이고, 왼쪽으로 갈수록 작은 수이다.

2. 수의 대소 관계

(1) 양수는 0보다 크고, 음수는 0보다 작다.
   즉, (음수)<0<(양수)이다.

(2) 양수는 음수보다 크다.

(3) 양수끼리는 절댓값이 큰 수가 크다.
   예 $|+3|>|+2|$이므로 $+3>+2$이다.

(4) 음수끼리는 절댓값이 큰 수가 작다.
   예 $|-5|>|-1|$이므로 $-5<-1$이다.

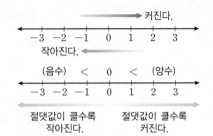

꼭꼭 Check

(음수)<0<(양수)

확인 2 – 1 다음 □ 안에 > 또는 <를 써넣으시오.

(1) $+1.4$ □ 0

(2) -1.2 □ $+\dfrac{5}{3}$

(3) $-2\dfrac{4}{7}$ □ -1.8

(4) $+3.2$ □ $+8$

확인 2 – 2 다음 중 대소 관계가 옳지 <u>않은</u> 것은?

① $-\dfrac{3}{4}<0$

② $-\dfrac{7}{2}<-\dfrac{10}{3}$

③ $|+1.3|>|-2.1|$

④ $+2.5>-1$

⑤ $\dfrac{8}{5}>\dfrac{11}{8}$

확인 2 – 3 다음 수를 작은 수부터 차례대로 나열하시오.

$$-\dfrac{2}{5} \qquad 0.4 \qquad -7 \qquad 0 \qquad \dfrac{8}{3}$$

부등호의 사용

유형 6 7

1. **초과**($a > b$) : a는 b보다 크다.

   예 $x > 5$ → x는 5 초과이다. → x는 5보다 크다.

2. **이상**($a \geq b$) : a는 b보다 크거나 같다.

   예 $x \geq 3$ → x는 3 이상이다. → x는 3보다 크거나 같다.

3. **미만**($a < b$) : a는 b보다 작다.

   예 $x < 7$ → x는 7 미만이다. → x는 7보다 작다.

4. **이하**($a \leq b$) : a는 b보다 작거나 같다.

   예 $x \leq 8$ → x는 8 이하이다. → x는 8보다 작거나 같다.

   Tip • a는 b보다 크지 않다. $\iff$ a는 b보다 작거나 같다. $\iff$ a는 b 이하이다. $\iff$ $a \leq b$
   a는 b보다 작지 않다. $\iff$ a는 b보다 크거나 같다. $\iff$ a는 b 이상이다. $\iff$ $a \geq b$
   • '이상', '이하'는 등호를 포함하고, '초과', '미만'은 등호를 포함하지 않는다.

꼭꼭 check
$\leq \Rightarrow <$ 또는 $=$
$\geq \Rightarrow >$ 또는 $=$

확인 **3 – 1** 다음을 부등호를 사용하여 나타내시오.

(1) x는 7 초과이다.

(2) x는 -3 미만이다.

(3) x는 12보다 작지 않다.

(4) x는 -8 이하이다.

확인 **3 – 2** 다음을 부등호를 사용하여 나타내시오.

(1) a는 2 이상이고 5 미만이다.

(2) x는 $-\dfrac{4}{9}$보다 크거나 같고 3.2보다 작거나 같다.

(3) m은 $-\dfrac{1}{2}$보다 크고 1.4보다 크지 않다.

확인 **3 – 3** $-3 < x \leq \dfrac{5}{4}$ 를 만족시키는 정수 x를 구하시오.

유형 1 • 절댓값 53쪽 | 핵심원리1

01 수직선 위에서 절댓값이 7인 두 수가 나타내는 두 점 사이의 거리를 구하시오.

02 $-\dfrac{9}{4}$의 절댓값을 a, 절댓값이 $\dfrac{7}{3}$인 수 중 양수를 b 라 할 때, $a+b$의 값을 구하시오.

03 세 수 -7, $-\dfrac{3}{4}$, $+\dfrac{5}{4}$의 절댓값의 합을 구하시오.

유형 2 • 절댓값의 성질 53쪽 | 핵심원리1

04 다음 중 옳은 것은?

① 절댓값이 4인 수는 $+4$ 하나이다.
② $m<0$이면 $|m|=m$이다.
③ 음수는 절댓값이 클수록 크다.
④ 절댓값이 가장 작은 정수는 0이다.
⑤ $|m|<|n|$이면 $m<n$이다.

05 다음 중 옳지 <u>않은</u> 것은?

① 수직선에서 0을 나타내는 점에서 멀리 떨어질수록 절댓값이 커진다.
② 수직선 위에서 왼쪽에 있는 수는 오른쪽에 있는 수보다 절댓값이 작다.
③ 절댓값이 음수인 수는 없다.
④ 양수는 절댓값이 클수록 크다.
⑤ 0의 절댓값보다 음수의 절댓값이 크다.

유형 3 • 절댓값이 같고 부호가 반대인 두 수 53쪽 | 핵심원리1

06 두 수 m, n의 절댓값이 같고 m이 n보다 6만큼 클 때, m, n의 값을 각각 구하시오.

07 절댓값이 같고 부호가 반대인 두 수 a, b를 수직선 위에 점으로 나타내면 두 점 사이의 거리가 $\dfrac{12}{5}$이다. a가 b보다 클 때, 두 수 a, b의 값을 각각 구하시오.

유형 4 절댓값의 대소 관계
53쪽 | 핵심원리 1

08 다음 수를 수직선 위에 나타낼 때, 0을 나타내는 점에서 가장 멀리 떨어져 있는 수는?

① −8   ② −$\frac{9}{2}$ ③ −2.8

④ $\frac{25}{8}$ ⑤ 12

09 절댓값이 $\frac{7}{4}$ 이상 4 미만인 정수의 개수를 구하시오.

서술형

10 다음 수 중 절댓값이 5보다 큰 수를 a개, 절댓값이 2보다 작은 수를 b개라 할 때, $a-b$의 값을 구하시오.

$$-7 \quad \frac{11}{5} \quad 4.3 \quad -\frac{59}{7} \quad -2 \quad +9\frac{5}{8} \quad +12$$

풀이과정

답

유형 5 수의 대소 관계
54쪽 | 핵심원리 2

11 다음 중 두 수의 대소 관계가 옳지 <u>않은</u> 것은?

① −2<0   ② +3.8>−5

③ +$\frac{1}{2}$>+$\frac{1}{4}$ ④ −1.5<−2.4

⑤ +1>−5.2

12 다음 수 중에서 두 번째로 작은 수는?

① −$\frac{15}{4}$ ② |−2| ③ 0

④ −1.9   ⑤ +4.5

13 미소는 지호네 집에 놀러 가려고 한다. 지호는 미소에게 갈림길이 나오면 큰 수가 있는 길을 택해서 오라고 알려주었다. A, B, C, D, E 중에서 지호네 집은?

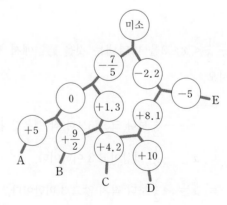

① A   ② B   ③ C

④ D   ⑤ E

55쪽 | 핵심원리 3

유형 6 ─ 부등호를 사용하여 나타내기

14 'x는 -1보다 작지 않고 5 미만이다.'를 부등호를 사용하여 나타내면?

① $-1 < x \le 5$　　② $-1 \le x < 5$

③ $-1 \le x \le 5$　　④ $-1 < x < 5$

⑤ $x < -1$ 또는 $x > 5$

15 다음 중 부등호를 사용하여 나타낸 것으로 옳은 것은?

① a는 3.2 이상이다. ➡ $a \le 3.2$

② a는 4보다 작거나 같다. ➡ $a < 4$

③ a는 $-\dfrac{2}{5}$ 초과 1.2 미만이다.

　➡ $-\dfrac{2}{5} \le a < 1.2$

④ a는 -1.8보다 크고 2.6 이하이다.

　➡ $-1.8 \le a \le 2.6$

⑤ a는 $\dfrac{3}{7}$보다 크거나 같고 2 미만이다.

　➡ $\dfrac{3}{7} \le a < 2$

16 $-\dfrac{1}{2} < x \le 3$을 나타내는 것을 보기 에서 모두 고르시오.

보기

ㄱ. x는 $-\dfrac{1}{2}$보다 크고 3보다 작거나 같다.

ㄴ. x는 $-\dfrac{1}{2}$ 이상이고 3 이하이다.

ㄷ. x는 $-\dfrac{1}{2}$보다 작지 않고 3 미만이다.

ㄹ. x는 $-\dfrac{1}{2}$ 초과이고 3보다 크지 않다.

ㅁ. x는 $-\dfrac{1}{2}$보다 작지 않고 3보다 작거나 같다.

55쪽 | 핵심원리 3

유형 7 ─ 주어진 범위에 속하는 수

17 다음 중 $-4 < a \le \dfrac{11}{3}$을 만족시키는 정수 a의 개수는?

① 4개　　② 5개　　③ 6개

④ 7개　　⑤ 8개

서술형

18 두 유리수 $-\dfrac{16}{3}$과 3.2 사이에 있는 정수 중에서 가장 큰 수와 가장 작은 수를 수직선 위에 점으로 나타낼 때, 두 점 사이의 거리를 구하시오.

풀이과정

답

19 두 유리수 $-\dfrac{5}{3}$와 $\dfrac{1}{2}$ 사이에 있는 정수가 아닌 유리수 중에서 분모가 6인 유리수의 개수를 구하시오.

Step **B** 내신 다지기

01 다음 중 양의 부호 또는 음의 부호를 사용하여 나타 낸 것으로 옳지 <u>않은</u> 것은?

① 1000원 이익 : $+1000$원

② 해발 500 m : $+500$ m

③ 영하 20 ℃ : -20 ℃

④ 출발 3시간 전 : $+3$시간

⑤ 10점 하락 : -10점

서술형

02 꽃게가 모래구멍에서 나와 다음과 같이 왼쪽, 오른 쪽으로 움직일 때, 물음에 답하시오.

(1) 모래구멍에서 나와 오른쪽으로 800 m 갔다가, 왼쪽으로 600 m 갔을 때, 꽃게는 모래구멍에서 어느 방향으로 몇 m 떨어져 있는지 구하시오.

(2) (1)의 위치에서 다시 왼쪽으로 400 m 갔다가, 오른쪽으로 500 m 갔을 때, 꽃게는 모래구멍에서 어느 방향으로 몇 m 떨어져 있는지 구하시오.

풀이과정

답

03 다음 수를 수직선 위의 점으로 나타낼 때, 0을 나타 내는 점에서 가장 멀리 떨어져 있는 수는?

① -4.3 ② 9 ③ $\dfrac{5}{2}$

④ $-\dfrac{3}{4}$ ⑤ -10.8

04 두 유리수 $-\dfrac{5}{9}$와 $\dfrac{16}{3}$ 사이에 있는 정수는 모두 몇 개인가?

① 3개   ② 4개   ③ 5개

④ 6개   ⑤ 7개

05 다음 중 가장 큰 수는?

① -4 ② 0 ③ $\dfrac{5}{2}$

④ $|-3.5|$ ⑤ $\left|-\dfrac{11}{4}\right|$

06 다음 중 유리수에 대한 설명으로 옳지 <u>않은</u> 것을 모 두 고르면?

① 유리수는 양의 유리수, 0, 음의 유리수로 이루어 져 있다.

② 모든 유리수는 수직선 위의 점에 대응시킬 수 있다.

③ 모든 정수는 유리수이다.

④ 유리수는 분모, 분자가 모두 정수인 분수로 나타 낼 수 있는 수이다.

⑤ 0과 2 사이에는 유리수가 한 개 있다.

07 다음 주어진 수에 대한 설명 중 옳은 것은?

$$15, \quad -7.3, \quad \frac{2}{9}, \quad -21, \quad 0, \quad -\frac{3}{7}, \quad \frac{15}{3}$$

① 정수는 3개이다.
② 양수는 2개이다.
③ 자연수는 4개이다.
④ 유리수는 6개이다.
⑤ 음의 유리수는 3개이다.

08 다음 수직선 위의 다섯 개의 점 A, B, C, D, E가 나타내는 수로 옳지 <u>않은</u> 것은?

① A : -2.5 ② B : -1.3
③ C : -1 ④ D : 0.75
⑤ E : 2.4

09 다음 수를 수직선 위에 나타낼 때, 가장 오른쪽에 있는 수는?

① -1.9 ② $-\frac{7}{2}$ ③ 0

④ 3.5 ⑤ $\frac{13}{4}$

10 두 수 a, b는 절댓값이 같고 수직선 위에서 a, b를 나타내는 두 점 사이의 거리가 $\frac{3}{5}$일 때, a, b의 값을 각각 구하시오. (단, $a > b$)

11 다음 수 중에서 절댓값이 가장 큰 수를 a, 절댓값이 가장 작은 수를 b라 할 때, 수직선에서 두 수 a, b를 나타내는 두 점의 한가운데에 있는 점에 대응하는 수를 구하시오.

$$-6 \quad 9 \quad 0 \quad 11 \quad 15 \quad -7$$

서술형

12 두 유리수 -2.4와 $\frac{18}{5}$ 사이에 있는 정수 중 절댓값이 가장 큰 정수를 구하시오.

풀이과정

답

13 다음 중 부등호를 사용하여 나타낸 것으로 옳지 <u>않</u>은 것은?

① a는 8보다 크지 않다. ➡ $a \le 8$
② a는 -5보다 크고 2 이하이다. ➡ $-5 < a \le 2$
③ a는 4 이상이고 12 미만이다. ➡ $4 \le a < 12$
④ a는 -3보다 작지 않고 6보다 작거나 같다.
   ➡ $-3 < a \le 6$
⑤ a는 0 초과이고 7보다 작다. ➡ $0 < a < 7$

서술형

14 수직선 위에 −10을 나타내는 점 A와 22를 나타내는 점 B가 있다. 다음 물음에 답하시오.

(1) 두 점 A와 B로부터 같은 거리에 있는 점 C가 나타내는 수를 구하시오.

(2) 두 점 A와 C의 한가운데에 있는 점 D가 나타내는 수를 구하시오.

풀이과정

답

15 절댓값이 같은 두 수의 차가 $\frac{14}{9}$일 때, 두 수 중 작은 수를 구하시오.

16 수직선 위의 네 점 A, B, C, D가 나타내는 수는 각각 $+1.5$, -4.5, $+0.25$, $-\frac{2}{5}$이다. 이때 다음 물음에 답하시오.

(1) 0을 나타내는 점에 가장 가까운 점을 구하시오.

(2) 점 C에 가장 가까운 점을 구하시오.

(3) 수직선 위에서 왼쪽에 있는 점부터 순서대로 나열하시오.

17 다음 수를 절댓값이 작은 수부터 차례대로 나열하시오.

$$-\frac{51}{8} \quad -5.7 \quad -3 \quad 2 \quad 3.5 \quad -\frac{23}{4} \quad \frac{19}{5}$$

18 다음 중 두 수의 대소 관계가 옳지 <u>않은</u> 것은?

① $+\frac{3}{4} > +\frac{2}{5}$

② $-2 < +\frac{5}{2}$

③ $-\frac{2}{5} > -0.6$

④ $-\frac{1}{4} < -\frac{3}{8}$

⑤ $-1.4 < 0$

19 다음 수 중 절댓값이 3 미만인 수는 모두 몇 개인가?

$$+4 \quad \frac{8}{5} \quad -5 \quad +3 \quad -\frac{7}{2} \quad 0 \quad 2.4$$

① 2개   ② 3개   ③ 4개

④ 5개   ⑤ 6개

20 -5.6에 가장 가까운 정수를 a, $\frac{21}{4}$에 가장 가까운 정수를 b라 할 때, a와 b의 절댓값 중 큰 절댓값을 구하시오.

21 두 유리수 $\dfrac{2}{3}$ 와 $\dfrac{7}{5}$ 사이에 있는 수 중에서 분모가 15인 기약분수는 모두 몇 개인지 구하시오.

서술형

22 수직선 위에서 절댓값이 4인 수를 나타내는 점 A와 절댓값이 9인 수를 나타내는 점 B가 있다. 이 두 점이 가장 멀리 있을 때의 거리를 a, 두 점이 가장 가까울 때의 거리를 b라 할 때, 다음을 구하시오.

(1) a의 값　　　　　(2) b의 값
(3) $a+b$의 값

풀이과정

답

23 다음 수 중에서 가장 작은 수를 a, 가장 큰 수를 b, 절댓값이 가장 작은 수를 c, 절댓값이 가장 큰 수를 d라 할 때, a, b, c, d의 값을 각각 구하시오.

$$-4.5 \quad +\dfrac{11}{2} \quad 0 \quad +1.4 \quad -3 \quad -5.2$$

24 다음 유리수를 작은 수부터 차례대로 나열하시오.

$$+\dfrac{3}{8}, \quad -\dfrac{3}{4}, \quad -0.23, \quad -\dfrac{4}{5}, \quad +\dfrac{1}{4}, \quad 0$$

25 절댓값이 $\dfrac{13}{5}$ 이상 $\dfrac{28}{5}$ 이하인 정수는 모두 몇 개인지 구하시오.

26 네 정수 a, b, c, d가 $-5<a<b<0<c<d<5$일 때, $\dfrac{1}{a}$, $\dfrac{1}{b}$, $\dfrac{1}{c}$, $\dfrac{1}{d}$의 대소 관계를 부등호를 사용하여 나타내시오.

27 다음 조건을 모두 만족시키는 정수 M은 몇 개인지 구하시오.

ㄱ. M은 5보다 크지 않다.
ㄴ. M은 -3 초과이다.
ㄷ. $1<|M|\leq 3$

01 다음 중 옳은 것은?

① $m<0$이면 $|m|=-m$이다.　② $|m|=|n|$이면 $m=-n$이다.

③ $m≥n$이면 $|m|≥|n|$이다.　④ $|m|=-n$이면 $m=|n|$이다.

⑤ $m>0>n$이면 $|n|<0<|m|$이다.

> 두 양수에서는 절댓값이 큰 수가 더 크고, 두 음수에서는 절댓값이 큰 수가 더 작다.

02 두 유리수 $\dfrac{3}{5}$과 $\dfrac{4}{3}$ 사이에 있는 정수가 아닌 유리수 중에서 분자가 12인 기약분수의 개수를 모두 구하시오.

> $\dfrac{3}{5}$과 $\dfrac{4}{3}$ 사이에 있는 분자가 12인 분수를 구한다.

03 다음 조건을 모두 만족시키는 서로 다른 네 유리수 A, B, C, D의 대소 관계를 나타낸 것으로 옳은 것은?

> ㄱ. A는 음수이다.
> ㄴ. D는 네 유리수 중 가장 작은 수이다.
> ㄷ. B는 D보다 0에 더 가깝고 0보다 큰 수이다.
> ㄹ. C와 D가 나타내는 점은 0을 나타내는 점으로부터 같은 거리에 있다.

① $A<B<C<D$　② $A<C<B<D$　③ $B<A<D<C$

④ $D<A<B<C$　⑤ $D<B<A<C$

> 0을 나타내는 점으로부터 같은 거리에 있는 서로 다른 두 수는 절댓값이 같고 부호가 다른 두 수이다.

04 다음 조건을 모두 만족시키는 서로 다른 세 정수 a, b, c의 대소 관계를 나타낸 것으로 옳은 것은?

> • c는 3보다 크다.
> • a는 2 미만이다.
> • b의 절댓값은 -9의 절댓값의 $\dfrac{1}{3}$이다.
> • a가 b보다 3에 가깝다.

① $a<b<c$　② $a<c<b$　③ $b<a<c$

④ $b<c<a$　⑤ $c<a<b$

> b의 절댓값부터 구하고 a와 b, b와 c의 대소 관계를 구한다.

유리수의 덧셈

유형 **1** **2**

1. 유리수의 덧셈

(1) 부호가 같은 두 수의 덧셈 : 두 수의 절댓값의 합에 공통인 부호를 붙인다.
- 예 $(+3)+(+2)=+(3+2)=+5$
  $(-3)+(-2)=-(3+2)=-5$

(2) 부호가 다른 두 수의 덧셈
- ① 두 수의 절댓값의 차에 절댓값이 큰 수의 부호를 붙인다.
  - 예 $(-2.1)+(+1.1)=-(2.1-1.1)=-1$
- ② 절댓값이 같고 부호가 다른 두 수의 합은 0이다.
  - 예 $\left(-\dfrac{2}{3}\right)+\left(+\dfrac{2}{3}\right)=0$

(3) 유리수와 0과의 덧셈 : 어떤 수에 0을 더하면 자기 자신이 된다.
  $a+0=0+a=a$ (단, a는 유리수) 예 $2.5+0=0+2.5=2.5$

2. 덧셈의 계산 법칙

세 수 a, b, c에 대하여

(1) 교환법칙 : $a+b=b+a$
- 예 $2+3=3+2=5$

(2) 결합법칙 : $(a+b)+c=a+(b+c)$
- 예 $(2+1.5)+3=2+(1.5+3)=6.5$

꼭꼭 check

> 부호가 다른 두 수의 덧셈
> 에서는 두 수의 절댓값의
> 차에 절댓값이 큰 수의 부
> 호를 붙인다.

확인 **1－1** 다음을 계산하시오.

(1) $(+2)+(+4)$

(2) $(-1)+(+9)$

(3) $(+5.8)+(-1.4)$

(4) $(-3.6)+(-2.9)$

(5) $\left(-\dfrac{4}{5}\right)+\left(+\dfrac{1}{5}\right)$

(6) $\left(-\dfrac{2}{3}\right)+\left(+\dfrac{1}{7}\right)$

확인 **1－2** 다음을 계산하시오.

(1) $(+5)+(+3)+(-2)$

(2) $(-4)+(+7)+(+6)$

(3) $(-2.3)+(+1.1)+(-4.7)$

(4) $\left(+\dfrac{5}{7}\right)+\left(-\dfrac{8}{7}\right)+\left(-\dfrac{2}{7}\right)$

유리수의 뺄셈

유리수의 뺄셈에서는 빼는 수의 부호를 바꾸어 덧셈으로 고쳐서 계산한다.

1. (유리수)⊖(양수)=(유리수)⊕(음수)

뺄셈을 덧셈으로

예 $\left(+\dfrac{5}{7}\right)-\left(+\dfrac{3}{7}\right)=\left(+\dfrac{5}{7}\right)+\left(-\dfrac{3}{7}\right)=+\left(\dfrac{5}{7}-\dfrac{3}{7}\right)=+\dfrac{2}{7}$

빼는 수의 부호를 바꾼다.

2. (유리수)⊖(음수)=(유리수)⊕(양수)

뺄셈을 덧셈으로

예 $\left(+\dfrac{4}{5}\right)-\left(-\dfrac{3}{5}\right)=\left(+\dfrac{4}{5}\right)+\left(+\dfrac{3}{5}\right)=+\left(\dfrac{4}{5}+\dfrac{3}{5}\right)=+\dfrac{7}{5}$

빼는 수의 부호를 바꾼다.

3. 유리수와 0과의 뺄셈

어떤 유리수에서 0을 빼면 자기 자신이 되고, 0에서 어떤 유리수를 빼면 절댓값은 같고 부호가 다른 유리수가 된다.

$a-0=a,\ 0-a=-a$ (단, a는 유리수)

예 $3.2-0=3.2,\ 0-3.2=-3.2$

주의 ▶ 유리수의 뺄셈에서는 교환법칙과 결합법칙이 성립하지 않는다.

꼭꼭 Check

뺄셈을 덧셈으로 바꾸는 방법
$a-(+b)=a+(-b)$,
$a-(-b)=a+(+b)$

확인 **2 – 1** 다음을 계산하시오.

(1) $(+3)-(-5)$

(2) $(+5.4)-(+2)$

(3) $\left(-\dfrac{2}{3}\right)-\left(+\dfrac{1}{3}\right)$

(4) $\left(-\dfrac{2}{5}\right)-\left(-\dfrac{8}{5}\right)$

확인 **2 – 2** 다음을 계산하시오.

(1) $(+9)-(+2)-(+5)$

(2) $(-2.2)-(+1.7)-(-6.8)$

(3) $\left(+\dfrac{2}{9}\right)-\left(-\dfrac{5}{9}\right)-\left(-\dfrac{1}{3}\right)$

(4) $\left(+\dfrac{11}{4}\right)-\left(-\dfrac{1}{2}\right)-\left(+\dfrac{2}{3}\right)$

유리수의 덧셈과 뺄셈의 혼합 계산

유형 4 ~ 9

1. 덧셈과 뺄셈의 혼합 계산

뺄셈을 모두 덧셈으로 고친 후 덧셈의 계산 법칙을 이용하여 계산한다. 이때 양수는 양수끼리, 음수는 음수끼리 계산한다.

예 $+5.2+(-3)-(-2.7)=+5.2+(-3)+(+2.7)=+(5.2+2.7)+(-3)$

$\qquad\qquad\qquad\qquad\qquad\qquad\quad =+7.9+(-3)=+(7.9-3)=+4.9$

2. 부호가 생략된 수의 덧셈과 뺄셈

(1) 생략된 양의 부호 +와 괄호를 넣는다.

예 $8-2+3$

$\quad =(+8)-(+2)+(+3)$ ⟩ 생략된 부호 +와 괄호 넣기

$\quad =(+8)+(-2)+(+3)$ ⟩ 뺄셈을 덧셈으로 고치기

$\quad =(+8)+(+3)+(-2)$ ⟩ 덧셈의 교환법칙

$\quad =\{(+8)+(+3)\}+(-2)$ ⟩ 덧셈의 결합법칙

$\quad =(+11)+(-2)=9$

(2) 양의 부호 +가 생략된 상태로 양수는 양수끼리, 음수는 음수끼리 모아서 계산한다.

예 $8+2-3=(8+2)-3=10-3=7$

참고 ▶ 덧셈과 뺄셈에서 양수는 양의 부호를 생략하여 나타낼 수 있고, 음수는 식의 맨 앞에 나올 때 괄호를 생략하여 나타낼 수 있다.

꼭꼭 Check

a가 양수일 때

$+(+a)=+a$

$+(-a)=-a$

$-(+a)=-a$

$-(-a)=+a$

$-a=-(+a)$

$+a=+(+a)$

확인 **3-1** 다음을 계산하시오.

(1) $(+7)-(-5)+(-2)$

(2) $(+4.3)-(+2.5)+(-3.2)$

(3) $\left(+\dfrac{1}{5}\right)+\left(-\dfrac{4}{5}\right)-\left(-\dfrac{2}{5}\right)$

(4) $\left(+\dfrac{1}{12}\right)-\left(+\dfrac{7}{20}\right)+\left(+\dfrac{1}{10}\right)$

확인 **3-2** 다음을 계산하시오.

(1) $11-8+4-5$

(2) $4.2-3.8+1.9$

(3) $-\dfrac{1}{3}+\dfrac{1}{2}-\dfrac{1}{5}$

Step C 유형 다지기

64쪽 | 핵심원리 1

유형 1 ─ 유리수의 덧셈

01 다음 그림은 수직선을 이용하여 유리수의 덧셈을 하는 것을 나타낸 것이다. 이 그림으로 설명할 수 있는 덧셈식을 구하시오.

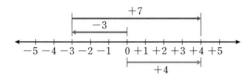

02 다음 중 계산 결과가 옳은 것은?

① $(-5)+(+7)=-2$
② $(-3)+(-4)=+1$
③ $0+(-6)=+6$
④ $(-2)+(-3)=+5$
⑤ $(+8)+(-5)=+3$

03 다음 중 계산 결과가 옳지 않은 것은?

① $(-2.1)+(-3.5)=-5.6$
② $(+5.7)+(-2.9)=+2.8$
③ $\left(+\dfrac{3}{4}\right)+\left(-\dfrac{2}{3}\right)=-\dfrac{1}{12}$
④ $\left(-\dfrac{3}{5}\right)+\left(+\dfrac{7}{10}\right)=+\dfrac{1}{10}$
⑤ $\left(-\dfrac{1}{3}\right)+\left(-\dfrac{5}{6}\right)=-\dfrac{7}{6}$

04 오른쪽 그림의 주사위의 각 면에는 유리수가 한 개씩 쓰여 있다. 마주 보는 두 면에 적힌 수를 더하면 0일 때, 보이지 않는 세 면에 쓰여 있는 수들의 합을 구하시오.

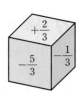

64쪽 | 핵심원리 1

유형 2 ─ 덧셈의 계산 법칙

05 다음 계산 과정에서 ㉠, ㉡에 사용된 덧셈의 계산 법칙을 각각 말하시오.

$$\begin{aligned}
&(+4)+(-7)+(+9) \\
&=(+4)+(+9)+(-7) \quad\Big\}\,㉠ \\
&=\{(+4)+(+9)\}+(-7) \quad\Big\}\,㉡ \\
&=(+13)+(-7)=6
\end{aligned}$$

06 다음 계산 과정에서 ㈎에 사용된 덧셈의 계산 법칙과 ㈏, ㈐에 알맞은 수를 바르게 짝 지은 것은?

$$\begin{aligned}
&(-5.2)+(+8.8)+(+5.2) \\
&=(+8.8)+\boxed{㈏}+(+5.2) \quad\Big\}\,㈎ \\
&=(+8.8)+\{\boxed{㈏}+(+5.2)\} \\
&=(+8.8)+\boxed{㈐}=8.8
\end{aligned}$$

	㈎	㈏	㈐
①	결합법칙	-5.2	0
②	결합법칙	-5.2	-10.4
③	교환법칙	-5.2	0
④	교환법칙	$+8.8$	0
⑤	분배법칙	$+8.8$	$+14$

유형 3 ── 유리수의 뺄셈

07 다음 중 계산 결과가 나머지 넷과 <u>다른</u> 부호인 것은?

① $(+2.7)-(+1.9)$ ② $(+4.8)-(-1.5)$

③ $\left(+\dfrac{5}{8}\right)-\left(+\dfrac{7}{12}\right)$ ④ $\left(-\dfrac{7}{2}\right)-\left(+\dfrac{5}{3}\right)$

⑤ $\left(-\dfrac{3}{5}\right)-\left(-\dfrac{3}{4}\right)$

08 다음 표는 어느 해 5월 1일부터 5월 5일까지 전일대비 원/달러 환율의 등락을 나타낸 것이다. 4월 30일의 원/달러 환율이 1350원이었을 때, 5월 5일의 원/달러 환율은 얼마인지 구하시오.

날짜	환율의 등락(원)
5월 1일	+3.8
5월 2일	−1.3
5월 3일	−2.2
5월 4일	+5.0
5월 5일	+6.7

09 다음 중 계산 결과가 가장 작은 것의 기호를 쓰시오.

> ㄱ. $(-2.2)-(+1.8)$
>
> ㄴ. $(+1.4)-(+2.7)$
>
> ㄷ. $\left(-\dfrac{2}{3}\right)-\left(+\dfrac{5}{12}\right)$
>
> ㄹ. $\left(+\dfrac{3}{5}\right)-\left(-\dfrac{1}{6}\right)$

유형 4 ── 유리수의 덧셈과 뺄셈의 혼합 계산

10 다음을 계산하시오.

(1) $(+3)+(+4)-(-2)$

(2) $(+2)-(+5)+(-6)+(-1)$

(3) $-11-5+8$

(4) $13-7+5-3$

11 다음 중 계산 결과가 옳지 <u>않은</u> 것은?

① $(-3)-\left(-\dfrac{3}{4}\right)+\left(+\dfrac{7}{2}\right)=\dfrac{5}{4}$

② $\left(-\dfrac{5}{6}\right)-\left(-\dfrac{2}{3}\right)-\left(-\dfrac{1}{2}\right)=\dfrac{1}{6}$

③ $\left(+\dfrac{1}{2}\right)+\left(-\dfrac{5}{12}\right)-\left(-\dfrac{1}{4}\right)=\dfrac{1}{3}$

④ $(-2.5)-(+4.9)+(+3.1)=-4.3$

⑤ $(+9.8)-(+6.1)-(-4.3)=8$

12 다음을 계산하시오.

(1) $(-0.3)-(+1.8)+(-2.4)$

(2) $(-8.7)-(+5.8)+(+4.3)$

(3) $\left(+\dfrac{3}{4}\right)+\left(+\dfrac{1}{6}\right)-\left(-\dfrac{2}{3}\right)$

(4) $-9.3-(-3.1)-5.2+0.6$

(5) $-\dfrac{3}{8}-\dfrac{1}{2}+\dfrac{2}{3}-\dfrac{1}{5}$

(6) $1.27-2.03+1.49-0.025$

13 다음을 계산하시오.

$$-\frac{2}{5}+\frac{4}{3}+2-\frac{8}{15}-\frac{5}{3}$$

66쪽 | 핵심원리3

유형 5 ○보다 □만큼 큰 (작은) 수

14 8보다 3만큼 작은 수를 x, -5보다 -7만큼 작은 수를 y라 할 때, $x-y$의 값을 구하시오.

15 다음 수들을 크기가 큰 순서대로 기호를 쓰시오.

ㄱ. 3보다 5.2만큼 큰 수

ㄴ. -4보다 $\frac{1}{2}$만큼 작은 수

ㄷ. 8.5보다 -2만큼 작은 수

ㄹ. 9.3보다 -3.5만큼 작은 수

ㅁ. -6보다 $-3\frac{1}{2}$만큼 큰 수

ㅂ. -1.2보다 4.3만큼 큰 수

16 $\frac{2}{5}$보다 $-\frac{1}{2}$만큼 작은 수를 a, $-\frac{5}{8}$보다 $\frac{3}{2}$만큼 큰 수를 b라 할 때, $a-b$의 값을 구하시오.

풀이과정

답

66쪽 | 핵심원리3

유형 6 덧셈과 뺄셈 사이의 관계

17 다음 □ 안에 알맞은 수를 구하시오.

(1) $(-5)+\square=-12$

(2) $\square-\left(-\frac{3}{4}\right)=\frac{1}{2}$

18 $a+\left(-\frac{2}{5}\right)=3$, $b-\left(-\frac{1}{3}\right)=-1$일 때, $a+b$의 값을 구하시오.

19 다음 □ 안에 알맞은 수를 구하시오.

$$-\frac{3}{2}+\square-\left(-\frac{11}{3}\right)=\frac{5}{6}$$

66쪽 | 핵심원리 3

유형 7 ► 절댓값이 주어진 두 수의 덧셈과 뺄셈

20 음수 a의 절댓값은 5이고, 양수 b의 절댓값은 7일 때, a와 b의 합을 구하시오.

서술형

21 m의 절댓값이 2.5, n의 절댓값이 0.8일 때, $m-n$ 의 최댓값을 구하시오.

풀이과정

답

66쪽 | 핵심원리 3

유형 8 ► 바르게 계산한 답 구하기

22 어떤 수에서 -3을 빼야 하는데 잘못하여 더했더니 결과가 -7이 되었다. 바르게 계산했을 때의 답을 구하시오.

서술형

23 어떤 수에 $\dfrac{2}{5}$를 더해야 할 것을 잘못하여 뺐더니 결과가 $-\dfrac{3}{4}$이 되었다. 바르게 계산한 답을 구하시오.

풀이과정

답

66쪽 | 핵심원리 3

유형 9 ► 유리수의 덧셈과 뺄셈의 활용

24 오른쪽 그림의 사각형에서 네 변에 놓인 세 수의 합이 모두 같을 때, a, b의 값을 각각 구하시오.

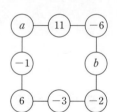

25 오른쪽 표에서 가로, 세로에 있는 세 수의 합이 모두 같을 때, $a-b$의 값을 구하시오.

$-\dfrac{1}{2}$		
b	a	$\dfrac{5}{6}$
$-\dfrac{1}{3}$	$\dfrac{5}{6}$	$\dfrac{1}{6}$

이해쏙쏙 술술풀이 **38쪽**

핵심원리 1

유리수의 곱셈

유형 1 11 12 13

1. 유리수의 곱셈

(1) 부호가 같은 두 수의 곱셈 : 두 수의 절댓값의 곱에 양의 부호 $+$를 붙인다.

$$(+)\times(+)=(+), \ (-)\times(-)=(+)$$

> 예 $(+2.2)\times(+3)=+(2.2\times3)=+6.6$
>
> $(-1.3)\times(-2)=+(1.3\times2)=+2.6$

(2) 부호가 다른 두 수의 곱셈 : 두 수의 절댓값의 곱에 음의 부호 $-$를 붙인다.

$$(+)\times(-)=(-), \ (-)\times(+)=(-)$$

> 예 $(+2.2)\times(-3)=-(2.2\times3)=-6.6$
>
> $(-1.3)\times(+2)=-(1.3\times2)=-2.6$

(3) 유리수와 0, 1과의 곱셈 : 어떤 수와 0의 곱은 항상 0이고, 1을 곱하면 자기 자신이 된다.

$$0\times a=a\times 0=0, \ 1\times a=a\times 1=a \ (단, \ a는 \ 유리수)$$

> 예 $0\times(+2.5)=(+2.5)\times0=0, \ 1\times(+2.5)=(+2.5)\times1=+2.5$

꼭꼭 check

곱셈의 부호
$(+)\times(+)=(+)$
$(-)\times(-)=(+)$
$(+)\times(-)=(-)$
$(-)\times(+)=(-)$

● 확인 **1 − 1** 다음을 계산하시오.

(1) $\left(+\dfrac{2}{5}\right)\times(+15)$

(2) $(-3.4)\times(-2)$

(3) $(-2.8)\times(+3)$

(4) $\left(+\dfrac{3}{8}\right)\times\left(-\dfrac{20}{9}\right)$

● 확인 **1 − 2** 다음을 계산하시오.

(1) $(+9)\times\left(+\dfrac{1}{3}\right)$

(2) $(+0.4)\times(-5)$

(3) $\left(-\dfrac{5}{8}\right)\times\left(+\dfrac{2}{15}\right)$

(4) $\left(-\dfrac{7}{16}\right)\times\left(-\dfrac{10}{21}\right)$

(5) $\left(+\dfrac{8}{9}\right)\times\left(-\dfrac{3}{4}\right)$

(6) $\left(-\dfrac{14}{15}\right)\times\left(+\dfrac{10}{7}\right)$

세 수 이상의 곱셈

1. 곱셈의 계산 법칙

세 수 a, b, c에 대하여

(1) 곱셈의 교환법칙 : $a \times b = b \times a$

예 $(+3.2) \times (+2) = (+2) \times (+3.2) = +6.4$

(2) 곱셈의 결합법칙 : $(a \times b) \times c = a \times (b \times c)$

예 $\{(+2) \times (+3)\} \times (-4) = (+2) \times \{(+3) \times (-4)\} = -24$

참고 ▶ 세 수의 곱셈에서는 결합법칙이 성립하므로 $(a \times b) \times c$, $a \times (b \times c)$는 괄호를 사용하지 않고 $a \times b \times c$와 같이 나타낼 수 있다.

2. 세 수 이상의 유리수의 곱셈

(1) 음수의 개수에 따라 부호를 정한다. ➡ ⎡ 음수가 짝수 개이면 $+$
⎣ 음수가 홀수 개이면 $-$

(2) 각 수의 절댓값의 곱에 (1)에서 결정된 부호를 붙여서 계산한다.

예 $(-1) \times (+5) \times (-6) = +(1 \times 5 \times 6) = +30$

음수가 짝수 개

$(+4) \times (-3) \times (+2) = -(4 \times 3 \times 2) = -24$

음수가 홀수 개

꼭꼭 Check

a, b, c가 유리수일 때,
$a \times b = b \times a$
$(a \times b) \times c = a \times (b \times c)$

확인 **2 – 1** 다음 계산 과정에서 ①, ②에 사용된 곱셈의 계산 법칙을 각각 말하시오.

$$(+12) \times (-10) \times \left(-\frac{5}{4}\right) \times \left(+\frac{3}{5}\right)$$

$$= (+12) \times \left(-\frac{5}{4}\right) \times (-10) \times \left(+\frac{3}{5}\right)$$ ①

$$= \left\{(+12) \times \left(-\frac{5}{4}\right)\right\} \times \left\{(-10) \times \left(+\frac{3}{5}\right)\right\}$$ ②

$$= (-15) \times (-6)$$

$$= +90$$

확인 **2 – 2** 다음을 곱셈의 계산 법칙을 이용하여 계산하시오.

(1) $\left(+\dfrac{7}{15}\right) \times (-6) \times \left(-\dfrac{5}{21}\right)$ (2) $\left(-\dfrac{6}{5}\right) \times (+8) \times \left(-\dfrac{5}{4}\right)$

확인 **2 – 3** 다음을 계산하시오.

(1) $\left(-\dfrac{3}{4}\right) \times \left(-\dfrac{8}{9}\right) \times \left(+\dfrac{5}{6}\right)$

(2) $(-5) \times (-1.4) \times \left(+\dfrac{3}{7}\right)$

(3) $\left(+\dfrac{3}{8}\right) \times \left(-\dfrac{5}{12}\right) \times (+20)$

핵심원리 3 거듭제곱과 분배법칙

1. 거듭제곱의 계산

유리수 a를 n번 곱하면 a^n이다.

(1) a가 양수일 때, 지수 n에 관계없이 a^n은 항상 양수이다.

　예 $(+2)^3=+8$, $(+2)^4=+16$

(2) a가 음수일 때, 지수 n에 의해 a^n의 부호가 결정된다.

　지수 n이 $\begin{cases} \text{짝수이면 부호는 } + \\ \text{홀수이면 부호는 } - \end{cases}$

　예 $(-2)^2=(-2)\times(-2)=+4$

　　$(-2)^3=(-2)\times(-2)\times(-2)=-8$

2. 분배법칙 : 유리수에서 두 수의 합에 어떤 수를 곱한 것은 두 수 각각에 어떤 수를 곱한 후 더한 것과 같다. 이것을 덧셈에 대한 곱셈의 분배법칙이라 한다.

세 수 a, b, c에 대하여

(1) $a\times(b+c)=a\times b+a\times c$　예 $2\times(3+2.5)=2\times3+2\times2.5=6+5=11$

(2) $(a+b)\times c=a\times c+b\times c$　예 $(3+2.5)\times2=3\times2+2.5\times2=6+5=11$

확인 3 – 1 다음을 계산하시오.

(1) $\left(-\dfrac{1}{3}\right)^2\times3^4$　　　　　　　　(2) $\left(-\dfrac{1}{2}\right)\times\left(-\dfrac{4}{3}\right)\times(-9)$

(3) $(-0.2)^2\times25\times(-8)$

확인 3 – 2 다음 □ 안에 알맞은 수를 써넣으시오.

(1) $\left(-\dfrac{3}{4}+\dfrac{1}{5}\right)\times20=\left(-\dfrac{3}{4}\right)\times\boxed{}+\dfrac{1}{5}\times\boxed{}=(-15)+\boxed{}=\boxed{}$

(2) $\left(-\dfrac{3}{7}\right)\times3+\dfrac{13}{7}\times3=\left(-\dfrac{3}{7}+\boxed{}\right)\times3=\boxed{}\times3=\boxed{}$

확인 3 – 3 다음을 분배법칙을 이용하여 계산하시오.

(1) $\left\{\dfrac{1}{3}+\left(-\dfrac{3}{8}\right)\right\}\times(-48)$　　　　(2) $1.4\times(-5.7)-1.4\times(-4.7)$

유리수의 나눗셈

1. 유리수의 나눗셈

(1) 부호가 같은 두 수의 나눗셈 : 두 수의 절댓값의 나눗셈의 몫에 양의 부호 +를 붙인다.

$$(+)\div(+)=(+),\ (-)\div(-)=(+)$$

예 $(+4.4)\div(+2)=+(4.4\div2)=+2.2$

$(-3.6)\div(-3)=+(3.6\div3)=+1.2$

(2) 부호가 다른 두 수의 나눗셈 : 두 수의 절댓값의 나눗셈의 몫에 음의 부호 −를 붙인다.

$$(+)\div(-)=(-),\ (-)\div(+)=(-)$$

예 $(+4.4)\div(-2)=-(4.4\div2)=-2.2$

$(-3.6)\div(+3)=-(3.6\div3)=-1.2$

(3) 0이 아닌 유리수와 0과의 나눗셈 : 0을 0이 아닌 수로 나누면 그 몫은 항상 0이다.

$0\div a=0$ (단, a는 유리수)

예 $0\div(+5.3)=0$

2. 역수를 이용한 수의 나눗셈

(1) 역수 : 두 수의 곱이 1일 때, 한 수를 다른 수의 역수라 한다.

즉, $a\times b=1$일 때, a를 b의 역수(또는 b를 a의 역수)라고 한다.

예 $\left(-\dfrac{2}{5}\right)\times\left(-\dfrac{5}{2}\right)=1$이므로 $-\dfrac{2}{5}$의 역수는 $-\dfrac{5}{2}$이다.

참고 ▶ 0의 역수는 생각하지 않는다.

(2) **역수를 이용한 수의 나눗셈** : 나누는 수의 역수를 곱하여 계산한다.

곱셈으로 고친다.

예 $\left(+\dfrac{4}{5}\right)\div\left(+\dfrac{3}{10}\right)=\left(+\dfrac{4}{5}\right)\times\left(+\dfrac{10}{3}\right)=+\left(\dfrac{4}{5}\times\dfrac{10}{3}\right)=+\dfrac{8}{3}$

역수로 바꾼다.

꼭꼭 Check

나눗셈의 부호
$(+)\div(+)=(+)$
$(-)\div(-)=(+)$
$(+)\div(-)=(-)$
$(-)\div(+)=(-)$

확인 **4 − 1** 다음을 계산하시오.

(1) $(-75)\div(+5)$ (2) $(-27)\div(-3)$

(3) $(+3.5)\div(+7)$ (4) $0\div(-4.7)$

확인 **4 − 2** 다음 수의 역수를 구하시오.

(1) $\dfrac{1}{4}$ (2) -2 (3) $-\dfrac{3}{7}$ (4) 0.8

확인 **4 − 3** 다음을 계산하시오.

(1) $\left(+\dfrac{5}{3}\right)\div\left(+\dfrac{5}{2}\right)$ (2) $\left(-\dfrac{3}{2}\right)\div\left(-\dfrac{7}{4}\right)$

(3) $\left(+\dfrac{2}{3}\right)\div\left(-\dfrac{5}{6}\right)$ (4) $\left(-\dfrac{4}{5}\right)\div\left(+\dfrac{2}{15}\right)$

핵심원리 5 유리수의 혼합 계산

유형 **8 9 10 11 12 13**

1. 유리수의 곱셈과 나눗셈의 혼합 계산

(1) 거듭제곱이 있으면 거듭제곱을 먼저 계산한다.

(2) 나눗셈은 역수를 이용하여 곱셈으로 고쳐서 계산한다.

(3) 음수의 개수에 따라 부호를 정한 후 각 수의 절댓값의 곱에 결정된 부호를 붙인다.

주의▶ 나눗셈에서는 교환법칙과 결합법칙이 성립하지 않는다.

2. 유리수의 덧셈, 뺄셈, 곱셈, 나눗셈의 혼합 계산 순서

(1) 거듭제곱이 있으면 거듭제곱을 먼저 계산한다.

(2) 괄호가 있으면 괄호 안을 먼저 계산한다. 이때 괄호는 (소괄호) → {중괄호} → [대 괄호]의 순서로 푼다.

(3) 곱셈과 나눗셈을 계산한다.

(4) 덧셈과 뺄셈을 계산한다.

예
$$-5 \times \{(-2)^2 + 2\} + 9 \div (-3)$$
$$= -5 \times (4+2) + 9 \div (-3)$$ 거듭제곱을 계산한다.
$$= -5 \times 6 + 9 \div (-3)$$ 괄호 안을 계산한다.
$$= -30 - 3$$ 곱셈과 나눗셈을 계산한다.
$$= -33$$ 뺄셈을 계산한다.

꼭꼭 check

곱셈과 나눗셈의 혼합 계산에서는 나눗셈을 모두 곱셈으로 고쳐서 계산한다.

꼭꼭 check

유리수의 덧셈, 뺄셈, 곱셈, 나눗셈의 혼합 계산 순서 : 거듭제곱 → 괄호 → ×, ÷ → +, −

● 확인 5 – 1 다음을 계산하시오.

(1) $(-3)^2 \times (-4) \div (-2)^4$

(2) $\dfrac{3}{4} \times \left(-\dfrac{2}{3}\right) \div \dfrac{1}{2}$

(3) $\dfrac{4}{21} \div \left(-\dfrac{2}{7}\right) \times \dfrac{1}{6}$

(4) $-6^2 \times \left(-\dfrac{1}{2}\right)^3 \div \dfrac{1}{3}$

● 확인 5 – 2 다음 식의 계산 순서를 바르게 나열하시오.

$$\left[-3 + 13 \div \left\{\dfrac{7}{8} - (-2)^5\right\}\right] \times \left(-\dfrac{4}{7}\right)$$
ㄱ ㄴ ㄷ ㄹ ㅁ

● 확인 5 – 3 다음을 계산하시오.

(1) $2^2 - \left\{\left(1 - \dfrac{1}{2}\right) \div \dfrac{1}{3}\right\} \times \dfrac{7}{6}$

(2) $\left(-\dfrac{9}{4}\right) \times \left[\dfrac{5}{8} - \left\{\dfrac{7}{12} \div \left(-\dfrac{5}{6}\right) - \dfrac{3}{10}\right\}\right] \div \dfrac{39}{16}$

II

정수와 유리수

71쪽 | 핵심원리1

유형 1 — 유리수의 곱셈

01 다음 중 계산 결과가 옳지 <u>않은</u> 것은?

① $\left(+\dfrac{5}{7}\right)\times\left(-\dfrac{21}{20}\right)=-\dfrac{3}{4}$

② $(+16)\times\left(-\dfrac{7}{24}\right)=-\dfrac{14}{3}$

③ $\left(-\dfrac{4}{15}\right)\times\left(+\dfrac{5}{12}\right)=-\dfrac{1}{9}$

④ $(+28)\times\left(-\dfrac{3}{7}\right)\times\left(-\dfrac{5}{6}\right)=+\dfrac{5}{2}$

⑤ $\left(-\dfrac{3}{2}\right)\times\left(+\dfrac{8}{9}\right)\times(+15)=-20$

02 다음을 계산하시오.

(1) $(-5)\times(+3.2)$

(2) $(-6.5)\times(-4)$

(3) $\left(+\dfrac{3}{8}\right)\times(+24)$

(4) $(+42)\times\left(-\dfrac{3}{7}\right)\times\left(-\dfrac{1}{6}\right)$

(5) $\left(-\dfrac{5}{21}\right)\times\left(+\dfrac{14}{25}\right)\times(-10)$

(6) $\left(-\dfrac{9}{40}\right)\times\left(-\dfrac{8}{15}\right)\times\left(-\dfrac{10}{27}\right)$

03 $\left(-\dfrac{1}{2}\right)\times\left(-\dfrac{2}{3}\right)\times\left(-\dfrac{3}{4}\right)\times\cdots\times\left(-\dfrac{8}{9}\right)\times\left(-\dfrac{9}{10}\right)$ 의 값을 구하시오.

72쪽 | 핵심원리2

유형 2 곱셈의 계산 법칙

04 다음 식의 계산 과정에서 ㉠, ㉡에 사용된 곱셈의 계산 법칙을 바르게 짝 지은 것은?

$$\left(-\dfrac{5}{9}\right)\times(+4)\times\left(-\dfrac{27}{10}\right)$$
$$=(+4)\times\left(-\dfrac{5}{9}\right)\times\left(-\dfrac{27}{10}\right) \quad \Big\}\,㉠$$
$$=(+4)\times\left\{\left(-\dfrac{5}{9}\right)\times\left(-\dfrac{27}{10}\right)\right\} \quad \Big\}\,㉡$$
$$=(+4)\times\left(+\dfrac{3}{2}\right)=+6$$

	㉠	㉡
①	교환법칙	분배법칙
②	교환법칙	결합법칙
③	분배법칙	교환법칙
④	결합법칙	분배법칙
⑤	결합법칙	교환법칙

05 다음 계산 과정에서 ㉠~㉣에 알맞은 것을 써넣으시오.

$$(-5)\times(+3)\times(-8)$$
$$=(-5)\times(-8)\times(+3) \quad \Big\}\,곱셈의 \boxed{㉠} 법칙$$
$$=\{(-5)\times(-8)\}\times(+3) \quad \Big\}\,곱셈의 \boxed{㉡} 법칙$$
$$=(\boxed{㉢})\times(+3)$$
$$=\boxed{㉣}$$

유형 3 거듭제곱

06 다음 중 계산 결과가 가장 큰 것은?

① $(-2)^3$ ② $-(-2)^3$ ③ -3^2

④ $-(-3)^3$ ⑤ 5^2

07 다음을 계산하시오.

(1) $\left(+\dfrac{1}{2}\right)^4$ (2) $\left(-\dfrac{3}{4}\right)^3$

(3) $\left(-\dfrac{2}{5}\right)^2$

08 다음을 계산하시오.

$$(-3)^2-3^3-(-4)^2-(-4)^3$$

유형 4 $(-1)^n$의 계산

09 $(-1)+(-1)^2+(-1)^3+\cdots+(-1)^{499}+(-1)^{500}$ 의 값을 구하시오.

10 $(-1)^{84}+(-1)^{79}+(-1)^{64}-(-1)^{33}-(-1)^{48}$ $+(-1)^{29}$의 값을 구하시오.

유형 5 분배법칙

11 다음은 분배법칙을 이용하여 계산하는 과정이다. 이때 $a+b+c$의 값을 구하시오.

$$0.65\times123+0.65\times(-23)$$
$$=0.65\times\{123+(-a)\}$$
$$=0.65\times b$$
$$=c$$

12 분배법칙을 이용하여 다음을 계산하시오.

$$\left(-\frac{5}{8}\right)\times(-7)+\left(-\frac{5}{8}\right)\times3$$

13 세 수 a, b, c에 대하여 $a\times b=-5$, $a\times(b-c)=2$ 일 때, $a\times c$의 값을 구하시오.

유형 6 ● 역수 구하기

14 다음 중 두 수가 서로 역수인 것은?

① 1, -1 ② 3, -3 ③ 5, $-\frac{1}{5}$

④ $\frac{2}{7}$, $-\frac{7}{2}$ ⑤ $\frac{4}{9}$, $\frac{9}{4}$

15 4의 역수를 a, $-\frac{8}{3}$의 역수를 b라 할 때, $a+b$의 값을 구하시오.

유형 7 ● 유리수의 나눗셈

16 다음 중 계산 결과가 옳지 <u>않은</u> 것은?

① $(-39)\div(-3)=+13$

② $(+5.5)\div(-5)=-1.1$

③ $(-6.3)\div(+0.9)=-7$

④ $\left(+\frac{2}{3}\right)\div\left(-\frac{5}{6}\right)=-\frac{5}{4}$

⑤ $\left(-\frac{4}{5}\right)\div\left(-\frac{28}{15}\right)=+\frac{3}{7}$

17 다음 중 계산 결과가 $(+54)\div(-6)$과 같은 것은?

① $(+84)\div(-7)$ ② $(-90)\div(-9)$

③ $(-60)\div(+3)$ ④ $(+64)\div(+8)$

⑤ $(+108)\div(-12)$

18 다음 중 계산 결과가 가장 큰 것은?

① $(-15)\div(-6)$

② $(+9)\div\left(-\frac{27}{5}\right)$

③ $\left(-\frac{15}{8}\right)\div\left(-\frac{5}{22}\right)$

④ $\left(+\frac{20}{3}\right)\div\left(-\frac{4}{39}\right)\div\left(-\frac{5}{2}\right)$

⑤ $\left(-\frac{35}{18}\right)\div\left(-\frac{7}{24}\right)\div\left(-\frac{4}{21}\right)$

19 다음을 계산하시오.

$$\left(-\frac{1}{3}\right) \div \left(-\frac{5}{6}\right) \div \left(-\frac{2}{3}\right) \div \left(+\frac{8}{5}\right)$$

75쪽 | 핵심원리 5

유형 8 ─○ **곱셈과 나눗셈의 혼합 계산**

20 $\dfrac{8}{3} \div \left(-\dfrac{15}{2}\right) \times \left(-\dfrac{3}{2}\right)^2$ 을 계산하시오.

21 다음 중 계산 결과가 옳지 <u>않은</u> 것은?

① $\left(-\dfrac{2}{9}\right) \div (-2) \times \left(-\dfrac{3}{4}\right) = -\dfrac{1}{12}$

② $\left(-\dfrac{7}{12}\right) \times \dfrac{25}{42} \div \dfrac{15}{8} = -\dfrac{5}{27}$

③ $\left(-\dfrac{1}{3}\right)^2 \div (-4) \times \left(-\dfrac{6}{5}\right) = \dfrac{1}{30}$

④ $\dfrac{5}{18} \times \left(-\dfrac{1}{2}\right) \div \left(-\dfrac{2}{3}\right)^2 = -\dfrac{5}{16}$

⑤ $\left(-\dfrac{8}{5}\right) \times \dfrac{25}{16} \div (-5)^3 = -\dfrac{1}{50}$

75쪽 | 핵심원리 5

유형 9 ─○ **덧셈, 뺄셈, 곱셈, 나눗셈의 혼합 계산**

22 아래 식에 대하여 다음 물음에 답하시오.

$$-7 + \left\{ 9 - \left(-15 + 4 \times \frac{21}{8}\right) \right\} \div 6$$
$$\;\;\uparrow\quad\;\;\uparrow\qquad\qquad\;\;\uparrow\;\;\uparrow\qquad\;\;\uparrow$$
$$\;\;ㄱ\quad\;\;ㄴ\qquad\qquad\;\;ㄷ\;\;ㄹ\qquad\;\;ㅁ$$

(1) 위의 식의 계산 순서를 차례대로 나열하시오.

(2) 위의 식을 계산하시오.

23 다음을 계산하시오.

(1) $5 \times (-2) + 3$

(2) $4 \times (-3) - 15 \div (3 - 6)$

(3) $(-3)^2 - \{10 - (22 - 5^2)\}$

(4) $2 \times (-3)^2 + 5 \times (-4)$

(5) $(-2) \times \{(-3)^2 - 4 \times 2\}$

(6) $(-12) \div \{-7 - (3 - 8)\}$

(7) $\dfrac{1}{2} \times \left(4 + \dfrac{5}{3} \div \dfrac{1}{3}\right) - \dfrac{2}{5}$

24 $5 \div 3 + \dfrac{4}{9} \times \left\{ 0.25 - \left(-\dfrac{1}{8}\right) \right\}$ 을 계산하시오.

Step C 유형 다지기

75쪽 | 핵심원리 5

유형 10 — 곱셈과 나눗셈 사이의 관계

25 다음 □ 안에 알맞은 수를 구하시오.

$$\square \div \left(+\dfrac{3}{5}\right) = -\dfrac{15}{2}$$

26 $a \times \dfrac{3}{4} = -\dfrac{1}{2}$, $\dfrac{1}{5} \div b = \dfrac{2}{15}$ 일 때, $a \div b \times 3$의 값을 구하시오.

27 다음 □ 안에 알맞은 수를 구하시오.

$$\left(-\dfrac{4}{9}\right) \div (-2)^2 \times \square = \dfrac{2}{15}$$

71쪽 | 핵심원리 1~75쪽 | 핵심원리 5

유형 11 — 수의 부호 판별

28 다음에서 항상 성립하는 것은 ○, 그렇지 <u>않은</u> 것은 ×를 하시오.

(1) a, b가 모두 음수이면 $a \times b$는 양수이다. (　　)

(2) a, b가 모두 양의 정수이면 $a \div b$도 양의 정수이다. (　　)

(3) a가 양수, b가 음수이면 $a - b$는 양수이다. (　　)

(4) $a < 0$이면 $-a^2 > 0$이다. (　　)

29 $0 < a < 1$일 때, a, $-a$, $a \times a$의 대소 관계를 부등호를 사용하여 나타내시오.

30 세 유리수 a, b, c에 대하여 $a - b > 0$, $\dfrac{b}{a} < 0$, $\dfrac{c}{b} > 0$일 때, a, b, c의 부호를 각각 부등호를 사용하여 나타내시오.

유형 12 수의 대소관계

31 두 유리수 a, b에 대하여 $a>0$, $b<0$일 때, 다음 중 가장 큰 수는?

① a ② b ③ $a+b$

④ $a-b$ ⑤ $b-a$

서술형

32 $a \times b > 0$, $a > b$, $a+b < 0$을 만족시키는 두 유리수 a, b에 대하여 $|a|$, $|b|$의 대소 관계를 부등호를 사용하여 나타내시오.

풀이과정

답

33 두 유리수 x, y에 대하여 $x < y < -1$일 때, $|x^2|$, $|y^2|$의 대소 관계를 부등호를 사용하여 나타내시오.

유형 13 수직선 위의 두 점을 이은 선분을 나누는 점

34 오른쪽 수직선에서 두 점 C, D는 두 점 A, B 사이를 삼등분하는 점이다. 다음 물음에 답하시오.

(1) 두 점 A, B 사이의 거리를 구하시오.

(2) 두 점 A, C 사이의 거리를 구하시오.

(3) 두 점 C, D가 나타내는 수를 각각 구하시오.

35 다음 수직선에서 두 점 A, B 사이의 거리를 $3:2$로 나누는 점이 C일 때, 점 C가 나타내는 수를 구하시오. (단, 점 C는 점 B에 가까운 점이다.)

서술형

36 점 A는 수직선에서 두 수 $-\dfrac{9}{5}$와 $\dfrac{9}{4}$를 나타내는 두 점 사이의 거리를 $2:7$로 나누는 점이다. 이때 점 A가 나타내는 수를 구하시오.

$$\left(\text{단, 점 A는 } -\dfrac{9}{5}\text{를 나타내는 점에 가깝다.}\right)$$

풀이과정

답

II

정수와 유리수

01 다음 중 두 번째로 작은 수는?

① -0.1 ② $(-0.1)^2$

③ $(-0.1)^3$ ④ $(-0.2)^3$

⑤ $(-2) \times (-0.2)^2$

02 다음 중 계산 결과가 나머지 넷과 <u>다른</u> 것은?

① $(-1)^3 \times 3$

② $\dfrac{1}{2} \times (-2) \times 3$

③ $-5 - 2 \div (-1)$

④ $-3^2 \times \dfrac{1}{3} \div (-1)^{2007}$

⑤ $\dfrac{3}{4} \times \left(-\dfrac{8}{3}\right) - 4 \times \left(-\dfrac{1}{2}\right)^2$

03 다음은
$(-0.5) \times \{(+7) \times (-2.4) + (+7) \times (-1.6)\}$
을 계산하는 과정이다. ㉠, ㉡, ㉢에 사용된 계산법칙을 차례대로 쓰시오.

$$\begin{aligned}
&(-0.5) \times \{(+7) \times (-2.4) + (+7) \times (-1.6)\} \\
&= (-0.5) \times (+7) \times \{(-2.4) + (-1.6)\} \quad \Big\}\,㉠ \\
&= (-0.5) \times (+7) \times (-4) \\
&= (+7) \times (-0.5) \times (-4) \quad \Big\}\,㉡ \\
&= (+7) \times \{(-0.5) \times (-4)\} \quad \Big\}\,㉢ \\
&= (+7) \times (+2) \\
&= +14
\end{aligned}$$

04 $[x]$는 x를 넘지 않는 최대 정수라고 할 때, 다음을 계산하시오.

$$[-1.5] + [1.2] - \left[-\dfrac{1}{3}\right] + \left[\dfrac{1}{2}\right]$$

05 다음 중 계산이 옳은 것은?

① $(-2) \times (-4) \div 16 \div \left(-\dfrac{1}{2}\right) = 1$

② $-\left(\dfrac{1}{2}\right)^3 \div \left(\dfrac{1}{2}\right)^2 \times (-4) = -2$

③ $-3^2 \times (-2)^3 \times (-5) = -180$

④ $\{(-2)^3 - (5 - 3^2)\} \times 2 = -8$

⑤ $0.1 \times (-3) - (-3) \times 0.1 = 0.6$

06 $(-2)^2 \times \left(-\dfrac{3}{4}\right)^3 \times \left(-\dfrac{1}{6}\right)^2 \times (+2)^3$의 계산 결과를 기약분수로 나타내면 $\dfrac{b}{a}$이다. 이때 $a - b$의 값을 구하시오. (단, a는 자연수)

07 $0<a<1$일 때, $|a-1|-|1-a|$의 값을 구하시오.

08 두 수 A, B에 대하여 다음과 같은 식이 성립할 때, $A-B$의 값은?

$$A-(-3)\times 6=14$$
$$B\times 4-B\times 12\div\frac{2}{3}=7$$

① $-\dfrac{65}{2}$ ② $-\dfrac{7}{2}$ ③ $\dfrac{7}{2}$

④ $\dfrac{65}{2}$ ⑤ $\dfrac{7}{4}$

09 다음 수 중 가장 큰 수와 가장 작은 수의 합을 구하시오.

$$\left(-\frac{1}{3}\right)^3,\ \left(-\frac{1}{3}\right)^2,\ -\frac{1}{3^2},\ -\left(-\frac{1}{3}\right)^3,\ -\frac{1}{3^4}$$

10 세 유리수 a, b, c에 대하여 $a\times b=40$, $(b-c)\div\dfrac{1}{a}=16$일 때, $a\times c$의 값을 구하시오.

11 n이 홀수일 때, $(-1)^n-(-1)^{2\times n}+(-1)^{3\times n}-(-1)^{4\times n}$의 값을 구하시오.

12 $\square-\dfrac{6}{5}+\dfrac{9}{4}-(-2.7)=\dfrac{9}{2}$에서 $\square$ 안에 알맞은 수는?

① $-\dfrac{33}{20}$ ② $-\dfrac{3}{4}$ ③ $\dfrac{3}{4}$

④ $\dfrac{9}{4}$ ⑤ $\dfrac{15}{4}$

13 $\left(-\dfrac{1}{2}\right)^3\div A\times(-4)=2$일 때, A의 값을 구하시오.

14 다음 악보의 한 마디 안의 음표를 모두 합친 길이의 음표는 어떤 음표인가? (단, ♩ : 4분음표, ♪ : 8분음표, ♬ : 16분음표, ♬ : 32분 음표)

① ♩. : 점4분음표 ② ♩ : 2분음표
③ ♩. : 점2분음표 ④ ♪ : 점8분음표
⑤ 없다.

서술형

15 수민, 준영, 연아, 민우 4명이 주사위를 던져 나온 눈의 수가 짝수이면 수직선 위의 원점에서 오른쪽으로 4칸 이동하고, 홀수이면 왼쪽으로 6칸 이동하는 게임을 하였다. 4명이 각각 10회씩 주사위를 던져서 다음 표와 같은 결과를 얻었을 때, 물음에 답하시오.

	수민	준영	연아	민우
짝수(회)	7	4	6	
홀수(회)	3	6	4	

(1) 수민, 준영, 연아 중 게임 결과의 절댓값이 가장 작은 사람을 구하시오.

(2) 수민이와 준영이의 위치의 합이 연아와 민우의 위치의 합보다 크게 되려면 민우는 홀수가 몇 회 이상 나와야 되는지 구하시오.

풀이과정

답

16 $x+y=4$, $|x|+|y|=12$이고 $x>y$일 때, 정수 x, y의 값을 각각 구하시오.

서술형

17 다빈이의 시험 점수를 1회부터 6회까지 70점을 기준으로 하여 높으면 양수, 낮으면 음수로 나타낸 표이다. 다음 물음에 답하시오.

1회	2회	3회	4회	5회	6회
0점	−8점	+6점	−11점	+3점	−2점

(1) 1회에서 6회까지의 점수의 평균을 구하시오.

(2) 7회까지의 점수의 평균이 72점이 되려면, 7회에는 몇 점을 받아야 하는지 구하시오.

풀이과정

답

18 A는 B보다 1만큼 작은 수이고, 두 수의 절댓값은 같다. 이때 A의 세제곱은 B의 세제곱보다 얼마나 작은지 구하시오.

19 두 유리수 A, B에 대하여
$A*B=(A^2-B^2)\div\dfrac{1}{4}$이라고 할 때,
$\left(\dfrac{3}{4}*\dfrac{1}{2}\right)*\left(-\dfrac{5}{6}\right)$의 값을 구하시오.

20 어떤 수에 $\frac{4}{3}$의 역수를 곱해야 할 것을 잘못하여 그냥 곱했더니 그 결과가 $-\frac{32}{81}$가 되었다. 바르게 계산한 답은?

① $-\frac{4}{9}$ ② $-\frac{2}{9}$ ③ $-\frac{1}{9}$

④ $\frac{1}{9}$ ⑤ $\frac{2}{9}$

21 네 유리수 $-\frac{1}{3}$, 6, $-\frac{5}{3}$, $-\frac{3}{4}$ 중에서 세 개의 수를 뽑아 곱한 값 중 가장 큰 수를 a, 가장 작은 수를 b라 할 때, $a+b$의 값을 구하시오.

22 다음 그림에서 각 직선에 놓인 세 수의 합이 모두 같도록 하는 유리수 A, B, C, D, E의 값을 각각 구하시오.

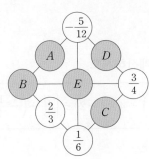

23 다음에서 a와 b의 대소 관계를 나타내고, 절댓값의 대소 관계도 부등호를 사용하여 나타내시오.

(1) $a+b=c$에서 $a>0$, $c<0$일 때
(2) $a-b=c$에서 $a<0$, $c>0$일 때

서술형

24 오른쪽 그림과 같이 정사각형 안에 꼭 맞게 들어가는 원이 있다. 가장 작은 원의 반지름의 길이가 $\frac{1}{3}$이고, 원의 반지름의 길이는 2배씩 커질 때, 4개의 정사각형의 둘레의 길이의 합을 구하시오.

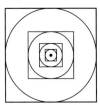

풀이과정

답

25 다음을 계산하시오.

(1) $0.25-\left(2-\frac{5}{2}\right)$

(2) $\frac{1}{3}-\frac{1}{2}-\left(-\frac{1}{4}\right)$

(3) $\left(-\frac{1}{2^3}\right)\div\left(\frac{1}{2}\right)^3\times(-4)^2$

(4) $(-0.2)^3\div(-0.4)^2\times(0.3)^2$

(5) $-(-2)^3\times\frac{1}{9}-\frac{5}{7}\div\left(-\frac{3}{2}\right)^2$

(6) $\left\{(-2^2)\times\frac{5}{6}-\frac{7}{12}\div\left(-1\frac{3}{4}\right)\right\}\div\left(-\frac{3}{4}\right)^2$

(7) $(-3)^2\div2^3\times\{-2+7-(-3)\}-(-2^2)$
$\div(-4)^3\times(-12)^2$

26 a가 -1보다 크고 0보다 작은 수일 때, 다음 물음에 답하시오.

$$-a \quad -a^2 \quad a^2 \quad a^3 \quad -a^3 \quad 2\times a$$

(1) 가장 작은 수를 구하시오.
(2) 가장 큰 수를 구하시오.
(3) 절댓값이 가장 작은 수를 모두 구하시오.

서술형
27 a보다 -3만큼 작은 수를 9, 5보다 b만큼 큰 수를 $-\dfrac{5}{12}$, -4보다 $-\dfrac{3}{4}$만큼 작은 수를 c라 할 때, $a \times b \div c$의 값을 구하시오.

풀이과정

답

28 다음 계산 결과가 큰 순서대로 기호를 쓰시오.

$$A : \frac{2}{3}\times(-3)^2\div\left(-\frac{2}{15}\right)$$

$$B : (-15)\div\left\{\left(-\frac{1}{12}\right)\times(-3)^2+2\right\}$$

$$C : 3\times\left(\frac{2}{9}-\frac{3}{14}\div\frac{3}{7}+\frac{1}{2}\right)$$

$$D : 1-\left[2+(-1)\div\{5\times(-2)+6\}\right]$$

29 $a=-16\div\{(-2)\times5+2^2\times3\}$이고, b는 수직선에서 두 수 $-\dfrac{3}{4}$과 $\dfrac{7}{8}$을 나타내는 두 점의 한가운데에 있는 점이 나타내는 수일 때, $a\times b$의 값을 구하시오.

30 다음을 계산하시오.

$$\left(-\frac{5}{2}\right)^3-4\times(-2)\div\left\{\frac{8}{9}+\left(-\frac{16}{3}\right)\right\}\div\left(-\frac{3}{4}\right)^2$$

01 n이 자연수일 때, 다음 식의 값을 구하시오.

$$(-1)^n \times (-1)^{n+1} + (-1)^{2 \times n} - 1^{2 \times n}$$

● -1을 짝수 번 곱하면 1, -1을 홀수 번 곱하면 -1이다.

02 $-3, -2, -1, 0, +1, +2, +3$ 중에서 뽑은 세 수 a, b, c가 $a \times b = 0$, $a \times c > 0$, $a + c < 0$, $a - c > 0$을 만족시킬 때, 다음 물음에 답하시오.

(1) b의 값을 구하시오.
(2) a의 값을 모두 구하시오.

● 두 음수 사이에서는 절댓값이 큰 수가 작다.

03 다음을 계산하시오.

(1) $\left\{ \dfrac{1}{2^3} + (-0.5)^3 \right\} - \dfrac{1}{8} - 1.5 \div 12$

(2) $8 - 6 \times \left(\dfrac{1}{4} - 1\dfrac{1}{3} \right)^2 \div \left\{ \left(-2\dfrac{1}{2} \right) - \left(-\dfrac{1}{3} \right) \right\}$

(3) $\left\{ -12 - (-8)^2 \div \left(-\dfrac{2}{3} \right)^3 \right\} \div \left\{ 3 + \dfrac{1}{2} \div \left(\dfrac{1}{4} - 0.75 \right) \right\}$

(4) $\left\{ 4 \times (-0.5)^3 - \dfrac{1}{2} \right\}^5 \times \left(-\dfrac{1}{3^2} \right) - 1.35 \times \left(-\dfrac{2}{9} \right)^2$

● 유리수의 덧셈, 뺄셈, 곱셈, 나눗셈의 혼합 계산 순서 :
거듭제곱 ⇨ 괄호 ⇨ ×, ÷ ⇨ +, −

04 두 수 A, B가

$$A = \left(3 - \dfrac{4}{15} \div \dfrac{6}{5} \right) \times \left(-\dfrac{1}{5} \right)^3 \div \dfrac{20}{9}, \quad B = 6 - \left(-\dfrac{2}{3} + \dfrac{1}{2} \right) \div \dfrac{3}{4} \times \left(-\dfrac{3}{2} \right)^3$$

일 때, $A < x < B$를 만족시키는 정수 x의 합을 구하시오.

● A, B의 값을 구하여 조건에 맞는 x의 값을 구한다.

Step A 만점 승승장구

승승**비법**

05 $\dfrac{1}{n \times (n+1)} = \dfrac{1}{n} - \dfrac{1}{n+1}$ 임을 이용하여 다음을 계산하시오.

$$\frac{1}{6} + \frac{1}{12} + \frac{1}{20} + \frac{1}{30} + \frac{1}{42}$$

$\dfrac{1}{56} = \dfrac{1}{7 \times 8} = \dfrac{1}{7} - \dfrac{1}{8}$

06 $A = [\{(-3)^2 + (-4) \times 3\} \div (2-5)] + \{(-2)^4 - 6\} \div (-2)$ 일 때, A보다 큰 음의 정수의 합을 구하시오.

A의 값을 구하여 A보다 큰 음의 정수를 구한다.

07 다섯 개의 수 -5, $\dfrac{7}{3}$, 6, $-\dfrac{5}{2}$, $-\dfrac{3}{5}$ 중에서 서로 다른 세 수를 뽑아 다음 ㉮, ㉯, ㉰에 넣어 계산하려고 한다. $\dfrac{A}{B}$의 값을 구하시오.

ㄱ. ㉮ $\times$ ㉯ $\times$ ㉰의 계산 결과가 가장 작은 수는 A이다.
ㄴ. ㉮ $\times$ ㉯ $\div$ ㉰의 계산 결과가 가장 큰 수는 B이다.

08 다음 식이 성립하도록 각 문자에 해당하는 수를 각각 구하시오.

$$1 - \cfrac{1}{5 + \cfrac{1}{5 + \cfrac{1}{5}}} = \cfrac{1}{a + \cfrac{1}{b + \cfrac{1}{c + \cfrac{1}{d}}}}$$

$\dfrac{3}{20} = \cfrac{1}{\frac{20}{3}} = \cfrac{1}{6 + \frac{2}{3}}$

$= \cfrac{1}{6 + \frac{1}{\frac{3}{2}}} = \cfrac{1}{6 + \cfrac{1}{1 + \frac{1}{2}}}$

Ⅲ. 문자와 식

문자를 사용한 식

유형 2 3 4 5

1. 문자의 사용
수량 사이의 관계, 법칙 등을 문자를 사용하여 간단한 식으로 나타낼 수 있다.

2. 문자를 사용하여 식 세우기
(1) 문제의 뜻을 파악하여 수량 사이의 규칙을 찾는다.
(2) 문자를 사용하여 (1)의 규칙에 맞도록 식을 세운다.

3. 문자를 사용한 식에 자주 쓰이는 수량 관계
(1) (소금물의 농도) $= \dfrac{(소금의 양)}{(소금물의 양)} \times 100\,(\%)$

  (소금의 양) $= \dfrac{(소금물의 농도)}{100} \times (소금물의 양)$

(2) (거리) $=$ (속력) $\times$ (시간), (속력) $= \dfrac{(거리)}{(시간)}$, (시간) $= \dfrac{(거리)}{(속력)}$

(3) (거스름돈) $=$ (지불한 금액) $-$ (물건의 가격)

  (물건 전체의 가격) $=$ (물건 1개의 가격) $\times$ (물건의 개수)

(4) 가격이 a원인 물건에 대하여

  ($x\,\%$ 할인한 가격) $= a \times \left(1 - \dfrac{x}{100}\right)$ 원

  ($x\,\%$ 인상한 가격) $= a \times \left(1 + \dfrac{x}{100}\right)$ 원

꼭꼭 check

비율과 단위의 분수 표현
$a\,\% = \dfrac{a}{100}$
a시간 $= 60 \times a$(분)
a m $= 100 \times a$(cm)

확인 1 – 1 다음을 문자를 사용한 식으로 나타내시오.

(1) 시속 x km의 속력으로 8시간 달린 거리
(2) 농도가 $a\,\%$인 소금물 300 g에 들어 있는 소금의 양

확인 1 – 2 다음을 문자를 사용한 식으로 나타내시오.

(1) 30 km의 거리를 일정한 속력으로 a시간 뛰었을 때의 속력
(2) 백의 자리의 숫자가 a, 십의 자리의 숫자가 b, 일의 자리의 숫자가 c인 세 자리 자연수

핵심원리 **2**

곱셈과 나눗셈 기호의 생략

유형 **1** 2 3 4 5

III
문자와 식

1. 곱셈 기호의 생략

문자와 문자, 수와 문자의 곱에서 곱셈 기호 $\times$는 생략하여 간단히 나타낼 수 있다.
이때 다음과 같이 나타낸다.
(1) 수와 문자의 곱에서 수는 문자 앞에 쓴다.
　예 $5 \times x = 5x$, $a \times 3 \times b = 3ab$
(2) 문자는 알파벳 순서로 쓴다.
　예 $y \times x = xy$
(3) 1 또는 -1과 문자의 곱에서 1은 생략한다.
　예 $a \times b \times 1 = ab$, $(-1) \times a \times x = -ax$
(4) 같은 문자의 곱은 거듭제곱 꼴로 나타낸다.
　예 $a \times a = a^2$, $x \times x \times x = x^3$
(5) 문자나 수와 괄호의 곱에서 문자나 수는 괄호 앞에 쓴다.
　예 $(a+b) \times 3 = 3(a+b)$, $a \times (b+c) = a(b+c)$

2. 나눗셈 기호의 생략

(1) 나눗셈 기호 $\div$를 생략하고 분수의 꼴로 나타낸다.
　예 $a \div 3 = \dfrac{a}{3} \left(\text{또는 } \dfrac{1}{3}a\right)$
(2) 나눗셈을 역수의 곱셈으로 바꾼 후 곱셈 기호를 생략한다.
　예 $a \div 3 = a \times \dfrac{1}{3} = \dfrac{a}{3}$

꼭꼭 check

$0.1 \times a$는 $0.a$로 나타내지 않고 $0.1a$ 또는 $\dfrac{1}{10}a$로 나타낸다.

확인 **2-1** 다음 식을 기호 $\times$, $\div$를 생략하여 나타내시오.

(1) $4 \times b \times a$ 　　　　　(2) $8 \div x \times y$
(3) $(a+b) \times b \times (-1)$ 　　　(4) $x \times x \div y \div 2$

확인 **2-2** 다음 식을 곱셈 기호와 나눗셈 기호를 생략하여 나타내시오.

(1) $x \div y + z$
(2) $r \div a \times (m+n)$
(3) $p \times (-3) + q \times p \times 5$

식의 값

유형 **6** **7**

1. 대입
문자를 사용한 식에서 문자 대신 어떤 수를 넣는 것을 대입이라고 한다.

2. 식의 값
식의 문자에 어떤 수를 대입하여 계산한 결과를 식의 값이라고 한다.

예 $a=2$, $b=-1$일 때, $3a-b=3\times 2-(-1)=6+1=7$

3. 식의 값을 구하는 방법
(1) 문자에 주어진 수를 대입할 때에는 생략된 곱셈 기호를 다시 쓴다.

예 $a=3$일 때, $2a+1=2\times 3+1=6+1=7$

(2) 문자에 음수를 대입할 때에는 반드시 괄호를 사용한다.

예 $a=-2$일 때, $2a+1=2\times(-2)+1=-4+1=-3$

(3) 분수의 분모에 분수를 대입할 때에는 생략된 나눗셈 기호를 다시 쓴다.

예 $a=\dfrac{1}{2}$일 때, $\dfrac{4}{a}=4\div a=4\div \dfrac{1}{2}=4\times 2=8$

꼭꼭 check
식의 값을 구할 때에는 문자에 주어진 수를 대입한다.

확인 3 – 1 다음 식의 값을 구하시오

(1) $a=-3$일 때, $3a+5$

(2) $b=2$일 때, $-\dfrac{1}{4}b+7$

(3) $x=4$일 때, x^2-3x+1

(4) $y=\dfrac{1}{5}$일 때, $\dfrac{5}{y}+y$

확인 3 – 2 $x=\dfrac{1}{2}$, $y=-1$일 때, 다음 식의 값을 구하시오.

(1) $2xy-4x$

(2) $4x^2-y$

(3) $\dfrac{1}{x}+y$

(4) $2x-x^2y$

확인 3 – 3 오른쪽 그림은 밑변의 길이가 x, 높이가 h인 삼각형이다. 물음에 답하시오.

(1) 삼각형의 넓이를 x, h를 사용한 식으로 나타내시오.

(2) $x=2$, $h=5$일 때, 삼각형의 넓이를 구하시오.

91쪽 | 핵심원리2

유형 1 ― 곱셈 기호, 나눗셈 기호의 생략

01 다음 식을 기호 $\times$, $\div$를 생략하여 나타내시오.

(1) $a \times b \div c$ (2) $2 \times a \div b - c$

(3) $a - b \div 3$ (4) $b \div (-a) + a \times a \times 3$

02 다음 중 곱셈 기호와 나눗셈 기호를 생략하여 바르게 나타낸 것은?

① $a \times (-0.1) \times a = -0.a^2$

② $-a \div b \div c \times 8 = -\dfrac{8ab}{c}$

③ $(a-b) \div x \times y = \dfrac{a-b}{xy}$

④ $\dfrac{1}{2} \times x \times y + x \div \dfrac{1}{4} \div z = \dfrac{xy}{2} + \dfrac{x}{4z}$

⑤ $a \div \dfrac{5 \times b}{2} \times \dfrac{1}{c} = \dfrac{2a}{5bc}$

03 다음 중 옳은 것은?

① $(x \div y) \times z = x \div (y \times z)$

② $x \div y \times z = x \times (y \div z)$

③ $x \times y \div z = x \times (y \div z)$

④ $x \times (y \div z) = z \div (x \div y)$

⑤ $(x \div y) \div z = x \div (y \div z)$

90쪽 | 핵심원리1 + 91쪽 | 핵심원리2

유형 2 ― 문자를 사용한 식 ― 자연수, 단위, 금액

04 다음 중 문자를 사용하여 나타낸 식으로 옳은 것은?

① a km b m $\rightarrow (100a+b)$ m

② x분 y초 $\rightarrow (x+60y)$초

③ x원을 20 % 할인한 가격 $\rightarrow \dfrac{2}{5}x$원

④ 백의 자리의 숫자가 x, 십의 자리의 숫자가 3, 일의 자리의 숫자가 y인 세 자리 자연수

   $\rightarrow 100x + 3 + y$

⑤ 300 g의 a % $\rightarrow 3a$ g

05 다음을 문자를 사용한 식으로 나타내시오.

(1) 3200원인 토스트 a개와 1500원인 우유 b개를 사고 내야 하는 금액

(2) 9로 나눌 때 몫이 q이고, 나머지가 4인 수

서술형

06 정가가 x원인 호두과자를 25 % 할인하여 y개 사고 상자 포장 가격으로 1000원을 지불하였을 때, 총 지불한 금액을 구하시오.

풀이과정

답

90쪽 | 핵심원리1+91쪽 | 핵심원리2

유형 3 • 문자를 사용한 식 – 도형의 둘레의 길이와 넓이

07 다음 중 옳지 <u>않은</u> 것은?

① 한 변의 길이가 a cm인 정삼각형의 둘레의 길이는 $3a$ cm이다.

② 가로의 길이가 a cm, 세로의 길이가 b cm인 직사각형의 넓이는 ab cm²이다.

③ 한 변의 길이가 x cm인 정사각형의 넓이는 $2x$ cm²이다.

④ 밑변의 길이가 x cm, 높이가 y cm인 평행사변형의 넓이는 xy cm²이다.

⑤ 한 모서리의 길이가 x cm인 정육면체의 겉넓이는 $6x^2$ cm²이다.

08 오른쪽 그림과 같은 사각형의 넓이를 문자 x, y를 사용한 식으로 나타내시오.

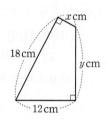

90쪽 | 핵심원리1+91쪽 | 핵심원리2

유형 4 • 문자를 사용한 식 – 속력

09 시속 5 km로 x시간 동안 걷고, 시속 3 km로 y시간 동안 걸을 때, 총 걸은 거리를 문자를 사용한 식으로 나타내시오.

10 시속 a km의 속력으로 8 km의 등산 코스를 가는데 가는 도중 20분간 쉬었다. 출발 지점에서 도착 지점까지 총 몇 시간이 걸렸는지 구하시오.

11 다음 보기 중 문자를 사용하여 나타낸 식으로 옳은 것을 모두 골라 기호를 쓰시오.

보기

ㄱ. 자동차를 타고 시속 60 km로 t시간 동안 달린 거리 ➡ $60t$ km

ㄴ. x km를 시속 4 km로 걸은 후에 y km를 시속 3 km로 걸었을 때, 걸리는 시간

➡ $\left(\dfrac{x}{4}+\dfrac{y}{3}\right)$시간

ㄷ. 20분 동안 일정한 속력으로 x km를 갔을 때의 속력 ➡ 시속 $\dfrac{x}{20}$ km

ㄹ. 180 km 떨어진 지점을 가는데 시속 x km로 3시간 이동하고 있을 때, 남은 거리

➡ $\left(180-\dfrac{2}{x}\right)$ km

ㅁ. 길이가 x m인 트럭이 길이가 y m인 터널을 분속 300 m로 완전히 통과하는데 걸린 시간

➡ $300(x+y)$분

90쪽 | 핵심원리1+91쪽 | 핵심원리2

유형 5 • 문자를 사용한 식 – 농도

12 a %의 소금물 500 g에 들어 있는 소금의 양을 문자를 사용한 식으로 나타내시오.

13 30 g의 소금이 들어 있는 소금물 150 g에 x g의 소금을 더 넣어 만든 소금물의 농도는?

① $\dfrac{30+x}{150}$ %

② $\dfrac{30}{150+x}$ %

③ $\dfrac{3000}{150+x}$ %

④ $\dfrac{3000+100x}{150}$ %

⑤ $\dfrac{3000+100x}{150+x}$ %

14 각기 다른 소스를 만들기 위해 A 그릇에는 a %의 설탕물 50 g을 만들어 놓고, B 그릇에는 b %의 설탕물 25 g을 만들어 놓았다. 두 설탕물을 만들기 위해 사용한 설탕의 양은 모두 몇 g인지 구하시오.

92쪽 | 핵심원리 3

유형 6 • 식의 값 구하기

15 $x=-2$일 때, $-x^2$과 같은 것은?

① $\dfrac{16}{x^2}$ 　　② $-(-x^2)$ 　　③ $2x$

④ $-\dfrac{1}{x}$ 　　⑤ $\dfrac{1}{4}x^3$

16 $x=-3$, $y=5$일 때, 다음 중 식의 값이 가장 작은 것은?

① $x+y$ 　　② $x-y$ 　　③ $-xy$

④ $\dfrac{3x-2y}{19}$ 　　⑤ $\dfrac{-x+y}{2}$

17 $a=2$, $b=-3$, $c=-5$일 때, 다음 중 그 값이 -3에 가장 가까운 것은?

① $-2a+2b-c$ 　　② $(a+b)(b-c)$

③ $-\dfrac{b^2-ac}{5}$ 　　④ $\dfrac{5a-2b}{c}$

⑤ $\dfrac{a}{b-c}$

92쪽 | 핵심원리 3

유형 7 • 식의 값의 활용

18 온도에는 °C를 단위로 쓰는 섭씨온도와 °F를 단위로 쓰는 화씨온도가 있다. 화씨 a °F를 섭씨온도로 나타내면 $\dfrac{5}{9}(a-32)$°C일 때, 화씨 68 °F는 섭씨 몇 °C인지 구하시오.

19 지면에서 1 km씩 높아질 때마다 기온이 6 °C씩 낮아진다. 현재 지면의 기온이 18 °C일 때, 지면으로부터의 높이가 1.5 km인 곳의 기온은 몇 °C인지 구하시오.

서술형

20 밑면의 가로의 길이가 x cm, 세로의 길이가 y cm, 높이가 z cm인 직육면체의 겉넓이를 S cm²라 할 때, 다음 물음에 답하시오.

⑴ S를 x, y, z를 사용한 식으로 나타내시오.
⑵ $x=2$, $y=3$, $z=2$일 때, S의 값을 구하시오.

풀이과정

답

다항식과 일차식

1. 항 : 수 또는 문자의 곱으로만 이루어진 식 예 $2x$, x^2y

2. 상수항 : 문자없이 수로만 이루어진 항 예 -8, 7

3. 계수 : 수와 문자의 곱으로 이루어진 항에서 문자 앞에 곱해진 수

   예 $4xy$에서 xy의 계수는 4, $\dfrac{1}{2}x$에서 x의 계수는 $\dfrac{1}{2}$, $3x$에서 x의 계수는 3이다.

4. 다항식 : 하나 또는 둘 이상의 항의 합으로 이루어진 식 예 $2x+1$, $2x^2+3x$

  참고 ▶ $\dfrac{4}{x}$와 같이 분모에 문자가 있는 것은 곱으로만 이루어져 있지 않으므로 항이 아니다. 따라서 다항식이 아니다.

5. 단항식 : 다항식 중에서 하나의 항으로만 이루어진 식

   예 $4xy$

6. 차수 : 어떤 항에서 문자가 곱해진 개수

   예 x에 대한 $3x^2$의 차수는 2이고 y에 대한 $-4y^3$의 차수는 3이다.

  참고 ▶ 상수항은 문자가 없으므로 차수가 0이다.

7. 다항식의 차수 : 다항식에서 차수가 가장 큰 항의 차수

   예 x^2+1 ⇨ 차수가 2인 다항식, $-3x^2+2x+1$ ⇨ 차수가 2인 다항식

8. 일차식 : 차수가 1인 다항식 예 $x-1$, $-2y$

꼭꼭 Check

$$\underset{\text{항}}{\underbrace{2x}_{x\text{의 계수}} + \underbrace{3y}_{y\text{의 계수}} + 4}_{\text{상수항}}$$

계수와 차수 : $8x^2$에서 x^2의 계수는 8, $8x^2$의 차수는 2이다.

확인 **1 – 1** 다음 표의 ①~⑨에 알맞은 것을 써넣으시오.

다항식	항	상수항	계수	다항식의 차수
$-5x+3$	$-5x$, 3	①	x의 계수 ②	1
$-b^2+4$	③	4	b^2의 계수 ④	⑤
$-8x^2$	⑥	없음	x^2의 계수 -8	2
$\dfrac{1}{4}a-\dfrac{3}{7}b$	⑦	⑧	a의 계수 ⑨	1

확인 **1 – 2** 다음 주어진 식을 보고 물음에 답하시오.

> ㄱ. $-x^2+3x+1$ ㄴ. $6a^2+8$ ㄷ. $\dfrac{1}{4}x+3$
>
> ㄹ. $5-0.3y$ ㅁ. $\dfrac{1}{x}-6$ ㅂ. $-2y^3+y$

(1) 다항식의 차수가 가장 큰 것을 찾아 기호를 쓰시오.

(2) 일차식인 것을 모두 골라 기호를 쓰시오.

일차식과 수의 곱셈, 나눗셈

유형 **2**

1. (단항식)×(수), (수)×(단항식)
단항식의 계수와 수의 곱에 문자를 곱한다.
예 $3x \times (-2) = 3 \times x \times (-2) = 3 \times (-2) \times x = -6 \times x = -6x$

2. (단항식)÷(수)
단항식의 계수와 나누는 수의 역수의 곱에 문자를 곱한다.
예 $8y \div 4 = 8 \times y \times \dfrac{1}{4} = 8 \times \dfrac{1}{4} \times y = 2 \times y = 2y$

3. (일차식)×(수), (수)×(일차식)
분배법칙을 이용하여 일차식의 각 항에 수를 곱한다.
예 $3(2a+1) = 3 \times 2a + 3 \times 1 = 6a + 3$

4. (일차식)÷(수)
분배법칙을 이용하여 일차식의 각 항에 나누는 수의 역수를 곱한다.
예 $(2a-3) \div (-3) = (2a-3) \times \left(-\dfrac{1}{3}\right) = 2a \times \left(-\dfrac{1}{3}\right) - 3 \times \left(-\dfrac{1}{3}\right)$
$$= -\dfrac{2}{3}a + 1$$

꼼꼼 check
$(a+b)x = ax + bx$
$(a-b)x = ax - bx$

확인 **2 – 1** 다음을 계산하시오.

(1) $(-3x) \times 4$

(2) $12x \div (-6)$

(3) $(2x+3) \times 5$

(4) $(-b+5) \div \dfrac{1}{4}$

확인 **2 – 2** 다음을 계산하시오.

(1) $\left(-\dfrac{2}{3}\right) \times 6a$

(2) $15a \div 9$

(3) $3\left(4a - \dfrac{2}{3}\right)$

(4) $(5a+2) \times (-2)$

(5) $(6x-12) \div 3$

(6) $\left(\dfrac{3}{2}a - \dfrac{6}{5}\right) \div \left(-\dfrac{3}{10}\right)$

일차식의 덧셈과 뺄셈

1. 동류항

(1) 문자와 차수가 서로 같은 항을 동류항이라고 한다.

　예 $-x$와 $-2x$, ab와 $3ab$

(2) 상수항끼리는 모두 동류항이다.

(3) **동류항의 덧셈과 뺄셈**

동류항의 계수끼리 더하거나 빼고 문자를 곱한다.

　예 $-x+3x=(-1+3)x=2x$, $5y-2y=(5-2)y=3y$

참고 ▶ 동류항이 아닌 항끼리는 덧셈과 뺄셈을 할 수 없다.

2. 일차식의 덧셈과 뺄셈

괄호가 있는 식은 분배법칙을 이용하여 괄호를 풀고, 동류항끼리 계산하여 간단히 한다.

예 $-3(x-4y)-2(x-5y)$

$=-3x+12y-2x+10y$

$=-3x-2x+12y+10y$

$=-5x+22y$

꼭꼭 Check

> 동류항
> $(\overbrace{ax+b})+(\overbrace{cx+d})$
> 동류항
> $=(a+c)x+(b+d)$

확인 **3 − 1** 다음을 계산하시오.

(1) $-\dfrac{1}{2}a+\dfrac{1}{4}a$

(2) $-4a+a-5a$

(3) $10x+2-6x-5$

(4) $\dfrac{x}{3}-1+2x-\dfrac{1}{5}$

확인 **3 − 2** 다음을 계산하시오.

(1) $-2(x+3)+3(x-5)$

(2) $-(3x-7)-(-4x+6)$

(3) $\dfrac{1}{2}(4x-6)+\dfrac{1}{3}(6x-9)$

(4) $-\dfrac{2}{5}(10x+5)+6\left(-\dfrac{1}{3}x+\dfrac{1}{2}\right)$

유형 1 다항식과 일차식

01 다음에서 단항식인 것을 찾아 기호를 쓰시오.

> ㄱ. -5 ㄴ. $x+2$ ㄷ. $-8x^2-3$
>
> ㄹ. $0.2x-y$ ㅁ. $-xy^3$ ㅂ. $\dfrac{7}{2x}$

02 다항식 $3x^2-2y+3$에 대한 설명으로 다음 중 옳지 않은 것은?

① 항은 $3x$, $2y$, 3이다.
② x^2의 계수는 3이다.
③ 상수항은 3이다.
④ 다항식의 차수는 2이다.
⑤ 일차항의 계수는 -2이다.

03 다음 중 일차식을 모두 고르면?

① 5 ② $0.1x+2$ ③ $1+x^2$
④ $x-x^2$ ⑤ x^2+x-x^2

유형 2 (일차식)×(수), (일차식)÷(수)

04 다음 중 옳지 않은 것은?

① $-\dfrac{3}{5}x \times \left(-\dfrac{10}{9}\right) = \dfrac{2}{3}x$

② $-12p \div \dfrac{3}{4} = -16p$

③ $(6a-2) \div \dfrac{2}{3} = 4a - \dfrac{4}{3}$

④ $\left(\dfrac{3}{10}a+2\right) \times (-6) = -\dfrac{9}{5}a - 12$

⑤ $\left(-\dfrac{4}{5}\right) \times \left(\dfrac{15}{2}x - 10\right) = -6x + 8$

05 다음을 계산하시오.

(1) $(-6x+8) \div 3$

(2) $-3\left(\dfrac{2}{9}x+4\right)$

(3) $(5x-12) \times \dfrac{4}{3}$

(4) $\dfrac{5}{9}(21x-12)$

(5) $(20x-15) \div \left(-\dfrac{5}{7}\right)$

06 다음 중 계산 결과가 $-2(3x-5)$와 같은 것은?

① $(3x-5) \div (-2)$ ② $(-3x+5) \div \dfrac{1}{2}$

③ $(3x-5) \div \dfrac{1}{2}$ ④ $(-3x+5) \div \left(-\dfrac{1}{2}\right)$

⑤ $(-3x+5) \div (-2)$

III

문자와 식

98쪽 | 핵심원리 3

유형 3 ─● 동류항

07 다음 중 동류항끼리 짝 지어진 것은?

① $-2a$와 a^2 ② $3x$와 $3y$ ③ $-b$와 $\dfrac{1}{3}b$

④ $\dfrac{x}{3}$와 $-x^3$ ⑤ $4x$와 $-4x^2$

08 다음을 보고 동류항인 것끼리 짝 지으시오.

$7y$	4	$0.5x$	y^2	$\dfrac{1}{3}y$
$0.2x^2$	$-5x$	$-\dfrac{2}{3}x^2$	$-\dfrac{6}{5}y^2$	-1

98쪽 | 핵심원리 3

유형 4 ─● 간단한 일차식의 덧셈, 뺄셈

09 다음 중 옳지 <u>않은</u> 것은?

① $-3(x-7)+2(6+2x)=x+33$
② $-4(2x+5)-3(-3x+1)=x-23$
③ $5(x-2y)-3(2x-3y)=-x-y$
④ $\dfrac{1}{3}(9x+12)+\dfrac{1}{2}(8x-10)=7x-6$
⑤ $\dfrac{2}{3}(-6x+3y)+\dfrac{1}{4}(12y+8x)=-2x+5y$

10 $5(4x-2)-(-3x+5)$를 계산하였을 때, x의 계수와 상수항의 합을 구하시오.

서술형

11 $\dfrac{5}{8}(-24a+8b)-\dfrac{2}{5}(10a-15b)=ma+nb$일 때, $\dfrac{1}{8}(m+n)$의 값을 구하시오. (단, m, n은 상수)

풀이과정

답

98쪽 | 핵심원리 3

유형 5 ─● 복잡한 일차식의 덧셈, 뺄셈

12 $\dfrac{2x-5}{4}+\dfrac{x-6}{3}+2$를 계산하시오.

13 $\frac{5}{2}(x-8)-\frac{4}{3}\{x-2+2(x+5)+1\}$을 계산하면?

① $\frac{5}{2}x-20$ 　　　② $-\frac{3}{2}x-32$

③ $-\frac{13}{2}x-32$ 　　　④ $-x-32$

⑤ $5x+32$

14 다음을 계산하시오.

(1) $3x+\{2x-y-3(x+y)\}$

(2) $\{3b-(3a+2b)\}-2\{5b-2(4b-3a)\}$

98쪽 | 핵심원리 3

유형 6 ● 문자에 일차식을 대입하기

15 $A=3x-1$, $B=2x+5$일 때, $A-2B$를 계산하면?

① $-x+9$ 　　　② $-x-6$

③ $-x-11$ 　　　④ $4x+9$

⑤ $4x-11$

16 $A=-3x+1$, $B=-x+2$, $C=2x-7$일 때, $2A-(B-3C)$를 계산하면?

① $-x-25$ 　　　② $-x-23$

③ $-x+21$ 　　　④ $x-21$

⑤ $x+25$

98쪽 | 핵심원리 3

유형 7 ● 어떤 식 구하기

17 어떤 다항식에서 $3x+5$를 빼야 할 것을 잘못해서 더했더니 $5x-2$가 되었다. 바르게 계산한 값은?

① $2x-12$ 　　　② $2x-7$

③ $2x-3$ 　　　④ $-x-7$

⑤ $-x-12$

서술형

18 다항식 A에서 $-x+4$를 빼면 $2x+1$이 되고, 다항식 B에 $2x-3$을 더하면 $x-7$이 된다고 할 때, $A-B$를 계산하시오.

풀이과정

답

01 다음 식을 기호 ×, ÷를 생략하여 나타내시오.

(1) $-4a \div (-10b) \times 6c - 4 \times (x+y)$

(2) $(x-1) \div y \times (x-1) \div y$

(3) $-(x-y) \times x \div (x+y) \div y$

(4) $p \div \dfrac{2}{3} \div q \times (p+q)$

02 다음 중 문자를 사용한 식으로 나타내었을 때, 일차식이 <u>아닌</u> 것은?

① 45명 중 x %가 지각했을 때, 지각한 학생 수

② 시속 x km로 5 km를 달리는 데 걸리는 시간

③ 어떤 수 x의 $\dfrac{1}{3}$배에 5를 더한 수

④ 농도가 x %인 바닷물 150 g에 녹아 있는 소금의 양

⑤ 1개에 500원인 초콜릿 x개를 7000원짜리 바구니에 담았을 때 총 금액

03 $a=-2$, $b=3$, $c=-4$일 때, 다음 중 식의 값이 가장 큰 것은?

① $a \times b \div \dfrac{1}{c}$

② $a \div b \div c$

③ $a \times (b-c)$

④ $a^2 - b \times (-c)$

⑤ $a \div b \times c$

04 다음 그림은 길이가 10 cm인 선분 AB이다. 선분 AD의 길이는 a cm, 선분 CB의 길이는 b cm일 때, 선분 CD의 길이를 a, b를 사용한 식으로 나타내시오.

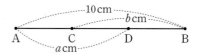

05 $(3a-5b+6) \div \left(-\dfrac{2}{5}\right)$를 계산했을 때, a의 계수와 b의 계수의 합을 구하시오.

06 다음은 푸드 코트에서 각 코너에 있는 직원들이 하는 말이다.

> **튀김 코너** : 새우튀김 한 개를 a원에 팔고 있습니다. 통통한 새우로 만든 새우튀김 사러 오세요.
>
> **치킨 코너** : 한 마리에 $5b$원인 치킨을 10분 동안만 20 % 할인한 가격에 팝니다. 어서 서두르세요.

이 말을 듣고 10분 이내에 새우튀김 15개와 치킨 두 마리를 샀다면 내야 하는 금액은 얼마인지 문자를 사용하여 나타내시오.

07 $-1<x<0$일 때, 다음을 크기가 큰 순서대로 나열하시오.

$$-x, \quad -\frac{1}{x^2}, \quad -x^2, \quad \frac{1}{x}, \quad x^3$$

08 가인이는 서울역에서 KTX를 타고 5개의 역을 지나 약속한 역에 도착하였다. 가인이가 KTX를 타고 간 거리는 a km이고, KTX의 속력은 시속 b km였다. 한 역에서 평균 3분씩 머물렀을 때, 가인이가 서울역에서 출발하여 약속한 역에 도착할 때까지 걸린 시간을 a, b를 사용한 식으로 나타내시오.

09 다음 물음에 답하시오.

(1) l km의 도로를 처음에는 시속 5 km로 a시간 동안 달리고, 남은 거리를 시속 4 km로 달렸을 때, 전체 걸린 시간을 a, l을 사용한 식으로 나타내시오.

(2) 길이가 30 cm인 철사를 남김없이 사용하여 만든 가로의 길이가 a cm인 직사각형의 넓이를 a를 사용한 식으로 나타내시오.

서술형

10 백의 자리의 숫자가 a, 십의 자리의 숫자가 b, 일의 자리의 숫자가 5인 세 자리 자연수에 대하여 다음 물음에 답하시오.

(1) 이 자연수의 백의 자리와 일의 자리의 숫자를 바꾼 수를 식으로 나타내시오.

(2) 처음의 수와 (1)에서 구한 수의 합을 식으로 나타내시오.

풀이과정

답

11 $5x^3-ax^2+2x-3x^2-3$을 계산하면 x^2의 계수가 4이다. 다음을 구하시오. (단, a는 상수)

(1) a의 값

(2) 문자를 포함한 항의 계수의 합

12 $a=-2$일 때, $|2a-5|-|3-a|$의 값을 구하시오.

13 다음 □ 안에 알맞은 식을 구하시오.

(1) $7a-4-(\square)=10a+1$

(2) $5(\square)-7=5a+3$

(3) $6x+1-2(\square)=2x-5$

(4) $4x-\{x-(\square)-1\}=2x+3$

(5) $\dfrac{2}{3}x-1-4(\square)=-2x+\dfrac{1}{3}$

14 $-4x^2+6x+7+ax^2+bx-3$을 계산하면 x에 대한 일차식이 되고 x의 계수가 -1일 때, 상수 a, b에 대하여 $a+b$의 값을 구하시오.

15 다음 식을 계산하였을 때, A, B, C를 각각 구하시오.

$$16\left(\dfrac{1}{2}x+\dfrac{1}{4}\right)-2(5x-1)-(3y+5)$$
$$=Ax+By+C$$

16 20개에 x원인 사과 9개와 y개에 5000원인 배 7개를 사고 20000원을 냈을 때, 받아야 하는 거스름돈을 문자를 사용한 식으로 나타내시오.

17 $\left(ax+\dfrac{1}{3}\right)-\left(-\dfrac{1}{2}x+b\right)$를 계산하면 x의 계수가 1 이고 상수항이 5일 때, 상수 a, b에 대하여 $2a-3b$의 값을 구하시오.

18 200 g의 설탕물에 40 g의 물을 부어 a %의 설탕물을 만들었다. 처음 설탕물의 농도를 구하시오.

19 넓이가 $(16x+40)$ m²인 화단에 꽃을 심고 있다. 첫째 날에는 전체의 $\dfrac{3}{8}$, 둘째 날에는 5 m², 셋째 날에는 남은 부분의 $\dfrac{2}{5}$에 꽃을 심었다. 아직 꽃을 심지 않은 부분의 넓이가 $(ax+b)$ m²일 때, 상수 a, b에 대하여 $\dfrac{b}{a}$의 값은?

① -2 ② $-\dfrac{3}{2}$ ③ 1

④ $\dfrac{2}{3}$ ⑤ 2

20 다음 물음에 답하시오.

(1) $\dfrac{1}{a}+\dfrac{1}{b}=\dfrac{1}{c}$에 대하여 $a=2$, $b=-3$일 때, c의 값을 구하시오.

(2) $x=\dfrac{2}{3}$, $y=-\dfrac{1}{2}$일 때, $x(x+2y)-2y(x+2y)$ 의 값을 구하시오.

21 다음 식을 계산하였을 때, x의 계수와 상수항의 합을 구하시오.

$$x-[6x-2\{3-(x+1)\}]$$
$$-\{(2x+1)-3(-x+5)\}$$

22 두 수 a, b에 대하여 $a\triangle b=ab-a-b$로 약속할 때, $(3\triangle x)\triangle(5\triangle 7)$을 x를 사용한 식으로 나타내시오.

23 다음 보기와 같이 아래의 두 식을 더한 식을 위에 적는 규칙으로 일차식을 더해나갈 때, A에 알맞은 식을 구하시오.

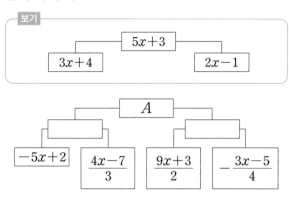

서술형

24 거리가 15 km 떨어진 두 지점을 버스를 타고 왕복하는데 갈 때는 시속 x km, 돌아올 때는 시속 $3x$ km로 달렸다. 다음 물음에 답하시오.

(1) 두 지점을 왕복하는 데 총 걸린 시간을 구하시오.

(2) 버스를 타고 두 지점을 왕복하는 동안의 평균 속력을 구하시오.

$$\left(\text{단, }(\text{평균 속력})=\dfrac{(\text{총 거리})}{(\text{총 걸린 시간})}\text{이다.}\right)$$

풀이과정

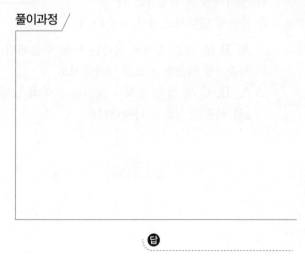

답

25 다항식 $4x(x-2)+2\left\{ax^2-\dfrac{1}{3}(x-6+2x)\right\}$를 간단히 하였을 때, x에 대한 일차식이 되도록 하는 상수 a의 값을 구하시오.

26 $A=-3x+1$, $B=x-9$, $C=2x+8$일 때, $\dfrac{1}{2}(3A-B)-\dfrac{1}{3}\left(A-2B-\dfrac{1}{2}C\right)$를 x를 사용한 식으로 나타내시오.

27 오른쪽 그림과 같이 한 변의 길이가 1인 정사각형 모양의 색종이 A, B, C 세 장을 겹쳐서 붙이려고 한다. 겹쳐진 부분은 한 변의 길이가 x인 정사각형 모양일 때, 다음 물음에 답하시오. (단, $0<x<1$)

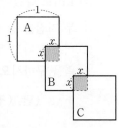

(1) A, B 두 장을 겹쳐서 생기는 도형의 둘레의 길이를 x를 사용한 식으로 나타내시오.

(2) A, B, C 세 장을 겹쳐서 생기는 도형의 넓이를 x를 사용한 식으로 나타내시오.

28 오른쪽 그림과 같이 가로의 길이가 24 m, 세로의 길이가 18 m인 직사각형 모양의 꽃밭에 폭이 x m와 4 m인 직사각형 모양의 길을 만들었다. 다음 물음에 답하시오.

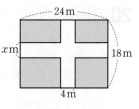

(1) 색칠한 부분의 넓이를 x에 대한 일차식으로 나타내시오.

(2) $x=8$일 때, 색칠한 부분의 넓이를 구하시오.

풀이과정

답

29 과즙 함유량이 5 %인 오렌지주스 a mL와 10 %인 오렌지주스 b mL를 섞어서 만든 오렌지주스의 농도를 문자를 사용한 식으로 나타내시오.

01 다음 중 기호 $\times$, $\div$를 생략한 것으로 옳은 것은?

① $a \div b \times (c+x) = \dfrac{a}{b(c+x)}$

② $a \div (a+b) \div (a+b) = \dfrac{a}{a+b}$

③ $x \div (y \times z) \times 3 \times x = \dfrac{3yz}{x}$

④ $(x+y) \times (x+y) \times a - a \div x = a(x+y)^2 - \dfrac{a}{x}$

⑤ $a \times b \div x \div (a+b) \div c = \dfrac{abc}{x(a+b)}$

> 나누는 수의 역수의 곱셈으로 고쳐서 계산하거나 분수 꼴로 바꾸어 계산한다.

02 수영장에 물을 채울 때 사용되는 수도관 A, B가 있다. 1시간에 나오는 물의 양이 수도관 A는 a L, 수도관 B는 b L이고, 수도관 A만 사용하면 빈 수영장이 t시간 만에 물로 가득 찰 때, 다음 물음에 답하시오.

(1) 이 수영장에 들어가는 물의 양을 a, t를 사용한 식으로 나타내시오.

(2) 수도관 B만 사용하여 물이 가득 찰 때까지 걸리는 시간을 a, b, t를 사용한 식으로 나타내시오.

(3) 수도관 A, B 두 개를 동시에 사용하여 물이 가득 찰 때까지 걸리는 시간을 a, b, t를 사용한 식으로 나타내시오.

> (가득 채우는 데 걸리는 시간)
> $= \dfrac{(\text{전체 물의 양})}{(\text{1시간 동안 넣는 물의 양})}$

03 $\dfrac{b}{a} = 3$일 때, $\dfrac{a^2+ab+b^2}{a^2-ab+b^2}$ 의 값을 구하시오.

> $\dfrac{b}{a}$ 꼴이 나오도록 분모, 분자를 같은 꼴로 나누어 준다.

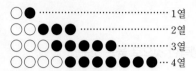

04 오른쪽 그림과 같이 규칙에 따라 흰색, 검은색 바둑돌을 나열하였을 때, n열에 나열된 바둑돌의 개수를 n을 사용한 식으로 나타내시오.

⚪● ············· 1열
⚪⚪●●● ············· 2열
⚪⚪⚪●●●●● ············· 3열
⚪⚪⚪⚪●●●●●●● ············· 4열
⋮

> 1열씩 늘어날 때마다 늘어나는 바둑돌의 개수를 세어 규칙을 찾는다.

05 다음을 계산하시오.

(1) $2x - 3\left[x + 5\left\{ x - \dfrac{1}{15}(3x-5) \right\} \right]$

(2) $3\{ (4x-2) - (2-x) \} - \{ 2(3x-1) - (x+1) \}$

(3) $\dfrac{x-1}{2} - 2\left[\dfrac{x}{3} + 1 - 5\left\{ \dfrac{x}{4} + 1 - \dfrac{3}{4}\left(1 - \dfrac{x}{5} \right) \right\} \right]$

> ( ) → { } → [ ]의 순으로 계산한다.

06 오른쪽 직사각형에서 색칠한 부분의 넓이를 x에 관한 일차식으로 나타내시오.

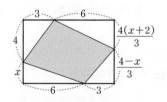

> 전체 직사각형의 넓이에서 삼각형 네 개의 넓이를 뺀다.

07 x %의 소금물 150 g에서 50 g을 떠내고, 떠낸 양만큼 y %의 소금물을 섞어 소금물을 만들었다. 이때 새로 만든 소금물의 농도를 x, y를 사용한 식으로 나타내시오.

> (소금물의 농도)
> $= \dfrac{(\text{소금의 양})}{(\text{소금물의 양})} \times 100\,(\%)$

핵심원리 1 · 등식

1. 등호(=)를 사용하여 두 수 또는 두 식이 같음을 나타낸 식을 등식이라고 한다.
2. 등식에서 등호의 왼쪽 부분을 좌변이라고 한다.
3. 등식에서 등호의 오른쪽 부분을 우변이라고 한다.
4. 등식의 좌변과 우변을 통틀어 양변이라고 한다.

$$3x + 1 = 5$$

좌변 우변

양변

꼭꼭 Check

등식은 등호를 사용하여 나타낸 식이다.

III

문자와식

확인 1-1 다음 중 등식인 것은 ○를, 등식이 <u>아닌</u> 것은 ×를 ( ) 안에 써넣으시오.

(1) $4 + 2 = 6$ (   )

(2) $7 - 12$ (   )

(3) $6 < 10$ (   )

(4) $x + 3 = 9$ (   )

(5) $x - 2 \geq 1$ (   )

(6) $x + 3x = 4x$ (   )

확인 1-2 다음 등식에서 좌변과 우변을 각각 말하시오.

$$3x - 2 = 7 - 4x$$

확인 1-3 다음 문장을 등식으로 나타내시오.

(1) 어떤 수 x를 3배 한 후 2를 빼면 7이다.

(2) 8과 어떤 수 x를 더한 것에 5를 곱하면 20이다.

(3) 한 송이에 800원인 장미 x송이를 4000원짜리 바구니에 담은 꽃바구니의 가격은 12000원이다.

(4) 한 변의 길이가 x cm인 정사각형의 둘레의 길이는 52 cm이다.

핵심원리 2 방정식과 항등식

1. 방정식

(1) 방정식 : 미지수의 값에 따라 참이 되기도 하고 거짓이 되기도 하는 등식

　예 $3x+1=4$는 x가 1일 때는 참이고, x가 -1일 때는 거짓이므로 방정식이다.

(2) 미지수 : 방정식에 있는 x 등의 문자

　예 방정식 $-2x+1=5$에서 미지수는 x이다.

(3) 방정식의 해 또는 근 : 방정식을 참이 되게 하는 미지수의 값

　예 $5-x=3$에서 해는 $x=2$이다.

(4) 방정식을 푼다 : 방정식의 해 또는 근을 구하는 것을 방정식을 푼다고 한다.

2. 항등식

미지수에 어떤 수를 대입하여도 항상 참이 되는 등식을 항등식이라 한다. 등식의 좌변, 우변을 간단히 정리하였을 때, 양변이 같으면 항등식이다.

　예 $2x+3x=5x$, $4x+8=4(x+2)$

꼭꼭 Check

방정식, 항등식이 되는 조건
$ax+b=cx+d$에서
(1) $a \neq c$ ➡ 방정식
(2) $a=c$, $b=d$
　➡ 항등식
(3) $a=c$, $b \neq d$
　➡ 거짓인 등식

• 확인 2 - 1　$x=-3$을 해로 갖는 방정식을 보기에서 모두 고르시오.

> **보기**
>
> ㄱ. $x+2=1$　　　　　　　　　ㄴ. $2x+4=-2$
>
> ㄷ. $x-3=5-x$　　　　　　　ㄹ. $3(x+1)+5=-1$

• 확인 2 - 2　다음 방정식의 해를 구하시오.

(1) x의 값이 -1, 0, 1일 때, $-x+3=x+1$

(2) x의 값이 -2, 1, 2일 때, $x+5=2x+7$

• 확인 2 - 3　다음 등식 중 방정식인 것은 '방', 항등식인 것은 '항'을 ( ) 안에 써넣으시오.

(1) $-x+3=5$　　　　　(　)　　　(2) $2x+5x=7x$　　　　　(　)

(3) $2x-x+8=8+x$　　(　)　　　(4) $5(2-x)=10-x$　　　(　)

핵심원리 3 등식의 성질

1. 등식의 성질

(1) 등식의 양변에 같은 수를 더하여도 등식은 성립한다.

$a=b$이면 $a+c=b+c$이다.

(2) 등식의 양변에서 같은 수를 빼어도 등식은 성립한다.

$a=b$이면 $a-c=b-c$이다.

(3) 등식의 양변에 같은 수를 곱하여도 등식은 성립한다.

$a=b$이면 $ac=bc$이다.

(4) 등식의 양변을 0이 아닌 같은 수로 나누어도 등식은 성립한다.

$a=b$이면 $\dfrac{a}{c}=\dfrac{b}{c}$ (단, $c\neq0$)

2. 등식의 성질을 이용한 방정식의 풀이

등식의 성질을 이용하여 주어진 방정식을 $x=(수)$ 꼴로 고쳐서 그 해를 구한다.

예 $3x-2=4$

$3x-2+2=4+2$ ⟩ 양변에 2를 더한다.

$3x=6$

$\dfrac{3x}{3}=\dfrac{6}{3}$ ⟩ 양변을 3으로 나눈다.

$\therefore x=2$

꼭꼭 Check

$a=b$이면
(1) $a+c=b+c$
(2) $a-c=b-c$
(3) $ac=bc$
(4) $\dfrac{a}{c}=\dfrac{b}{c}$ ($c\neq0$)

확인 3 – 1 $x=y$일 때, 다음 등식이 성립하도록 ☐ 안에 알맞은 수를 써넣으시오.

(1) $x+5=y+$☐

(2) $x-7=y-$☐

(3) $4x=$☐y

(4) $\dfrac{x}{8}=\dfrac{y}{☐}$

확인 3 – 2 등식의 성질을 이용하여 다음 방정식을 푸시오.

(1) $x-5=3$

(2) $2x+4=-6$

(3) $\dfrac{x}{8}+1=-1$

(4) $-7x+3=31$

유형 1 ─ 등식

01 다음 보기 에서 등식인 것을 모두 골라 그 기호를 쓰시오.

> **보기**
> ㄱ. $4(x-1)=2$
> ㄴ. $-3x-3(x+1)$
> ㄷ. $7+(-1)<0$
> ㄹ. $5a+3-5(a+1)=-2$
> ㅁ. $x+(x-1)=2x-1$
> ㅂ. $2x-y+1=2x$

02 다음 문장을 등식으로 나타내시오.

> 어떤 수 x의 5배에서 2를 뺀 값은 7과 같다.

03 다음 중 문장을 등식으로 나타낸 것으로 옳지 <u>않은</u> 것은?

① 어떤 수 x에서 4를 뺀 후 3배 한 값은 25와 같다.
⇨ $3(x-4)=25$

② 800원짜리 과자 x봉지와 1000원짜리 주스 y캔의 가격은 1800원이다.
⇨ $800x+1000y=1800$

③ 5개에 5000원인 군고구마 x개의 가격은 12000원이다. ⇨ $5000x=12000$

④ 한 변의 길이가 x cm인 정오각형의 둘레의 길이는 20 cm이다. ⇨ $5x=20$

⑤ 한 개에 400원인 붕어빵 x개를 사고 3000원을 낸 후에 200원을 거슬러 받았다.
⇨ $3000-400x=200$

유형 2 ─ 방정식과 항등식

04 다음 중 방정식인 것은?

① $2x-5$ ② $\dfrac{1}{3}x-\dfrac{2}{3}y$

③ $-x+4x=3x$ ④ $5\times2-1=9$

⑤ $7x-5x=2$

05 다음 중 항등식인 것은?

① $2x-5=3(x-1)$
② $4x-3=3(x-1)$
③ $6x-5(1-x)=-16$
④ $3(2y-6)=2(3y-9)$
⑤ $3-2(x+6)=7-(x+1)$

06 다음 중 항상 참인 등식은?

① $2x-(x-1)=2x-2$
② $3x+1+x=4x+1$
③ $x+(x-1)=2x+7$
④ $5x-4=x+8$
⑤ $-4(x-1)=-4x-4$

유형 3 ● 항등식이 될 조건

07 등식 $-3(x-2)=6-mx$가 x에 대한 항등식일 때, 상수 m의 값을 구하시오.

서술형

08 등식 $x(a-2)+b=-2(x+3)$이 x에 대한 항등식일 때, $a-b$의 값을 구하시오. (단, a, b는 상수)

풀이과정

답

09 등식 $5-2(x+1)=-x+\square$는 x의 값에 관계없이 항상 참이 되는 등식일 때, 다음 $\square$ 안에 알맞은 식은?

① $-x-3$ ② $-x+3$ ③ $-x+4$
④ $3x-3$ ⑤ $3x+3$

유형 4 ● 방정식의 해

10 다음 방정식 중 해가 $x=-2$인 것은?

① $2x-4=6$ ② $-3x+1=10$
③ $x-5=2x$ ④ $-2(x+3)=-2$
⑤ $\dfrac{x+4}{2}=\dfrac{x-1}{3}$

11 다음 중 [ ] 안의 수가 주어진 방정식의 해가 <u>아닌</u> 것은?

① $-4(x+3)=8$ $[-5]$
② $\dfrac{2}{3}(x+2)=6$ $[7]$
③ $-5(x+1)=2x+8$ $[-2]$
④ $-x+6=\dfrac{x}{3}+2$ $[3]$
⑤ $4-3x=3x-8$ $[2]$

서술형

12 x가 0, 2, 4, 6 중 하나일 때, 방정식 $2x-5=-1$의 해를 구하시오.

풀이과정

답

유형 5 — 등식의 성질

13 다음 중 옳지 <u>않은</u> 것은?

① $a+c=b+c$이면 $a=b$이다.

② $a-c=b-c$이면 $a=b$이다.

③ $a+c=b+c$이면 $a-c=b-c$이다.

④ $\dfrac{a}{c}=\dfrac{b}{c}$이면 $a=b$이다. (단, $c\neq 0$)

⑤ $ac=bc$이면 $a=b$이다.

14 다음 중 옳지 <u>않은</u> 것은?

① $a=b$이면 $a-5=b-5$이다.

② $a+1.2=b+1.2$이면 $a=b$이다.

③ $a=\dfrac{b}{2}$이면 $4a=2b$이다.

④ $\dfrac{a}{2}=\dfrac{b}{3}$이면 $2a=3b$이다.

⑤ $a-4=b$이면 $a=b+4$이다.

15 다음 보기 중 옳은 것을 모두 고르시오.

보기
ㄱ. $x+1=y$이면 $4x+4=4y$이다.
ㄴ. $x=2y$이면 $2x+2=4y+2$이다.
ㄷ. $6x=2y$이면 $x=3y$이다.
ㄹ. $x=-y$이면 $-x+3=y-3$이다.
ㅁ. $x-5=y$이면 $2x=2y+10$이다.

유형 6 등식의 성질을 이용한 방정식의 풀이

16 등식의 성질을 이용하여 방정식 $\dfrac{4x-3}{5}=1$을 푸는 과정이다. 다음 중 (가), (나), (다)에서 사용된 등식의 성질을 바르게 짝 지은 것은?

$$\frac{4x-3}{5}=1 \quad \big\rbrace \text{(가)}$$
$$4x-3=5 \quad \big\rbrace \text{(나)}$$
$$4x=8 \quad \big\rbrace \text{(다)}$$
$$x=2$$

ㄱ. $a=b$이고 c는 자연수일 때, $a+c=b+c$
ㄴ. $a=b$이고 c는 자연수일 때, $a-c=b-c$
ㄷ. $a=b$이고 c는 자연수일 때, $a\times c=b\times c$
ㄹ. $a=b$이고 c는 자연수일 때, $\dfrac{a}{c}=\dfrac{b}{c}$

	(가)	(나)	(다)		(가)	(나)	(다)
①	ㄱ	ㄴ	ㄷ	②	ㄱ	ㄹ	ㄴ
③	ㄷ	ㄱ	ㄹ	④	ㄷ	ㄴ	ㄱ
⑤	ㄹ	ㄷ	ㄱ				

17 다음 중 방정식을 변형하는 과정에서 사용한 등식의 성질이 나머지와 <u>다른</u> 하나는?

① $4x-5=7 \rightarrow 4x=12$

② $5x=18-x \rightarrow 6x=18$

③ $-2x=3x+15 \rightarrow -5x=15$

④ $-7(x-2)=6 \rightarrow -7x=-8$

⑤ $-6x=24 \rightarrow x=-4$

핵심원리 1

이항과 일차방정식

유형 1 2

1. 이항

(1) 등식의 성질을 이용하여 등식의 한 변에 있는 항을 부호를 바꾸어 다른 변으로 옮기는 것을 이항이라고 한다.

$$2x \boxed{+5} = 3$$
이항
$$2x = 3 \boxed{-5}$$

(2) $+\square$를 이항하면 $-\square$가 되고, $-\bigcirc$를 이항하면 $+\bigcirc$가 된다.

2. 일차방정식

방정식의 우변에 있는 모든 항을 좌변으로 이항하여 정리한 식이 (일차식)$=0$ 꼴로 나타내어지는 방정식을 일차방정식이라 한다. 이때 미지수 x를 포함한 일차방정식을 x에 대한 일차방정식이라 하며 $ax+b=0(a\neq0)$ 꼴로 나타낼 수 있다.

예 $5x-3=7$은 $5x-10=0$이므로 x에 대한 일차방정식이다.

참고 일차방정식에서 미지수 x 대신 다른 문자를 사용할 수도 있다.

예 $2y+4=0$ ➡ y에 대한 일차방정식

꼭꼭 Check

$+\blacktriangle$를 이항하면 ⇨ $-\blacktriangle$
$-\blacktriangledown$를 이항하면 ⇨ $+\blacktriangledown$

확인 1-1 다음 등식에서 색칠한 항을 이항하시오.

(1) $x\boxed{+10}=5$

(2) $2x\boxed{-4}=8$

(3) $\boxed{-8}+4x=8$

(4) $3+x=-5\boxed{-x}$

확인 1-2 다음 중 색칠한 항을 바르게 이항한 것은?

① $3x\boxed{+1}=7$ ⇨ $3x=7+1$

② $\boxed{-2}+4x=2x$ ⇨ $4x=2x-2$

③ $9\boxed{-x}=-7x$ ⇨ $-x=-7x+9$

④ $5x\boxed{+1}=-8$ ⇨ $5x=-8+1$

⑤ $9x\boxed{-7}=11$ ⇨ $9x=11+7$

확인 1-3 다음 중 일차방정식을 모두 고르면?

① $3x+1=6x-5$

② $3(x+9)=3x-1$

③ $0 \times x=5$

④ $x^2+2=0$

⑤ $x^2+x+2=x^2-x+1$

일차방정식의 풀이

유형 ③ ⑤

1. 괄호가 있으면 분배법칙을 이용하여 괄호를 먼저 푼다.
2. 미지수 x가 포함된 항은 좌변으로, 상수항은 우변으로 이항한다.
3. 양변을 간단히 하여 $ax=b\,(a\neq0)$ 꼴로 고친다.
4. 양변을 x의 계수 a로 나누어 방정식의 해 $x=\dfrac{b}{a}$를 구한다.

예
$$3(x-2)=x+4$$
$$3x-6=x+4 \quad \rbrace \text{괄호 풀기}$$
$$3x-x=4+6 \quad \rbrace \text{이항하기}$$
$$2x=10 \quad \rbrace ax=b\,(a\neq0) \text{ 꼴로 고치기}$$
$$\therefore x=5 \quad \rbrace \text{양변을 } x\text{의 계수 } a\text{로 나누기}$$

확인 2 – 1 다음은 일차방정식을 푸는 과정이다. □ 안에 알맞은 수를 써넣으시오.

(1) $3x-5=4$
$3x=4+\boxed{}$
$3x=\boxed{}$
$\therefore x=\boxed{}$

(2) $-2x+6=10+2x$
$-2x-2x=10-\boxed{}$
$-4x=\boxed{}$
$\therefore x=\boxed{}$

(3) $-x=2(x+3)$
$-x=2x+\boxed{}$
$-x-2x=\boxed{}$
$-3x=\boxed{}$
$\therefore x=\boxed{}$

(4) $-7x+2=2(6-x)$
$-7x+2=\boxed{}-2x$
$-7x+2x=\boxed{}-2$
$-5x=\boxed{}$
$\therefore x=\boxed{}$

확인 2 – 2 다음 일차방정식을 푸시오.

(1) $-4x+3=15$

(2) $5x-4=3-2x$

(3) $2x+7=-(x-19)$

(4) $4-2(x-1)=8x-4$

핵심원리 3

계수가 소수나 분수인 일차방정식의 풀이

유형 **4 5 7 8**

계수가 소수나 분수인 일차방정식은 양변에 적당한 수를 곱하여 계수를 정수로 고쳐서
푼다.

1. 계수가 소수인 경우

양변에 10, 100, 1000, ⋯ 중 적당한 수를 곱하여 푼다.

예 $0.5x-0.4=0.6$ ⟩ 양변에 10을 곱한다.
$5x-4=6$
$5x=10$
∴ $x=2$

2. 계수가 분수인 경우

양변에 분모의 최소공배수를 곱하여 푼다.

예 $\dfrac{1}{2}x-2=\dfrac{1}{3}$ ⟩ 양변에 2와 3의 최소공배수 6을 곱한다.
$3x-12=2$
$3x=14$
∴ $x=\dfrac{14}{3}$

꼭꼭 check

계수가 소수나 분수인 경우
계수를 0이 아닌 정수로 고
쳐서 푼다.

확인 **3 – 1** 다음은 일차방정식을 푸는 과정이다. ☐ 안에 알맞은 수를 써넣으시오.

(1) $0.6x+1.2=-2.3-0.1x$
$6x+\boxed{}=-23-x$
$7x=\boxed{}$
∴ $x=\boxed{}$

(2) $\dfrac{x}{3}-2=-\dfrac{x}{5}+\dfrac{2}{3}$
$\boxed{}x-30=-3x+10$
$\boxed{}x=40$
∴ $x=\boxed{}$

확인 **3 – 2** 다음 일차방정식을 푸시오.

(1) $\dfrac{5x+3}{2}=3x+4$

(2) $0.1x+0.7=0.6x-0.3$

(3) $\dfrac{x-4}{5}-\dfrac{2x+6}{3}=0$

해가 주어진 방정식

유형 6 7 8

x에 대한 일차방정식의 해가 $x=p$라 주어질 때, 주어진 방정식에 $x=p$를 대입하면 등식이 성립한다.

예 일차방정식 $ax-5(x+a)=3$의 해가 $x=3$일 때, 상수 a의 값을 구하시오.

$ax-5(x+a)=3$에 $x=3$을 대입하면 $3a-5(3+a)=3$이 되므로 이는 a에 대한 일차방정식이다.

이 방정식의 괄호를 풀면

$3a-15-5a=3$

$-2a=18$

$\therefore a=-9$

꼭꼭 check

일차방정식의 해가 $x=\square$이면 x 대신 $\square$를 대입하여 미지수의 값을 구한다.

확인 4-1 일차방정식 $5(a+2x)-3(2a-x)=a+1$의 해가 $x=-1$일 때, 상수 a의 값을 구하시오.

확인 4-2 일차방정식 $2-\dfrac{x-a}{2}=3a+3$의 해가 $x=3$일 때, 상수 a의 값은?

① -3 ② -2 ③ -1

④ 0 ⑤ 1

확인 4-3 x에 대한 두 일차방정식 $8-\dfrac{4}{5}x=ax+2$와 $0.2(4x-b)=1$의 해가 모두 $x=-5$일 때, 상수 a, b에 대하여 $a+b$의 값은?

① -50 ② -27 ③ -25

④ 25 ⑤ 27

핵심원리 5

특수한 해를 가질 때

이항하여 정리했을 때 다음과 같은 꼴이 되는 등식은 항등식이거나 항상 거짓인 등식이다.

1. $0 \times x = 0$ 꼴 : 해가 무수히 많다.

    예 $4x + 2 = 2(2x + 1)$

        $4x + 2 = 4x + 2$

        $4x - 4x = 2 - 2$

        $0 \times x = 0$

        ➡ 미지수의 값에 관계없이 항상 참인 항등식이므로 해가 무수히 많다.

2. $0 \times x = (0$이 아닌 수$)$ 꼴 : 해가 없다.

    예 $2x + 3 = 2x + 6$

        $2x - 2x = 6 - 3$

        $0 \times x = 3$

        ➡ x의 값에 어떤 수를 넣어도 항상 거짓이므로 해가 없다.

참고 (1) 등식 $ax = b$에서

      ┌ 해가 무수히 많을 조건 : $a = 0$, $b = 0$

      └ 해가 없을 조건 : $a = 0$, $b \neq 0$

      등식 $ax + b = cx + d$에서

      ┌ 해가 무수히 많을 조건 : $a = c$, $b = d$

      └ 해가 없을 조건 : $a = c$, $b \neq d$

    (2) $(0$이 아닌 수$) \times x = 0$ 꼴 : $x = \dfrac{0}{(0\text{이 아닌 수})}$이므로 해는 $x = 0$이다.

꼭꼭 Check

$0 \times x = 0$
➡ 해가 무수히 많다.
$0 \times x = (0$이 아닌 수$)$
➡ 해가 없다.

확인 5 - 1 다음 방정식을 푸시오.

  (1) $-4x + 10 = 2(5 - 2x)$ (2) $3(x - 3) = 6 + 3x$

확인 5 - 2 다음의 각 경우에 대하여 x에 대한 방정식 $ax = b$의 해를 구하시오.

  (1) $a = 0$, $b = 0$ (2) $a = 0$, $b \neq 0$

  (3) $a \neq 0$, $b = 0$ (4) $a \neq 0$, $b \neq 0$

115쪽 | 핵심원리 1

유형 1 — 이항

01 다음 중 이항을 바르게 한 것은?

① $-5x+7=1 \Rightarrow -5x=1+7$

② $x=10-4x \Rightarrow x-4x=10$

③ $3x+12=6 \Rightarrow 3x=6+12$

④ $2x-9=6 \Rightarrow 2x=6+9$

⑤ $12-x=8 \Rightarrow -x=8+12$

02 다음 중 일차방정식 $7x+5=12$에서 좌변의 5를 이항한 것과 같은 말은?

① 양변에 5를 더한다.

② 양변에서 5를 뺀다.

③ 양변에서 -5를 뺀다.

④ 양변에 5를 곱한다.

⑤ 양변을 5로 나눈다.

115쪽 | 핵심원리 1

유형 2 — 일차방정식

03 다음 중 x에 대한 일차방정식이 <u>아닌</u> 것은?

① $5x+1=16$

② $\frac{2}{3}x+4=-\frac{2}{3}x$

③ $x-x^2+3=x(2-x)$

④ $-7x+4=-3$

⑤ $-x+12=12-x$

04 다음 등식이 x에 대한 일차방정식이 되도록 하는 a, b의 조건은? (단, a, b는 상수)

$$ax+1=bx-3$$

① $a-b \neq 0$ ② $a+b \neq 0$ ③ $2a+b \neq 0$

④ $a+2b \neq 0$ ⑤ $ab=0$

05 다음 보기 에서 수량 사이의 관계를 등식으로 나타낼 때, 일차방정식인 것을 모두 고르시오.

보기

ㄱ. 3개에 x원인 빵 4개와 1개에 500원인 사탕 2개의 가격의 합은 5800원이다.

ㄴ. 정가가 3000원인 물건을 x % 할인하여 판매할 때의 가격은 2500원이다.

ㄷ. 한 모서리의 길이가 x cm인 정육면체의 부피는 124 cm³이다.

06 다음 중 일차방정식 $5x+11=2(4x+1)$과 해가 같은 것은?

① $-3x-2=7$ ② $8-3x=x+4$

③ $5x+19=1-4x$ ④ $4(-x+2)=x-7$

⑤ $3(x-3)+x=7$

07 일차방정식 $4x+9=-3x+2$의 해를 $x=a$, 일차방정식 $-3(x+1)+17=4x$의 해를 $x=b$라 할 때, $a+b$의 값을 구하시오.

116쪽 | 핵심원리 2

유형 3 ● **일차방정식의 풀이**

08 다음 일차방정식의 해를 구하시오.
(1) $8x-3(2x-4)=6$
(2) $-2(4x+9)-4(-4-3x)=10$
(3) $7(-3x-5)+3(5x+3)=-2$

09 주어진 일차방정식의 해가 큰 순서대로 기호를 쓰시오.

> ㄱ. $-2(2x-3)=5x+24$
> ㄴ. $7x-12=8(x-4)$
> ㄷ. $4(8-3x)=-3(2x-9)$
> ㄹ. $-6(x-4)=10x+8$
> ㅁ. $42-21x=-15(x-2)$

117쪽 | 핵심원리 3

유형 4 ● **계수가 소수나 분수인 일차방정식의 풀이**

10 다음 일차방정식을 푸시오.
(1) $3x-0.4=1.8-2x$
(2) $\dfrac{3x+2}{2}-(2x-1)=x+5$
(3) $2x-\dfrac{5}{6}=\dfrac{x-2}{3}-\dfrac{x-4}{2}$
(4) $-0.05x+0.8=0.2x-0.45$

11 다음 일차방정식 중 해가 다른 하나는?
① $\dfrac{x}{8}+\dfrac{3}{4}=\dfrac{x}{4}+\dfrac{1}{2}$
② $-\dfrac{x}{6}+\dfrac{4}{3}=\dfrac{1}{3}+\dfrac{x}{3}$
③ $1.2x-0.9=x-0.5$
④ $2.5x-1=0.6x-4.8$
⑤ $-0.4x+1.7=0.05x+0.8$

서술형

12 일차방정식 $0.3x-1.2=\dfrac{1}{4}(x+3)$의 해가 $x=a$, 일차방정식 $\dfrac{3}{5}x-\dfrac{1}{3}=\dfrac{2}{3}x-\dfrac{1}{5}$의 해가 $x=b$일 때, $a+b$의 값을 구하시오.

풀이과정

답

116쪽 | 핵심원리 2 + 117쪽 | 핵심원리 3

유형 **5** ─ 비례식으로 된 일차방정식의 풀이

13 다음 중 비례식 $(2x-4):(3x-4)=2:5$를 만족시키는 x의 값은?

① -3 ② -2 ③ -1

④ 2 ⑤ 3

14 비례식 $\dfrac{1}{2}(x-2):3=\dfrac{1}{4}(x+3):4$를 만족시키는 x의 값을 구하시오.

118쪽 | 핵심원리 4

유형 **6** ─ 일차방정식의 해가 주어질 때

15 x에 대한 일차방정식 $8x-7=-16(x-2a)$의 해가 $x=\dfrac{1}{8}$일 때, 상수 a의 값을 구하시오.

16 다음 방정식의 해가 $x=2$일 때, 상수 a의 값을 구하시오.

$$\frac{3x-a}{5}=3a-\frac{2x+2}{3}$$

17 일차방정식 $2(x+a)=x+21$의 해가 $x=15$일 때, 일차방정식 $5-3x=-3a(x-1)$의 해를 구하시오. (단, a는 상수)

117쪽 | 핵심원리 3 + 118쪽 | 핵심원리 4

유형 **7** ─ 두 일차방정식의 해가 같을 때

18 x에 대한 두 일차방정식 $4(x-2)-12=0$, $7m-2x=4$의 해가 같을 때, 상수 m의 값을 구하시오.

서술형

19 x에 대한 두 일차방정식 $\dfrac{3}{4}x-1=\dfrac{5}{6}x$, $7x-3=3x+a$의 해가 같을 때, 상수 a의 값을 구하시오.

풀이과정

답

20 비례식 $(2-x):(5-2x)=1:3$을 만족시키는 x의 값이 일차방정식 $2x+a(x-4)=8$의 해와 같을 때, 상수 a의 값을 구하시오.

119쪽 | 핵심원리9

유형 9 ── **특수한 해를 가지는 방정식**

23 x에 대한 방정식 $ax+0.5=4x-b$의 해가 무수히 많을 때, 상수 a, b에 대하여 ab의 값은?

① $-\dfrac{1}{2}$ ② -1 ③ -2

④ 2 ⑤ 4

III

문자와 식

117쪽 | 핵심원리3+118쪽 | 핵심원리4

유형 8 ── **해에 대한 조건이 주어질 때**

21 x에 대한 일차방정식 $x-\dfrac{x+2a}{3}=-4$의 해가 음의 정수일 때, 상수 a의 값이 될 수 있는 자연수를 모두 구하시오.

24 x에 대한 방정식 $8x-12=a(2x-5)$의 해가 없을 때, 상수 a의 값을 구하시오.

서술형

22 x에 대한 일차방정식 $2x+0.5(x-a)=4$의 해가 자연수일 때, 10 이하의 자연수 a의 값을 모두 구하시오.

풀이과정

답 _____

25 x에 대한 방정식 $(a+4)x-1=5$의 해는 없고, x에 대한 방정식 $0.8x+b=cx-1.5$의 해는 무수히 많을 때, 상수 a, b, c에 대하여 $a+b-c$의 값을 구하시오.

01 다음 보기 중 x에 대한 일차방정식은 모두 몇 개인가?

> 보기
> ㄱ. $x^2-11=4$ ㄴ. $2x-1=5-2x$
> ㄷ. $4x+3=9-4x$ ㄹ. $2-x^2=5x-x^2$
> ㅁ. $x^3+1=7$ ㅂ. $2x^2+x-1=6$

① 1개   ② 2개   ③ 3개
④ 4개   ⑤ 5개

02 다음 중 x가 어떤 값을 갖더라도 항상 참인 등식은?

① $0.4x+0.3=0.8x-0.1$
② $1.5x-0.3=2.3x+0.5$
③ $0.9x+4=0.3(-8+3x)$
④ $\dfrac{2}{5}x=\dfrac{x-2}{4}+2$
⑤ $\dfrac{-x+1}{5}=\dfrac{3-x}{5}-0.4$

03 다음 방정식을 푸시오.

(1) $-3x+8=-4+x$
(2) $x-(7+3x)=-13$
(3) $0.3x-4=-0.5+0.4x$
(4) $\dfrac{x}{6}-4=x-\dfrac{2}{3}$

04 두 수 또는 식 a, b에 대하여 $a*b=(a+b)-1$이라 할 때, 다음을 만족시키는 x의 값을 구하시오.

> $(x*1)+(2x*5)=1$

05 다음 방정식 중 해가 <u>다른</u> 하나는?

① $6x+7=-2x+23$
② $-\dfrac{2}{3}x+1=\dfrac{1}{2}x-\dfrac{4}{3}$
③ $-0.32-0.3x=-0.02x+0.24$
④ $-(2x-3)+5x=8x-7$
⑤ $x-\left(-\dfrac{2}{5}x-3\right)=\dfrac{29}{5}$

06 등식 $0.8a(2-x)=2.4bx+1.6$이 x에 대한 항등식일 때, 상수 a, b에 대하여 $3ab$의 값을 구하시오.

07 방정식 $0.5(x-3)=0.04x-0.12$를 $ax=b$ 꼴로 고쳤을 때, 상수 a, b에 대하여 $\dfrac{b}{a}$의 값을 구하시오.

(단, a, b는 서로소)

08 정수 n에 대하여 $n^+=2n-1$이라 할 때, $(x+1)^+=8x+(3-x)^+$를 만족시키는 x의 값을 구하시오.

09 다음 일차방정식의 해를 구하시오.

(1) $0.2x-2=\dfrac{7}{5}(x-10)$

(2) $\dfrac{2}{5}x-0.4=0.8(2x-8)$

10 $[n]$을 n의 약수의 개수라 할 때, 방정식 $5\{3x-2(x+2)\}=x-4$의 해를 $x=a$라 한다. $3a-[a]$의 값을 구하시오.

11 일차방정식 $0.5(x+0.5)=0.2(2x-0.5)-1.55$의 해가 $x=a$, 일차방정식 $\dfrac{x+3}{4}-\dfrac{x+1}{2}-\dfrac{x+5}{6}=4$의 해가 $x=b$일 때, 상수 a, b에 대하여 $a-b$의 값을 구하시오.

12 x에 대한 방정식 $kx+3=a+2x$에 대하여 다음을 만족시키는 조건을 구하시오. (단, a, k는 상수)

(1) 한 개의 해를 가질 때
(2) 해가 무수히 많을 때
(3) 해가 없을 때

13 다음 x에 대한 방정식에서 [ ] 안의 수가 해일 때, 상수 a의 값이 가장 큰 것은?

① $3ax+a-1=25$ $[4]$

② $10-x=a-3(x+2)$ $[-2]$

③ $\dfrac{x}{3}-\dfrac{x-a}{2}=2$ $[-3]$

④ $3ax-\dfrac{2-ax}{2}=5x-4a$ $[2]$

⑤ $0.1(2x-a)-(ax-0.1)+1.2=0$ $[-0.5]$

14 x에 대한 두 일차방정식 $\dfrac{1}{2}x-3=\dfrac{x-7}{4}$ 과 $0.8(x-5)=a+1.5(2-x)$의 해가 같을 때, 상수 a의 값을 구하시오.

15 다음 중 해가 없는 것은?

① $4(x-5)=3x+2$

② $0.8x=2x-1.2$

③ $\dfrac{x}{2}-1=0.5(-7+x)$

④ $\dfrac{7(x-3)+1}{5}=-4+\dfrac{7}{5}x$

⑤ $2(0.2x-1.5)=3(-0.8+0.1x)$

16 비례식 $\dfrac{1}{8}(x+3):5=(0.4x+1):15$를 만족시키는 x의 값을 구하시오.

17 다음 방정식을 푸시오.

(1) $|-x|=2$ $(x<0)$

(2) $|3x-2|=1$ $\left(x>\dfrac{2}{3}\right)$

(3) $|1-3x|=2$ $\left(x>\dfrac{1}{3}\right)$

(4) $|x|+|x-1|=3$ $(x>1)$

서술형

18 다음 식이 x에 대한 일차방정식이 되게 하는 상수 a의 값을 구하시오. 또, 이때의 방정식의 해를 구하시오.

$$ax(x-2)+5=x\left\{\dfrac{1}{2}(4x-6)+x\right\}+11$$

풀이과정

답

19 x에 대한 일차방정식 $\dfrac{3}{8}(x+a)=-0.5x+3$의 해가 양의 정수일 때, 이를 만족시키는 자연수 a의 값을 구하시오.

20 x에 대한 방정식 $\dfrac{0.2(x+1)}{a}=\dfrac{0.3(x+2)}{5}$의 해가 없을 때, 상수 a의 값을 구하시오.

서술형
21 일차방정식 $ax-\dfrac{1}{2}=2+bx$의 해가 일차방정식 $1.8(x-5)=-0.7x-6$의 해의 5배일 때, 상수 a, b에 대하여 $24(a-b)$의 값을 구하시오.

풀이과정

답 _____

22 다음 방정식을 푸시오.

(1) $\dfrac{5(2-x)}{4}+\dfrac{3(x+3)}{5}=3x-\dfrac{4x+9}{2}$

(2) $\dfrac{1}{2}x+5-2\left\{x-\left(\dfrac{1}{3}x-2\right)\right\}=\dfrac{3-5x}{4}$

23 x에 대한 방정식 $mx+2=2x+m$의 해를 구하시오.

24 세 수 x, y, z에 대하여 $<x, y, z>=xy+yz-zx$라 할 때, $<2a, -3, 5>=<-\dfrac{1}{2}, 0.4, 8>$을 만족시키는 상수 a의 값을 구하시오.

25 일차방정식 $\dfrac{2-5x}{6}=\dfrac{x}{2}-5$의 해를 $x=a$, 일차방정식 $1.2(x-4)-1.5(2-x)=3$의 해를 $x=b$라 할 때, $\dfrac{ab}{16}$의 값을 구하시오.

서술형

26 x에 대한 일차방정식 $6x+4a=3a\left(x+\dfrac{7}{3}\right)$의 해가 $0.8:(3-x)=1.2:5$를 만족시킨다고 할 때, 상수 a의 값을 구하시오.

풀이과정

답 _____

27 x에 대한 방정식 $0.15x-\dfrac{x-m}{4}=1.5m+2.8$의 해가 $x=-3$일 때, 상수 m에 대하여 m^2+4m+4의 값을 구하시오.

28 x에 대한 두 일차방정식 $1.2x-3.2=-1.4x+2$, $\dfrac{x}{4}-\dfrac{a}{2}=\dfrac{x+2}{3}-\dfrac{a}{3}$의 해의 비가 $2:5$일 때, 상수 a의 값을 구하시오.

29 x에 대한 방정식 $0.2\left(x-\dfrac{1}{4}\right)=-0.5\left(x+\dfrac{a}{2}\right)$의 해가 음의 정수일 때, 다음 중 상수 a의 값이 될 수 없는 것은?

① 3 ② 11 ③ 17
④ 31 ⑤ 45

서술형

30 아래 표에서 대각선의 합은 $1.5a$로 모두 같다고 할 때, 다음을 구하시오.

$-\dfrac{a}{2}$		$0.4a$
	$3a+4$	
$3.1b$		$\dfrac{2-a}{3}$

(1) 상수 a의 값 (2) 상수 b의 값

풀이과정

답 _____

01 방정식 $-5(x-1)+|9-3x|=6x$를 푸시오.

승승비법

식에 절댓값이 포함되어 있을 때에는 절댓값 안이 0보다 크거나 같은 경우와 0보다 작은 경우로 나누어 구한다.

02 x에 대한 다음 세 방정식의 해가 모두 같을 때, 상수 a, b에 대하여 $a+b$의 값을 구하시오.

$$4a-3=5-(x-2)$$
$$\frac{10-x}{4}=\frac{2x+2}{3}$$
$$-\frac{b}{5}x+0.4=2$$

해를 구할 수 있는 방정식의 해를 구한 후 나머지 두 방정식에 대입하여 상수 a, b의 값을 구한다.

03 등식 $\dfrac{4x+3}{8x-5}=\dfrac{1}{5}$을 만족시키는 x의 값이 x에 대한 일차방정식

$\dfrac{-3ax-10}{3}-6ax=12x-5a$의 해라 할 때, 상수 a의 값을 구하시오.

$\dfrac{A}{B}=\dfrac{C}{D}$이면 $B\times C=A\times D$이다.

04 $x=-3$을 해로 가지는 일차방정식 $8-7x+4a=17$을 푸는데 우변의 17을 다른 수로 잘못 보고 풀어 해가 $x=3$이 나왔다. 이때 17을 어떤 수로 잘못 보고 푼 것인지 구하시오.

(단, a는 상수)

$x=-3$을 대입하여 상수 a의 값을 먼저 구한다.

05 다음 두 식을 만족시키는 x의 값이 자연수일 때, 자연수 a, b의 값을 각각 구하시오.

$$1.5x + \frac{a}{10} = 1.2x + 0.5$$
$$(3-2x):(b-1) = 1:2$$

06 $5a+b = 4a-2b$일 때, $\dfrac{4a+6b}{a+9b}$의 값이 x에 대한 방정식 $2cx + \dfrac{4+cx}{5} = 4x-7c$의 해와 같다. 이때 상수 c에 대하여 $8c^2 - 3c - 9$의 값을 구하시오.

07 두 수 m, n에 대하여 $m \blacksquare n = \dfrac{3m-n}{5}$이라 할 때, $(x \blacksquare 4) \blacksquare 6 = -2$를 만족시키는 x의 값을 구하시오.

08 등식 $\dfrac{4x+1}{8} = 3ax + b - 2$는 x의 값에 관계없이 항상 성립할 때, x에 대한 방정식 $-4ax + 4b = 2 - 8ab$의 해를 구하시오. (단, a, b는 상수)

핵심원리 1 **일차방정식의 활용**

1. 일차방정식의 활용 문제를 푸는 방법

(1) 문제의 뜻을 파악하고, 구하려는 것을 미지수 x로 놓는다.

(2) 문제의 뜻에 맞게 방정식을 세운다.

(3) 방정식을 푼다.

(4) 구한 해가 문제의 뜻에 맞는지 확인한다.

2. 여러 가지 활용 문제

(1) 나이에 관한 문제

① 현재 x살인 사람의 a년 후의 나이, 현재 x살인 사람보다 a살 많은 사람의 나이

⇨ $(x+a)$살

② 현재 x살인 사람보다 a살 적은 사람의 나이 ⇨ $(x-a)$살

(2) 도형에 관한 문제

구하는 길이나 넓이에 관한 공식을 이용하여 방정식을 세운다.

(3) 학생 수에 관한 문제

(올해의 학생 수)＝(작년의 학생 수)＋(변화한 학생 수)

(4) 과부족에 관한 문제

① 학생들에게 물건을 나누어 줄 때에는 학생 수를 x명으로 놓고 방정식을 세운다.

② 의자에 관한 문제는 의자의 수를 x개로 놓고 방정식을 세운다.

(5) 일에 관한 문제

일에 관한 문제는 일 전체를 1로 두고 단위 시간 동안 한 일에 대해 방정식을 세운다.

꼭꼭 check

일차방정식의 활용

미지수 정하기

↓

방정식 세우기

↓

방정식 풀기

↓

확인하기

확인 1-1 다음 문장을 x에 대한 방정식으로 나타내고 방정식을 푸시오.

(1) 현재 언니의 나이는 동생의 나이 x살보다 3살이 많고 언니와 동생의 나이의 합이 27살 이다.

(2) 밑변의 길이가 x cm, 높이가 8 cm인 삼각형의 넓이는 24 cm²이다.

(3) 바나나 42개를 x명의 학생들에게 5개씩 나누어 주었더니 2개가 남았다.

확인 1-2 지훈이네 학교 학생 수는 작년보다 5 % 증가하여 1050명이 되었다. 지훈이네 학교의 작년 학생 수를 구하시오.

수에 관한 활용

1. 어떤 수에 관한 문제

(1) 어떤 수를 x로 놓고, 주어진 조건에 맞게 방정식을 세운다.

(2) x에 대한 방정식을 풀어 어떤 수를 구한다.

2. 연속하는 자연수에 관한 문제

(1) 연속하는 자연수 ⇨ x, $x+1$, $x+2$ 또는 $x-1$, x, $x+1$로 놓는다.

(2) 연속하는 세 홀수 또는 세 짝수 ⇨ x, $x+2$, $x+4$ 또는 $x-2$, x, $x+2$로 놓는다.

3. 자릿수에 관한 문제

(1) 십의 자리의 숫자가 x, 일의 자리의 숫자가 y인 두 자리 자연수

⇨ $10x+y$

(2) 백의 자리의 숫자가 x, 십의 자리의 숫자가 y, 일의 자리의 숫자가 z인 세 자리 자연수

⇨ $100x+10y+z$

꼭꼭 Check

구해야 하는 수를 x로 놓은 후 다른 수들도 x에 대한 식으로 나타내어 방정식을 세운다.

확인 2-1 어떤 수의 3배에 5를 더한 수는 어떤 수의 5배에서 1을 뺀 수와 같다. 다음 중 어떤 수는?

① 1   ② 2   ③ 3

④ 4   ⑤ 5

확인 2-2 연속하는 세 자연수의 합이 78일 때, 세 자연수 중 가장 작은 수를 구하시오.

확인 2-3 일의 자리의 숫자가 십의 자리의 숫자보다 4만큼 큰 두 자리 자연수가 있다. 이 자연수는 각 자리 숫자의 합의 3배보다 7이 크다고 할 때, 이 자연수를 구하시오.

핵심원리 3 금액에 관한 활용

유형 6 7

1. 정가에 관한 문제

(1) (정가)＝(원가)＋(이익)

(2) (이익)＝(판매 금액)－(원가)

(3) 원가가 x원인 물건에 y %의 이익을 붙여 매긴 정가 ⇨ $x+\dfrac{y}{100}\times x=\left(1+\dfrac{y}{100}\right)x$(원)

　　예 원가가 1000원인 물건에 20 %의 이익을 붙여 매긴 정가는

　　　$1000+\dfrac{20}{100}\times1000=\left(1+\dfrac{20}{100}\right)\times1000=1200$(원)

(4) 정가가 x원인 물건을 y % 할인하여 판매할 때의 판매 금액

　　⇨ $x-\dfrac{y}{100}\times x=\left(1-\dfrac{y}{100}\right)x$(원)

　　예 정가가 800원인 물건을 15 % 할인하여 판매할 때의 판매 금액은

　　　$800-\dfrac{15}{100}\times800=\left(1-\dfrac{15}{100}\right)\times800=680$(원)

2. 예금에 관한 문제

(1) 매달 x원씩 y개월 동안 예금한 경우의 예금액 ⇨ $(x\times y)$원

　　예 매달 500원씩 4달 동안 예금한 경우의 예금액은

　　　$500\times4=2000$(원)

(2) 현재 예금액이 a원이고 매달 예금액이 b원일 때, x개월 후의 예금액

　　⇨ $(a+bx)$원

　　예 현재 예금액이 10000원이고 다음 달부터 매달 500원씩 예금한다면, 3개월 후의

　　　예금액은 $10000+500\times3=11500$(원)

꼭꼭 check

(정가)＝(원가)＋(이익)

확인 3－1 민재와 형은 1월 초에 함께 통장을 개설하였다. 1월부터 형은 매달 만 원씩, 민재는 매달 6000원씩 저금한다고 할 때, 형의 예금액이 민재의 예금액보다 24000원 많아지는 것은 몇 월인지 구하시오.

확인 3－2 어떤 물건의 원가에 30 %의 이익을 붙여 정가를 정했다가 팔리지 않아 800원을 할인하여 팔았더니 1000원의 이익이 생겼다. 이 물건의 원가를 구하시오.

거리, 속력, 시간에 관한 활용

거리, 속력, 시간에 관한 문제는 다음 공식을 이용하여 방정식을 세운다.

$$(\text{거리}) = (\text{속력}) \times (\text{시간}), \quad (\text{속력}) = \frac{(\text{거리})}{(\text{시간})}, \quad (\text{시간}) = \frac{(\text{거리})}{(\text{속력})}$$

1. 속력이 바뀌거나 시간 차가 발생하는 경우

(1) (가는 데 걸린 시간) + (오는 데 걸린 시간) = (총 걸린 시간)

(2) 시간 차를 두고 출발하여 도중에 만나는 경우 이동 거리가 같음을 이용하여 방정식을 세운다.

(3) 구간에 따라 속력이 바뀌어 시간 차가 발생하는 경우

(많이 걸린 시간) − (적게 걸린 시간) = (시간 차)

2. 서로 다른 지점에서 마주 보고 걷거나 트랙 주위를 도는 경우

(1) 서로 다른 지점에서 마주 보고 걸을 때

(만날 때까지 이동한 거리의 합) = (두 지점 사이의 거리)

(2) ① 트랙 주위를 같은 방향으로 돌 때

(만날 때까지 이동한 거리의 차) = (트랙의 둘레)

② 트랙 주위를 반대 방향으로 돌 때

(만날 때까지 이동한 거리의 합) = (트랙의 둘레)

3. 열차가 터널을 지나는 경우

(열차가 터널을 완전히 통과할 때까지 움직인 거리) = (열차의 길이) + (터널의 길이)

임을 이용하여 방정식을 세운다.

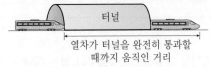

열차가 터널을 완전히 통과할
때까지 움직인 거리

꼭꼭 Check

$(\text{거리}) = (\text{속력}) \times (\text{시간})$

$(\text{속력}) = \dfrac{(\text{거리})}{(\text{시간})}$

$(\text{시간}) = \dfrac{(\text{거리})}{(\text{속력})}$

확인 4 – 1 다은이는 집에서 출발하여 텃밭에 다녀왔다. 갈 때는 시속 5 km로, 올 때는 시속 4 km로 다녀왔더니 왕복 45분이 걸렸다. 집에서 텃밭까지의 거리를 구하시오.

확인 4 – 2 두 지역 A, B 사이를 왕복하는데 갈 때는 시속 60 km로, 올 때는 시속 90 km로 달렸더니 올 때는 갈 때보다 20분이 덜 걸렸다. 두 지역 A, B 사이의 거리를 구하시오.

핵심원리 **5**

농도에 관한 활용

유형 **14** **15**

농도에 관한 문제는 다음 공식을 이용하여 방정식을 세운다.

$$(\text{소금의 양}) = \frac{(\text{소금물의 농도})}{100} \times (\text{소금물의 양})$$

$$(\text{소금물의 농도}) = \frac{(\text{소금의 양})}{(\text{소금물의 양})} \times 100(\%)$$

1. 물을 넣거나 증발시키는 경우
소금물에 물을 넣거나 물을 증발시켜도 소금의 양은 변하지 않음을 이용하여 방정식을 세운다.

2. 농도가 다른 두 소금물을 섞는 경우
(섞기 전 두 소금물에 들어 있는 소금의 양의 합)=(섞은 후 소금물에 들어 있는 소금의 양)임을 이용하여 방정식을 세운다.

꼭꼭 check

(농도)
$= \frac{(\text{녹아 있는 물질의 양})}{(\text{용액의 양})}$
$\times 100(\%)$

확인 **5 – 1** 10 %의 소금물 500 g이 있다. 여기에서 몇 g의 물을 증발시키면 20 %의 소금물이 되는지 구하시오.

확인 **5 – 2** 8 %의 소금물 120 g이 있다. 여기에 몇 g의 물을 더 넣으면 6 %의 소금물이 되는지 구하시오.

확인 **5 – 3** 29 %의 소금물 100 g과 20 %의 소금물을 섞어 23 %의 소금물을 만들려고 한다. 이때 20 %의 소금물의 양을 구하시오.

131쪽 | 핵심원리 1 + 132쪽 | 핵심원리 2

유형 1 어떤 수에 관한 문제

01 어떤 수의 6배에서 3을 뺀 수는 어떤 수의 4배에 7을 더한 수와 같다. 어떤 수를 구하시오.

02 어떤 수에 9를 더해야 할 것을 잘못하여 어떤 수에 9를 곱했더니 처음 구하려고 했던 수보다 7만큼 큰 값이 나왔다. 처음 구하려고 한 값은?

① 2   ② 9   ③ 11

④ 13   ⑤ 20

131쪽 | 핵심원리 1 + 132쪽 | 핵심원리 2

유형 2 연속하는 자연수에 관한 문제

03 연속하는 세 짝수의 합이 102일 때, 세 수 중 가장 큰 짝수를 구하시오.

04 연속하는 세 자연수에서 가장 작은 수와 가장 큰 수의 합은 가운데 수보다 11만큼 크다고 한다. 이때 가운데 수는?

① 10   ② 11   ③ 12

④ 13   ⑤ 14

131쪽 | 핵심원리 1 + 132쪽 | 핵심원리 2

유형 3 자릿수에 관한 문제

05 십의 자리의 숫자가 6인 두 자리 자연수가 있다. 이 수의 십의 자리와 일의 자리의 숫자를 바꾼 수는 처음 수보다 27 크다고 한다. 처음 수를 구하시오.

06 일의 자리의 숫자가 십의 자리의 숫자의 2배인 두 자리 자연수가 있다. 이 자연수의 일의 자리와 십의 자리의 숫자를 더한 수는 이 자연수보다 36 작다고 할 때, 이 두 자리 자연수를 구하시오.

유형 4 ─• 나이에 관한 문제

07 현재 어머니의 나이는 40살이고, 딸의 나이는 14살이다. 몇 년 후에 어머니의 나이가 딸의 나이의 두 배가 되는지 구하시오.

08 재은이는 오빠보다 5살 적고, 재은이의 나이의 3배는 오빠의 나이의 2배보다 3살 많다고 한다. 재은이의 나이를 구하시오.

09 현재 서우와 삼촌의 나이의 합은 43살이다. 16년 후 삼촌의 나이는 서우의 나이의 2배가 된다고 할 때, 현재 서우의 나이를 구하시오.

유형 5 ─• 도형에 관한 문제

10 어떤 정사각형의 가로의 길이는 4 cm 늘이고, 세로의 길이는 3 cm 줄였더니 새로 만들어진 직사각형의 둘레의 길이는 18 cm가 되었다. 처음 정사각형의 한 변의 길이를 구하시오.

11 둘레의 길이가 52 cm이고, 가로의 길이가 세로의 길이보다 8 cm 짧은 직사각형의 넓이를 구하시오.

서술형

12 둘레의 길이가 148 cm이고, 세로의 길이는 가로의 길이의 2배보다 2 cm 더 긴 직사각형의 넓이를 구하시오.

풀이과정

답 ┈┈┈┈┈┈┈┈┈┈┈┈┈┈┈┈

유형 6 ─ 예금에 관한 문제

131쪽 | 핵심원리1+133쪽 | 핵심원리3

13 현재 지호와 윤서의 통장에는 각각 50000원, 30000원이 예금되어 있다. 다음 달부터 지호는 매달 5000원씩, 윤서는 매달 6000원씩 예금할 때, 두 사람의 예금액이 같아지는 것은 몇 개월 후인가?

① 2개월   ② 5개월   ③ 10개월
④ 15개월   ⑤ 20개월

14 현재 수아와 도현이의 저금통에는 각각 14000원, 35000원이 들어 있다. 다음 주부터 둘은 매주 500원씩 저금한다고 할 때, 도현이의 저금통에 있는 돈이 수아의 저금통에 있는 돈의 두 배가 되는 것은 몇 주 후인지 구하시오.

유형 7 ─ 정가에 관한 문제

131쪽 | 핵심원리1+133쪽 | 핵심원리3

15 어떤 상품의 원가에 20 %의 이익을 붙여 정가를 정하고, 정가에서 15 %를 할인하여 팔았더니 100원의 이익이 생겼다. 이 상품의 원가를 구하시오.

서술형

16 원가에 30 %의 이익을 붙여 정가를 정한 어떤 상품을 세일 기간 중 3900원 할인된 가격으로 팔았더니 600원의 이익을 얻었다. 이 상품의 정가를 구하시오.

풀이과정

답

유형 8 ─ 학생 수에 관한 문제

131쪽 | 핵심원리1

17 어느 중학교의 학생 수는 작년보다 8 % 증가하여 올해에는 918명이 되었다. 이 학교의 작년 학생 수를 구하시오.

서술형

18 어느 산악회의 올해 남자회원 수는 작년보다 10 % 증가하였고, 여자회원 수는 그대로였다. 작년 전체 산악회원은 250명이었고, 올해에는 6 % 늘었다고 한다. 올해 남자회원의 수를 구하시오.

풀이과정

답

유형 **9** 과부족에 관한 문제

19 진수가 가지고 있는 돈으로 붕어빵을 8개 사면 600원이 남고, 10개를 사면 남는 돈이 없다고 한다. 진수가 가지고 있는 돈은 얼마인지 구하시오.

^{서술형}
20 어느 동물병원에서 반려동물에게 강아지용 소시지를 나누어 주는데 4개씩 나누어 주면 5개가 남고, 5개씩 나누어 주면 9개가 모자란다. 소시지는 모두 몇 개인지 구하시오.

풀이과정

답 _____

유형 **10** 일에 관한 문제

21 어떤 일을 완성하는 데 민우는 10일, 진경이는 15일이 걸린다고 한다. 민우와 진경이가 함께 하면 이 일을 완성하는 데 며칠이 걸리겠는가?

① 5일 　　② 6일 　　③ 7일
④ 8일 　　⑤ 9일

22 어느 교실의 습도를 65 %까지 올리는데 같은 조건에서 A사의 가습기는 15분, B사의 가습기는 20분이 걸린다. A사의 가습기를 9분간만 작동시킨 후, B사의 가습기를 작동시켜 습도를 65 %로 만들었을 때, B사의 가습기를 작동시킨 시간을 구하시오.

유형 **11** 거리, 속력, 시간에 관한 문제 – 속력이 바뀌는 경우 또는 시간 차가 나는 경우

23 100 km의 거리를 가는데 처음에는 시속 15 km로 가다가 도중에 시속 20 km로 갔더니 총 6시간이 걸렸다. 시속 15 km로 간 거리를 구하시오.

24 A 지점에서 B 지점까지 시속 10 km로 자전거를 타고 가는 것은 시속 60 km로 자동차를 타고 가는 것보다 1시간이 더 걸린다. 두 지점 A, B 사이의 거리는?

① 7 km 　　② 9 km 　　③ 10 km
④ 12 km 　　⑤ 15 km

25 주완이가 집을 출발한 지 9분 후에 형이 주완이를 따라나섰다. 주완이는 분속 50 m로 걷고, 형은 분속 80 m로 따라간다면 주완이가 집을 출발한 지 몇 분 후에 두 사람이 만나는지 구하시오.

유형 12 · 거리, 속력, 시간에 관한 문제 – 서로 다른 지점에서 마주 보고 걷거나 둘레를 도는 경우

131쪽 | 핵심원리 1 + 134쪽 | 핵심원리 4

26 둘레의 길이가 800 m인 아이스링크의 같은 지점에서 미주와 은조가 각각 분속 140 m와 분속 260 m로 동시에 반대 방향으로 출발하였다. 두 사람은 출발한 지 몇 분 후에 처음으로 만나는지 구하시오.

27 유나가 800 m를 걷는 동안 현우는 500 m를 걷는다. 둘레의 길이가 1950 m인 공원의 같은 지점에서 유나와 현우가 동시에 반대 방향으로 출발하였더니 15분 후에 만났다. 유나가 1분 동안 걸은 거리는 몇 m인지 구하시오.

28 기찬이와 민서는 둘레의 길이가 600 m인 호수의 같은 지점에서 각각 분속 70 m와 분속 50 m로 동시에 같은 방향으로 걷기 시작하였다. 두 사람은 출발한 지 몇 분 후에 처음으로 만나는지 구하시오.

유형 13 · 거리, 속력, 시간에 관한 문제 – 열차가 터널을 지나는 경우

131쪽 | 핵심원리 1 + 134쪽 | 핵심원리 4

29 초속 50 m의 일정한 속력으로 달리는 기차가 길이가 1500 m인 터널을 완전히 통과하는 데 40초가 걸린다. 이 기차의 길이는?

① 200 m   ② 300 m   ③ 500 m

④ 800 m   ⑤ 1000 m

30 일정한 속력으로 달리는 열차가 길이가 500 m인 터널을 완전히 통과하는 데 10초가 걸리고, 길이가 850 m인 터널을 완전히 통과하는 데 15초가 걸린다. 이 열차의 길이는 몇 m인지 구하시오.

유형 14 농도에 관한 문제 – 물을 넣거나 증발시키는 경우

31 10 %의 소금물 600 g에 몇 g의 소금을 더 넣으면 20 %의 소금물이 되는지 구하시오.

32 12 %의 원두커피 50 g이 있다. 이 커피에서 물 몇 g을 증발시켜 20 %의 원두커피를 만들려면 몇 g의 물을 증발시켜야 하는지 구하시오.

서술형

33 어느 실험실의 비커에 10 %의 소금물 500 g이 담겨져 있다. 수현이와 소은이가 각각 다음과 같은 방법으로 40 %의 소금물을 만들었을 때, $x-y$의 값을 구하시오.

> [수현] 물 x g을 증발시켰다.
> [소은] 소금 y g을 더 넣었다.

풀이과정

답

유형 15 농도에 관한 문제 – 농도가 다른 두 소금물을 섞는 경우

34 8 %의 소금물 200 g과 20 %의 소금물을 섞어 14 %의 소금물을 만들려고 한다. 이때 20 %의 소금물의 양을 구하시오.

35 9 %의 소금물 300 g과 x %의 소금물 200 g을 섞었더니 7 %의 소금물이 되었다. 이때 x의 값을 구하시오.

36 15 %의 설탕물과 20 %의 설탕물을 섞어서 18 %의 설탕물 800 g을 만들려고 한다. 이때 15 %의 설탕물의 양을 구하시오.

01 두 자연수가 있다. 이 두 수의 합은 250이고 큰 수를 작은 수로 나누면 몫은 21, 나머지는 8이다. 이때 두 자연수 중 큰 수를 구하시오.

02 어떤 수의 3배에서 8을 빼야 할 것을 잘못해서 어떤 수의 8배에서 3을 빼었더니 처음 구하려고 했던 수보다 40만큼 커졌다. 처음 구하려고 했던 수를 구하시오.

03 1학년 1반 학생 40명의 수학 점수의 합계는 3240점이고, 1학년 2반의 수학 점수의 합계는 3645점이다. 두 반의 평균이 같을 때, 1학년 2반의 학생 수를 구하시오.

04 연속하는 세 홀수 중에서 가운데 수는 가장 큰 수에서 가장 작은 수를 뺀 값의 6배보다 1만큼 작다. 이때 세 홀수의 합을 구하시오.

05 한 개에 800원인 튀김과 한 개에 1700원인 붕어빵을 합하여 모두 15개를 사고 20000원을 냈더니 3500원을 거슬러 받았다. 이때 붕어빵을 몇 개 샀는지 구하시오.

06 십의 자리와 일의 자리의 숫자의 합이 9인 두 자리 자연수가 있다. 십의 자리와 일의 자리의 숫자를 바꾸어 만든 수를 3배 한 것은 처음 수보다 9만큼 크다고 할 때, 처음 수를 구하시오.

07 정훈, 정민, 정은 세 남매가 다음과 같이 이야기하고 있다.

> 정민 : 난 정은이 누나보다 3살이 적어.
> 정훈 : 난 두 사람의 나이의 합보다 8살 적어.
> 정은 : 우리 셋의 나이를 합하면 46살이야.

세 사람의 나이를 각각 구하시오.

08 연우는 같은 반 친구들과 나누어 먹으려고 모두 65개의 과일을 샀다. 수박 한 통은 4명이서, 포도 한 송이는 3명이서, 오렌지 한 개는 2명이서 나누어 먹었다고 할 때, 연우네 반 학생은 모두 몇 명인지 구하시오. (단, 모든 학생들은 3가지 과일을 모두 똑같은 양만큼 먹었고, 남은 과일은 없다.)

09 원가가 만 원인 상품에 40 %의 이익을 붙여 정가를 정하였다. 다시 정가에서 몇 % 할인하여 팔았더니 5 %의 이익이 남았다. 이때 정가에서 몇 % 할인하여 판 것인지 구하시오.

10 아래 달력에서 날짜 5개를 택하여 그림과 같은 도형으로 묶었을 때, 도형 안의 날짜의 합이 100이 되도록 하는 가운데 수를 구하시오.

일	월	화	수	목	금	토
	1	2	3	4	5	6
7	8	9	10	11	12	13
14	15	16	17	18	19	20

11 현재 아버지의 나이는 경훈이의 나이의 5배보다 18살 적고, 경훈이의 나이는 아버지의 나이의 $\frac{1}{3}$보다 2살이 적다고 한다. 5년 후의 경훈이의 나이를 구하시오.

서술형

12 민호는 여자친구에게 줄 장미꽃을 사러 화원에 갔다. 가지고 있는 돈으로 가격이 같은 장미꽃 8송이를 사면 3천 원이 남고, 12송이를 사면 3천 원이 모자란다고 한다. 민호가 가지고 있는 돈이 남거나 모자라지 않게 장미꽃을 산다면 몇 송이를 살 수 있는지 구하시오.

풀이과정

답

13 정우네 반 학생들이 캠핑장에 있는 텐트에서 잠을 자려 하는데 텐트 하나에 5명씩 들어가면 3명이 남고, 텐트 하나에 6명씩 들어가면 마지막 텐트에는 1명만 들어가고 빈 텐트는 없다고 한다. 이때 정우네 반 학생 수를 구하시오.

14 둘레의 길이가 12.5 km인 호수가 있다. 다현이는 매분 250 m의 속력으로 달리고, 백호는 다현이가 출발한 지 10분 후에 같은 지점에서 반대 방향으로 달리기 시작했다. 백호가 매분 150 m의 속력으로 달렸을 때, 백호는 출발한 지 몇 분 후에 다현이와 만나는지 구하시오.

15 9 %의 소금물 500 g과 6 %의 소금물 300 g을 섞은 후 물을 증발시켰더니 10 %의 소금물이 되었다. 이때 증발시킨 물의 양은 몇 g인지 구하시오.

16 은비가 오후 7시 30분에 집에서 몰래 언니 옷을 입고 분속 40 m로 공원을 향해 가고 있다. 8분 후 이 사실을 안 언니가 분속 60 m로 은비를 쫓아가기 시작했다. 언니가 은비를 잡을 때의 시각을 구하시오.
(단, 집과 공원은 충분히 멀리 있다.)

17 나와 형이 가지고 있는 돈의 비는 5 : 6이고, 내가 형에게 1500원을 받으면 가지고 있는 돈의 비는 5 : 4가 된다. 현재 내가 가지고 있는 돈은 얼마인지 구하시오.

서술형

18 분속 1.5 km로 달리는 기차가 길이가 680 m인 터널을 완전히 통과하는 데 50초가 걸린다. 다음 물음에 답하시오.

⑴ 이 기차의 길이를 구하시오.

⑵ 이 기차가 길이가 1430 m인 터널을 완전히 통과하는 데 몇 분이 걸리는지 구하시오.

풀이과정

답

19 다섯 대의 기계가 3시간 동안 50개의 반도체칩을 만들 수 있다. 이때 세 대의 기계로 350개의 반도체칩을 만들려면 몇 시간이 걸리는지 구하시오. (단, 모든 기계가 반도체칩 1개를 만드는 데 걸리는 시간은 같다.)

서술형
20 현재 은행에 큰 형은 86000원, 작은 형은 52000원, 막내는 39000원이 예금되어 있다. 다음 달부터 매달 큰 형, 작은 형, 막내는 각각 8000원, 3000원, 2000원씩 예금한다고 한다. 큰 형의 예금액이 작은 형의 예금액의 두 배가 될 때, 작은 형의 예금액은 막내의 예금액보다 얼마나 많아지는지 구하시오.

풀이과정

답

21 어느 오케스트라에서 단원을 모집하는데 지원자의 남녀의 비는 5 : 4였고, 합격자는 남자가 90명, 여자가 50명이었다. 불합격자의 남녀의 비는 1 : 1이었을 때, 총 지원자 수를 구하시오.

22 A 지점에서 B 지점을 지나 C 지점까지 가는데 A 지점에서 B 지점까지는 시속 24 km의 자전거를 이용하고, B 지점에서 C 지점까지는 시속 60 km의 버스를 이용하면 B 지점에서 바꿔 타는 시간 8분을 포함하여 정확히 1시간이 걸린다. B 지점에서 C 지점까지의 거리는 A 지점에서 B 지점까지의 거리의 4배일 때, A 지점에서 C 지점까지의 거리를 구하시오.

서술형
23 어떤 상품의 원가에 25 %의 이익을 붙여 정가를 정하고, 정가에서 800원을 할인하여 팔았더니 원가에 대해 15 %의 이익이 생겼다. 물음에 답하시오.

(1) 이 상품의 원가를 구하시오.
(2) 36만 원의 이익이 생겼다면 이 상품을 몇 개 판매한 것인지 구하시오.

풀이과정

답

24 3시와 4시 사이에 시계의 분침과 시침이 일치하는 시각을 구하시오.

III
문자와 식

25 어느 중학교의 작년 학생 수는 850명이었다. 올해는 작년에 비해 남학생은 6 % 증가하였고, 여학생은 4 % 감소하여 전체 학생은 11명 증가하였다. 이 중학교의 올해의 여학생 수를 구하시오.

풀이과정

답

26 어떤 금액을 3명이 나누어 가지는데 준희는 전체의 $\frac{1}{2}$보다 2000원을 적게, 여진이는 전체의 $\frac{1}{3}$보다 1000원을 적게, 지용이는 전체의 $\frac{1}{4}$보다 500원을 적게 가졌다. 남은 돈은 없었을 때, 전체 금액을 구하시오.

27 A, B 두 개의 수도관으로 빈 물통에 물을 가득 채우는데 A 수도관으로는 3시간, B 수도관으로는 4시간 걸리고, 가득 찬 물을 빼는 데 12시간이 걸린다고 한다. 빈 물통에서 밑의 마개를 뽑아놓은 채로 A, B 두 수도관을 동시에 사용하여 물을 넣을 때, 가득 채우는 데 걸리는 시간을 구하시오.

28 어느 소극장에 긴 의자가 여러 개 놓여 있는데 오늘 온 단체 관람객들이 한 의자에 9명씩 앉으면 15명이 앉을 자리가 없고, 한 의자에 15명씩 앉으면 모자라게 앉은 의자는 없고 빈 의자가 5개이다. 오늘 온 단체 관람객 수를 구하시오.

29 준우는 50 cm의 보폭으로 1분에 120걸음을, 예린이는 40 cm의 보폭으로 1분에 125걸음을 걷는다. 두 사람이 P 지점에서 Q 지점까지 걸어서 가는데 준우는 예린이보다 30분 늦게 출발했지만 도중에 예린이를 추월하여 30분 일찍 도착하였다. P 지점에서 Q 지점까지의 거리를 구하시오.

30 12 %의 소금물 300 g에서 몇 g의 소금물을 덜어낸 후 덜어낸 만큼의 물을 넣었고, 다시 16 %의 소금물 200 g과 섞었더니 10 %의 소금물이 되었다. 처음 덜어낸 소금물의 양을 구하시오.

01 A 중학교의 학생 수는 1008명으로 이것은 B 중학교의 학생 수의 75 %이다. 또, A 중학교의 남학생 수와 B 중학교의 남학생 수의 비는 2 : 3이고, A 중학교의 여학생 수는 B 중학교의 여학생 수의 1.2배이다. 다음 물음에 답하시오.

(1) B 중학교의 학생 수를 구하시오.
(2) A 중학교의 남학생 수를 구하시오.

> **승승비법**
> (A 중학교 남학생 수) : (B 중학교 남학생 수)=2 : 3에서
> (B 중학교 남학생 수)
> $=\dfrac{3}{2}\times$(A 중학교 남학생 수)

02 A 물통에는 밑면에서 1.66 m의 높이까지, B 물통에는 35 cm의 높이까지 물이 들어 있다. 펌프로 A 물통의 물을 B 물통으로 이동시키면 A 물통은 매분 2 cm씩 수면이 내려가고, B 물통은 매분 5 cm씩 수면이 올라간다. A 물통의 물의 높이가 정확히 B 물통의 물의 높이의 $\dfrac{1}{2}$이 될 때까지 걸리는 시간을 구하시오.

> x분 후의 A 물통과 B 물통의 높이를 x를 사용한 식으로 나타내어 방정식을 세운다.

03 서준이는 학교를 다녀오는데 편의점을 지나게 된다. 등교할 때는 자전거를 타고 편의점까지는 시속 10 km의 속력으로, 편의점에서 학교까지는 시속 12 km의 속력으로 갔더니 총 25분이 걸렸다. 하교할 때는 같은 길을 시속 4 km의 속력으로 편의점까지 걸은 후 자전거를 타고 시속 12 km의 속력으로 집까지 오는 데 총 50분이 걸렸다. 이때 집에서 편의점까지의 거리를 구하시오.

> 편의점에서 학교까지 걸리는 시간을 각각 구하여 두 지점 사이의 거리가 같음을 이용하여 방정식을 세운다.

04 농도가 다른 두 설탕물 A, B가 있다. 설탕물 B의 농도는 5 %이고, 설탕물 B의 양은 설탕물 A의 양의 2배이다. 두 설탕물을 섞으면 농도가 6 %인 설탕물이 될 때, 설탕물 A의 농도를 구하시오.

> 설탕의 양은 변하지 않음을 이용하여 방정식을 세운다.

05 길이가 같은 2개의 양초가 있다. 타는 속도는 각각 일정하고 양초의 성분이 달라 하나는 3시간 만에, 다른 하나는 4시간 만에 다 탄다. 동시에 불을 붙였더니 오후 4시에 한 양초의 길이가 다른 양초의 길이의 두 배가 되었다. 이때 불을 붙인 시각을 구하시오.

승승비법
불을 붙이기 전 양초의 길이를 1이라 하면 3시간 만에 다 타는 양초는 한 시간에 $\frac{1}{3}$ 줄어들므로 t시간 후의 양초의 길이는 $1-\frac{1}{3}t$이다.

06 4시와 5시 사이에서 시계의 시침과 분침이 서로 반대 방향으로 일직선을 이루는 시각을 구하시오.

분침은 1분에 6°씩, 시침은 1분에 0.5°씩 움직인다.

07 오른쪽 그림의 □ABCD는 변 AB, 변 CD의 길이가 각각 5 cm, 4 cm이고, 변 BC의 길이는 변 AD의 길이보다 3 cm가 더 길다. 점 P는 초속 2.8 cm의 속력으로 점 B에서 점 C까지 움직이고, 점 Q는 초속 3 cm의 속력으로 점 B에서 점 A를 지나 점 D까지 움직인다. 두 점 P, Q가 동시에 출발하여 각각 점 C, D에 동시에 도착한다고 할 때, 걸리는 시간을 구하시오.

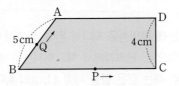

변 AD의 길이를 x cm로 놓고 변 BC의 길이를 x를 사용한 식으로 나타내어 방정식을 세운다.

08 80명의 학생이 한자능력시험을 치른 결과 30명이 불합격하였다. 최저합격점수는 80명의 전체 평균보다는 10점 낮고, 합격자의 평균보다는 30점 낮았다. 또, 최저합격점수가 불합격자 평균의 1.5배보다 3점 높다고 할 때, 최저합격점수를 구하시오.

최저합격점수를 x점으로 놓고 나머지 평균들을 x를 사용한 식으로 나타내어 방정식을 세운다.

Ⅳ. 좌표평면과 그래프

수직선 위의 점의 좌표

1. 수직선 위의 점의 좌표

  (1) **좌표** : 수직선 위의 점이 나타내는 수

  (2) **원점** : 좌표가 0인 점 O

2. 점 P의 좌표가 a일 때, 기호로 P(a)와 같이 나타낸다.

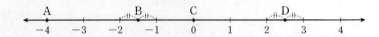

점 P의 좌표

예 세 점 A, O, B의 좌표를 각각 기호로 나타내시오.

```
      A       O   B
 ←─┬───┬───┬───┬───┬───┬─→
  -3  -2  -1   0   1   2
```

세 점 A, O, B의 좌표를 각각 기호로 나타내면 A(-2), O(0), B(1)이다.

참고 • 좌표를 나타내는 점은 보통 알파벳 대문자(A, B, C, …)를 쓴다.

꼭꼭 check

점 P의 좌표가 a일 때
⇨ P(a)

확인 1 – 1 다음 수직선 위의 네 점 A, B, C, D의 좌표를 각각 기호로 나타내시오.

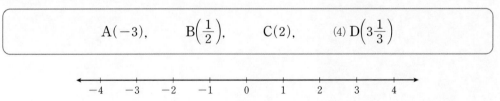

```
   A        B     C        D
 ←─┬───┬───┬───┬───┬───┬───┬───┬───→
  -4  -3  -2  -1   0   1   2   3   4
```

확인 1 – 2 다음 점을 수직선 위에 각각 나타내시오.

$$A(-3), \qquad B\left(\frac{1}{2}\right), \qquad C(2), \qquad (4)\ D\left(3\frac{1}{3}\right)$$

```
 ←─┬───┬───┬───┬───┬───┬───┬───┬───→
  -4  -3  -2  -1   0   1   2   3   4
```

핵심원리 **2**

순서쌍과 좌표평면 위의 점의 좌표

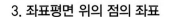

1. **순서쌍** : 순서를 정하여 두 수를 짝 지어 나타낸 것
   > [참고] 순서쌍은 두 수의 순서를 생각한 것이므로 $a \neq b$일 때, 순서쌍 (a, b)와 순서쌍 (b, a)는 서로 다르다.

2. **좌표평면** : 두 수직선을 점 O에서 서로 수직으로 만나도록 그릴 때
   (1) x축 : 가로의 수직선 ⎤ 좌표축
       y축 : 세로의 수직선 ⎦
   (2) **원점** : 두 좌표축이 만나는 점 O
   (3) **좌표평면** : 좌표축이 정해져 있는 평면

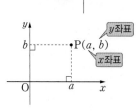

3. **좌표평면 위의 점의 좌표**
   좌표평면 위의 한 점 P에서 x축, y축에 각각 수선을 긋고 이 수선과 x축, y축이 만나는 점이 나타내는 수를 각각 a, b라 할 때, 순서쌍 (a, b)를 점 P의 좌표라 하고, 기호로 $P(a, b)$와 같이 나타낸다. 이때 a를 점 P의 x좌표, b를 점 P 의 y좌표라 한다.
   > [참고] 수직선 위의 점은 오른쪽, 왼쪽으로만 움직이므로 한 개의 좌표가 필요하지만 좌표평면 위의 점은 오른쪽, 왼쪽뿐만 아니라 위아래로도 움직이므로 두 개의 좌표가 필요하다.

꼭꼭 check

좌표평면에서
x축 위의 점의 좌표
⇨ (x좌표, 0)
y축 위의 점의 좌표
⇨ (0, y좌표)

IV

좌표평면과 그래프

확인 2-1 두 순서쌍 $(a-5, 6)$, $(-4, -2b)$가 서로 같을 때, a, b의 값을 각각 구하시오.

확인 2-2 오른쪽 좌표평면 위의 네 점 A, B, C, D의 좌표를 각각 기호로 나타내시오.

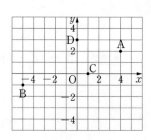

확인 2-3 다음 점을 오른쪽 좌표평면 위에 나타내시오.

$$P(1, 5), \quad Q(2, -2), \quad R(-4, -3), \quad S(-3, 2)$$

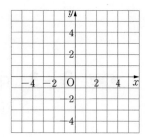

사분면

1. 사분면
(1) 좌표평면은 좌표축에 의하여 네 부분으로 나뉘는데 그 각각을 제1사분면, 제2사분면, 제3사분면, 제4사분면이라 한다.

(2) 좌표축 위의 점은 어느 사분면에도 속하지 않는다.

제2사분면 $(-, +)$	제1사분면 $(+, +)$
제3사분면 $(-, -)$	제4사분면 $(+, -)$

2. 사분면 위의 점의 좌표의 부호

	제1사분면	제2사분면	제3사분면	제4사분면
x좌표	$+$	$-$	$-$	$+$
y좌표	$+$	$+$	$-$	$-$

예 (1) 점 $(\underset{+}{1}, \underset{+}{2})$ ⇨ 제1사분면 위의 점

(2) 점 $(\underset{-}{-1}, \underset{+}{2})$ ⇨ 제2사분면 위의 점

(3) 점 $(\underset{-}{-1}, \underset{-}{-2})$ ⇨ 제3사분면 위의 점

(4) 점 $(\underset{+}{1}, \underset{-}{-2})$ ⇨ 제4사분면 위의 점

꼭꼭 Check

사분면 위의 점 (x, y)의 좌표의 부호
(1) 제1사분면 : $x>0, y>0$
(2) 제2사분면 : $x<0, y>0$
(3) 제3사분면 : $x<0, y<0$
(4) 제4사분면 : $x>0, y<0$

확인 3 – 1 다음 점은 어느 사분면 위의 점인지 구하시오.

(1) $(5, -1)$ (2) $(-8, 3)$

(3) $(-4, -2)$ (4) $(2, 7)$

확인 3 – 2 다음 보기의 점에 대하여 물음에 답하시오.

보기

A$(0, 3)$	B$(-2, 3)$	C$(-2, 4)$	D$(2, 0)$
E$(4, -5)$	F$(-3, -4)$	G$(0, 0)$	H$(-5, -2)$

(1) 제2사분면 위의 점을 모두 고르시오.
(2) 제3사분면 위의 점을 모두 고르시오.
(3) 어느 사분면에도 속하지 않는 점을 모두 고르시오.

확인 3 – 3 다음 중 제3사분면 위의 점은?

① $(-9, 0)$ ② $(-3, 4)$ ③ $(0, 5)$

④ $\left(-\dfrac{1}{2}, -3\right)$ ⑤ $\left(\dfrac{2}{3}, 4\right)$

핵심원리 4 대칭인 점의 좌표

유형 7

1. x축에 대하여 대칭인 점

점 $P(a, b)$와 x축에 대하여 대칭인
점 P'의 좌표 : $P'(a, -b)$
⇨ y좌표의 부호만 반대로 바뀐다.

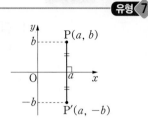

2. y축에 대하여 대칭인 점

점 $P(a, b)$와 y축에 대하여 대칭인
점 P'의 좌표 : $P'(-a, b)$
⇨ x좌표의 부호만 반대로 바뀐다.

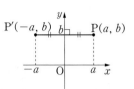

3. 원점에 대하여 대칭인 점

점 $P(a, b)$와 원점에 대하여 대칭인
점 P'의 좌표 : $P'(-a, -b)$
⇨ x좌표와 y좌표의 부호가 모두 반대로 바뀐다.

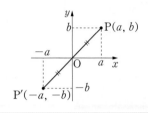

꼭꼭 Check

점 (a, b)와
(1) x축에 대하여 대칭
⇨ $(a, -b)$
(2) y축에 대하여 대칭
⇨ $(-a, b)$
(3) 원점에 대하여 대칭
⇨ $(-a, -b)$

확인 **4 – 1** 점 $(5, -9)$와 다음에 대하여 대칭인 점의 좌표를 구하시오.

(1) x축   (2) y축   (3) 원점

확인 **4 – 2** 다음 각 점의 좌표를 기호로 나타내시오.

(1) 점 $A(-1, 5)$와 x축에 대하여 대칭인 점 A'
(2) 점 $B(3, 2)$와 y축에 대하여 대칭인 점 B'
(3) 점 $C(4, -3)$과 원점에 대하여 대칭인 점 C'

확인 **4 – 3** 다음 중 점 $(9, 4)$와 y축에 대하여 대칭인 점의 좌표는?

① $(4, 9)$ ② $(-4, -9)$ ③ $(-9, -4)$
④ $(-9, 4)$ ⑤ $(9, -4)$

회전이동시킨 점의 좌표

1. 점 $P(a, b)$를 원점 O를 중심으로 하여 시계 방향으로 $90°$ 회전이동시킨 점 P'의 좌표 :
   $P'(b, -a)$

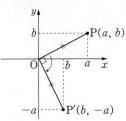

$(a, b) \Rightarrow (b, -a)$

2. 점 $P(a, b)$를 원점 O를 중심으로 하여 시계 반대 방향으로 $90°$ 회전이동시킨 점 P'의 좌표 : $P'(-b, a)$

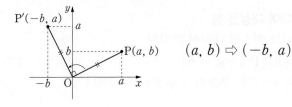

$(a, b) \Rightarrow (-b, a)$

꼭꼭 Check

점 (a, b)를 원점 O를 중심으로 $90°$ 회전이동시킨 점의 좌표는
(1) 시계 방향일 때
   $\Rightarrow (b, -a)$
(2) 시계 반대 방향일 때
   $\Rightarrow (-b, a)$

확인 5 − 1 좌표평면 위의 점 $P(4, 3)$을 원점 O를 중심으로 하여 시계 방향으로 $90°$ 회전이동시킨 점을 P'이라 할 때, 점 P'의 좌표를 구하시오.

확인 5 − 2 좌표평면 위의 점 $P(3, 2)$를 원점 O를 중심으로 하여 시계 반대 방향으로 $90°$ 회전이동시킨 점을 P'이라고 할 때, P'의 좌표를 구하시오.

핵심원리 6 그래프

유형 8 9

1. 그래프

(1) **변수** : x, y와 같이 여러 가지로 변하는 값을 나타내는 문자

> 참고 ▸ 변수와 달리 일정한 값을 갖는 수나 문자를 상수라 한다.

(2) **그래프** : 두 변수 사이의 관계를 좌표평면 위에 점, 직선, 곡선 등으로 나타낸 그림

(3) **그래프 그리기** : 서로 관계가 있는 두 변수 x, y의 순서쌍 (x, y)를 좌표로 하는 점을 좌표평면 위에 모두 나타낸다.

2. 그래프의 이해

그래프를 이용하면 두 변수 사이의 증가와 감소, 변화의 빠르기, 변화의 전체 흐름 등을 쉽게 파악할 수 있다.

(1) 오른쪽 위로 향하는 그래프는 x의 값이 증가할 때, y의 값도 증가하는 관계를 나타낸다.

(2) 오른쪽 아래로 향하는 그래프는 x의 값이 증가할 때, y의 값은 감소하는 관계를 나타낸다.

꼭꼭 check

오른쪽 위로 향하는 그래프
⇨ x의 값이 증가할 때 y의 값도 증가
오른쪽 아래로 향하는 그래프
⇨ x의 값이 증가할 때 y의 값은 감소

확인 6 – 1 원기둥 모양의 빈 물통에 매분 1 cm씩 수면의 높이가 올라가도록 일정한 속력으로 물을 넣는다고 하자. 물을 넣은 지 x분 후의 수면의 높이를 y cm라 할 때, 다음 표를 완성하고 x와 y 사이의 관계를 그래프로 나타내시오.

x(분)	1	2	3	4	5
y(cm)	1				
(x, y)					

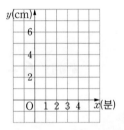

확인 6 – 2 다음은 강낭콩을 키우면서 일주일 간격으로 싹의 키를 재어 기록한 표이다.

x(주)	0	1	2	3	4
y(cm)	3	4	6	7	9

(1) 시간을 x주, 싹의 키를 y cm라 할 때, 순서쌍 (x, y)를 좌표로 하는 점을 오른쪽 좌표평면 위에 나타내시오.

(2) (1)의 점들을 선으로 연결하시오.

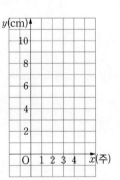

확인 6 – 3 드론이 움직이기 시작한 지 x초 후 지면으로부터의 높이를 y m라 할 때, 두 변수 x와 y 사이의 관계를 그래프로 나타내면 다음 그림과 같다. 물음에 답하시오.

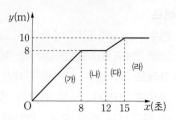

(1) $x=8$일 때, y의 값을 구하시오.
(2) 높이의 변화가 없는 구간을 ㈎~㈒ 중 모두 찾아 쓰시오.

확인 6 – 4 경비행기가 이륙하기 위해 활주로를 달리기 시작한 지 x분 후의 고도를 y km라 할 때, 두 변수 x와 y 사이의 관계를 그래프로 나타내면 다음 그림과 같다. 물음에 답하시오.

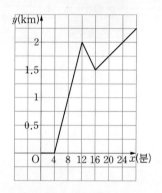

(1) 경비행기가 활주로를 달린 시간은 몇 분인지 구하시오.
(2) 활주로를 달리기 시작한 지 8분 후에 이 경비행기의 고도를 구하시오.
(3) 경비행기의 고도가 낮아졌다가 다시 높아지기 시작한 것은 활주로를 달리기 시작하고 몇 분 후인지 구하시오.

Step **C** 유형 다지기

150쪽 | 핵심원리1

유형 **1** ━● 수직선 위의 점의 좌표

01 다음 중 수직선 위의 점의 좌표를 나타낸 것으로 옳지 <u>않은</u> 것은?

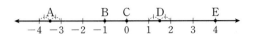

① $A\left(-\dfrac{9}{2}\right)$ ② $B(-1)$ ③ $C(0)$

④ $D\left(\dfrac{3}{2}\right)$ ⑤ $E(4)$

02 수직선 위에 두 점 $A(-2)$, $B(3)$이 있고, 두 점 A, C 사이의 거리는 두 점 A, B 사이의 거리의 2배이다. 점 C가 점 B의 오른쪽에 있을 때, 점 C의 좌표를 기호로 나타내시오.

151쪽 | 핵심원리2

유형 **2** ━● 좌표평면 위의 점의 좌표

03 다음 중 오른쪽 좌표평면 위의 점의 좌표를 나타낸 것으로 옳지 <u>않은</u> 것은?

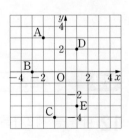

① $A(-2, 3)$
② $B(0, -3)$
③ $C(-1, -4)$
④ $D(1, 2)$
⑤ $E(1, -3)$

04 다음 점들을 오른쪽 좌표평면 위에 나타내시오.

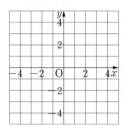

$A(-3, 1)$, $B(4, 2)$
$C(0, 2.5)$,
$D(-1, -3)$,
$E\left(\dfrac{1}{2}, 4\right)$,
$F(2, -4.5)$

05 기환이는 자신의 목표를 좌표평면 위에 암호로 나타내었다. 다음 좌표가 나타내는 글자를 차례대로 나열하면 어떤 목표가 나타나는지 말하시오.

$$(-3, 1) \Rightarrow (0, 5) \Rightarrow (2, -4) \Rightarrow (1, -2)$$
$$\Rightarrow (3, 3) \Rightarrow (0, 0) \Rightarrow (-4, 0)$$

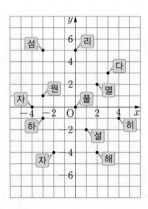

151쪽 | 핵심원리2

유형 **3** ━● 좌표축 위의 점의 좌표

06 다음 중 y축 위에 있는 점은?

① $(-2, 0)$ ② $(0, 3)$ ③ $(1, 2)$
④ $(-2, 1)$ ⑤ $(3, -5)$

07 다음 점의 좌표를 구하시오.

(1) x축 위에 있고, x좌표가 -2인 점
(2) y축 위에 있고, y좌표가 6인 점

08 점 $(4-a, a+7)$은 x축 위의 점이고, 점 $(5+b, b-3)$은 y축 위의 점일 때, $a-b$의 값을 구하시오.

풀이과정

답

유형 4 ─ 좌표평면 위의 도형의 넓이

151쪽 | 핵심원리 2

09 좌표평면 위의 세 점 A$(4, 6)$, B$(2, 2)$, C$(7, 2)$를 꼭짓점으로 하는 삼각형 ABC의 넓이를 구하시오.

10 좌표평면 위의 네 점 A$(-7, 2)$, B$(-7, -4)$, C$(3, -4)$, D$(3, 2)$를 꼭짓점으로 하는 사각형 ABCD의 넓이를 구하시오.

11 오른쪽 그림에서 점 A$(2, 4)$이고, 두 점 B, C는 x축 위의 점이다. □ABCD가 정사각형일 때, 다음 물음에 답하시오.

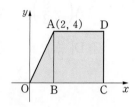

(1) 점 D의 좌표를 기호로 나타내시오.
(2) □AOCD의 넓이를 구하시오.

풀이과정

답

유형 5 ─ 사분면

152쪽 | 핵심원리 3

12 다음 중 제2사분면 위의 점은?

① A$(1, 2)$
② B$(3, -4)$
③ C$(-7, 2)$
④ D$(-2, -5)$
⑤ E$(0, 7)$

13 다음 중 점과 그 점이 속하는 사분면이 <u>잘못</u> 짝 지어진 것은?

① $A(-2, 5)$: 제2사분면
② $B(3, 8)$: 제1사분면
③ $C(5, -4)$: 제4사분면
④ $D(-6, -2)$: 제3사분면
⑤ $E(2, -2)$: 제3사분면

14 다음 보기 중 제4사분면 위의 점은 모두 몇 개인지 구하시오.

보기

$A(1, 3)$	$B(-5, 5)$	$C(1, -3)$
$D(-8, -9)$	$E(2, -4)$	$F(-3, 5)$

152쪽 | 핵심원리 3

유형 6 x, y좌표가 문자로 주어질 때의 사분면

15 점 $P(-a, b)$가 제3사분면 위의 점일 때, a, b의 부호를 부등호를 사용하여 나타내시오.

16 점 (x, y)가 제3사분면 위의 점일 때, 다음 보기 중에서 항상 옳은 것은?

보기

ㄱ. $x+y<0$ ㄴ. $x>y$ ㄷ. $xy<0$

① ㄱ   ② ㄱ, ㄴ   ③ ㄴ
④ ㄷ   ⑤ ㄴ, ㄷ

17 점 $P(a, b)$가 제4사분면 위의 점일 때, 다음은 어느 사분면 위의 점인지 구하시오.

(1) $Q(b, a)$ (2) $R(-a, b)$
(3) $S(a, -b)$ (4) $T(-a, -b)$

18 좌표평면 위의 점 $P(a, b)$가 다음 조건을 만족할 때, 점 P는 어느 사분면 위의 점인지 구하시오.

(1) $a>0$, $b<0$
(2) $-a>0$, $b<0$
(3) $a+b>0$, $ab>0$
(4) $a+b<0$, $ab>0$

유형 7 대칭인 점의 좌표

19 다음 좌표평면 위의 두 점 $P(4-a, 5)$, $Q(-3, 3-2b)$가 원점에 대하여 대칭일 때, a, b의 값을 각각 구하시오.

20 보기 를 보고 다음을 모두 구하시오.

보기

$A(2, -3)$	$B(2, 3)$	$C(-2, -3)$
$D(-2, 3)$	$E(3, 2)$	$F(-3, -2)$
$G(3, -2)$	$H(-3, 2)$	

⑴ x축에 대하여 대칭인 두 점
⑵ y축에 대하여 대칭인 두 점
⑶ 원점에 대하여 대칭인 두 점

서술형
21 좌표평면 위의 점 $P(5, -4)$와 x축에 대하여 대칭인 점을 $Q(a, b)$, y축에 대하여 대칭인 점을 $R(c, d)$라 할 때, $ad-bc$의 값을 구하시오.

풀이과정

답

유형 8 그래프

22 다음 표는 자연수 x의 약수의 개수 y개를 나타낸 것이다. 표를 완성하고, x와 y 사이의 관계를 좌표평면 위에 그래프로 나타내시오.

x	1	2	3	4	5	6
y(개)						

23 보기 의 그래프는 세 사람이 이동 시간에 따른 집에서 떨어진 거리를 나타낸 것이다.

보기

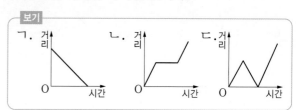

세 사람의 상황을 나타낸 그래프로 알맞은 것을 보기 에서 고르시오.
(단, 세 사람은 직선으로 이동한다.)

⑴ 서연이는 집에서 출발하여 공원에 가던 도중에 발이 아파 멈췄다가 다시 공원으로 걸어갔다.
⑵ 윤우는 집에서 학교로 가던 도중에 집에 두고 온 책이 생각나서 집으로 되돌아갔다가 다시 학교로 걸어갔다.
⑶ 예원이는 도서관에서 출발하여 곧바로 집으로 돌아왔다.

24 제니는 집을 출발하여 일정한 속력으로 영화관에 가서 영화를 본 후 다시 집으로 돌아왔다. 다음 중 제니가 집으로부터 떨어진 거리를 시간에 따라 나타낸 그래프로 알맞은 것은?

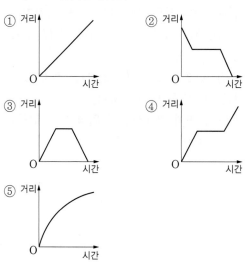

25 (가)~(라)는 밑면의 반지름의 길이가 서로 다른 원기둥 모양의 빈 물통이고, ㉠~㉣은 이 4개의 물통에 시간당 일정한 양의 물을 넣을 때, 물의 높이를 시간에 따라 나타낸 그래프이다. 각 물통에 해당하는 그래프를 찾아 바르게 연결하시오.

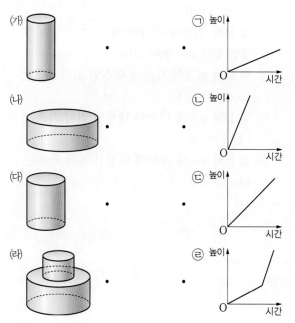

유형 9 **그래프의 이해**

26 오른쪽 그림은 은재가 집에서 출발하여 1200 m 떨어진 마트까지 갈 때, 출발한 지 x분 후 집으로부터 떨어진 거리 y m 사이의 관계를 그래프로 나타낸 것이다. [보기] 중 이 그래프에 대한 설명으로 옳지 <u>않은</u> 것을 고르시오.

(단, 은재는 직선으로 이동한다.)

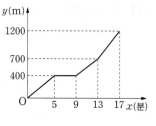

[보기]
ㄱ. 은재가 출발한 지 5분 후 집으로부터 떨어진 거리는 400 m이다.
ㄴ. 은재가 집으로부터 700 m 떨어졌을 때는 집에서 출발한 지 13분 후이다.
ㄷ. 은재가 중간에 멈춰있던 시간은 5분이다.
ㄹ. 은재가 집에서 출발한 후 멈췄다가 다시 걷기 시작한 것은 집에서 출발한 지 9분 후이다.

27 오른쪽 그림은 어느 도시의 시간에 따른 미세먼지의 농도 변화를 그래프로 나타낸 것이다. 이 그래프의 (가)~(라) 구간에 가장 알맞은 것을 [보기]에서 찾아 기호를 차례로 나열한 것은?

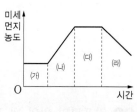

[보기]
ㄱ. 미세먼지 농도가 높아진다.
ㄴ. 미세먼지 농도가 낮아진다.
ㄷ. 미세먼지 농도가 변함없다.

① ㄱ, ㄴ, ㄷ, ㄴ
② ㄷ, ㄱ, ㄴ, ㄴ
③ ㄷ, ㄱ, ㄷ, ㄴ
④ ㄴ, ㄷ, ㄴ, ㄴ
⑤ ㄴ, ㄷ, ㄷ, ㄴ

01 두 순서쌍 $(-2a, 6)$, $(-10, b+5)$가 서로 같을 때, $a+b$의 값을 구하시오.

02 두 수 a, b에 대하여 $|a|=3$, $|b|=1$일 때, 순서쌍 $(0, a)$, $(b, 2a)$로 좌표평면에 나타낼 수 있는 모든 점의 개수는?

① 3개   ② 4개   ③ 5개
④ 6개   ⑤ 7개

03 좌표평면 위의 네 점 A, B, C, D에 대하여 각 점의 x좌표의 합을 m, 각 점의 y좌표의 합을 n이라 할 때, $m-n$의 값을 구하시오.

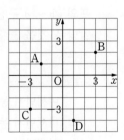

04 좌표평면에 대한 다음 설명 중 옳지 <u>않은</u> 것은?

① 좌표평면의 x축과 y축은 서로 수직이다.
② 좌표축 위의 점은 어느 사분면에도 속하지 않는다.
③ 점 (a, b)가 x축 위의 점이면 점 (b, a)도 x축 위의 점이다.
④ 두 점 A$(2, -2)$, B$(-2, 2)$는 점 C$(2, 2)$에서 같은 거리만큼 떨어져 있다.
⑤ 제1사분면과 제4사분면 위의 모든 점들은 x좌표가 양수이다.

05 오른쪽 좌표평면 위의 점에 대한 설명 중 옳은 것은?

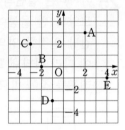

① 점 A와 x축에 대하여 대칭인 점의 좌표는 $(-2, 3)$이다.
② 점 B와 원점에 대하여 대칭인 점은 y축 위에 있다.
③ 점 C와 원점에 대하여 대칭인 점의 좌표는 $(3, -2)$이다.
④ 점 D와 y축에 대하여 대칭인 점의 좌표는 $(1, 3)$이다.
⑤ 점 E와 y축에 대하여 대칭인 점의 좌표는 $(4, 1)$이다.

06 좌표평면 위의 세 점 A$(-5, 5)$, B$(-7, -4)$, C$(3, -2)$를 꼭짓점으로 하는 △ABC의 넓이를 구하시오.

07 점 A$(8, 2a-6)$은 제1사분면 위의 점이고, 점 B$\left(\dfrac{7}{2}, 4a-17\right)$은 제4사분면 위의 점일 때, 정수 a의 값을 구하시오.

서술형

08 오른쪽 그림과 같이 좌표평면 위에 점 P$(4, 8)$이 있다. 물음에 답하시오.

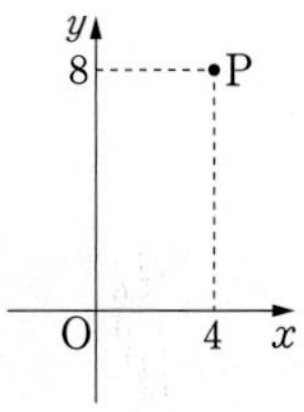

(1) 점 P를 시계 방향으로 90°만큼 회전이동시킨 점 Q의 좌표를 구하시오.

(2) 점 P를 시계 반대 방향으로 90°만큼 회전이동시킨 점 R의 좌표를 구하시오.

풀이과정

답

09 다음 물음에 답하시오.

(1) 점 P(a, b)가 제3사분면 위의 점일 때, 점 Q$(a-b, ab)$는 어느 사분면 위의 점인지 구하시오. (단, $|a|<|b|$)

(2) 점 (x, y)는 제2사분면, 점 (a, b)는 제4사분면 위의 점일 때, 점 (bx, ay)는 어느 사분면 위의 점인지 구하시오.

10 두 점 P$\left(7-3p, \dfrac{2q-7}{5}\right)$, Q$\left(2p-3, \dfrac{1}{2}q+5\right)$가 각각 x축, y축 위의 점일 때, $4pq$의 값을 구하시오.

서술형

11 점 A$(2a, b)$와 x축에 대하여 대칭인 점이 B$(a-5, 2b-6)$이고, y축에 대하여 대칭인 점이 C$(3c+1, c-1)$이다. 이때 $a+b+c$의 값을 구하시오.

풀이과정

답

12 점 P$(2a, -3)$은 제4사분면 위의 점이고,
점 Q$(4, 3b)$는 제1사분면 위의 점일 때,
점 R$(-2a, ab)$는 어느 사분면 위의 점인지 구하시오.

13 좌표평면 위의 두 점 A$(2a-4, 5-b)$,
B$\left(9+\dfrac{a}{2}, 3b+3\right)$이 원점에 대하여 대칭일 때, ab의 값을 구하시오.

14 점 A$(3, -2)$와 x축에 대하여 대칭인 점을 B, 원점에 대하여 대칭인 점을 C, y축에 대하여 대칭인 점을 D라 할 때, □ABCD의 둘레의 길이를 구하시오.

15 $|a|<|b|$, $ab>0$, $a+b<0$일 때, 다음 점들은 어느 사분면 위의 점인지 구하시오.
(1) R$(ab, a+b)$ (2) S$(a-b, b-a)$
(3) T$(b, -a)$ (4) U$(-b, -a)$

16 좌표평면 위의 두 점 P$(2p-1, p+5)$,
Q$(4-2q, 5q+1)$이 각각 x축, y축 위에 있을 때, 다음 중 좌표축 위에 있지 않은 점은?
① A$(p+5, q-10)$ ② B$(3q+1, q-2)$
③ C$(p+q, 2p+5q)$ ④ D$(pq+10, 3p+q)$
⑤ E$(5p+2q, p-q)$

서술형
17 좌표평면 위의 두 점 A$(3a+2, 8-2b)$,
B$(a-2, 2-3b)$는 x축에 대하여 서로 대칭인 점이다. 두 점 A, B와 원점 O로 이루어진 △ABO의 넓이를 구하시오.

풀이과정

답

18 좌표평면 위의 세 점 A(4, −3), B(−5, −3), C(−2, 2a)를 꼭짓점으로 하는 삼각형 ABC의 넓이가 27일 때, a의 값을 구하시오. (단, a>0)

19 좌표평면 위의 점 P(−2, 4)를 원점 O를 중심으로 하여 시계 반대 방향으로 270° 회전이동시킨 점을 P′이라 할 때, 점 P′의 좌표를 구하시오.

20 다음 상황에 대하여 시간에 따른 엘리베이터의 높이를 나타낸 그래프로 알맞은 것은?

수민이가 1층에서 엘리베이터를 타고 13층 버튼을 눌렀다. 3층에서 택배기사가 타고 9층에서 내린 다음 수민이가 내렸다.

①
②
③
④
⑤

21 다음 그림은 대관람차의 1번 칸이 출발한 지 x분 후의 지면으로부터의 높이를 y m라 할 때, x와 y 사이의 관계를 그래프로 나타낸 것이다. 물음에 답하시오. (단, 탑승한 대관람차는 2바퀴 돌고 멈춘다.)

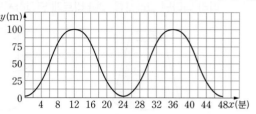

(1) 1번 칸이 지면으로부터 가장 높은 곳에 있을 때의 높이를 구하시오.

(2) 1번 칸의 지면으로부터의 높이가 50 m일 때는 출발한지 몇 분 후인지 모두 구하시오.

(3) 1번 칸이 1바퀴를 돌아 처음 위치로 돌아오는 것은 출발한 지 몇 분 후인지 구하시오.

22 다음 그래프는 태영이와 태식이가 5 km 마라톤을 했을 때 달린 거리를 시간에 따라 나타낸 것이다. 그래프를 보고 다음 설명 중에서 옳은 것을 모두 고르시오. (단, 두 사람이 달린 거리는 직선이다.)

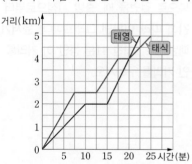

ㄱ. 태영이는 태식이보다 5분 빨리 결승점에 도착하였다.

ㄴ. 출발한 지 10분 후의 두 사람 사이의 거리는 500 m이다.

ㄷ. 출발한 지 20분 후에 태영이가 태식이를 추월하였다.

IV

좌표평면과 그래프

01 다음과 같은 용기에 매분 일정한 양의 물을 넣는다. 각 용기에 대한 물의 높이를 시간에 따라 나타낸 그래프를 찾아 바르게 연결하시오.

● 밑면의 반지름의 길이가 짧아질수록 물이 빨리 채워진다.

(1)
•

(2)
•

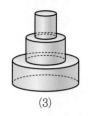

(3)
•

•
(가)

•
(나)

•
(다)

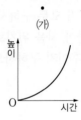

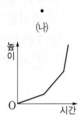

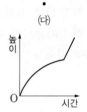

02 오른쪽 그림은 윤서가 총 235 m 길이의 직선 거리를 왕복으로 걸었을 때, 출발 지점으로부터 떨어진 거리를 시간에 따라 나타낸 그래프이다. 윤서가 그래프에 나타난 패턴으로 1시간 41분 동안 이 거리를 걸었다면, 총 움직인 거리를 구하시오.

● 윤서가 7분 동안 움직인 거리와 왕복한 횟수를 구하여 총 움직인 거리를 구한다.

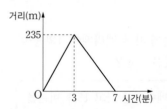

03 좌표평면 위의 두 점 $A(-a+2, 6)$과 $B(-4, 2b-4)$가 x축에 대하여 대칭일 때, 점 $C(ab, 3a+5b)$와 원점에 대하여 대칭인 점 D의 좌표를 구하시오.

● 점 (a, b)와
• x축에 대하여 대칭인 점
$\Rightarrow (a, -b)$
• 원점에 대하여 대칭인 점
$\Rightarrow (-a, -b)$

😊😊비법

04 좌표평면 위에서 O(0, 0)이고 두 점 A, B의 좌표가 다음과 같을 때, △OAB의 넓이를 구하시오.

⑴ A(2, 4), B(−3, 1)　　　　　　⑵ A(1, 4), B(4, 1)

좌표평면 위에 점을 나타내어 △OAB를 그려 넓이를 구한다.

IV

좌표평면과 그래프

05 좌표평면 위에 세 점 A(−4, −2), B(3, −1), D(1, 3)이 있다. 두 선분 AB, AD를 두 변으로 하는 평행사변형 ABCD에서 꼭짓점 C의 좌표를 구하시오.

· 평행사변형에서 두 대각선은 서로 이등분한다.
· 점 (a, b)와 점 (c, d)의 중점의
좌표 : 점 $\left(\dfrac{a+c}{2}, \dfrac{b+d}{2}\right)$

06 좌표평면 위의 점 P(ab, $b-a$)가 제3사분면 위에 있을 때, 다음 중 항상 제4사분면 위에 있는 점은?

① A($-4a$, $5b$)　　② B(ab, $2a-5b$)　　③ C$\left(-\dfrac{b}{a}, ab+7\right)$

④ D$\left(-\dfrac{3}{8}ab, -4a\right)$　　⑤ E$\left(\dfrac{a+b}{ab}, \dfrac{ab}{a-b}\right)$

점 (p, q)의 부호
제3사분면 ⇨ (−, −)
제4사분면 ⇨ (+, −)

핵심원리 **1**

정비례

유형 **1**

1. 두 변수 x, y에 대하여 x의 값이 2배, 3배, 4배, …로 변함에 따라 y의 값도 2배, 3배, 4배, …로 변할 때, y는 x에 정비례한다고 한다.

2. y가 x에 정비례하면 $y=ax(a\neq0)$가 성립한다.

3. x와 y 사이에 $y=ax(a\neq0)$가 성립하면 y는 x에 정비례한다.

4. y가 x에 정비례할 때, $\dfrac{y}{x}$의 값은 일정하다. 즉, $y=ax$에서 $\dfrac{y}{x}=a$(일정)이다.

예

x	1	2	3	4	…
y	2	4	6	8	…

➡ ① x와 y 사이의 관계를 식으로 나타내면 $y=2x$
　② $\dfrac{y}{x}=\dfrac{2}{1}=\dfrac{4}{2}=\dfrac{6}{3}=\cdots=2$(일정)

꼭꼭 Check

$y=ax$에서 $\dfrac{y}{x}=a$(일정)

확인 **1-1** 빈 어항에 매분 2 L씩 물을 넣고 있다. x분 후의 어항의 물의 양을 y L라 할 때, 다음 물음에 답하시오.

(1) 표를 완성하시오.

x	1	2	3	4	…
y					…

(2) y가 x에 정비례하는지 말하시오.

(3) x와 y 사이의 관계를 식으로 나타내시오.

확인 **1-2** 한 변의 길이가 x cm인 정삼각형의 둘레의 길이를 y cm라 할 때, 다음 표를 완성하고 x와 y 사이의 관계를 식으로 나타내시오.

x	1	2	3	4	5	…
y						…

확인 **1-3** 다음 중 y가 x에 정비례하는 것에는 ○, 정비례하지 <u>않는</u> 것에는 ×를 (　) 안에 써넣으시오.

(1) $y=\dfrac{1}{2}x$　(　　) 　　　　(2) $y=x-1$　(　　)

(3) $y=\dfrac{5}{x}$　(　　) 　　　　(4) $\dfrac{y}{x}=-3$　(　　)

유형 2 3 4 5 11 12

핵심원리 **2**

정비례 관계 $y=ax(a\neq0)$의 그래프

정비례 관계 $y=ax(a\neq0)$의 그래프는 원점을 지나는 직선이다.

(1) $a>0$일 때
  ① 그래프는 오른쪽 위(↗)로 향하는 직선이고 제1사분면과 제3사분면을 지난다.
  ② x의 값이 증가하면 y의 값도 증가한다.

(2) $a<0$일 때
  ① 그래프는 오른쪽 아래(↘)로 향하는 직선이고 제2사분면과 제4사분면을 지난다.
  ② x의 값이 증가하면 y의 값은 감소한다.

(3) $|a|$가 작을수록 x축에 가까워지고, $|a|$가 클수록 y축에 가까워진다.

참고 $y=ax(a\neq0)$의 그래프에서 x의 값의 범위가 주어지지 않은 경우에는 x의 값의 범위를 수 전체로 생각한다.

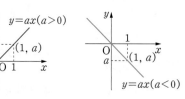

꼭꼭 Check

$y=ax(a\neq0)$의 그래프

확인 **2 – 1** 다음 중 정비례 관계 $y=-\dfrac{3}{2}x$의 그래프는?

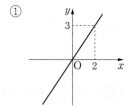 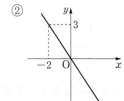 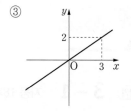

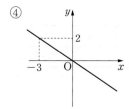 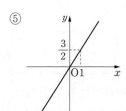

확인 **2 – 2** 다음 중 정비례 관계 $y=-4x$의 그래프에 대한 설명으로 옳은 것은?

① x의 값이 증가하면 y의 값도 증가한다.　② 제1, 3사분면을 지난다.
③ 원점을 지나는 직선이다.　④ 점 $(1,\ 4)$를 지난다.
⑤ 오른쪽 위로 향하는 직선이다.

확인 **2 – 3** 다음 중 정비례 관계 $y=\dfrac{2}{5}x$의 그래프 위에 있는 점은?

① $(0,\ 5)$　　　② $(-5,\ 2)$　　　③ $(-2,\ -5)$
④ $(5,\ 2)$　　　⑤ $(2,\ 5)$

반비례

1. 두 변수 x, y에 대하여 x의 값이 2배, 3배, 4배, …로 변함에 따라 y의 값은 $\frac{1}{2}$배, $\frac{1}{3}$배, $\frac{1}{4}$배, …로 변할 때, y는 x에 반비례한다고 한다.

2. y가 x에 반비례하면 $y=\dfrac{a}{x}(a\neq0)$가 성립한다.

3. x와 y 사이에 $y=\dfrac{a}{x}(a\neq0)$가 성립하면 y는 x에 반비례한다.

4. y가 x에 반비례할 때, xy의 값은 항상 일정하다. 즉, $y=\dfrac{a}{x}(a\neq0)$에서 $xy=a$(일정)이다.

예

x ✕	1	2	3	4	…
y	12	6	4	3	…

↓12

➡ ① x와 y 사이의 관계를 식으로 나타내면 $y=\dfrac{12}{x}$

② $xy=1\times12=2\times6=3\times4=\cdots=$**12**(일정)

꼭꼭 check

$y=\dfrac{a}{x}$에서 $xy=a$(일정)

확인 3−1 자몽 18개를 x명에게 나누어 줄 때, 한 명이 받을 자몽의 개수는 y개이다. 다음 물음에 답하시오.

(1) 표를 완성하시오.

x	1	2	3	6	9	18
y						

(2) y가 x에 반비례하는지 말하시오.

(3) x와 y 사이의 관계를 식으로 나타내시오.

확인 3−2 돼지고기 300 g을 같은 무게로 나눌 때 돼지고기의 조각 수를 x개, 1조각의 무게를 y g이라 하자. 다음 표를 완성하고 x와 y 사이의 관계를 식으로 나타내시오.

x	1	2	3	4	5	6
y	300					

확인 3−3 다음 중 y가 x에 반비례하는 것에는 ○, 반비례하지 않는 것에는 ✕를 (　) 안에 써넣으시오.

(1) $y=3x$　(　　)

(2) $xy=2$　(　　)

(3) $y=-\dfrac{4}{x}$　(　　)

(4) $y=\dfrac{1}{x}+2$　(　　)

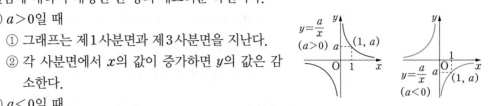

핵심원리 4

반비례 관계 $y = \dfrac{a}{x}$ $(a \neq 0)$의 그래프

유형 7 8 9 10 11 12

반비례 관계 $y = \dfrac{a}{x}$ $(a \neq 0)$의 그래프는 좌표축에 점점 가까워지면서 한없이 뻗어 나가는 원점에 대하여 대칭인 한 쌍의 매끄러운 곡선이다.

(1) $a > 0$일 때
  ① 그래프는 제1사분면과 제3사분면을 지난다.
  ② 각 사분면에서 x의 값이 증가하면 y의 값은 감소한다.

(2) $a < 0$일 때
  ① 그래프는 제2사분면과 제4사분면을 지난다.
  ② 각 사분면에서 x의 값이 증가하면 y의 값도 증가한다.

(3) $|a|$가 작을수록 좌표축에 가까워진다.

참고 ▸ $y = \dfrac{a}{x}$ $(a \neq 0)$의 그래프에서 x의 값의 범위가 주어지지 않은 경우에는 x의 값의 범위를 0을 제외한 수 전체로 생각한다.

꼭꼭 check

$y = \dfrac{a}{x} (a \neq 0)$의 그래프

확인 4 – 1 다음 중 반비례 관계 $y = -\dfrac{3}{x}$의 그래프는?

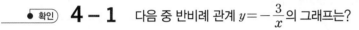

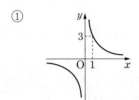
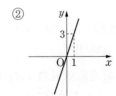
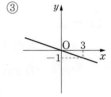

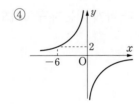
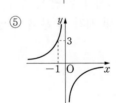

확인 4 – 2 다음 중 반비례 관계 $y = \dfrac{5}{x}$의 그래프에 대한 설명으로 옳은 것은?

① 제2, 4사분면을 지난다.
② 점 $(20, 4)$를 지난다.
③ 원점을 지나는 곡선이다.
④ 원점에 대하여 대칭인 한 쌍의 곡선이다.
⑤ 각 사분면에서 x의 값이 증가하면 y의 값도 증가한다.

확인 4 – 3 다음 그래프 중 좌표축에서 가장 멀리 떨어진 것은?

① $y = -\dfrac{5}{x}$ ② $y = -\dfrac{3}{x}$ ③ $y = \dfrac{1}{x}$ ④ $y = \dfrac{1}{4x}$ ⑤ $y = \dfrac{15}{2x}$

정비례와 반비례 관계의 활용

정비례 또는 반비례 관계의 활용 문제를 푸는 순서는 다음과 같다.

1. 변하는 두 양을 변수 x, y로 정한다.

2. x, y가 서로 정비례하거나 반비례하는지 알아보고 x와 y 사이의 관계를 $y=ax$ $(a \neq 0)$ 또는 $y=\dfrac{a}{x}$ $(a \neq 0)$로 나타낸다.

3. 2의 식에 주어진 조건을 대입하여 필요한 값을 구한다.

4. 구한 값이 문제의 조건에 맞는지 확인한다.

⑩ 어떤 문구점에서 연필 한 자루를 900원에 판매한다. 이때 이 연필 20자루의 가격을 구하시오.

1. 연필 x자루의 가격을 y원이라 한다.

2. y는 x에 정비례하므로 $y=ax$ $(a \neq 0)$로 나타낸다.

3. 연필 한 자루는 900원이므로 $x=1$일 때, $y=900$이다.
   $y=900x$이므로 $x=20$일 때, $y=900 \times 20 = 18000$이다.

4. 따라서 연필 20자루는 18000원이다.

꼭꼭 Check

활용 문제를 풀 때에는 먼저 변하는 양을 x로 놓고, x에 따라 변하는 양을 y로 놓는다.

확인 5-1 길이가 28 cm인 양초가 1시간에 5 cm씩 탄다. 불을 붙인 지 x시간 후 탄 양초의 길이를 y cm라 할 때, 다음 물음에 답하시오.

(1) x와 y 사이의 관계를 식으로 나타내시오.

(2) 불을 붙인 지 3시간 후 탄 양초의 길이를 구하시오.

(3) 불을 붙인 지 몇 시간 몇 분 후에 양초는 다 타게 되는지 구하시오.

확인 5-2 1분에 x L의 물이 흘러 나오는 수도관으로 부피가 360 L인 빈 물탱크에 물을 채우고 있다. 물을 가득 채우는 데 걸리는 시간이 y분일 때, 다음 물음에 답하시오.

(1) x와 y 사이의 관계를 식으로 나타내시오.

(2) 1분에 나오는 물의 양이 20 L일 때, 물탱크에 물을 가득 채우는 데 걸리는 시간을 구하시오.

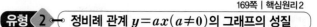

Step C 유형 다지기

유형 1 정비례 관계

01 휘발유 1 L로 16 km를 달리는 자동차가 있다. 이 자동차가 x L의 휘발유로 달린 거리를 y km라 할 때, 다음 물음에 답하시오.

(1) 표를 완성하시오.

x	1	2	3	4	⋯
y					⋯

(2) x와 y 사이의 관계를 식으로 나타내시오.

02 다음 중 두 변수 x와 y 사이의 관계가 정비례 관계인 것은?

① $y=-x+5$ ② $y=\dfrac{2}{7}x$ ③ $xy=24$

④ $y=-\dfrac{4}{x}$ ⑤ $y=2x+\dfrac{2}{x}$

03 y가 x에 정비례하고 $x=15$일 때 $y=9$이다. 이때 y를 x에 대한 식으로 나타내면?

① $y=3x$ ② $y=5x$ ③ $y=-\dfrac{1}{5}x$

④ $y=\dfrac{5}{3}x$ ⑤ $y=\dfrac{3}{5}x$

유형 2 정비례 관계 $y=ax\,(a\neq0)$의 그래프의 성질

04 오른쪽 그림은 정비례 관계 $y=ax$의 그래프들을 그린 것이다. 이 그래프들에 대한 설명으로 옳지 <u>않은</u> 것은?

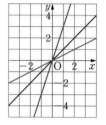

① $a>0$이다.

② 원점을 지난다.

③ 제1, 3사분면을 지난다.

④ x의 값이 증가하면 y의 값은 감소한다.

⑤ 오른쪽 위로 향하는 직선이다.

05 다음 그래프 중 x축에 가장 가까운 것은?

① $y=-10x$ ② $y=-3x$ ③ $y=-\dfrac{2}{5}x$

④ $y=\dfrac{1}{5}x$ ⑤ $y=8x$

06 주어진 식의 그래프로 알맞은 것을 골라 번호를 쓰시오.

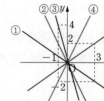

(1) $y=\dfrac{2}{3}x$

(2) $y=-\dfrac{2}{3}x$

(3) $y=2x$

(4) $y=-4x$

IV
좌표평면과 그래프

유형 3 · 정비례 관계 $y=ax(a \neq 0)$의 그래프 위의 점

07 다음 중 정비례 관계 $y=-\dfrac{4}{3}x$의 그래프 위의 점이 아닌 것은?

① $\left(2, -\dfrac{8}{3}\right)$ ② $(9, -12)$ ③ $\left(-\dfrac{3}{4}, 1\right)$

④ $(-3, 4)$ ⑤ $(-6, -8)$

08 정비례 관계 $y=\dfrac{7}{5}x$의 그래프가 점 $(-2a, 14)$를 지날 때, 다음 중 상수 a의 값은?

① -7 ② -5 ③ 2

④ 5 ⑤ 7

09 정비례 관계 $y=5x$의 그래프 위에 점 $(4-2a, 3a+7)$이 있을 때, 상수 a의 값을 구하시오.

유형 4 · 정비례 관계 $y=ax(a \neq 0)$에서 a의 값 구하기

10 정비례 관계 $y=ax$의 그래프가 점 $(-2, 8)$을 지날 때, 상수 a의 값을 구하시오.

11 정비례 관계 $y=ax$의 그래프가 점 $(-3, 15)$를 지날 때, 다음 중 이 그래프 위의 점은?

① $(-4, -20)$ ② $(3, -15)$

③ $(2, 10)$ ④ $(-5, -5)$

⑤ $\left(\dfrac{1}{2}, 10\right)$

12 두 정비례 관계 $y=ax$, $y=bx$의 그래프가 오른쪽 그림과 같을 때, 상수 a, b에 대하여 $a+b$의 값을 구하시오.

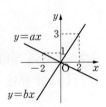

유형 5 · 그래프를 이용하여 식 구하기 – 정비례 관계

13 오른쪽 그래프가 나타내는 식은?

① $y=-\dfrac{5}{6}x$

② $y=-\dfrac{6}{5}x$

③ $y=-5x$

④ $y=-6x$

⑤ $y=5x$

14 오른쪽 그림과 같은 그래프에 대하여 다음 물음에 답하시오.

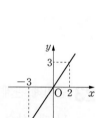

(1) 이 그래프가 나타내는 식을 구하시오.

(2) 상수 k의 값을 구하시오.

15 다음 중 오른쪽 그림과 같은 그래프 위의 점은?

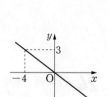

① $\left(-6, \dfrac{3}{2}\right)$ ② $(-2, 6)$

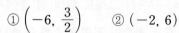
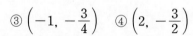

③ $\left(-1, -\dfrac{3}{4}\right)$ ④ $\left(2, -\dfrac{3}{2}\right)$

⑤ $(4, 3)$

유형 6 · 반비례 관계

16 거리가 24 km인 길을 자전거를 타고 가려고 한다. 한 시간 동안 가는 거리를 x km, 걸리는 시간을 y 시간이라 할 때, 다음 물음에 답하시오.

(1) 표를 완성하시오.

x	1	2	3	4	6	12
y						

(2) x와 y 사이의 관계를 식으로 나타내시오.

17 다음 보기 중 y가 x에 반비례하는 것을 모두 고르시오.

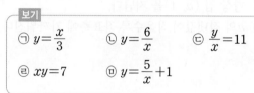

보기

㉠ $y=\dfrac{x}{3}$ ㉡ $y=\dfrac{6}{x}$ ㉢ $\dfrac{y}{x}=11$

㉣ $xy=7$ ㉤ $y=\dfrac{5}{x}+1$

18 y가 x에 반비례하고 $x=-3$일 때 $y=5$이다. 이때 x와 y 사이의 관계를 식으로 나타내시오.

171쪽 | 핵심원리 4

유형 **7** 반비례 관계 $y = \dfrac{a}{x}(a \neq 0)$의 그래프의 성질

19 다음 그래프 중 각 사분면에서 x의 값이 증가하면 y의 값도 증가하는 것을 모두 고르면?

① $y = -\dfrac{1}{5}x$ ② $y = \dfrac{3}{8}x$ ③ $y = \dfrac{8}{x}$

④ $y = \dfrac{5}{9x}$ ⑤ $y = -\dfrac{7}{x}$

20 다음 중 반비례 관계 $y = \dfrac{a}{x}(a \neq 0)$의 그래프에 대한 설명으로 옳지 <u>않은</u> 것은?

① 원점에 대하여 대칭인 한 쌍의 곡선이다.
② y는 x에 반비례한다.
③ $a > 0$이면 x의 값이 증가할 때, y의 값도 증가한다.
④ 항상 점 $(a, 1)$을 지난다.
⑤ a의 절댓값이 작을수록 좌표축에 가까워진다.

21 오른쪽 그림의 그래프의 식으로 알맞은 것의 번호를 각각 쓰시오.

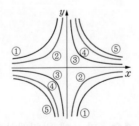

보기
A : $y = \dfrac{2}{x}$ B : $y = \dfrac{5}{x}$ C : $y = \dfrac{7}{x}$

D : $y = -\dfrac{3}{x}$ E : $y = -\dfrac{6}{x}$

171쪽 | 핵심원리 4

유형 **8** 반비례 관계 $y = \dfrac{a}{x}(a \neq 0)$의 그래프 위의 점

22 다음 중 반비례 관계 $y = -\dfrac{8}{x}$의 그래프 위에 있지 <u>않은</u> 점은?

① $(-1, 8)$ ② $(-4, 2)$ ③ $\left(\dfrac{1}{2}, -4\right)$

④ $(2, -4)$ ⑤ $\left(\dfrac{1}{4}, -32\right)$

23 반비례 관계 $y = \dfrac{20}{x}$의 그래프가 점 $(4a, -5)$를 지날 때, 상수 a의 값을 구하시오.

24 반비례 관계 $y = -\dfrac{15}{x}$의 그래프 위의 점 중에서 x좌표와 y좌표가 모두 정수인 점의 개수를 구하시오.

유형 9 반비례 관계 $y=\dfrac{a}{x}\,(a\neq0)$에서 a의 값 구하기

25 반비례 관계 $y=\dfrac{a}{x}$의 그래프가 점 $(-3,\,6)$을 지날 때, 다음 중 이 그래프 위에 있지 <u>않은</u> 점은?

① $(-1,\,18)$ ② $(6,\,-3)$ ③ $(2,\,-9)$

④ $(4,\,14)$ ⑤ $(3,\,-6)$

26 반비례 관계 $y=\dfrac{a}{x}$의 그래프가 두 점 $(4,\,7)$, $(-7b,\,2)$를 지날 때, 상수 $a,\,b$에 대하여 $a+10b$ 의 값은?

① -8 ② -4 ③ -2

④ 4 ⑤ 8

27 반비례 관계 $y=\dfrac{a}{x}$의 그래프가 오른쪽 그림과 같을 때, 점 A의 좌표를 구하시오.

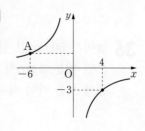

유형 10 그래프를 이용하여 식 구하기 – 반비례 관계

28 오른쪽 그래프가 나타내는 x 와 y 사이의 관계를 식으로 나타내시오.

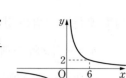

29 다음 중 오른쪽 그림과 같은 그래프 위의 점이 <u>아닌</u> 것을 모두 고르면?

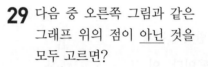

① $(-3,\,-2)$

② $\left(4,\,\dfrac{3}{2}\right)$

③ $(2,\,-3)$

④ $\left(\dfrac{1}{2},\,12\right)$

⑤ $\left(-\dfrac{1}{2},\,-3\right)$

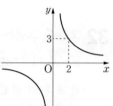

30 오른쪽 그래프에서 상수 k의 값을 구하시오.

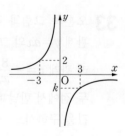

IV

좌표평면과 그래프

유형 11 — 정비례 그래프와 반비례 그래프에서 도형의 넓이

169쪽 | 핵심원리 2 + 171쪽 | 핵심원리 4

31 오른쪽 그림은 정비례 관계 $y=-\dfrac{3}{2}x$의 그래프이다. 이 그래프 위의 한 점 A에서 x축에 내린 수선이 x축과 만나는 점 B의 좌표가 B$(-4, 0)$일 때, △ABO의 넓이를 구하시오.

32 오른쪽 그림은 반비례 관계 $y=\dfrac{9}{x}$의 그래프이다. 이 그래프 위의 점 C에서 x축, y축에 수직인 직선을 그어 y축과 만나는 점을 A, x축과 만나는 점을 B라 할 때, 직사각형 AOBC의 넓이를 구하시오.

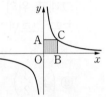

유형 12 $y=ax$, $y=\dfrac{b}{x}$의 그래프가 만나는 점

169쪽 | 핵심원리 2 + 171쪽 | 핵심원리 4

33 오른쪽 그림과 같이 정비례 관계 $y=ax$의 그래프와 반비례 관계 $y=-\dfrac{8}{x}$의 그래프가 두 점에서 만날 때, 상수 a의 값을 구하시오.

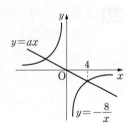

34 정비례 관계 $y=ax$의 그래프와 반비례 관계 $y=\dfrac{b}{x}$의 그래프가 오른쪽 그림과 같을 때, 상수 a, b의 곱 ab의 값을 구하시오.

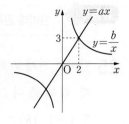

유형 13 정비례 관계의 활용

172쪽 | 핵심원리 5

35 시속 60 km로 달리는 자율주행차가 x시간 동안 달린 거리를 y km라 할 때, 다음 물음에 답하시오.

(1) x와 y 사이의 관계를 식으로 나타내시오.

(2) 420 km를 가는 데 걸리는 시간을 구하시오.

36 높이가 50 cm인 원기둥 모양의 빈 물통에 물을 넣으면 매분 2 cm씩 수면의 높이가 올라간다. 이 물통에 물을 가득 채우는 데 걸리는 시간을 구하시오.

37 길이 8 m당 무게가 160 g인 철사의 가격은 40 g당 500원이라고 한다. 길이가 x m인 이 철사의 가격을 y원이라고 할 때, 11250원을 모두 사용하여 철사를 몇 m 살 수 있는지 구하시오.

172쪽 | 핵심원리 5

유형 14 ─ 반비례 관계의 활용

38 새로 개업한 지유네 식당에서는 식당 홍보를 위해 매일 같은 양의 전단지를 돌리는 데 8명이 돌리면 50분이 걸린다. 다음 물음에 답하시오.

(단, 일하는 속도는 모두 같다.)

(1) x명이 돌리면 y분이 걸린다고 할 때, x와 y 사이의 관계를 식으로 나타내시오.

(2) 25분 만에 전단지를 모두 돌리려면 몇 명이 필요한지 구하시오.

39 540개의 구슬을 x명에게 같은 개수씩 남김없이 나누어줄 때, 한 명이 받는 구슬의 개수가 y개라 한다. 이때, 18명에게 나누어 준다면 한 명이 받는 구슬은 모두 몇 개인지 구하시오.

서술형

40 민기는 찰흙으로 밑넓이가 52 cm², 높이가 5 cm인 직육면체 모양을 만들었다. 이 모양을 뭉개고 높이가 13 cm인 직육면체로 만들면 밑넓이는 몇 cm²가 되겠는지 구하시오.

풀이과정

답

41 다음은 어느 인쇄소에서 사장과 직원이 나누는 대화이다.

> 직원 : 사장님, A출판사에서 문제집을 6일 만에 완성해 달라는 주문이 왔습니다. 그런데 현재 있는 인쇄기로는 그때까지 완성할 수가 없습니다.
>
> 사장 : 이것 참 난감하군. 우리가 가진 인쇄기로는 며칠이 걸리는가?
>
> 직원 : 현재 있는 인쇄기 3대로는 주문한 문제집을 모두 인쇄하는 데 10일이 걸립니다.
>
> 사장 : 알겠네. 당장 인쇄기를 몇 대 더 구입하자구.

이 인쇄소에서는 인쇄기를 몇 대 더 구입해야 하는지 구하시오.

(단, 모든 인쇄기의 하루 작업량은 같다.)

01 다음 보기 중 y가 x에 정비례하는 것을 골라 기호를 쓰시오.

보기

ㄱ. 밑변이 6 cm, 높이가 x cm인 삼각형의 넓이는 y cm²이다.

ㄴ. 한 명당 x원인 지하철 승차요금의 5명 요금은 y원이다.

ㄷ. 자동차가 시속 x km로 y시간 동안 달린 거리는 60 km이다.

ㄹ. 7개가 한 세트인 형광펜의 가격이 x원일 때, 형광펜 1개의 가격은 y원이다.

ㅁ. 무게가 120 g인 물통에 물 x g을 넣었을 때, 전체의 무게는 y g이다.

02 y가 x에 반비례할 때, 다음 표를 보고 물음에 답하시오.

x	2	6	B
y	A	-8	3

(1) x와 y 사이의 관계를 식으로 나타내시오.

(2) $A-B$의 값을 구하시오.

03 다음 그래프 중 제2사분면을 지나지 않는 것은?

① $y=-\dfrac{2}{3}x$ ② $y=-5x$

③ $y=-\dfrac{3}{x}$ ④ $y=\dfrac{7}{4x}$

⑤ $y=-\dfrac{1}{x}$

04 $a\neq0$일 때, 정비례 관계 $y=ax$의 그래프와 반비례 관계 $y=\dfrac{a}{x}$의 그래프에 대한 설명으로 옳은 것은?

① $a<0$이면 두 그래프는 모두 제1사분면과 제3사분면을 지난다.

② $y=\dfrac{a}{x}$의 그래프는 원점을 지난다.

③ $y=ax$의 그래프는 원점을 지나지 않는다.

④ $a>0$일 때, x의 값이 증가하면 y의 값도 증가한다.

⑤ $a=3$이면 $y=ax$의 그래프와 $y=\dfrac{a}{x}$의 그래프는 두 점에서 만난다.

05 오른쪽 그림은 정비례 관계 $y=ax$의 그래프이다. 이 그래프 중 a의 값이 가장 작은 것과 가장 큰 것의 기호를 차례대로 쓰시오.

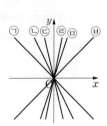

06 반비례 관계 $y=\dfrac{24}{x}$의 그래프가 두 점 $(a, 4)$, $(-3, b)$를 지날 때, 상수 a, b에 대하여 $a+b$의 값을 구하시오.

07 y가 x에 반비례하는 그래프가 두 점 $(-2, 4)$, $(2t, -2)$를 지날 때, 상수 t의 값을 구하시오.

08 오른쪽 그래프가 지나는 점 중 x좌표, y좌표가 모두 정수 인 점의 개수를 구하시오.

09 다음 그림과 같이 반비례 관계 $y=\dfrac{a}{x}$의 그래프 위에 두 점 P, Q가 있다. 이때 상수 a, b에 대하여 $a+b$의 값을 구하시오.

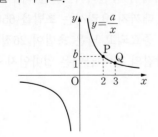

10 다음 그림과 같은 그래프 ㄱ~ㅁ의 식이 잘못 짝 지어진 것은?

① ㄱ : $y=\dfrac{6}{x}$ ② ㄴ : $y=-\dfrac{4}{x}$

③ ㄷ : $y=\dfrac{2}{3}x$ ④ ㄹ : $y=\dfrac{3}{2}x$

⑤ ㅁ : $y=-x$

11 오른쪽 그림은 보기 의 x와 y 사이의 관계를 그래프 로 나타낸 것이다. 보기 에 해당되지 않는 그래프는?

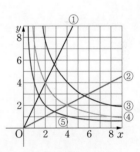

> 보기
> ㄱ. 자동차로 4 km의 거리를 갈 때, 자동차의 시 속 x km와 걸린 시간 y시간
> ㄴ. 5 m에 10 g인 철사 x m의 무게 y g
> ㄷ. 넓이가 8 cm²인 삼각형의 밑변의 길이 x cm 와 높이 y cm
> ㄹ. 부피가 8 L인 수조에 물을 채우는 데 걸리는 시간 y분과 1분에 들어가는 물의 양 x L

12 온도가 일정할 때, 기체의 부피는 압력에 반비례한다. 압력이 1.2기압일 때, 부피가 3000 cm³인 기체는 같은 온도에서 압력을 3기압으로 하면 부피는 몇 cm³가 되는지 구하시오.

13 1분에 유람선 A는 60 m, 유람선 B는 45 m를 이동한다. 오른쪽 그림은 두 유람선이 이동한 시간 x분에 따른 이동 거리 y m를 나타낸 그래프이다. 상수 a, b, c의 값을 구하시오. (단, 강물의 속력은 생각하지 않는다.)

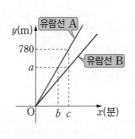

14 용수철에 추를 달면 용수철이 늘어나는 길이는 추의 무게에 정비례한다고 한다. 이 용수철 저울에 8 g짜리 추를 매달았더니 20 cm가 늘어났다면 12 g짜리 추를 매달았을 때, 늘어나는 용수철의 길이는?

① 30 cm　　② 32 cm　　③ 34 cm
④ 36 cm　　⑤ 38 cm

15 400 g의 소금물에 80 g의 소금이 들어 있다. 이 소금물 x g에 들어 있는 소금의 양 y g 사이의 관계를 그래프로 나타내면?

① 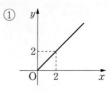　　②

③ 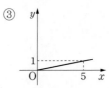　　④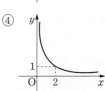

⑤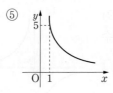

16 어느 회전초밥집은 모든 초밥이 한 접시에 3000원으로 가격이 동일하다. 오늘 하루 영업을 시작해서 종료할 때까지 요리사는 초밥을 650접시 만들었다. 영업이 종료되고 남은 초밥이 26접시였을 때, 오늘 이 초밥집의 판매 금액은 얼마인지 구하시오.

17 반비례 관계 $y=\dfrac{a}{x}$ $(x>0)$의 그래프가 오른쪽과 같을 때, 점 P의 y좌표와 점 Q의 y좌표의 차는 4이다. 이때 상수 a의 값을 구하시오.

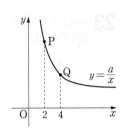

19 두 점 $(2a,\ -24)$, $(5,\ -3b+1)$은 정비례 관계 $y=-4x$의 그래프 위의 점이다. 점 $(c,\ -1)$은 반비례 관계 $y=\dfrac{b}{ax}$의 그래프 위의 점일 때, c의 값을 구하시오.

서술형

풀이과정

답

18 톱니가 30개인 톱니바퀴 A와 톱니가 x개인 톱니바퀴 B가 맞물려 돌아가고 있다. 톱니바퀴 A가 5번 회전할 때, 톱니바퀴 B는 y번 회전한다. 다음 중 x와 y 사이의 관계를 그래프로 나타낸 것으로 옳은 것은?

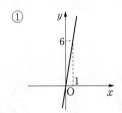
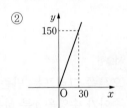

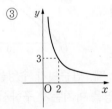
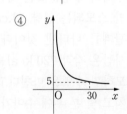

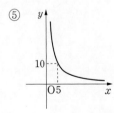

20 다음 그림과 같이 정비례 관계 $y=ax$의 그래프는 점 $(2, 5)$를 지나고 정비례 관계 $y=-\dfrac{1}{a}x$의 그래프는 두 점 $P(p, 3)$, $Q(5, q)$를 지날 때, pq의 값을 구하시오. (단, a는 상수)

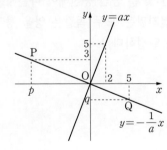

21 오른쪽 그래프는 4종류의 수도관에서 x분 동안 나오는 물의 양 y L의 관계를 나타낸 것이다. 다음 중 옳지 <u>않은</u> 것은?

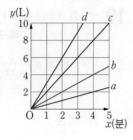

① 4분 동안 2 L의 물이 나오는 것은 a이다.

② 4분 동안 4 L의 물이 나오는 것은 b이다.

③ 물이 가장 많이 나오는 것은 d이다.

④ b와 c에서 나오는 물의 양의 차는 1분에 2 L이다.

⑤ 6분 동안 18 L의 물이 나오는 것은 d이다.

22 은주네 집에서는 모든 전기를 태양열 에너지를 이용하여 쓰려고 한다. 태양열 전지판 12개를 지붕에 설치하여 6시간을 충전하면 전기저장소가 가득 찬다. 은주네 집 지붕에 태양열 전지판 30개를 설치하면 몇 시간 몇 분 동안 충전해야 하는지 구하시오. (단, 전지판은 모두 똑같은 양을 충전하고, 태양의 세기는 일정하다.)

23 오른쪽 그림과 같이 점 P는 정비례 관계 $y=ax$의 그래프 위의 점이고, 두 점 Q, R는 x축 위의 점이다. 사각형 PQRS가 정사각형일 때, 다음 물음에 답하시오. (단, a는 상수)

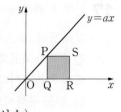

(1) 점 P의 좌표가 $(1, 2)$일 때, 점 S의 좌표를 구하시오.

(2) 점 S의 좌표가 $(5, 3)$일 때, a의 값을 구하시오.

서술형

24 오른쪽 그래프는 민준이와 수아가 수영을 x분 하는 동안 소모되는 열량 y kcal의 관계를 나타낸 것이다. 두 사람은 각각 720 kcal를 소모하면 수영을 마친다고 할 때, 민준이가 수영을 마치고 몇 분 후에 수아가 수영을 마치는지 구하시오.

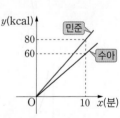

풀이과정

답

25 다음 그림은 소금물 200 g과 300 g에 x g의 소금이 들어 있을 때, 소금물의 농도 y %의 관계를 그래프로 각각 나타낸 것이다. 두 소금물의 농도가 25 %일 때, 들어 있는 소금의 양의 차를 구하시오.

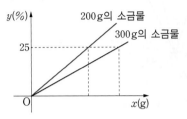

27 오른쪽 그림과 같은 직육면체 모양의 빈 물통에 물을 넣으려고 한다. 1분 동안 물을 넣으면 물의 높이가 1.5 cm가 되고, x분 동안 물을 넣으면 물의 부피가 y cm³라 할 때, 다음 물음에 답하시오.

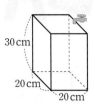

(1) x와 y 사이의 관계를 나타내는 식을 구하시오.
(2) 이 물통을 가득 채우려면 총 몇 분이 걸리는지 구하시오.

서술형

26 오른쪽 그림은 어느 비누 회사의 비누 가격 x원과 판매량 y개 사이의 관계를 나타낸 그래프이다. 비누 가격을 2000원에서 20 % 할인하였을 때, 예상되는 판매량을 구하시오.

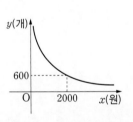

풀이과정

답

서술형

28 주영이네 학교는 1년간 수업 일수가 240일이고, 1년에 12번 전교생이 대청소를 한다. 학생 수가 36명인 주영이네 반에서는 매일 청소 당번 수가 같고, 각 학생의 1년 동안의 당번 횟수도 같다. 매일 당번을 x명으로 하고 각 학생의 1년간 당번 횟수를 y회라 할 때, 다음 물음에 답하시오.
(단, 대청소날에는 당번이 없다.)

(1) x와 y 사이의 관계를 나타내는 식을 구하시오.
(2) 당번이 7명 이상 10명 이하일 때, 예상할 수 있는 당번 수와 당번 횟수를 각각 구하시오.

풀이과정

답

01 오른쪽 그림에서 정비례 관계 $y=ax$의 그래프가 ㉠일 때, 정비례 관계 $y=-ax$의 그래프로 적당한 것은 ①~⑤의 그래프 중 어느 것인지 구하시오.

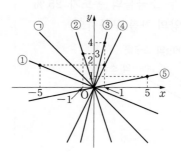

02 오른쪽 그림은 정비례 관계 $y=2x$의 그래프와 반비례 관계 $y=\dfrac{a}{x}$의 그래프이다. 두 그래프가 만나는 점을 A, B라 하고 두 점 A, B와 y축에 대하여 대칭인 점을 각각 C, D라 하자. □ACBD의 둘레의 길이가 24일 때, 상수 a의 값을 구하시오.

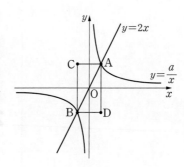

03 오른쪽 그림은 반비례 관계 $y=\dfrac{a}{x}$의 그래프이고 점 A의 x좌표는 $-t$이다. $t+\dfrac{16}{t}=10$일 때, 색칠한 부분의 넓이를 구하시오.

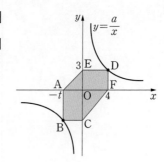

◦ (색칠한 부분)
$=\triangle AOE+\square ABCO$
$\ +\triangle OCF+\square EOFD$

04 사탕과 초콜릿의 개수가 4 : 3의 비로 담겨 있는 선물 상자가 있다. 이 상자에서 사탕과 초콜릿의 개수를 5 : 2의 비로 꺼냈더니 상자 안에는 사탕과 초콜릿의 개수가 6 : 5의 비로 남았다. 처음 사탕의 개수를 $4x$개, 꺼낸 사탕의 개수를 $5y$개라 할 때, 다음 물음에 답하시오.

(1) x와 y 사이의 관계를 식으로 나타내시오.

(2) 처음 상자 안에 사탕이 150개 이상 200개 이하로 들어 있었을 때, 처음 사탕의 개수를 구하시오.

승승비법
처음 초콜릿의 개수와 꺼낸 초콜릿의 개수도 x, y를 이용한 식으로 나타내어 x, y 사이의 관계의 식을 구한다.

05 오른쪽 그림과 같이 5개의 점 A(a, 4), B(-2, 2), C(-1, 0), D(3, 0), E(3, 3)을 꼭짓점으로 하는 오각형 ABCDE가 있다. 점 A와 원점을 지나는 직선이 오각형 ABCDE의 넓이를 이등분할 때, 이 직선의 식을 구하시오.

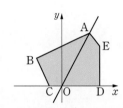

▢ABCO=▢AODE임을 이용한다. 이때 점 A에서 x축에 수선을 내려 넓이를 구할 때 쓴다.

06 오른쪽 그림과 같이 중심이 고정된 도르래 A, B, C, D, E, F가 벨트로 서로 연결되어 있다. 도르래의 지름은 각각 5, x, 4, 5, y, 6이고 B와 C, D와 E는 축이 같고 회전수도 같다. 또, C의 지름은 B의 지름보다 크고 D의 지름은 E의 지름보다 크다. A가 1회전하면 F도 1회전한다고 할 때, 다음 물음에 답하시오.(단, 원주율은 3.14이다.)

(1) x와 y 사이의 관계를 식으로 나타내시오.

(2) 정수 x, y의 값을 각각 구하시오.

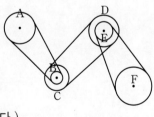

A가 1회전할 때, B의 회전수를 임의로 잡아 식을 세운다.

MEMO

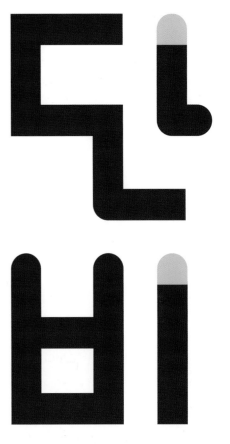

A classMath
상|위|권|의|지|름|길

원리 해설 수학

중등 1·1

이해쏙쏙
술술풀이

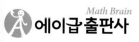
Math Brain
에이급 출판사

무엇을 그리고 싶은지 알려면
그리기 시작해야 한다.
- 파블로 피카소 -

차례

Ⅰ 소인수분해

1 소인수분해

01 | 소인수분해

1-1 8개   **1-2** (1) × (2) ○ (3) ×   **1-3** 2

2-1 37043, 25181   **2-2** 0

3-1 소수 : 17, 43, 합성수 : 9, 25, 51, 133

3-2 (1) 밑 : 2, 지수 : 8 (2) 밑 : 5, 지수 : 12 (3) 밑 : $\frac{1}{5}$, 지수 : 10

4-1 (1) 18, 9, 3, 2, 2 (2) 26, 13, 2, 13 (3) 2, 7, 2, 7

4-2 (1) 5, 25, 5, 3×5^2 (2) 2, 2, 24, 2, 12, 2, 6, $2^4 \times 3$

5-1 (1) 2×7^2 (2) 2, 1, 2, 7, 14, 7^2, 49, 98 (3) 6개

5-2 4, 2, 2, 16

5-3 (1) 1, 2, 4, 5, 10, 20 / 1, 2, 4, 5, 10, 20 (2) 1, 2, 4, 8, 3, 6, 12, 24, 9, 18, 36, 72 / 1, 2, 3, 4, 6, 8, 9, 12, 18, 24, 36, 72

5-4 (1) 8개 (2) 9개 (3) 12개 (4) 12개

6-1 (1) $2^2 \times 3^2$ (2) 91   **6-2** (1) 224 (2) 217

7-1 (1) 1, 2, 4, 5, 10, 20 (2) 8000   **7-2** (1) 6개 (2) 125000

01 6   **02** 1   **03** (1) 1, 3, 5, 15 (2) 1, 3, 9, 27

(3) 1, 5, 7, 35 (4) 1, 2, 4, 5, 8, 10, 20, 40   **04** 39

05 52   **06** ①, ⑤   **07** (1) 3, 7 (2) 0, 8

08 (1) 2, 5, 8 (2) 2, 6 (3) 0, 5 (4) 1   **09** (1) $2 \times 3 \times 5^2$

(2) $2 \times 3^2 \times 7^2$ **10** ④   **11** 36   **12** ③, ④

13 (1) 13개 (2) 53, 59, 61, 67, 71, 73, 79   **14** ③

15 ③   **16** 5   **17** 2, 3, 7   **18** ⑤   **19** 2

20 ①, ⑤   **21** 25   **22** 6   **23** ④   **24** ①

25 1, 4, 25, 100   **26** ④   **27** 24개   **28** 8개

29 (1) 3 (2) 7 **30** 2   **31** ③   **32** 12   **33** (1) 72

(2) 120 (3) 468   **34** 177   **35** (1) 5832 (2) 810000

36 ⑤

01 금요일   **02** 1806   **03** ⑤   **04** 7   **05** ①, ②

06 14개   **07** ③   **08** 23   **09** 10   **10** ①

11 ①   **12** ③   **13** ②   **14** 목요일

15 24, 12, 16, 14, 9, 11   **16** ④   **17** 24   **18** 60

19 4   **20** 7

21 (1) $A=4$, $B=3$ (2) ① 23, 29 ② 25, 49   **22** 42

23 6   **24** 98

01 729   **02** (1) 12 (2) 6 (3) 6   **03** 37, 41   **04** 15

2 최대공약수와 최소공배수

01 | 최대공약수와 최소공배수

1-1 (1) 1, 2, 4, 8, 16, 32 (2) 1, 2, 3, 4, 6, 8, 12, 16, 24, 48

(3) 1, 2, 4, 8, 16 (4) 16   **1-2** ④   **1-3** 1, 3, 5, 15

2-1 (1) 3, 21, 3, 6 (2) 3, 7, 28, 35, 5, 3, 7, 21

2-2 3, 3, 2, 2, 2, 2, 2, 12   **2-3** (1) 6 (2) 90

3-1 (1) 8, 16, 24, 32, 40, 48, ⋯ (2) 12, 24, 36, 48, ⋯ (3) 24, 48, ⋯

(4) 24   **3-2** 7   **3-3** ②

4-1 (1) 3, 15, 3, 135 (2) 3, 9, 10, 5, 3, 540

4-2 (1) 3^2, 5, 3^2, 5, 90 (2) 2^2, 3, 2^3, 3, 5, 120   **4-3** ②

01 24   **02** ③   **03** ④   **04** 4   **05** ③

06 ④   **07** 60개   **08** ④   **09** ②   **10** 12개

11 126   **12** ⑤   **13** 540   **14** 9   **15** ①

16 960   **17** 180   **18** 5   **19** 6   **20** 5

21 36   **22** ②, ⑤   **23** 16   **24** 26, 52, 65

25 4개   **26** 9, 27, 45   **27** 14, 28, 35, 49, 56, 70, 77, 91, 98

28 9, 18, 36, 72

02 | 최대공약수와 최소공배수의 활용

1-1 180   **1-2** 3   **1-3** 80   **2-1** 18 cm   **2-2** 6개

3-1 오전 7시 12분   **3-2** 39

01 56   **02** 21과 420, 84와 105   **03** 32, 64   **04** ③

05 9자루   **06** 42개   **07** ③   **08** 8 m   **09** 52그루

10 12   **11** ④   **12** 8명   **13** 3번   **14** 5월 25일

15 3번   **16** 3바퀴   **17** 30 cm   **18** ②, ③   **19** 12장

20 40개   **21** 22   **22** 75명   **23** 4개   **24** 252

25 $\frac{84}{5}$

01 6개   **02** ③, ④   **03** 2   **04** 4개   **05** 84

06 $a=35$, $b=7$ **07** 35   **08** 45, 90   **09** 12개

10 280   **11** 334개   **12** 28   **13** 24개   **14** 36명

15 9   **16** 75   **17** (1) 8명 (2) 1개   **18** 186

19 45   **20** $\frac{120}{7}$ **21** (1) 16개 (2) 7바퀴

22 1840만 원   **23** (1) 오전 9시 6분 (2) 21번

24 50   **25** 4개   **26** 504

01 (1) $A=12$, $B=36$ (2) 4개   **02** 96   **03** 394, 786

04 728   **05** $\dfrac{225}{8}$ **06** 18명   **07** 64, 192

08 1시간 44분

II 정수와 유리수

1 정수와 유리수

01 | 정수와 유리수

1-1 (1) $-5\,°C$ (2) $+250$원 (3) $+20\,m$ (4) -4층

1-2 (1) -5 (2) $+3$ (3) $-\dfrac{2}{3}$ (4) -0.5

1-3 (1) $+\dfrac{9}{2}$, $+2.9$ (2) -4.3, -5, $-\dfrac{7}{6}$

2-1 -4, 0, $+7$, $+10$ **2-2** 2개

2-3 (1) $+3$ (2) $-\dfrac{12}{3}$, -7 (3) $-\dfrac{12}{3}$, 0, $+3$, -7

3-1 (1) 5개 (2) 3개   **3-2** 3개

4-1 $A:-5$, $B:-\dfrac{9}{2}$, $C:0$, $D:+\dfrac{14}{3}$ **4-2** ②

4-3

01 (1) $+8$, -4 (2) $+1000$ (3) -25 **02** ④   **03** ③

04 ③, ⑤   **05** ③, ④   **06** 1   **07** ③   **08** 8

09 ②, ③   **10** ④   **11** ③, ④   **12** ②

13

14 ⑤

15 -2 **16** $a=-3$, $b=2$ **17** -1 **18** -3, 13

02 | 수의 대소 관계

1-1 (1) 6 (2) $\dfrac{7}{4}$ (3) 3.1 (4) 8

1-2 (1) $+5$, -5 (2) $+\dfrac{4}{9}$, $-\dfrac{4}{9}$ (3) $+\dfrac{2}{3}$ (4) -1.9

1-3 -6, 3, 2.7, $-\dfrac{1}{2}$ **2-1** (1) $>$ (2) $<$ (3) $<$ (4) $<$

2-2 ③   **2-3** -7, $-\dfrac{2}{5}$, 0, 0.4, $\dfrac{8}{3}$

3-1 (1) $x>7$ (2) $x<-3$ (3) $x\geq12$ (4) $x\leq-8$

3-2 (1) $2\leq a<5$ (2) $-\dfrac{4}{9}\leq x\leq3.2$ (3) $-\dfrac{1}{2}<m\leq1.4$

3-3 -2, -1, 0, 1

01 14   **02** $\dfrac{55}{12}$ **03** 9   **04** ④   **05** ②

06 $m=3$, $n=-3$ **07** $a=\dfrac{6}{5}$, $b=-\dfrac{6}{5}$ **08** ⑤

09 4개   **10** 4   **11** ④   **12** ④   **13** ②

14 ②   **15** ⑤   **16** ㄱ, ㄹ   **17** ④   **18** 8

19 10개

01 ④   **02** (1) 오른쪽, $200\,m$ (2) 오른쪽, $300\,m$

03 ⑤   **04** ④   **05** ④   **06** ④, ⑤   **07** ⑤

08 ②   **09** ④   **10** $a=\dfrac{3}{10}$, $b=-\dfrac{3}{10}$ **11** $\dfrac{15}{2}$

12 3   **13** ④   **14** (1) 6 (2) -2 **15** $-\dfrac{7}{9}$

16 (1) 점 C (2) 점 D (3) 점 B, 점 D, 점 C, 점 A

17 2, -3, 3.5, $\dfrac{19}{5}$, -5.7, $-\dfrac{23}{4}$, $-\dfrac{51}{8}$ **18** ④

19 ②   **20** 6   **21** 6개   **22** (1) 13 (2) 5 (3) 18

23 $a=-5.2$, $b=+\dfrac{11}{2}$, $c=0$, $d=+\dfrac{11}{2}$

24 $-\dfrac{4}{5}$, $-\dfrac{3}{4}$, -0.23, 0, $+\dfrac{1}{4}$, $+\dfrac{3}{8}$ **25** 6개

26 $\dfrac{1}{b}<\dfrac{1}{a}<\dfrac{1}{d}<\dfrac{1}{c}$ **27** 3개

01 ①   **02** 4개   **03** ④   **04** ③

2 정수와 유리수의 계산

01 | 유리수의 덧셈과 뺄셈

1-1 (1) $+6$ (2) $+8$ (3) $+4.4$ (4) -6.5 (5) $-\dfrac{3}{5}$ (6) $-\dfrac{11}{21}$

1-2 (1) $+6$ (2) $+9$ (3) -5.9 (4) $-\dfrac{5}{7}$

2-1 (1) $+8$ (2) $+3.4$ (3) -1 (4) $+\dfrac{6}{5}$

2-2 (1) $+2$ (2) $+2.9$ (3) $+\dfrac{10}{9}$ (4) $+\dfrac{31}{12}$

3-1 (1) $+10$ (2) -1.4 (3) $-\dfrac{1}{5}$ (4) $-\dfrac{1}{6}$

3-2 (1) 2 (2) 2.3 (3) $-\dfrac{1}{30}$

Step C 유형 다지기   67~70쪽

01 $(-3)+(+7)=+4$ **02** ⑤ **03** ③ **04** $\dfrac{4}{3}$

05 ㉠ 교환법칙 ㉡ 결합법칙 **06** ③ **07** ④

08 1362원 **09** ㄱ **10** (1) 9 (2) -10 (3) -8 (4) 8

11 ② **12** (1) -4.5 (2) -10.2 (3) $\dfrac{19}{12}$ (4) -10.8 (5) $-\dfrac{49}{120}$

(6) 0.705 **13** $\dfrac{11}{15}$ **14** 3 **15** ㄹ, ㄷ, ㄱ, ㅂ, ㄴ, ㅁ

16 $\dfrac{1}{40}$ **17** (1) -7 (2) $-\dfrac{1}{4}$ **18** $\dfrac{31}{15}$ **19** $-\dfrac{4}{3}$

20 2 **21** 3.3 **22** -1 **23** $\dfrac{1}{20}$ **24** $a=-4,$
$b=9$ **25** $-\dfrac{19}{6}$

02 | 유리수의 곱셈과 나눗셈

핵심원리 확인   71~75쪽

1-1 (1) $+6$ (2) $+6.8$ (3) -8.4 (4) $-\dfrac{5}{6}$

1-2 (1) $+3$ (2) -2 (3) $-\dfrac{1}{12}$ (4) $+\dfrac{5}{24}$ (5) $-\dfrac{2}{3}$ (6) $-\dfrac{4}{3}$

2-1 ① 교환법칙 ② 결합법칙 **2-2** (1) $+\dfrac{2}{3}$ (2) $+12$

2-3 (1) $+\dfrac{5}{9}$ (2) $+3$ (3) $-\dfrac{25}{8}$ **3-1** (1) 9 (2) -6 (3) -8

3-2 (1) $20, 20, 4, -11$ (2) $\dfrac{13}{7}, \dfrac{10}{7}, \dfrac{30}{7}$

3-3 (1) 2 (2) -1.4 **4-1** (1) -15 (2) $+9$ (3) $+0.5$ (4) 0

4-2 (1) 4 (2) $-\dfrac{1}{2}$ (3) $-\dfrac{7}{3}$ (4) $\dfrac{5}{4}$

4-3 (1) $+\dfrac{2}{3}$ (2) $+\dfrac{6}{7}$ (3) $-\dfrac{4}{5}$ (4) -6

5-1 (1) $-\dfrac{9}{4}$ (2) -1 (3) $-\dfrac{1}{9}$ (4) $\dfrac{27}{2}$

5-2 ㉣, ㉢, ㉡, ㉠, ㉤ **5-3** (1) $\dfrac{9}{4}$ (2) $-\dfrac{3}{2}$

Step C 유형 다지기   76~81쪽

01 ④ **02** (1) -16 (2) $+26$ (3) $+9$ (4) $+3$ (5) $+\dfrac{4}{3}$

(6) $-\dfrac{2}{45}$ **03** $-\dfrac{1}{10}$ **04** ② **05** ㉠ 교환 ㉡ 결합

㉢ $+40$ ㉣ $+120$ **06** ④ **07** (1) $\dfrac{1}{16}$ (2) $-\dfrac{27}{64}$

---

(3) $\dfrac{4}{25}$ **08** 30 **09** 0 **10** 0 **11** 188

12 $\dfrac{5}{2}$ **13** -7 **14** ⑤ **15** $-\dfrac{1}{8}$ **16** ④

17 ⑤ **18** ④ **19** $-\dfrac{3}{8}$ **20** $-\dfrac{4}{5}$ **21** ⑤

22 (1) ㉣, ㉢, ㉡, ㉤, ㉠ (2) $-\dfrac{19}{4}$ **23** (1) -7 (2) -7 (3) -4

(4) -2 (5) -2 (6) 6 (7) $\dfrac{41}{10}$ **24** $\dfrac{11}{6}$ **25** $-\dfrac{9}{2}$

26 $-\dfrac{4}{3}$ **27** $-\dfrac{6}{5}$ **28** (1) ○ (2) × (3) ○ (4) ×

29 $-a<a\times a<a$ **30** $a>0, b<0, c<0$ **31** ④

32 $|a|<|b|$ **33** $|x^2|>|y^2|$

34 (1) 9 (2) 3 (3) C : -2, D : 1 **35** 2 **36** $-\dfrac{9}{10}$

Step B 내신 다지기   82~86쪽

01 ⑤ **02** ④ **03** ㉠ 분배법칙 ㉡ 곱셈의 교환법칙
㉢ 곱셈의 결합법칙 **04** 0 **05** ④ **06** 11

07 0 **08** ② **09** 0 **10** 24 **11** -4

12 ③ **13** $\dfrac{1}{4}$ **14** ③ **15** (1) 연아 (2) 6회

16 $x=8, y=-4$ **17** (1) 68점 (2) 96점 **18** $\dfrac{1}{4}$

19 $\dfrac{125}{36}$ **20** ② **21** $\dfrac{85}{12}$ **22** $A=\dfrac{5}{4}, B=-1,$
$C=-\dfrac{13}{12}, D=-\dfrac{1}{2}, E=\dfrac{1}{12}$

23 (1) $a>b$, $|a|<|b|$ (2) $a>b$, $|a|<|b|$ **24** 40

25 (1) $0.75\left(=\dfrac{3}{4}\right)$ (2) $\dfrac{1}{12}$ (3) -16 (4) $-\dfrac{9}{2000}$ (5) $\dfrac{4}{7}$ (6) $-\dfrac{16}{3}$

(7) 0 **26** (1) $2\times a$ (2) $-a$ (3) $a^3, -a^3$ **27** 10

28 C, D, B, A **29** $-\dfrac{1}{2}$ **30** $-\dfrac{753}{40}$

Step A 만점 승승장구   87~88쪽

01 -1 **02** (1) 0 (2) $-2, -1$ **03** (1) $-\dfrac{1}{4}$ (2) $\dfrac{45}{4}$

(3) 102 (4) $\dfrac{2}{45}$ **04** 15 **05** $\dfrac{5}{14}$ **06** -6

07 $-\dfrac{7}{5}$ **08** $a=1, b=4, c=5, d=5$

Ⅲ 문자와 식

1 문자와 식

01 | 문자와 식

1-1 (1) $(8 \times x)$ km (2) $\left(\dfrac{a}{100} \times 300\right)$ g

1-2 (1) 시속 $\dfrac{30}{a}$ km (2) $100 \times a + 10 \times b + c$

2-1 (1) $4ab$ (2) $\dfrac{8y}{x}$ (3) $-b(a+b)$ (4) $\dfrac{x^2}{2y}$

2-2 (1) $\dfrac{x}{y}+z$ (2) $\dfrac{r(m+n)}{a}$ (3) $-3p+5pq$

3-1 (1) -4 (2) $\dfrac{13}{2}$ (3) 5 (4) $\dfrac{126}{5}$

3-2 (1) -3 (2) 2 (3) 1 (4) $\dfrac{5}{4}$ **3-3** (1) $\dfrac{xh}{2}$ (2) 5

01 (1) $\dfrac{ab}{c}$ (2) $\dfrac{2a}{b}-c$ (3) $a-\dfrac{b}{3}$ (4) $-\dfrac{b}{a}+3a^2$

02 ⑤   **03** ③   **04** ⑤

05 (1) $(3200a+1500b)$원 (2) $9q+4$

06 $(0.75xy+1000)$원   **07** ③

08 $(9x+6y)$ cm²   **09** $(5x+3y)$ km

10 $\left(\dfrac{8}{a}+\dfrac{1}{3}\right)$시간   **11** ㄱ, ㄴ   **12** $5a$ g   **13** ⑤

14 $\left(\dfrac{a}{2}+\dfrac{b}{4}\right)$ g   **15** ③   **16** ②   **17** ④

18 $20\ ℃$ **19** $9\ ℃$ **20** (1) $S=2(xy+xz+yz)$ (2) 32

02 | 일차식의 계산

1-1 ① 3 ② -5 ③ $-b^2, 4$ ④ -1 ⑤ 2 ⑥ $-8x^2$ ⑦ $\dfrac{1}{4}a, -\dfrac{3}{7}b$

⑧ 없음 ⑨ $\dfrac{1}{4}$ **1-2** (1) ㅂ (2) ㄷ, ㄹ

2-1 (1) $-12x$ (2) $-2x$ (3) $10x+15$ (4) $-4b+20$

2-2 (1) $-4a$ (2) $\dfrac{5}{3}a$ (3) $12a-2$ (4) $-10a-4$ (5) $2x-4$

(6) $-5a+4$ **3-1** (1) $-\dfrac{1}{4}a$ (2) $-8a$ (3) $4x-3$ (4) $\dfrac{7}{3}x-\dfrac{6}{5}$

3-2 (1) $x-21$ (2) $x+1$ (3) $4x-6$ (4) $-6x+1$

01 ㄱ, ㅁ   **02** ①   **03** ②, ⑤   **04** ③

05 (1) $-2x+\dfrac{8}{3}$ (2) $-\dfrac{2}{3}x-12$ (3) $\dfrac{20}{3}x-16$ (4) $\dfrac{35}{3}x-\dfrac{20}{3}$

(5) $-28x+21$ **06** ②   **07** ③

---

08 $7y$와 $\dfrac{1}{3}y$, 4와 -1, $0.5x$와 $-5x$, y^2과 $-\dfrac{6}{5}y^2$, $0.2x^2$과 $-\dfrac{2}{3}x^2$

09 ④   **10** 8 **11** -1 **12** $\dfrac{5}{6}x-\dfrac{5}{4}$ **13** ②

14 (1) $2x-4y$ (2) $-15a+7b$ **15** ③   **16** ④

17 ⑤   **18** $2x+9$

01 (1) $\dfrac{12ac}{5b}-4(x+y)$ (2) $\dfrac{(x-1)^2}{y^2}$ (3) $-\dfrac{x(x-y)}{y(x+y)}$

(4) $\dfrac{3p(p+q)}{2q}$ **02** ②   **03** ①

04 $(a+b-10)$ cm   **05** 5 **06** $(15a+8b)$원

07 $-x, x^3, -x^2, \dfrac{1}{x}, -\dfrac{1}{x^2}$ **08** $\left(\dfrac{a}{b}+\dfrac{1}{4}\right)$시간

09 (1) $\left(\dfrac{l}{4}-\dfrac{a}{4}\right)$시간 (2) $(15a-a^2)$ cm²

10 (1) $a+10b+500$ (2) $101a+20b+505$

11 (1) -7 (2) 11 **12** 4 **13** (1) $-3a-5$

(2) $a+2$ (3) $2x+3$ (4) $-x+2$ (5) $\dfrac{2}{3}x-\dfrac{1}{3}$ **14** -3

15 $A=-2, B=-3, C=1$

16 $\left(20000-\dfrac{9}{20}x-\dfrac{35000}{y}\right)$원   **17** 15 **18** $\dfrac{6}{5}a$ %

19 ⑤   **20** (1) 6 (2) $-\dfrac{5}{9}$ **21** 6 **22** $44x-89$

23 $\dfrac{1}{12}x+\dfrac{29}{12}$ **24** (1) $\dfrac{20}{x}$ 시간 (2) 시속 $\dfrac{3}{2}x$ km

25 -2 **26** $-3x+1$ **27** (1) $8-4x$ (2) $3-2x^2$

28 (1) $(-20x+360)$ m² (2) 200 m²   **29** $\dfrac{5(a+2b)}{a+b}$ %

01 ④   **02** (1) at L (2) $\dfrac{at}{b}$ 시간 (3) $\dfrac{at}{a+b}$ 시간

03 $\dfrac{13}{7}$ **04** $(3n-1)$개   **05** (1) $-13x-5$

(2) $10x-9$ (3) $\dfrac{23}{6}x$ **06** $\dfrac{5}{2}x+20$ **07** $\left(\dfrac{2}{3}x+\dfrac{1}{3}y\right)$ %

2 일차방정식

01 | 방정식과 그 해

핵심원리 확인   109~111쪽

1-1 (1) ○ (2) × (3) × (4) ○ (5) × (6) ○
1-2 좌변 : $3x-2$, 우변 : $7-4x$
1-3 (1) $3x-2=7$ (2) $5(8+x)=20$
(3) $800x+4000=12000$ (4) $4x=52$
2-1 ㄴ, ㄹ   **2-2** (1) $x=1$ (2) $x=-2$
2-3 (1) 방 (2) 항 (3) 항 (4) 방   **3-1** (1) 5 (2) 7 (3) 4 (4) 8
3-2 (1) $x=8$ (2) $x=-5$ (3) $x=-16$ (4) $x=-4$

Step C 유형 다지기   112~114쪽

01 ㄱ, ㄹ, ㅁ, ㅂ   **02** $5x-2=7$ **03** ③
04 ⑤   **05** ④   **06** ②   **07** 3   **08** 6
09 ②   **10** ④   **11** ③   **12** $x=2$ **13** ⑤
14 ④   **15** ㄱ, ㄴ, ㅁ **16** ③   **17** ⑤

02 | 일차방정식의 풀이

핵심원리 확인   115~119쪽

1-1 (1) $x=5-10$ (2) $2x=8+4$ (3) $4x=8+8$ (4) $x+x=-5-3$
1-2 ⑤   **1-3** ①, ⑤
2-1 (1) 5, 9, 3 (2) 6, 4, -1 (3) 6, 6, 6, -2 (4) 12, 12, 10, -2
2-2 (1) $x=-3$ (2) $x=1$ (3) $x=4$ (4) $x=1$
3-1 (1) 12, -35, -5 (2) 5, 8, 5
3-2 (1) $x=-5$ (2) $x=2$ (3) $x=-6$ **4-1** -7
4-2 ③   **4-3** ②   **5-1** (1) 해가 무수히 많다. (2) 해가 없다.
5-2 (1) 해가 무수히 많다. (2) 해가 없다. (3) $x=0$ (4) $x=\dfrac{b}{a}$

Step C 유형 다지기   120~123쪽

01 ④   **02** ②   **03** ⑤   **04** ①   **05** ㄱ, ㄴ
06 ④   **07** 1   **08** (1) $x=-3$ (2) $x=3$ (3) $x=-4$
09 ㄴ, ㅁ, ㄹ, ㄷ, ㄱ   **10** (1) $x=\dfrac{11}{25}$ (2) $x=-2$ (3) $x=1$
(4) $x=5$ **11** ④   **12** 37   **13** ⑤   **14** 5
15 $-\dfrac{1}{8}$ **16** 1   **17** $x=\dfrac{2}{3}$ **18** 2   **19** -51
20 -2 **21** 1, 2, 3, 4, 5   **22** 2, 7   **23** ③
24 4   **25** -6.3

Step B 내신 다지기   124~128쪽

01 ③   **02** ⑤   **03** (1) $x=3$ (2) $x=3$ (3) $x=-35$
(4) $x=-4$ **04** -1 **05** ③   **06** -1 **07** 3
08 -1 **09** (1) $x=10$ (2) $x=5$ **10** 9   **11** -8
12 (1) $k\neq2$ (2) $k=2$, $a=3$ (3) $k=2$, $a\neq3$ **13** ②
14 $\dfrac{9}{2}$ **15** ③   **16** 5   **17** (1) $x=-2$ (2) $x=1$
(3) $x=1$ (4) $x=2$ **18** $a=3$, $x=-2$ **19** 1
20 $\dfrac{10}{3}$ **21** 10   **22** (1) $x=\dfrac{16}{3}$ (2) $x=-\dfrac{3}{5}$
23 $m=2$일 때 해가 무수히 많다. $m\neq2$일 때 $x=1$
24 $-\dfrac{11}{8}$ **25** 1   **26** -1 **27** 0   **28** $-\dfrac{13}{2}$
29 ②   **30** (1) -7 (2) 3

Step A 만점 승승장구   129~130쪽

01 $x=1$ **02** -2 **03** -1 **04** -25
05 $a=2$, $b=3$ **06** 2   **07** $-\dfrac{8}{9}$ **08** $x=14$

3 일차방정식의 활용

01 | 일차방정식의 활용

핵심원리 확인   131~135쪽

1-1 (1) $x+x+3=27$, $x=12$ (2) $\dfrac{1}{2}\times x\times8=24$, $x=6$
(3) $5x+2=42$, $x=8$ **1-2** 1000명 **2-1** ③   **2-2** 25
2-3 37   **3-1** 6월   **3-2** 6000원 **4-1** $\dfrac{5}{3}$ km **4-2** 60 km
5-1 250 g   **5-2** 40 g   **5-3** 200 g

Step C 유형 다지기   136~141쪽

01 5   **02** ③   **03** 36   **04** ②   **05** 69
06 48   **07** 12년 후 **08** 13살   **09** 9살   **10** 4 cm
11 153 cm² **12** 1200 cm²   **13** ⑤   **14** 14주 후
15 5000원 **16** 19500원 **17** 850명 **18** 165명 **19** 3000원
20 61개   **21** ②   **22** 8분   **23** 60 km **24** ④
25 24분 후 **26** 2분 후 **27** 80 m   **28** 30분 후 **29** ③
30 200 m **31** 75 g   **32** 20 g   **33** 125   **34** 200 g
35 4   **36** 320 g

Step B 내신 다지기   142~146쪽

01 239   **02** 13   **03** 45명   **04** 69   **05** 5개
06 72   **07** 정민 : 12살, 정은 : 15살, 정훈 : 19살 **08** 60명
09 25 %   **10** 20   **11** 17살   **12** 10송이 **13** 43명
14 25분 후 **15** 170 g   **16** 오후 7시 54분   **17** 6750원
18 (1) 570 m (2) 1분 20초 **19** 35시간   **20** 22000원 **21** 360명

22 40 km   **23** (1) 8000원   (2) 300개   **24** 3시 $16\frac{4}{11}$분

25 384명   **26** 42000원   **27** 2시간   **28** 150명   **29** 18 km

30 150 g

01 (1) 1344명   (2) 756명   **02** 33분   **03** $\frac{25}{13}$ km

04 8 %   **05** 오후 1시 36분   **06** 4시 $54\frac{6}{11}$분

07 10초   **08** 64점

IV 좌표평면과 그래프

1 좌표평면과 그래프

01 | 좌표평면과 그래프

핵심원리 확인 150~156쪽

1-1 $A(-4)$, $B\left(-\frac{3}{2}\right)$, $C(0)$, $D\left(\frac{5}{2}\right)$

1-2

2-1 $a=1$, $b=-3$

2-2 $A(4, 2)$, $B(-5, -1)$, $C(1, 0)$, $D(0, 3)$

2-3

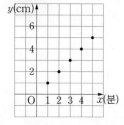

3-1 (1) 제4사분면   (2) 제2사분면   (3) 제3사분면   (4) 제1사분면

3-2 (1) 점 B, 점 C   (2) 점 F, 점 H   (3) 점 A, 점 D, 점 G

3-3 ④   **4-1** (1) $(5, 9)$ (2) $(-5, -9)$ (3) $(-5, 9)$

4-2 (1) $A'(-1, -5)$ (2) $B'(-3, 2)$ (3) $C'(-4, 3)$

4-3 ④   **5-1** $P'(3, -4)$ **5-2** $P'(-2, 3)$

6-1

x(분)	1	2	3	4	5
y(cm)	1	2	3	4	5
(x, y)	$(1, 1)$	$(2, 2)$	$(3, 3)$	$(4, 4)$	$(5, 5)$

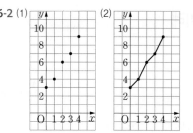

6-2 (1)   (2)

6-3 (1) 8   (2) (나), (라)   **6-4** (1) 4분   (2) 1 km   (3) 16분 후

01 ①   **02** $C(8)$ **03** ②   **04**

05 원리해설 다 풀자   **06** ②

07 (1) $(-2, 0)$ (2) $(0, 6)$

08 -2 **09** 10   **10** 60

11 (1) $D(6, 4)$ (2) 20

12 ③   **13** ⑤   **14** 2개

15 $a>0$, $b<0$ **16** ①

17 (1) 제2사분면   (2) 제3사분면   (3) 제1사분면   (4) 제2사분면

18 (1) 제4사분면   (2) 제3사분면   (3) 제1사분면   (4) 제3사분면

19 $a=1$, $b=4$

20 (1) 점 A와 점 B, 점 C와 점 D, 점 E와 점 G, 점 F와 점 H
(2) 점 A와 점 C, 점 B와 점 D, 점 E와 점 H, 점 F와 점 G
(3) 점 A와 점 D, 점 B와 점 C, 점 E와 점 F, 점 G와 점 H   **21** 0

22

x	1	2	3	4	5	6
y(개)	1	2	2	3	2	4

23 (1) ㄴ   (2) ㄷ   (3) ㄱ   **24** ③

25 (개)-ⓛ, (내)-ⓝ, (대)-ⓒ, (래)-ⓔ   **26** ㄷ   **27** ③

01 6   **02** ④   **03** 3   **04** ③   **05** ③

06 43   **07** 4   **08** (1) $Q(8, -4)$ (2) $R(-8, 4)$

09 (1) 제1사분면   (2) 제1사분면   **10** 21   **11** 0

12 제2사분면   **13** 8   **14** 20

15 (1) 제4사분면   (2) 제4사분면   (3) 제2사분면   (4) 제1사분면

16 ⑤   **17** 16   **18** $\frac{3}{2}$ **19** $P'(4, 2)$ **20** ①

21 (1) 100 m   (2) 6분 후, 18분 후, 30분 후, 42분 후   (3) 24분 후

22 ㄴ, ㄷ

01 (1)-(개), (2)-(대), (3)-(내)   **02** 6815 m   **03** $D(6, -13)$

04 (1) 7   (2) $\frac{15}{2}$ **05** $C(8, 4)$ **06** ④

2 정비례와 반비례

01 | 정비례와 반비례

1-1 (1) 2, 4, 6, 8   (2) 정비례한다.   (3) $y=2x$

1-2

x	1	2	3	4	5	⋯
y	3	6	9	12	15	⋯

   ⇨ $y=3x$

1-3 (1) ○   (2) ×   (3) ×   (4) ○   **2-1** ②   **2-2** ③

2-3 ④   **3-1** (1) 18, 9, 6, 3, 2, 1   (2) 반비례한다.   (3) $y=\dfrac{18}{x}$

3-2

x	1	2	3	4	5	6
y	300	150	100	75	60	50

   ⇨ $y=\dfrac{300}{x}$

3-3 (1) ×   (2) ○   (3) ○   (4) ×   **4-1** ⑤   **4-2** ④

4-3 ⑤   **5-1** (1) $y=5x$ (2) 15 cm   (3) 5시간 36분 후

5-2 (1) $y=\dfrac{360}{x}$ (2) 18분

01 (1) 16, 32, 48, 64   (2) $y=16x$ **02** ②   **03** ⑤

04 ④   **05** ④   **06** (1) ⑤ (2) ① (3) ④ (4) ③

07 ⑤   **08** ②   **09** 1   **10** -4 **11** ②

12 1   **13** ②   **14** (1) $y=\dfrac{3}{2}x$ (2) $-\dfrac{9}{2}$ **15** ④

16 (1) 24, 12, 8, 6, 4, 2   (2) $y=\dfrac{24}{x}$ **17** ㉡, ㉢   **18** $y=-\dfrac{15}{x}$

19 ②, ⑤   **20** ③   **21** A : ③, B : ④, C : ⑤, D : ②, E : ①

22 ③   **23** -1 **24** 8개   **25** ④   **26** ⑤

27 A$(-6, 2)$ **28** $y=\dfrac{12}{x}$ **29** ③, ⑤   **30** -2

31 12   **32** 9   **33** $-\dfrac{1}{2}$ **34** 9

35 (1) $y=60x$ (2) 7시간   **36** 25분   **37** 45 m

38 (1) $y=\dfrac{400}{x}$ (2) 16명   **39** 30개   **40** 20 cm²   **41** 2대

01 ㄱ, ㄴ, ㄹ   **02** (1) $y=-\dfrac{48}{x}$ (2) -8 **03** ④   **04** ⑤

05 ㉢, ㉣   **06** -2 **07** 2   **08** 12개

09 $\dfrac{9}{2}$ **10** ②   **11** ②   **12** 1200 cm³

13 $a=585$, $b=\dfrac{39}{4}$, $c=13$ **14** ①   **15** ③

16 1872000원   **17** 16   **18** ④   **19** $-\dfrac{7}{3}$

20 15   **21** ④   **22** 2시간 24분

23 (1) S$(3, 2)$ (2) $\dfrac{3}{2}$ **24** 30분 후   **25** 25 g   **26** 750개

27 (1) $y=600x$ (2) 20분

28 (1) $y=\dfrac{19}{3}x$ (2) 당번 수 : 9명, 당번 횟수 : 57회

01 ④   **02** 8   **03** 39   **04** (1) $y=\dfrac{2}{13}x$ (2) 156개

05 $y=\dfrac{20}{11}x$ **06** (1) $y=\dfrac{3}{2}x$ (2) $x=2$, $y=3$

I 소인수분해

1 소인수분해

01 | 소인수분해

핵심원리 1 약수와 배수   6쪽

1-1 24가 어떤 자연수 A로 나누어떨어지므로
$24 = A \times (몫)$이다. 즉, A는 24의 약수이다.
$24 = 1 \times 24 = 2 \times 12 = 3 \times 8 = 4 \times 6$에서 24의 약수는 1,
2, 3, 4, 6, 8, 12, 24이므로 A의 개수는 8개이다.

답 8개

1-2 (1) 나머지는 0보다 크거나 같고 나누는 수보다 작은 수이다.
즉, n은 0보다 크거나 같고 y보다 작은 수이다.
(2) 나머지가 0일 때 나누어지는 수는 나누는 수로 나누어떨
어진다고 한다. 따라서 n이 0일 때, x는 y로 나누어떨어
진다고 한다.
(3) x가 y로 나누어떨어질 때, y는 x의 약수, x는 y의 배수
이다.

답 (1) × (2) ○ (3) ×

1-3 $x = y \times 15 + 32$
$= y \times 15 + 15 \times 2 + 2$
$= 15 \times (y + 2) + 2$
따라서 x를 15로 나눌 때의 나머지는 2이다.

답 2

핵심원리 2 배수의 판별   7쪽

2-1 4의 배수이려면 끝의 두 자리 수가 00이거나 4의 배수이어
야 한다.
$52 = 4 \times 13$, $12 = 4 \times 3$이고 43과 81은 4의 배수가 아니므
로 4의 배수가 아닌 자연수는 37043, 25181이다.

답 37043, 25181

2-2 9의 배수는 각 자리의 숫자의 합이 9의 배수이므로 □ 안에
들어갈 수 있는 수는 0, 9이다.
8의 배수는 끝의 세 자리 수가 000 또는 8의 배수이다.
7200, 7290에서 200이 8의 배수이므로 □ 안에 알맞은 수
는 0이다.

답 0

핵심원리 3 소수와 거듭제곱   8쪽

3-1 소수는 약수의 개수가 2개이고 합성수는 약수의 개수가 3개
이상이다.
$9 = 1 \times 9 = 3 \times 3$, $17 = 1 \times 17$, $25 = 1 \times 25 = 5 \times 5$,
$43 = 1 \times 43$, $51 = 1 \times 51 = 3 \times 17$,
$133 = 1 \times 133 = 7 \times 19$

답 소수 : 17, 43, 합성수 : 9, 25, 51, 133

3-2 (1) 곱하는 수는 2이고, 2가 곱해진 횟수는 8이므로 밑은 2,
지수는 8이다.
(2) 곱하는 수는 5이고, 5가 곱해진 횟수는 12이므로 밑은 5,
지수는 12이다.
(3) 곱하는 수는 $\frac{1}{5}$이고, $\frac{1}{5}$이 곱해진 횟수는 10이므로
밑은 $\frac{1}{5}$, 지수는 10이다.

답 (1) 밑 : 2, 지수 : 8   (2) 밑 : 5, 지수 : 12   (3) 밑 : $\frac{1}{5}$, 지수 : 10

핵심원리 4 소인수분해   9쪽

4-1 (1) $36 = 2 \times 18$
$= 2 \times 2 \times 9$
$= 2 \times 2 \times 3 \times 3$
$= 2^2 \times 3^2$

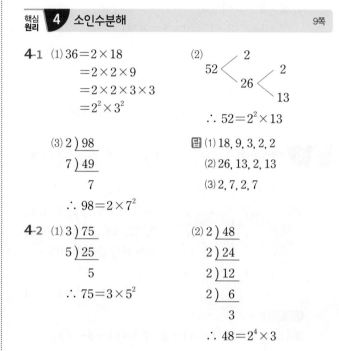

$\therefore 52 = 2^2 \times 13$

(3) $2\,)\,98$
$\quad 7\,)\,49$
$\qquad\;\, 7$
$\therefore 98 = 2 \times 7^2$

답 (1) 18, 9, 3, 2, 2
(2) 26, 13, 2, 13
(3) 2, 7, 2, 7

4-2 (1) $3\,)\,75$
$\quad 5\,)\,25$
$\qquad\;\, 5$
$\therefore 75 = 3 \times 5^2$

(2) $2\,)\,48$
$\quad 2\,)\,24$
$\quad 2\,)\,12$
$\quad 2\,)\,\;\,6$
$\qquad\;\; 3$
$\therefore 48 = 2^4 \times 3$

답 (1) 5, 25, 5, 3×5^2 (2) 2, 2, 24, 2, 12, 2, 6, $2^4 \times 3$

핵심원리 5 소인수분해를 이용하여 약수 구하기   10쪽

5-1 (1) $98 = 2 \times 7^2$
(2) 2의 약수 1, 2를 가로줄에, 7^2의 약
수 1, 7, 7^2을 세로줄에 써넣어 그
각각의 곱을 구하여 표를 완성한다.
(3) 98의 약수는 1, 2, 7, 14, 49, 98의
6개이다.

×	1	2
1	1	2
7	7	14
7^2	49	98

답 (1) 2×7^2 (2) 2, 1, 2, 7, 14, 7^2, 49, 98   (3) 6개

5-2 120의 약수의 개수는 작은 정육면체의 개수와 같다.
가로에 놓인 정육면체의 개수는 2^3의 약수의 개수와 같으므
로 $3 + 1 = 4$(개), 세로에 놓인 정육면체의 개수는 3의 약수
의 개수와 같으므로 $1 + 1 = 2$(개), 높이에 놓인 정육면체의
개수는 5의 약수의 개수와 같으므로 $1 + 1 = 2$(개)이다.
따라서 120의 약수의 개수는 $4 \times 2 \times 2 = 16$(개)이다.

답 4, 2, 2, 16

5-3 답 (1)

×	1	2	2^2
1	1	2	4
5	5	10	20

약수 : 1, 2, 4, 5, 10, 20

(2)

×	1	2	2^2	2^3
1	1	2	4	8
3	3	6	12	24
3^2	9	18	36	72

약수 : 1, 2, 3, 4, 6, 8, 9, 12, 18, 24, 36, 72

5-4 (1) $(1+1)\times(3+1)=2\times4=8$(개)

(2) $36=2^2\times3^2$이므로

$(2+1)\times(2+1)=3\times3=9$(개)

(3) $(1+1)\times(2+1)\times(1+1)=2\times3\times2=12$(개)

(4) $96=2^5\times3$이므로

$(5+1)\times(1+1)=6\times2=12$(개)

답 (1) 8개 (2) 9개 (3) 12개 (4) 12개

핵심원리 **6** 약수의 합   12쪽

6-1 (1) 36을 소인수분해하면 $36=2^2\times3^2$이다.

(2)

×	1	2	2^2
1	1	2	4
3	3	6	12
3^2	9	18	36

36의 약수는 1, 2, 3, 4, 6, 9, 12, 18, 36이고 약수를 모두 더한 값은 91이다.

답 (1) $2^2\times3^2$ (2) 91

다른 풀이

(2) (36의 약수의 합)$=(1+2+2^2)\times(1+3+3^2)$
$=7\times13=91$

6-2 (1) $84=2^2\times3\times7$이므로

(84의 약수의 합)
$=(1+2+2^2)\times(1+3)\times(1+7)$
$=7\times4\times8=224$

(2) ($2^2\times5^2$의 약수의 합)
$=(1+2+2^2)\times(1+5+5^2)=7\times31=217$

답 (1) 224 (2) 217

핵심원리 **7** 약수의 곱   13쪽

7-1 (1) 20을 소인수분해하면 $20=2^2\times5$이므로 약수는 1, 2, 4, 5, 10, 20이다.

(2) (1)의 약수의 곱을 x라 하면

$$\begin{array}{r} x=\ 1\times\ 2\times\ 4\times\ 5\times10\times20 \\ \times\ )x=20\times10\times\ 5\times\ 4\times\ 2\times\ 1 \\ \hline x^2=20\times20\times20\times20\times20\times20 \\ =(20\times20\times20)^2 \end{array}$$

따라서 $x=20\times20\times20=8000$이다.

답 (1) 1, 2, 4, 5, 10, 20 (2) 8000

다른 풀이

(2) $20^{\frac{(약수의\ 개수)}{2}}=20^{\frac{6}{2}}=20^3=8000$

7-2 (1) $50=2\times5^2$이므로 약수의 개수는

$(1+1)\times(2+1)=2\times3=6$(개)이다.

(2) (50의 약수의 곱)$=50^{\frac{6}{2}}=50^3=125000$

답 (1) 6개 (2) 125000

Step **C** 유형 다지기

14~18쪽

01 6	**02** 1	**03** (1) 1, 3, 5, 15 (2) 1, 3, 9, 27
(3) 1, 5, 7, 35 (4) 1, 2, 4, 5, 8, 10, 20, 40		**04** 39
05 52	**06** ①, ⑤	**07** (1) 3, 7 (2) 0, 8
08 (1) 2, 5, 8 (2) 2, 6 (3) 0, 5 (4) 1		**09** (1) $2\times3\times5^2$
(2) $2\times3^2\times7^2$	**10** ④	**11** 36 **12** ③, ④
13 (1) 13개 (2) 53, 59, 61, 67, 71, 73, 79		**14** ③
15 ③	**16** 5	**17** 2, 3, 7 **18** ⑤ **19** 2
20 ①, ⑤	**21** 25	**22** 6 **23** ④ **24** ①
25 1, 4, 25, 100	**26** ④	**27** 24개 **28** 8개
29 (1) 3 (2) 7	**30** 2	**31** ③ **32** 12
33 (1) 72 (2) 120 (3) 468		**34** 177
35 (1) 5832 (2) 810000		**36** ⑤

01 어떤 수를 x라 하면

$32=x\times5+2,\ 30=x\times5$ ∴ $x=6$ 답 6

02 a를 9로 나누었을 때의 몫을 m이라 하면

$a=9\times m+1$이다.

$a=9\times m+1=3\times(3\times m)+1$

따라서 a를 3으로 나누면 몫은 $3\times m$이고, 나머지는 1이다.

답 1

03 (1) 15의 약수는 1, 3, 5, 15이다.

(2) 27의 약수는 1, 3, 9, 27이다.

(3) 35의 약수는 1, 5, 7, 35이다.

(4) 40의 약수는 1, 2, 4, 5, 8, 10, 20, 40이다.

답 (1) 1, 3, 5, 15 (2) 1, 3, 9, 27 (3) 1, 5, 7, 35
(4) 1, 2, 4, 5, 8, 10, 20, 40

04 $105=3\times5\times7=1\times3\times35=1\times5\times21$
$=1\times7\times15$

따라서 $a+b+c$의 최댓값은 $1+3+35=39$이다.

답 39

05 $13 \times 3 = 39$, $13 \times 4 = 52$에서 50에 가장 가까운 13의 배수는 52이다.　　　　　　답 52

06 ① 자연수 1은 약수가 1의 한 개뿐이다.
② 20의 약수는 1, 2, 4, 5, 10, 20의 6개이다.
③ $48 = 3 \times 16$이므로 16의 배수이다.
④ 모든 자연수는 그 자신의 약수이면서 배수이다.
⑤ 52의 배수는 52, 104, 156, …으로 셀 수 없이 무한히 많다.　　　답 ①, ⑤

07 8의 배수이려면 끝의 세 자리 수가 000 또는 8의 배수이어야 한다.　　　　답 (1) 3, 7 (2) 0, 8

08 (1) 각 자리의 숫자의 합이 3의 배수이어야 3의 배수이므로 $2 + \square + 5 = 7 + \square$에서 $\square$ 안에 들어갈 수 있는 수는 2, 5, 8이다.
(2) 끝의 두 자리 수가 4의 배수 또는 00이어야 4의 배수이므로 $\square$ 안에 들어갈 수 있는 수는 2, 6이다.
(3) 일의 자리의 숫자가 0 또는 5이어야 5의 배수이므로 $\square$ 안에 들어갈 수 있는 수는 0, 5이다.
(4) 각 자리의 숫자의 합이 9의 배수이어야 9의 배수이므로 $4 + 4 + \square = 8 + \square$에서 $\square$ 안에 들어갈 수 있는 수는 1이다.　　　답 (1) 2, 5, 8 (2) 2, 6 (3) 0, 5 (4) 1

09 답 (1) $2 \times 3 \times 5^2$ (2) $2 \times 3^2 \times 7^2$

10 ① $a \times b \times b \times c \times c \times c = a \times b^2 \times c^3$
② $4^2 = 4 \times 4 = 16$
③ $x + x + x + x = 4 \times x$
④ $2 \times 8 \times 3 \times 3 = 2 \times 2 \times 2 \times 2 \times 3 \times 3 = 2^4 \times 3^2$
⑤ $\dfrac{1}{5} \times \dfrac{1}{5} \times \dfrac{1}{5} \times \dfrac{1}{5} = \dfrac{1}{5^4}$　　　답 ④

11 $2^5 = 2 \times 2 \times 2 \times 2 \times 2 = 32 = a$,　　 … ❶
$81 = 3 \times 3 \times 3 \times 3 = 3^4 = 3^b$이므로 $b = 4$　 … ❷
따라서 $a + b = 32 + 4 = 36$이다.　　　 … ❸
답 36

채점 기준	배점
❶ a의 값 구하기	45 %
❷ b의 값 구하기	45 %
❸ $a + b$의 값 구하기	10 %

12 ① 1은 소수가 아니다.
② $21 = 1 \times 21 = 3 \times 7$에서 약수가 4개이므로 소수가 아니다.
③ $37 = 1 \times 37$에서 약수가 2개이므로 소수이다.
④ $53 = 1 \times 53$에서 약수가 2개이므로 소수이다.
⑤ $119 = 1 \times 119 = 7 \times 17$에서 약수가 4개이므로 소수가 아니다.　　　답 ③, ④

13 (1) 23 이하의 자연수 중 소수는 2, 3, 5, 7, 11, 13, 17, 19, 23의 9개이고 1은 소수도 아니고 합성수도 아니므로 합성수는 $23 - 9 - 1 = 13$(개)이다.

다른 풀이 ▶
23 이하의 자연수 중 합성수는 4, 6, 8, 9, 10, 12, 14, 15, 16, 18, 20, 21, 22의 13개이다.
(2) ~~51~~ ~~52~~ 53 ~~54~~ ~~55~~ ~~56~~ ~~57~~ ~~58~~ 59 ~~60~~
~~61~~ ~~62~~ ~~63~~ ~~64~~ ~~65~~ ~~66~~ 67 ~~68~~ ~~69~~ ~~70~~
71 ~~72~~ 73 ~~74~~ ~~75~~ ~~76~~ ~~77~~ ~~78~~ 79 ~~80~~
작은 소수의 배수부터 차례로 지워 남는 수가 소수이므로 51에서 80까지의 자연수 중에서 소수는 53, 59, 61, 67, 71, 73, 79이다.
답 (1) 13개 (2) 53, 59, 61, 67, 71, 73, 79

14 ㄱ, ㅂ. 자연수는 1, 소수, 합성수로 이루어져 있다.
ㄴ. 소수 중 2는 짝수이다.
ㄹ. 소수 2와 3의 합은 5로 합성수가 아닌 소수이다.　　답 ③

15
① $2 \underline{)\,90\,}$
$3 \underline{)\,45\,}$
$3 \underline{)\,15\,}$
5
$\therefore 90 = 2 \times 3^2 \times 5$

② $2 \underline{)\,104\,}$
$2 \underline{)\,52\,}$
$2 \underline{)\,26\,}$
13
$\therefore 104 = 2^3 \times 13$

③ $2 \underline{)\,120\,}$
$2 \underline{)\,60\,}$
$2 \underline{)\,30\,}$
$3 \underline{)\,15\,}$
5
$\therefore 120 = 2^3 \times 3 \times 5$

④ $2 \underline{)\,132\,}$
$2 \underline{)\,66\,}$
$3 \underline{)\,33\,}$
11
$\therefore 132 = 2^2 \times 3 \times 11$

⑤ $2 \underline{)\,140\,}$
$2 \underline{)\,70\,}$
$5 \underline{)\,35\,}$
7
$\therefore 140 = 2^2 \times 5 \times 7$　　　답 ③

16
$2 \underline{)\,180\,}$
$2 \underline{)\,90\,}$
$3 \underline{)\,45\,}$
$3 \underline{)\,15\,}$
5
$180 = 2^2 \times 3^2 \times 5$에서 $a = 2$, $b = 2$, $c = 1$이므로 $a + b + c = 5$이다.　　　답 5

17
$2 \underline{)\,168\,}$
$2 \underline{)\,84\,}$
$2 \underline{)\,42\,}$
$3 \underline{)\,21\,}$
7
$168 = 2^3 \times 3 \times 7$이므로 168의 소인수는 2, 3, 7이다.　　　답 2, 3, 7

18 ① $12=2^2\times3$　　② $18=2\times3^2$　　③ $48=2^4\times3$
④ $54=2\times3^3$　　⑤ $64=2^6$
따라서 ⑤의 소인수만 2뿐이다.　　　　　　　　目 ⑤

19
$$\begin{array}{r}2)\underline{72}\\2)\underline{36}\\2)\underline{18}\\3)\underline{9}\\3\end{array}$$
$72=2^3\times3^2$이므로 어떤 자연수의 제곱이 되게 하려면 곱할 수 있는 가장 작은 자연수는 2이다.
目 2

20
$$\begin{array}{r}3)\underline{675}\\3)\underline{225}\\3)\underline{75}\\5)\underline{25}\\5\end{array}$$
$675=3^3\times5^2$을 어떤 수로 나누어 자연수의 제곱이 되게 하려면 3, $3\times3^2=27$, $3\times5^2=75$, $3\times3^2\times5^2=675$로 나누면 된다.
따라서 a의 값이 될 수 있는 수는 3, 75이다.
目 ①, ⑤

21
$$\begin{array}{r}2)\underline{80}\\2)\underline{40}\\2)\underline{20}\\2)\underline{10}\\5\end{array}$$
$80=2^4\times5$이므로 어떤 자연수 b의 제곱이 되도록 하려면 80에 곱할 수 있는 가장 작은 자연수 a는 5이다. 이때 $80\times5=2^4\times5\times5=2^4\times5^2=20^2$이므로 $b=20$이다.
$\therefore a+b=5+20=25$　　　　目 25

22
$$\begin{array}{r}2)\underline{108}\\2)\underline{54}\\3)\underline{27}\\3)\underline{9}\\3\end{array}$$
$108=2^2\times3^3$을 어떤 자연수의 제곱이 되게 하려면 나눌 수 있는 수는 3, $3\times2^2=12$, $3\times3^2=27$, $3\times2^2\times3^2=108$이므로 108을 가장 작은 자연수 3으로 나누면 $2^2\times3^2$이 된다. 따라서 6의 제곱이 된다.
目 6

23 $112=2^4\times7$

×	1	2	2^2	2^3	2^4
1	1	2	4	8	16
7	7	14	28	56	112

112의 약수는 1, 2, 4, 7, 8, 14, 16, 28, 56, 112이다.
目 ④

24 ① 9를 소인수분해하면 3^2이므로 $2^2\times3\times5^4$의 약수가 아니다.
② 12를 소인수분해하면 $2^2\times3$이므로 $2^2\times3\times5^4$의 약수이다.
③ 20을 소인수분해하면 $2^2\times5$이므로 $2^2\times3\times5^4$의 약수이다.
④ 60을 소인수분해하면 $2^2\times3\times5$이므로 $2^2\times3\times5^4$의 약수이다.
⑤ 100을 소인수분해하면 $2^2\times5^2$이므로 $2^2\times3\times5^4$의 약수이다.
目 ①

25 200을 소인수분해하면 $2^3\times5^2$이므로 200의 약수 중에서 어떤 자연수의 제곱이 되는 수는 1, $2^2=4$, $5^2=25$, $2^2\times5^2=100$이다.
目 1, 4, 25, 100

26 ① $(3+1)\times(1+1)=4\times2=8$(개)
② $(1+1)\times(2+1)\times(2+1)=2\times3\times3=18$(개)
③ $144=2^4\times3^2$이므로 약수의 개수는
$(4+1)\times(2+1)=5\times3=15$(개)
④ $360=2^3\times3^2\times5$이므로 약수의 개수는
$(3+1)\times(2+1)\times(1+1)=4\times3\times2=24$(개)
⑤ $520=2^3\times5\times13$이므로 약수의 개수는
$(3+1)\times(1+1)\times(1+1)=4\times2\times2=16$(개)
目 ④

27 $(2+1)\times(3+1)\times(1+1)=3\times4\times2=24$(개)
目 24개

28 $\dfrac{130}{m}$이 자연수가 되게 하려면 m이 130의 약수이어야 한다.
$130=2\times5\times13$이므로　　　　　　　　… ❶
자연수 m의 개수는
$(1+1)\times(1+1)\times(1+1)=2\times2\times2=8$(개)이다.
… ❷
目 8개

채점 기준	배점
❶ 130을 소인수분해하기	50 %
❷ m의 개수 구하기	50 %

29 ⑴ $(a+1)\times(3+1)=16$, $(a+1)\times4=16$
$a+1=4$　$\therefore a=3$
⑵ $(3+1)\times(1+1)\times(a+1)=64$
$4\times2\times(a+1)=64$
$a+1=8$　$\therefore a=7$　　目 ⑴ 3　⑵ 7

30 $150=2\times3\times5^2$에서 약수의 개수는
$(1+1)\times(1+1)\times(2+1)=12$(개)　　… ❶
150과 $2\times7^m\times11$의 약수의 개수가 같으므로
$(1+1)\times(m+1)\times(1+1)=12$
$4\times(m+1)=12$, $m+1=3$　$\therefore m=2$　… ❷
目 2

채점 기준	배점
❶ 150의 약수의 개수 구하기	40 %
❷ m의 값 구하기	60 %

31 ① □$=9=3^2$일 때, $2^3\times3^2$이므로 약수의 개수는
$(3+1)\times(2+1)=4\times3=12$(개)
② □$=12=2^2\times3$일 때, $2^5\times3$이므로 약수의 개수는
$(5+1)\times(1+1)=6\times2=12$(개)
③ □$=18=2\times3^2$일 때, $2^4\times3^2$이므로 약수의 개수는
$(4+1)\times(2+1)=5\times3=15$(개)
④ □$=25=5^2$일 때, $2^3\times5^2$이므로 약수의 개수는
$(3+1)\times(2+1)=4\times3=12$(개)
⑤ □$=49=7^2$일 때, $2^3\times7^2$이므로 약수의 개수는
$(3+1)\times(2+1)=4\times3=12$(개)
目 ③

32 $6=5+1$이거나 $6=3\times2=(2+1)\times(1+1)$이다.
$2^5=32$이고 $2^2\times3=12$이므로 약수의 개수가 6개인 수 중 가장 작은 자연수는 12이다. 답 12

33 (1) $30=2\times3\times5$이므로
(30의 약수의 합)$=(1+2)\times(1+3)\times(1+5)$
$=3\times4\times6=72$
(2) $56=2^3\times7$이므로
(56의 약수의 합)$=(1+2+2^2+2^3)\times(1+7)$
$=15\times8=120$
(3) ($2\times3^2\times11$의 약수의 합)
$=(1+2)\times(1+3+3^2)\times(1+11)$
$=3\times13\times12=468$ 답 (1) 72 (2) 120 (3) 468

34 $50=2\times5^2$이므로 약수의 개수는
$(1+1)\times(2+1)=2\times3=6$(개)이므로
$a=6$ … ❶
$98=2\times7^2$이므로 약수의 총합은
$(1+2)\times(1+7+7^2)=3\times57=171$이므로
$b=171$ … ❷
$\therefore a+b=6+171=177$ … ❸
답 177

채점 기준	배점
❶ a의 값 구하기	40 %
❷ b의 값 구하기	40 %
❸ $a+b$의 값 구하기	20 %

35 (1) $18=2\times3^2$이므로 18의 약수는 1, 2, 3, 6, 9, 18이다.
18의 약수의 곱을 x라 하면
$x=\ 1\times2\times3\times6\times9\times18$
$\times\ )\,x=18\times9\times6\times3\times2\times\ 1$
$x^2=18\times18\times18\times18\times18\times18$
$=(18\times18\times18)^2$
따라서 $x=18\times18\times18=18^3=5832$이다.
(2) $30=2\times3\times5$이므로 30의 약수는 1, 2, 3, 5, 6, 10, 15, 30이다.
30의 약수의 곱을 x라 하면
$x=\ 1\times\ 2\times\ 3\times5\times6\times10\times15\times30$
$\times\ )\,x=30\times15\times10\times6\times5\times\ 3\times\ 2\times\ 1$
$x^2=30\times30\times30\times\ 30\times30\times30\times30\times30$
$=(30\times30\times30\times30)^2$
따라서 $x=30\times30\times30\times30=30^4=810000$이다.
답 (1) 5832 (2) 810000

다른 풀이
(1) $18=2\times3^2$이므로 약수의 개수는
$(1+1)\times(2+1)=2\times3=6$(개)
$\therefore$ (18의 약수의 곱)$=18^{\frac{6}{2}}=18^3=5832$
(2) $30=2\times3\times5$이므로 약수의 개수는
$(1+1)\times(1+1)\times(1+1)=2\times2\times2=8$(개)
$\therefore$ (30의 약수의 곱)$=30^{\frac{8}{2}}=30^4=810000$

36 ① $14=2\times7$이므로 약수의 개수는
$(1+1)\times(1+1)=2\times2=4$(개)
(14의 약수의 곱)$=14^{\frac{4}{2}}=14^2=196$
② $15=3\times5$이므로 약수의 개수는
$(1+1)\times(1+1)=2\times2=4$(개)
(15의 약수의 곱)$=15^{\frac{4}{2}}=15^2=225$
③ (3^3의 약수의 곱)$=27^{\frac{4}{2}}=27^2=729$
④ $20=2^2\times5$이므로 약수의 개수는
$(2+1)\times(1+1)=3\times2=6$(개)
(20의 약수의 곱)$=20^{\frac{6}{2}}=20^3=8000$
⑤ 23은 소수이므로 (23의 약수의 곱)$=23$ 답 ⑤

Step B 내신 다지기

19~22쪽

01 금요일	**02** 1806	**03** ⑤	**04** 7	**05** ①, ②
06 14개	**07** ③	**08** 23	**09** 10	**10** ①
11 ①	**12** ③	**13** ②	**14** 목요일	
15 24, 12, 16, 14, 9, 11			**16** ④	**17** 24
18 60	**19** 4	**20** 7	**21** (1) $A=4, B=3$	
(2) ① 23, 29 ② 25, 49		**22** 42	**23** 6	**24** 98

01 core 365일은 일주일이 몇 번 지난 후 며칠 뒤인지 구한다.
2030년은 윤년이 아니므로 $365=7\times52+1$에서
2029년 3월 1일 목요일의 365일 후는 한 요일 뒤인 금요일이다. 답 금요일

02 core □에 가장 가까운 수는 □보다 작은 수 중 가장 큰 수와 □보다 큰 수 중 가장 작은 수 중에서 찾는다.
$88\times9=792$, $89\times9=801$이므로 $a=801$이고,
$66\times15=990$, $67\times15=1005$이므로 $b=1005$
$\therefore a+b=801+1005=1806$ 답 1806

03 core $\frac{1}{x}\times\frac{1}{x}=\frac{1}{x^2}$로 $\frac{1}{2\times x}$이 아니다.
⑤ $\frac{1}{a}\times\frac{1}{a}\times\frac{1}{b^2}\times\frac{1}{b}=\frac{1}{a^2\times b^3}$ 답 ⑤

04 core 3을 한 번씩 곱할 때마다 일의 자리의 숫자가 어떻게 바뀌는지 본다.
$3=3$, $3\times3=9$, $3\times3\times3=9\times3=27$,
$3\times3\times3\times3=27\times3=81$,
$3\times3\times3\times3\times3=81\times3=243$,
$3\times3\times3\times3\times3\times3=243\times3=729$, …
이처럼 일의 자리의 숫자는 3, 9, 7, 1이 반복해서 나온다.
$51=4\times12+3$이므로 3, 9, 7, 1이 반복해서 12번 나오고

3, 9, 7의 순서로 나오므로 3을 51번 곱해서 나온 수의 일의 자리의 숫자는 7이다. 　답 7

05 core 소수는 1보다 큰 자연수 중 1과 자기 자신만을 약수로 가지는 수이다.
① 1은 소수도 아니고 합성수도 아니다.
② 소수 2는 짝수이다.
③, ⑤ 소수는 1과 자기 자신만을 약수로 가진다.
④ 10 이하의 소수는 2, 3, 5, 7의 4개이다. 　답 ①, ②

06 core 만들 수 있는 수 중 소수가 몇 개인지 먼저 구해본다.
만들 수 있는 수 중 약수가 2개인 수는 23, 37, 43, 47, 53, 73의 6개이다.
만들 수 있는 수는 모두 20개이므로 이 중 약수가 3개 이상인 수는 $20-6=14$(개)이다. 　답 14개

07 core 840을 소인수분해하여 약수의 꼴을 찾는다.

2) 840　　　$840=2^3 \times 3 \times 5 \times 7$이므로 840의 약수는
2) 420　　　(2³의 약수)×(3의 약수)×(5의 약수)
2) 210　　　×(7의 약수) 꼴이다.
3) 105　　　따라서 ③ $2^2 \times 5^2 \times 7$은 840의 약수가 아니다.
5) 35
　　7　　　　　　　　　　　　　　　　　　　　　　　　답 ③

08 core 소수는 약수가 1과 자기 자신뿐이다.
약수의 개수가 2개인 수는 소수이므로
$24=1+23$에서 구하는 수는 23이다. 　답 23

09 $156=2^2 \times 3 \times 13$의 소인수는 2, 3, 13이고 이 중 가장 큰 수는 13이므로 $M(156)=13$　　　…❶
$315=3^2 \times 5 \times 7$의 소인수는 3, 5, 7이고 이 중 가장 작은 수는 3이므로 $N(315)=3$　　　…❷
$\therefore M(156)-N(315)=13-3=10$　　　…❸
　　　　　　　　　　　　　　　　　　　　　　　답 10

채점 기준	배점
❶ $M(156)$의 값 구하기	45 %
❷ $N(315)$의 값 구하기	45 %
❸ $M(156)-N(315)$의 값 구하기	10 %

10 core 1890을 소인수분해하여 소인수의 거듭제곱 꼴로 나타낸다.

2) 1890　　　$1890=2 \times 3^3 \times 5 \times 7$이므로
3) 945　　　$a=1$, $b=3$, $c=1$, $d=1$이다.
3) 315　　　$\therefore a+b+c+d=1+3+1+1=6$
3) 105
5) 35
　　7　　　　　　　　　　　　　　　　　　　　　　답 ①

11 core (자연수)² 꼴이 되기 위해 곱해야 하는 수를 찾는다.
① $30=2 \times 3 \times 5$　　　② $40=2^3 \times 5$
③ $90=2 \times 3^2 \times 5$　　　④ $250=2 \times 5^3$
⑤ $1000=2^3 \times 5^3$
①에는 $2 \times 3 \times 5=30$을 곱해야 하고, ②, ③, ④, ⑤에는 $2 \times 5=10$을 곱해야 한다. 　답 ①

12 core $P=a^l \times b^m \times c^n$ (단, a, b, c는 서로 다른 소수, l, m, n은 자연수)일 때, P의 약수의 개수는 $(l+1) \times (m+1) \times (n+1)$개이다.
ㄱ. $114=2 \times 3 \times 19$이므로 약수의 개수는
　$(1+1) \times (1+1) \times (1+1)=2 \times 2 \times 2=8$(개)이다.
ㄴ. $2^7 \times 5^7 \times 3 \times 7 \times 10=10^7 \times 21 \times 10=21 \times 10^8$은 10자리 자연수이다.
ㄷ. 12 이하의 자연수 중에서 소수는 2, 3, 5, 7, 11의 5개이다.
ㄹ. $15=14+1$이거나 $15=3 \times 5=(2+1) \times (4+1)$이다.
　2^{14}, $2^4 \times 3^2=144$이므로 이 중 가장 작은 자연수는 144이다.
ㅁ. $45=3^2 \times 5$이므로 45의 소인수는 3과 5의 2개이다.
ㅂ. 1은 소수도 아니고 합성수도 아니다. 　답 ③

13 core 27을 소인수의 거듭제곱 꼴로 나타내어 (자연수)² 꼴이 되기 위해 곱해야 하는 수를 찾는다.
$27=3^3$이므로 a는 $3 \times m^2$ (단, m은 자연수) 꼴이어야 한다.
따라서 a의 값이 될 수 있는 수는 ② $12=2^2 \times 3$이다.
　　　　　　　　　　　　　　　　　　　　　　답 ②

14 core 약수의 개수가 2개인 수는 소수이다.

		2030년 10월				
일	월	화	수	목	금	토
			1	②	③	4	⑤
6	⑦	8	9	10	⑪	12
⑬	14	15	16	⑰	18	⑲
20	21	22	㉓	24	25	26
27	28	㉙	30	㉛		

소수를 찾아 동그라미를 그리면 동그라미가 가장 많은 요일은 목요일이다. 　답 목요일

15 $9=3^2$이므로 약수의 개수는 $2+1=3$(개)
11은 소수이므로 약수의 개수는 2개
$12=2^2 \times 3$이므로 약수의 개수는
$(2+1) \times (1+1)=3 \times 2=6$(개)
$14=2 \times 7$이므로 약수의 개수는
$(1+1) \times (1+1)=2 \times 2=4$(개)
$16=2^4$이므로 약수의 개수는 $4+1=5$(개)
$24=2^3 \times 3$이므로 약수의 개수는
$(3+1) \times (1+1)=4 \times 2=8$(개)　　　…❶

따라서 약수의 개수가 많은 순서대로 쓰면 24, 12, 16, 14, 9, 11이다. … ❷

답 24, 12, 16, 14, 9, 11

채점 기준	배점
❶ 각 수의 약수의 개수 구하기	90 %
❷ 약수의 개수가 많은 순서대로 쓰기	10 %

16 core $P=a^l \times b^m \times c^n$ (단, a, b, c는 서로 다른 소수, l, m, n은 자연수)일 때, P의 약수의 개수는 $(l+1) \times (m+1) \times (n+1)$개이다.

① $36=2^2 \times 3^2$이므로 약수의 개수는
$(2+1) \times (2+1)=3 \times 3=9$(개)
$75=3 \times 5^2$이므로 약수의 개수는
$(1+1) \times (2+1)=2 \times 3=6$(개)

② $2 \times 3 \times 5 \times 7$의 약수의 개수는
$(1+1) \times (1+1) \times (1+1) \times (1+1)=2^4=16$(개)
$144=2^4 \times 3^2$이므로 약수의 개수는
$(4+1) \times (2+1)=5 \times 3=15$(개)

③ $72=2^3 \times 3^2$이므로 약수의 개수는
$(3+1) \times (2+1)=4 \times 3=12$(개)
$270=2 \times 3^3 \times 5$이므로 약수의 개수는
$(1+1) \times (3+1) \times (1+1)=2 \times 4 \times 2=16$(개)

④ $24=2^3 \times 3$이므로 약수의 개수는
$(3+1) \times (1+1)=4 \times 2=8$(개)
$135=3^3 \times 5$이므로 약수의 개수는
$(3+1) \times (1+1)=4 \times 2=8$(개)

⑤ $2^3 \times 3 \times 5$의 약수의 개수는
$(3+1) \times (1+1) \times (1+1)=4 \times 2 \times 2=16$(개)
$2^2 \times 3 \times 7 \times 11$의 약수의 개수는
$(2+1) \times (1+1) \times (1+1) \times (1+1)$
$=3 \times 2 \times 2 \times 2=24$(개)

답 ④

17 core $P=a^l \times b^m \times c^n$ (단, a, b, c는 서로 다른 소수, l, m, n은 자연수)일 때, P의 약수의 개수는 $(l+1) \times (m+1) \times (n+1)$개이다.

$8=7+1$ 또는 $8=4 \times 2=(3+1) \times (1+1)$ 또는
$8=2 \times 2 \times 2=(1+1) \times (1+1) \times (1+1)$이다.
$2^7=128$, $2^3 \times 3=24$, $2 \times 3 \times 5=30$이므로 약수의 개수가 8개인 수 중 가장 작은 수는 24이다.

답 24

18 core 540을 소인수의 거듭제곱 꼴로 나타내어 (자연수)^2 꼴이 되기 위해 나누어야 하는 수를 찾는다.

$$\begin{array}{r} 2\,)\,540 \\ 2\,)\,270 \\ 3\,)\,135 \\ 3\,)\,45 \\ 3\,)\,15 \\ \hline 5 \end{array}$$

$540=2^2 \times 3^3 \times 5$이므로 어떤 자연수의 제곱이 되게 하기 위해 나눌 수 있는 자연수는 3×5, $2^2 \times 3 \times 5$, $3^3 \times 5$, $2^2 \times 3^3 \times 5$이므로 a가 될 수 있는 수 중에서 두 번째로 작은 수는 $2^2 \times 3 \times 5=60$이다.

답 60

19 core $P=a^l \times b^m \times c^n$ (단, a, b, c는 서로 다른 소수, l, m, n은 자연수)일 때, P의 약수의 개수는 $(l+1) \times (m+1) \times (n+1)$개이다.

$96=2^5 \times 3$이므로 약수의 개수는
$(5+1) \times (1+1)=6 \times 2=12$(개)이다.
$2^2 \times 3^a \times 7$의 약수의 개수는
$(2+1) \times (a+1) \times (1+1)=6 \times (a+1)=12$(개)
이므로 $a+1=2$ ∴ $a=1$
$3^b \times 11^2$의 약수의 개수는 $(b+1) \times (2+1)=12$(개)
이므로 $b+1=4$ ∴ $b=3$
∴ $a+b=1+3=4$

답 4

20 core 3의 배수는 각 자리의 숫자의 합이 3의 배수인 수이다.

$5a24$는 3의 배수이므로 $5+a+2+4=11+a=$(3의 배수)에서 $a=1, 4, 7$이다.
또, $2^3 \times 3^2 \times a=P$라 하면
$a=1$일 때, $P=2^3 \times 3^2$
→ 약수의 개수 : $(3+1) \times (2+1)=12$(개)
$a=4$일 때, $P=2^5 \times 3^2$
→ 약수의 개수 : $(5+1) \times (2+1)=18$(개)
$a=7$일 때, $P=2^3 \times 3^2 \times 7$
→ 약수의 개수 : $(3+1) \times (2+1) \times (1+1)=24$(개)
따라서 $a=7$이다.

답 7

21 (1) $8=2^3$이므로 $A=4$
$9=3^2$이므로 $B=3$ … ❶
(2) ① $n=2$이므로 소수이다.
따라서 구하는 수는 23, 29이다.
② $n=3$이므로 소수의 제곱수이다.
따라서 구하는 수는 $5^2=25$, $7^2=49$이다. … ❷

답 (1) $A=4$, $B=3$ (2) ① 23, 29 ② 25, 49

채점 기준	배점
❶ (1) 구하기	40 %
❷ (2) 구하기	60 %

22 core 1512를 소인수의 거듭제곱 꼴로 나타내어 두 자리 자연수와 자연수의 제곱인 수의 곱으로 나타낸다.

$1512=2^3 \times 3^3 \times 7=(2 \times 3)^2 \times 2 \times 3 \times 7=6^2 \times 42$
따라서 n은 두 자리 자연수이므로 $n=42$이다.

답 42

23 core 72를 소인수분해하여 $2^a \times 3^b \times 7^c$의 약수가 되도록 a, b, c의 값을 정한다.

$72=2^3 \times 3^2$이므로 72를 약수로 가질 때, a, b, c의 최솟값은 $a=3$, $b=2$, $c=1$이다.
∴ $a+b+c=3+2+1=6$

답 6

24 `core` 504를 소인수의 거듭제곱 꼴로 나타내어 (자연수)² 꼴이 되게 하기 위해 곱해야 하는 수를 찾는다.

2) 504
2) 252
2) 126
3) 63
3) 21
　　7

$504=2^3 \times 3^2 \times 7$이므로 어떤 자연수의 제곱이 되게 하기 위해 곱할 수 있는 가장 작은 자연수 $a=2 \times 7=14$이다.

$2^3 \times 3^2 \times 7 \times 14 = 2^4 \times 3^2 \times 7^2$
$\qquad\qquad = (2^2 \times 3 \times 7)^2 = 84^2$

이므로 $b=84$

∴ $a+b=14+84=98$　　**답** 98

Step A 만점 승승장구

23쪽

01 729　　**02** (1) 12 (2) 6 (3) 6　　**03** 37, 41　　**04** 15

01 약수의 개수가 7개인 자연수는 소인수분해했을 때, a^6(a는 소수)이 되는 수이다.
$2^6=64$, $3^6=729$, $5^6=15625$, …이므로 세 자리 자연수는 729이다.　　**답** 729

02 (1) $160=2^5 \times 5$이므로
$\quad g(160)=(5+1) \times (1+1)=12$
(2) $300=2^2 \times 3 \times 5^2$이므로
$\quad g(300)=(2+1) \times (1+1) \times (2+1)=18=2 \times 3^2$
$\quad$ ∴ $g(18)=(1+1) \times (2+1)=6$
(3) $120=2^3 \times 3 \times 5$이므로
$\quad g(120)=(3+1) \times (1+1) \times (1+1)=16$
$\quad g(120) \times g(x)=64$에서
$\quad 16 \times g(x)=64$　∴ $g(x)=4$
따라서 약수의 개수가 4개인 가장 작은 자연수는 6이므로 $x=6$이다.　　**답** (1) 12 (2) 6 (3) 6

03 $210=2 \times 3 \times 5 \times 7$에서 $\dfrac{N}{210}$이 약분되지 않는 수가 되려면 N은 2, 3, 5, 7의 배수가 아니어야 한다.
$\dfrac{1}{6} < \dfrac{N}{210} < \dfrac{1}{5}$에서 $35 < N < 42$
∴ $N=37, 41$　　**답** 37, 41

04 $10!=1 \times 2 \times 3 \times \cdots \times 9 \times 10=2^8 \times 3^4 \times 5^2 \times 7$
∴ $a=8$, $b=4$, $c=2$, $d=1$이므로
$a+b+c+d=8+4+2+1=15$이다.　　**답** 15

<hr />

2 최대공약수와 최소공배수

01 | 최대공약수와 최소공배수

핵심 원리 1 공약수와 최대공약수　　24쪽

1-1 **답** (1) 1, 2, 4, 8, 16, 32
(2) 1, 2, 3, 4, 6, 8, 12, 16, 24, 48
(3) 1, 2, 4, 8, 16
(4) 16

1-2 ① 4, 18 → 두 수의 공약수는 1, 2이므로 최대공약수가 2이다. 따라서 서로소가 아니다.
② 5, 30 → 두 수의 공약수는 1, 5이므로 최대공약수가 5이다. 따라서 서로소가 아니다.
③ 20, 34 → 두 수의 공약수는 1, 2이므로 최대공약수가 2이다. 따라서 서로소가 아니다.
④ 7, 29 → 두 수의 공약수는 1뿐이므로 최대공약수가 1이다. 따라서 서로소이다.
⑤ 26, 72 → 두 수의 공약수는 1, 2이므로 최대공약수가 2이다. 따라서 서로소가 아니다.　　**답** ④

1-3 공약수는 최대공약수의 약수이므로 두 수의 공약수는 1, 3, 5, 15이다.　　**답** 1, 3, 5, 15

핵심 원리 2 최대공약수 구하기　　25쪽

2-1 (1) 2) 30　42
　　　　3) 15　21
　　　　　　5　　7
∴ (최대공약수)
$\quad = 2 \times 3 = 6$

(2) 3) 42　84　105
　　7) 14　28　　35
　　　　2　　4　　　5
∴ (최대공약수)
$\quad = 3 \times 7 = 21$

답 (1) 3, 21, 3, 6 (2) 3, 7, 28, 35, 5, 3, 7, 21

2-2 $24=2 \times 2 \times 2 \times 3 \quad\quad = 2^3 \times 3$
$60=2 \times 2 \quad \times 3 \times 5 = 2^2 \times 3 \times 5$
　　　$2 \times 2 \quad \times 3 \quad\quad = 2^2 \times 3$
∴ (최대공약수) $= 2^2 \times 3 = 12$

답 3, 3, 2, 2, 2, 2, 2, 12

2-3 (1) $\quad\quad 2^2 \times 3 \quad\quad \times 7$
$\quad\quad\quad\quad 2 \times 3^3 \times 5$
$\overline{\quad\quad\quad\quad\quad\quad\quad\quad\quad\quad\quad}$
(최대공약수) $= 2 \times 3 = 6$
(2) $\quad\quad\quad 2 \times 3^2 \times 5^2$
$\quad\quad\quad 2^4 \times 3^2 \times 5$
$\overline{\quad\quad\quad\quad\quad\quad\quad\quad\quad\quad\quad}$
(최대공약수) $= 2 \times 3^2 \times 5 = 90$

답 (1) 6 (2) 90

핵심원리 3 공배수와 최소공배수 26쪽

3-1 답 (1) 8, 16, 24, 32, 40, 48, ⋯

(2) 12, 24, 36, 48, ⋯

(3) 24, 48, ⋯

(4) 24

3-2 서로소인 두 자연수의 최소공배수는 두 자연수의 곱과 같으므로

$15 \times A = 105$ $\therefore A = 7$ 답 7

3-3 공배수는 최소공배수의 배수이므로 최소공배수가 12일 때, 공배수는 12, 24, 36, 48, 60, ⋯이다.

따라서 ② 30은 공배수가 아니다. 답 ②

핵심원리 4 최소공배수 구하기 27쪽

4-1 (1)
$$\begin{array}{r|rr} 3 & 27 & 45 \\ 3 & 9 & 15 \\ \hline & 3 & 5 \end{array}$$

$\therefore$ (최소공배수) $= 3 \times 3 \times 3 \times 5 = 135$

(2)
$$\begin{array}{r|rrr} 3 & 12 & 27 & 30 \\ 2 & 4 & 9 & 10 \\ \hline & 2 & 9 & 5 \end{array}$$

$\therefore$ (최소공배수) $= 3 \times 2 \times 2 \times 9 \times 5 = 540$

답 (1) 3, 15, 3, 135 (2) 3, 9, 10, 5, 3, 540

4-2 (1)
$$\begin{array}{l} 18 = 2 \times 3^2 \\ 30 = 2 \times 3 \times 5 \\ \hline 2 \times 3^2 \times 5 \end{array}$$

$\therefore$ (최소공배수) $= 90$

(2)
$$\begin{array}{l} 15 = 3 \times 5 \\ 20 = 2^2 \times 5 \\ 24 = 2^3 \times 3 \\ \hline 2^3 \times 3 \times 5 \end{array}$$

$\therefore$ (최소공배수) $= 120$

답 (1) 3^2, 5, 3^2, 5, 90 (2) 2^2, 3, 2^3, 3, 5, 120

4-3 두 수 $3 \times 5^2 \times 7$, $5^3 \times 7^2$의 최소공배수는 $3 \times 5^3 \times 7^2$이므로 ② $2 \times 3 \times 5^3 \times 7$은 공배수가 아니다.

답 ②

Step C 유형 다지기

28~31쪽

01 24	**02** ③	**03** ④	**04** 4	**05** ③
06 ④	**07** 60개	**08** ④	**09** ②	**10** 12개
11 126	**12** ⑤	**13** 540	**14** 9	**15** ①
16 960	**17** 180	**18** 5	**19** 6	**20** 5
21 36	**22** ②, ⑤	**23** 16	**24** 26, 52, 65	
25 4개	**26** 9, 27, 45			
27 14, 28, 35, 49, 56, 70, 77, 91, 98		**28** 9, 18, 36, 72		

01
$$\begin{array}{r|rr} 2 & 48 & 72 \\ 2 & 24 & 36 \\ 2 & 12 & 18 \\ 3 & 6 & 9 \\ \hline & 2 & 3 \end{array}$$
48과 72의 최대공약수는 $2 \times 2 \times 2 \times 3 = 24$이다.

답 24

다른 풀이

$48 = 2^4 \times 3$

$72 = 2^3 \times 3^2$

(최대공약수) $= 2^3 \times 3 = 24$

02

$2^2 \times 3^2$

$2^3 \times 3 \times 5^2$

$2^3 \times 3^2 \times 5$

(최대공약수) $= 2^2 \times 3 = 12$

답 ③

03
$$\begin{array}{r|rrr} 2 & 200 & 320 & 480 \\ 2 & 100 & 160 & 240 \\ 2 & 50 & 80 & 120 \\ 5 & 25 & 40 & 60 \\ \hline & 5 & 8 & 12 \end{array}$$
200, 320, 480의 최대공약수는 $2 \times 2 \times 2 \times 5 = 40$이다.

답 ④

04

$2^2 \times 3^4 \times 5^3$

$2^3 \times 3^2 \times 7^3$

(최대공약수) $= 2^2 \times 3^2$

따라서 $a = 2$, $b = 2$이므로 $a + b = 4$ 답 4

05 ①
$$\begin{array}{r|rr} 3 & 12 & 21 \\ \hline & 4 & 7 \end{array}$$
12와 21의 최대공약수는 3이므로 서로소가 아니다.

②
$$\begin{array}{r|rr} 17 & 17 & 51 \\ \hline & 1 & 3 \end{array}$$
17과 51의 최대공약수는 17이므로 서로소가 아니다.

③ 18과 25의 최대공약수는 1이므로 서로소이다.

④
$$\begin{array}{r|rr} 7 & 35 & 91 \\ \hline & 5 & 13 \end{array}$$
35와 91의 최대공약수는 7이므로 서로소가 아니다.

⑤
$$\begin{array}{r|rr} 3 & 63 & 108 \\ 3 & 21 & 36 \\ \hline & 7 & 12 \end{array}$$
63과 108의 최대공약수는 $3 \times 3 = 9$이므로 서로소가 아니다.

답 ③

06 ① $21 = 3 \times 7$, $56 = 2^3 \times 7$의 최대공약수는 7이므로 서로소가 아니다.

② 1은 소수가 아니다.

③ 2는 소수이다.

⑤ 4와 21은 서로소이지만 두 수 모두 소수가 아니다.

답 ④

07 $77 = 7 \times 11$이고 76까지의 자연수 중에서 7의 배수는 10개, 11의 배수는 6개이다.

77과 서로소이기 위해서는 7과 11의 배수가 아니면 되므로 77보다 작은 수 중에서 77과 서로소인 수는

$76 - 10 - 6 = 60$(개)이다. 답 60개

08

$$
\begin{array}{r|rr}
2 & 54 & 72 \\
3 & 27 & 36 \\
3 & 9 & 12 \\
\hline
 & 3 & 4
\end{array}
$$

54와 72의 최대공약수는 $2\times3\times3=18$ 이고, 18의 약수는 1, 2, 3, 6, 9, 18이다. 공약수는 최대공약수의 약수이므로 ④ 8 은 54와 72의 공약수가 아니다.　🖩 ④

09

$$
\begin{array}{l}
2^2\times3\times5^2 \\
2^2\times3^3\times5 \\
2^3\times3^2\times5^2 \\
\hline
\end{array}
$$
$(\text{최대공약수})=2^2\times3\times5$

$2^2\times3\times5^2$, $2^2\times3^3\times5$, $2^3\times3^2\times5^2$의 최대공약수는 $2^2\times3\times5$이므로 세 수의 공약수는 1, 2, 3, 2^2, 5, 2×3, 2×5, $2^2\times3$, 3×5, $2^2\times5$, $2\times3\times5$, $2^2\times3\times5$이다.
따라서 ② 3^2은 공약수가 아니다.　🖩 ②

10

$$
\begin{array}{l}
2^2\times3^2\times7 \\
2\times3^2\times7 \\
2^2\times3^2\times7^3 \\
\hline
\end{array}
$$
$(\text{최대공약수})=2\times3^2\times7$

$2^2\times3^2\times7$, $2\times3^2\times7$, $2^2\times3^2\times7^3$의 최대공약수는 $2\times3^2\times7$이므로 공약수의 개수는 $(1+1)\times(2+1)\times(1+1)=2\times3\times2=12$(개)이다.
🖩 12개

11

$$
\begin{array}{r|rr}
3 & 42 & 63 \\
7 & 14 & 21 \\
\hline
 & 2 & 3
\end{array}
$$

42와 63의 최소공배수는 $3\times7\times2\times3=126$이다.　🖩 126

다른 풀이

$$
\begin{array}{l}
42=2\times3\times7 \\
63=3^2\times7 \\
\hline
\end{array}
$$
$(\text{최소공배수})=2\times3^2\times7=126$

12

$$
\begin{array}{l}
2^2\times3 \\
2\times3^2 \\
2^2\times3\times5 \\
\hline
\end{array}
$$
$(\text{최소공배수})=2^2\times3^2\times5$　🖩 ⑤

13

$$
\begin{array}{r|rrr}
2 & 30 & 36 & 54 \\
3 & 15 & 18 & 27 \\
3 & 5 & 6 & 9 \\
\hline
 & 5 & 2 & 3
\end{array}
$$

30, 36, 54의 최소공배수는 $2\times3\times3\times5\times2\times3=540$이다.　🖩 540

14

$$
\begin{array}{l}
2\times3^2\times7 \\
2^2\times3\times5^3 \\
2^2\times3^3\times7 \\
\hline
\end{array}
$$
$(\text{최소공배수})=2^2\times3^3\times5^3\times7$
따라서 $a=2$, $b=3$, $c=3$, $d=1$이므로
$a+b+c+d=9$이다.　🖩 9

15

$$
\begin{array}{l}
2^2\times3\times5 \\
2^2\times3^2 \\
3^2\times5 \\
\hline
\end{array}
$$
$(\text{최소공배수})=2^2\times3^2\times5$

$2^2\times3\times5$, $2^2\times3^2$, $3^2\times5$의 최소공배수는 $2^2\times3^2\times5$이다.
공배수는 최소공배수의 배수이므로 ① $2^3\times3\times5$는 세 수의 공배수가 아니다.　🖩 ①

16

$$
\begin{array}{r|rr}
3 & 15 & 24 \\
\hline
 & 5 & 8
\end{array}
$$

15, 24의 최소공배수는 $3\times5\times8=120$이므로 두 수의 공배수는 120의 배수이다.
$120\times8=960$, $120\times9=1080$이므로 가장 큰 세 자리 자연수는 960이다.　🖩 960

17

$$
\begin{array}{r|rrr}
3 & 6 & 15 & 18 \\
2 & 2 & 5 & 6 \\
\hline
 & 1 & 5 & 3
\end{array}
$$

6, 15, 18의 최소공배수는 $3\times2\times1\times5\times3=90$이므로 세 수의 공배수는 90의 배수이다.
$90\times2=180$, $90\times3=270$이므로 세 수의 공배수 중 200에 가장 가까운 수는 180이다.　🖩 180

18 $2^a\times3\times5^2$, $2^3\times3\times5^b$의 최대공약수가 $2^2\times3\times5^2$이므로
$2^a=2^2$　∴ $a=2$
또, 최소공배수가 $2^3\times3\times5^3$이므로 $5^b=5^3$
∴ $b=3$
∴ $a+b=5$　🖩 5

19 2×3^a, $2^b\times3^2\times5$, $2\times3\times5^c$의 최소공배수가 $540=2^2\times3^3\times5$이므로
$a=3$, $b=2$, $c=1$
∴ $a\times b\times c=6$　🖩 6

20 두 수 $2^2\times3^a\times5$, $2^3\times3^3\times5^b$의 최대공약수가 $2^c\times3\times5$이므로 $a=1$, $c=2$　…❶
최소공배수가 $2^3\times3^3\times5^2$이므로 $b=2$　…❷
따라서 $a+b+c=1+2+2=5$이다.　…❸
🖩 5

채점 기준	배점
❶ a, c의 값 구하기	50 %
❷ b의 값 구하기	40 %
❸ $a+b+c$의 값 구하기	10 %

21

$$
\begin{array}{r|rr}
12 & A & 84 \\
\hline
 & a & 7
\end{array}
\quad (\text{단, } a, 7\text{은 서로소})
$$

두 수의 최대공약수는 12, 최소공배수는 252이므로
$12\times a\times7=252$이다. $a=3$이므로 $A=12\times3=36$이다.
🖩 36

22

① $7 \underline{)\,21 \quad 63 \quad 14\,}$
$\qquad 3 \quad 9 \quad 2$

최대공약수가 21이 아니므로 14
는 n의 값이 될 수 없다.

② $3 \underline{)\,21 \quad 63 \quad 42\,}$
$7 \underline{)\,\;7 \quad 21 \quad 14\,}$
$\qquad 1 \quad 3 \quad 2$

최대공약수는 $3 \times 7 = 21$이고, 최소공배수는
$3 \times 7 \times 1 \times 3 \times 2 = 126$이므로 42는 n의 값이 될 수 있다.

③ $3 \underline{)\,21 \quad 63 \quad 48\,}$
$\qquad 7 \quad 21 \quad 16$

최대공약수가 21이 아니므로 48 은 n의 값이 될 수 없다.

④ $3 \underline{)\,21 \quad 63 \quad 84\,}$
$7 \underline{)\,\;7 \quad 21 \quad 28\,}$
$\qquad 1 \quad 3 \quad 4$

최대공약수는 $3 \times 7 = 21$이나 최소공배수가
$3 \times 7 \times 1 \times 3 \times 4 = 252$로 126 이 아니므로 84는 n의 값이 될 수 없다.

⑤ $3 \underline{)\,21 \quad 63 \quad 126\,}$
$7 \underline{)\,\;7 \quad 21 \quad 42\,}$
$3 \underline{)\,\;1 \quad 3 \quad 6\,}$
$\qquad 1 \quad 1 \quad 2$

최대공약수는 $3 \times 7 = 21$이고, 최소공배수는
$3 \times 7 \times 3 \times 1 \times 1 \times 2 = 126$이므로 126은 n의 값이 될 수 있다.

答 ②, ⑤

다른 풀이

$21 \underline{)\,21 \quad 63 \quad n\,}$
$\qquad 1 \quad 3 \quad \square$

$126 = 21 \times 2 \times 3$이므로 $\square$가 될 수 있는 수는 2,
$2 \times 3 = 6$이다.
따라서 n의 값이 될 수 있는 수는 $21 \times 2 = 42$,
$21 \times 6 = 126$이다.

23 $72 = 2^3 \times 3^2$이므로 A는 2^4의 배수이면서 $3^2 \times 5$의 약수이어야 한다.
따라서 가장 작은 자연수 A의 값은 $2^4 = 16$이다. 答 16

24 세 자연수를 $2 \times n$, $4 \times n$, $5 \times n$이라 하면

$n \underline{)\,2 \times n \quad 4 \times n \quad 5 \times n\,}$
$2 \underline{)\,\;2 \quad\quad 4 \quad\quad 5\,}$
$\qquad 1 \quad\quad 2 \quad\quad 5$

세 자연수의 최소공배수는
$n \times 2 \times 1 \times 2 \times 5 = 20 \times n = 260$이다.
$n = 13$이므로 세 자연수는 26, 52, 65이다.

答 26, 52, 65

25

$a \underline{)\,6 \times a \quad 9 \times a \quad 12 \times a\,}$
$3 \underline{)\,\;6 \quad\quad 9 \quad\quad 12\,}$
$2 \underline{)\,\;2 \quad\quad 3 \quad\quad 4\,}$
$\qquad 1 \quad\quad 3 \quad\quad 2$

세 자연수의 최소공배수는 $2^2 \times 3^2 \times a = 180$이다.
$a = 5$ … ❶
세 자연수의 공약수는 최대공약수의 약수이다.
세 수의 최대공약수는 $a \times 3 = 15$이다. … ❷
15의 약수는 1, 3, 5, 15이므로 세 자연수의 공약수는 모두 4

개이다. … ❸

答 4개

채점 기준	배점
❶ a의 값 구하기	50 %
❷ 세 수의 최대공약수 구하기	20 %
❸ 세 수의 공약수의 개수 구하기	30 %

26

$9 \underline{)\,A \quad 36\,}$
$\qquad a \quad 4$

a와 4는 서로소이고 $a < \dfrac{50}{9}$이므로 a가 될 수 있는 수는 1, 3, 5이다.
따라서 A가 될 수 있는 수는 9, 27, 45이다.

答 9, 27, 45

27 $a = b \times 7$이라 하면 $21 = 3 \times 7$에서 b는 3과 서로소인 수이다.
즉, $b = 2, 4, 5, 7, 8, 10, 11, 13, 14$
$(\because 10 = 7 \times 1 + 3, \; 99 = 7 \times 14 + 1)$
$\therefore a = 14, 28, 35, 49, 56, 70, 77, 91, 98$

答 14, 28, 35, 49, 56, 70, 77, 91, 98

28 $24 = 2^3 \times 3$이고, $72 = 2^3 \times 3^2$이므로 A는 3^2의 배수이면서 72의 약수인 수이다.
따라서 A가 될 수 있는 수는 $3^2 = 9$, $3^2 \times 2 = 18$,
$3^2 \times 2^2 = 36$, $3^2 \times 2^3 = 72$이다. 答 9, 18, 36, 72

02 | 최대공약수와 최소공배수의 활용

핵심원리 1 | 최대공약수와 최소공배수의 관계 32쪽

1-1 (두 수의 곱) = (최대공약수) × (최소공배수)이므로
$2700 = 15 \times$ (최소공배수)
따라서 두 수의 최소공배수는 $2700 \div 15 = 180$이다.

答 180

1-2 (두 수의 곱) = (최대공약수) × (최소공배수)이므로
$1080 =$ (최대공약수) $\times 360$
따라서 두 수의 최대공약수는 $1080 \div 360 = 3$이다.

答 3

1-3 (두 수의 곱) = (최대공약수) × (최소공배수)이므로
$3 \times G \times 4 \times G = G \times 120$
따라서 $G = 10$, $A = 30$, $B = 40$이므로
$A + B + G = 30 + 40 + 10 = 80$이다. 答 80

핵심원리 2 | 최대공약수의 활용 33쪽

2-1 나무토막 한 개의 길이를 x cm라 하면 90 cm는 x cm로 나누어떨어져야 하므로 x는 90의 약수이고, 108 cm도 x cm로 나누어떨어져야 하므로 x는 108의 약수이다.

즉, x는 90과 108의 공약수이므로 가능한 한 긴 길이는 90과 108의 최대공약수이다.

90을 소인수분해하면 $2 \times 3^2 \times 5$이고, 108를 소인수분해하면 $2^2 \times 3^3$이므로 가능한 한 긴 나무토막의 길이는 $2 \times 3^2 = 18(\text{cm})$이다.

답 18 cm

2-2 타일의 한 변의 길이를 x cm라 하면 x는 96과 144의 공약수이어야 하고 가능한 한 큰 타일이려면 96과 144의 최대공약수이어야 한다.

타일의 한 변의 길이는
$2 \times 2 \times 2 \times 2 \times 3 = 48(\text{cm})$이므로
필요한 타일의 개수는
$96 \div 48 = 2$, $144 \div 48 = 3$에서
$2 \times 3 = 6(\text{개})$이다.

```
2 ) 96  144
2 ) 48   72
2 ) 24   36
2 ) 12   18
3 )  6    9
     2    3
```

답 6개

핵심
원리 **3** 최소공배수의 활용 34쪽

3-1 오전 6시에 출발한 후 A번 버스는 18분, 36분, 54분, 72분, …이 지난 시각마다 출발을 하고, B번 버스는 24분, 48분, 72분, 96분, …이 지난 시각마다 출발을 한다.

따라서 두 버스가 동시에 출발을 하는 것은 오전 6시에서 72분, 144분, 216분, …이 지난 시각으로 18과 24의 최소공배수인 72분마다 동시에 출발하게 된다.

따라서 바로 다음에 두 버스가 동시에 출발하는 것은 오전 6시에서 72분이 지난 오전 7시 12분이다.

답 오전 7시 12분

3-2 4, 6, 9의 최소공배수는
$2 \times 3 \times 2 \times 1 \times 3 = 36$이므로 4, 6, 9의
어느 수로 나누어도 3이 남는 가장 작은
두 자리 자연수는 $36 + 3 = 39$이다.

```
2 ) 4  6  9
3 ) 2  3  9
    2  1  3
```

답 39

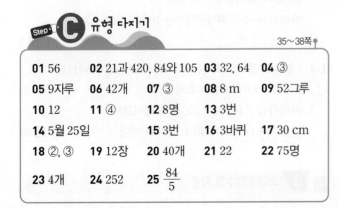

Step **C** 유형 다지기

35~38쪽

01 56	**02** 21과 420, 84와 105	**03** 32, 64	**04** ③
05 9자루	**06** 42개	**07** ③	**08** 8 m	**09** 52그루
10 12	**11** ④	**12** 8명	**13** 3번
14 5월 25일	**15** 3번	**16** 3바퀴	**17** 30 cm
18 ②, ③	**19** 12장	**20** 40개	**21** 22	**22** 75명
23 4개	**24** 252	**25** $\dfrac{84}{5}$	

01 (두 수의 곱)=(최대공약수)×(최소공배수)이므로
$40 \times A = 8 \times 280$ ∴ $A = 56$

답 56

02 두 수를 $21 \times a$, $21 \times b$ (단, a, b는 서로소이고 $a < b$)라 하면 $420 = a \times b \times 21$, $a \times b = 20$ ⋯ ❶
$(a, b) = (1, 20)$ 또는 $(4, 5)$
따라서 두 자연수는 모두 21과 420, 84와 105이다. ⋯ ❷

답 21과 420, 84와 105

채점 기준	배점
❶ 최소공배수를 최대공약수로 나눈 값 구하기	50 %
❷ 두 자연수 구하기	50 %

03 두 자연수를 각각 $4 \times a$, $4 \times b$ (단, a, b는 서로소이고 $a < b$)라 하면 $4 \times a \times 4 \times b = 240$이다.
$a \times b = 15$이므로 (a, b)는 $(1, 15)$ 또는 $(3, 5)$이다.
따라서 두 자연수는 4, 60 또는 12, 20이므로 두 수의 합은 64 또는 32이다.

답 32, 64

04 되도록 많은 학생들에게 남김없이 똑같이 나누어 주려면 학생 수는 60, 48의 최대공약수이어야 한다.
60과 48의 최대공약수는 $2 \times 2 \times 3 = 12$이므로 12명의 학생들에게 나누어 줄 수 있다.

```
2 ) 60  48
2 ) 30  24
3 ) 15  12
     5   4
```

답 ③

05 되도록 많은 학생들에게 남김없이 똑같이 나누어 준다고 했으므로 12, 18, 24의 최대공약수를 구한다.
12, 18, 24의 최대공약수는 $2 \times 3 = 6$이므로 6명의 학생들에게 나누어 준다. ⋯ ❶

```
2 ) 12  18  24
3 )  6   9  12
     2   3   4
```

따라서 한 학생이 받게 되는 색연필은 모두
$12 \div 6 + 18 \div 6 + 24 \div 6 = 2 + 3 + 4 = 9(\text{자루})$이다. ⋯ ❷

답 9자루

채점 기준	배점
❶ 나누어 준 학생 수 구하기	60 %
❷ 한 학생이 받게 되는 색연필의 자루 수 구하기	40 %

06 가능한 한 큰 정사각형 모양이어야 하므로 타일의 한 변의 길이는 252, 294의 최대공약수이어야 한다.
252와 294의 최대공약수는
$2 \times 3 \times 7 = 42$이므로 타일의 한 변의 길이는 42 cm이어야 한다.
가로에는 $252 \div 42 = 6(\text{개})$, 세로에는
$294 \div 42 = 7(\text{개})$이므로 필요한 타일은
모두 $6 \times 7 = 42(\text{개})$이다.

```
2 ) 252  294
3 ) 126  147
7 )  42   49
      6    7
```

답 42개

07 42, 54, 78의 최대공약수는 $2 \times 3 = 6$이고 6의 약수는 1, 2, 3, 6이다.
따라서 1 cm, 2 cm, 3 cm, 6 cm가 정육면체의 한 모서리의 길이가 될 수 있으므로 x의 값이 될 수 있는 자연수의 개수는 ③ 4개이다.

```
2 ) 42  54  78
3 ) 21  27  39
     7   9  13
```

답 ③

08 가능한 한 적은 수의 말뚝을 일정한 간격으로 설치하려고 하므로 64와 120의 최대공약수를 구하여 말뚝 사이의 간격으로 놓는다.

64와 120의 최대공약수는 $2 \times 2 \times 2 = 8$이 므로 말뚝 사이의 간격은 8 m이다.

$$
\begin{array}{r}
2\,\underline{)\,64\quad120} \\
2\,\underline{)\,32\quad60} \\
2\,\underline{)\,16\quad30} \\
8\quad15
\end{array}
$$

답 8 m

09 가장 적은 수로 나무를 심으려면 나무 사이의 간격이 최대한 넓어야 하므로 180과 156의 최대공약수를 구하여 나무 사이의 간격으로 놓아야 한다.

180과 156의 최대공약수는
$2 \times 2 \times 3 = 12$이므로
나무 사이의 간격은 12 m이어야 한다. … ❶

$$
\begin{array}{r}
2\,\underline{)\,180\quad156} \\
2\,\underline{)\,90\quad78} \\
3\,\underline{)\,45\quad39} \\
15\quad13
\end{array}
$$

가로에는 $180 \div 12 = 15$(그루), 세로에는
$156 \div 12 = 13$(그루)의 나무를 심어야 하므로
총 $2 \times (15 + 13) = 56$(그루)의 나무가 필요하다. … ❷
그런데 이미 네 모퉁이에는 한 그루씩의 나무가 심어져 있으므로 더 필요한 나무는 최소 $56 - 4 = 52$(그루)이다. … ❸

답 52그루

채점 기준	배점
❶ 나무 사이의 간격 구하기	50 %
❷ 총 필요한 나무의 그루 수 구하기	40 %
❸ 더 필요한 나무의 그루 수 구하기	10 %

10 어떤 자연수로 62와 88을 나누면 각각 2, 4가 남으므로
$62 - 2 = 60$과 $88 - 4 = 84$가 어떤 자연수로 나누어떨어지게 된다.
즉, 어떤 자연수는 60과 84의 공약수이므로
이러한 자연수 중 가장 큰 수는 60과 84의 최대공약수이다.
따라서 이러한 수 중 가장 큰 수는
$2 \times 2 \times 3 = 12$이다.

$$
\begin{array}{r}
2\,\underline{)\,60\quad84} \\
2\,\underline{)\,30\quad42} \\
3\,\underline{)\,15\quad21} \\
5\quad7
\end{array}
$$

답 12

11 세 수 중 어느 수를 나누어도 그 결과가 자연수가 되게 하는 수는 그 세 수의 공약수이다.
세 수의 공약수는 세 수의 최대공약수의 약수이고 최대공약수는
$2 \times 2 \times 2 = 8$이므로 8의 약수는 1, 2, 4, 8이다.
따라서 6으로 나누면 자연수가 되지 않는다.

$$
\begin{array}{r}
2\,\underline{)\,24\quad56\quad80} \\
2\,\underline{)\,12\quad28\quad40} \\
2\,\underline{)\,6\quad14\quad20} \\
3\quad7\quad10
\end{array}
$$

답 ④

12 모두 5개씩 남았으므로 $45 - 5 = 40$, $69 - 5 = 64$, $101 - 5 = 96$은 참가한 학생 수로 나누어떨어진다. 즉, 학생 수는 40, 64, 96의 공약수이므로 최대 명수를 구하려면 최대공약수를 구하면 된다.

$$
\begin{array}{r}
2\,\underline{)\,40\quad64\quad96} \\
2\,\underline{)\,20\quad32\quad48} \\
2\,\underline{)\,10\quad16\quad24} \\
5\quad8\quad12
\end{array}
$$

따라서 이번 독서캠프에 온 학생은 최대
$2 \times 2 \times 2 = 8$(명)이다.

답 8명

13 45와 60의 최소공배수는
$3 \times 5 \times 3 \times 4 = 180$이므로 두 종류의 쿠키를 180분마다 동시에 굽기 시작한다. 따라서 하루 동안 두 종류의 쿠키를 동시에 굽기 시작하는 것은 9시, 12시, 3시의 총 3번이다.

$$
\begin{array}{r}
3\,\underline{)\,45\quad60} \\
5\,\underline{)\,15\quad20} \\
3\quad4
\end{array}
$$

답 3번

14 6, 8, 12의 최소공배수는
$2 \times 2 \times 3 \times 1 \times 2 \times 1 = 24$이므로 세 명은 5월 25일에 함께 학원에 간다.

$$
\begin{array}{r}
2\,\underline{)\,6\quad8\quad12} \\
2\,\underline{)\,3\quad4\quad6} \\
3\,\underline{)\,3\quad2\quad3} \\
1\quad2\quad1
\end{array}
$$

답 5월 25일

15 지민이는 50분 연습 후 15분 휴식, 현우는 42분 연습 후 10분 휴식이므로 지민이와 현우는 각각 65분, 52분마다 연습을 시작한다. … ❶
65와 52의 최소공배수는
$13 \times 5 \times 4 = 260$이므로 두 사람이 동시에 연습을 시작하는 것은 오전 10시부터 260분=4시간 20분의 시간이 지날 때마다이다. … ❷

$$
\begin{array}{r}
13\,\underline{)\,65\quad52} \\
5\quad4
\end{array}
$$

따라서 오전 10시부터 오후 10시까지 두 사람이 동시에 연습을 시작하는 것은 오전 10시, 오후 2시 20분, 오후 6시 40분의 3번이다. … ❸

답 3번

채점 기준	배점
❶ 두 사람이 각각 몇 분마다 연습을 시작하는지 구하기	40 %
❷ 두 사람이 몇 분마다 동시에 연습을 시작하는지 구하기	50 %
❸ 오후 10시까지 동시에 연습을 시작하는 횟수 구하기	10 %

16 36과 54의 최소공배수는
$2 \times 3 \times 3 \times 2 \times 3 = 108$이므로 두 톱니바퀴가 처음의 위치에서 다시 맞물릴 때까지 톱니바퀴 A는 최소 $108 \div 36 = 3$(바퀴)를 돌아야 한다.

$$
\begin{array}{r}
2\,\underline{)\,36\quad54} \\
3\,\underline{)\,18\quad27} \\
3\,\underline{)\,6\quad9} \\
2\quad3
\end{array}
$$

답 3바퀴

17 75와 90의 최소공배수는
$3 \times 5 \times 5 \times 6 = 450$이므로 두 톱니바퀴가 처음으로 다시 같은 톱니에서 맞물릴 때까지 톱니바퀴 A는 $450 \div 75 = 6$(바퀴) 회전한다.
따라서 수정테이프는 $6 \times 5 = 30$(cm)가 나온다.

$$
\begin{array}{r}
3\,\underline{)\,75\quad90} \\
5\,\underline{)\,25\quad30} \\
5\quad6
\end{array}
$$

답 30 cm

18 게시판의 한 변의 길이는 14와 21의 공배수이어야 한다.

$7 \,) \, \underline{14 \quad 21}$
$ 2 \quad 3$

14와 21의 최소공배수는 $7 \times 2 \times 3 = 42$이므로 게시판의 한 변의 길이는 42 cm, $42 \times 2 = 84$(cm), $42 \times 3 = 126$(cm), $42 \times 4 = 168$(cm), …가 될 수 있다.

🖎 ②, ③

19 가장 작은 정사각형을 만들어야 하므로 정사각형의 한 변의 길이는 가능한 한 짧아야 한다.

$2 \,) \, \underline{18 \quad 24}$
$3 \,) \, \underline{9 \quad 12}$
$ 3 \quad 4$

18과 24의 최소공배수는 $2 \times 3 \times 3 \times 4 = 72$이므로 가장 작은 정사각형의 한 변의 길이는 72 cm이다. … ❶
따라서 가로에는 $72 \div 18 = 4$(장), 세로에는 $72 \div 24 = 3$(장)의 천 조각이 필요하므로 모두 $4 \times 3 = 12$(장)의 천 조각이 필요하다. … ❷

🖎 12장

채점 기준	배점
❶ 가장 작은 정사각형의 한 변의 길이 구하기	60 %
❷ 필요한 천 조각의 장수 구하기	40 %

20 30, 24, 60의 최소공배수는

$2 \,) \, \underline{30 \quad 24 \quad 60}$
$3 \,) \, \underline{15 \quad 12 \quad 30}$
$2 \,) \, \underline{5 \quad 4 \quad 10}$
$5 \,) \, \underline{5 \quad 2 \quad 5}$
$ 1 \quad 2 \quad 1$

$2 \times 3 \times 2 \times 5 \times 1 \times 2 \times 1 = 120$이므로 정육면체 모양의 상자의 한 모서리의 길이는 120 mm이다.
가로에 $120 \div 30 = 4$(개),
세로에 $120 \div 24 = 5$(개), 높이에 $120 \div 60 = 2$(개)의 초콜릿이 들어갔으므로 지훈이는 모두 $4 \times 5 \times 2 = 40$(개)의 초콜릿을 받았다.

🖎 40개

21 4, 6, 8 중 어느 것으로 나누어도 2가 부족한 수이다.

$2 \,) \, \underline{4 \quad 6 \quad 8}$
$2 \,) \, \underline{2 \quad 3 \quad 4}$
$ 1 \quad 3 \quad 2$

4, 6, 8의 최소공배수는
$2 \times 2 \times 1 \times 3 \times 2 = 24$이므로 구하려는 자연수는 (24의 배수)$-2$이다.
따라서 이러한 수 중 가장 작은 두 자리 자연수는 $24 - 2 = 22$이다.

🖎 22

22 6과 9의 최소공배수는 $3 \times 2 \times 3 = 18$이므로

$3 \,) \, \underline{6 \quad 9}$
$ 2 \quad 3$

(18의 배수)$+3$ 중에서 100보다 작은 수는 21, 39, 57, 75, 93이고, 이 중에서 5로 나누어떨어지는 수는 75이므로 토론대회 참가자는 모두 75명이다.

🖎 75명

23 n은 두 분수의 분자 42, 98의 공약수이어야 한다.

$2 \,) \, \underline{42 \quad 98}$
$7 \,) \, \underline{21 \quad 49}$
$ 3 \quad 7$

공약수는 최대공약수의 약수이므로 n은 최대공약수 14의 약수인 1, 2, 7, 14의 4개이다.

🖎 4개

24 자연수를 만들어야 하므로 두 분수의 분모의 공배수를 곱해야 한다.
공배수는 최소공배수의 배수이므로

$2 \,) \, \underline{28 \quad 84}$
$2 \,) \, \underline{14 \quad 42}$
$7 \,) \, \underline{7 \quad 21}$
$ 1 \quad 3$

$2 \times 2 \times 7 \times 1 \times 3 = 84$의 배수를 곱하면 된다.
84의 배수는 84, $84 \times 2 = 168$, $84 \times 3 = 252$, $84 \times 4 = 336$, …이므로 300 이하의 자연수 중 가장 큰 수는 252이다.

🖎 252

25 두 분수 중 어느 것에 곱해도 자연수가 되게 하려면 다음과 같은 분수를 곱해야 한다.
$\dfrac{(\text{두 분수의 분모의 공배수})}{(\text{두 분수의 분자의 공약수})}$
이러한 분수 중에 가장 작은 분수가 되려면
$\dfrac{(\text{두 분수의 분모의 최소공배수})}{(\text{두 분수의 분자의 최대공약수})}$와 같은 분수여야 한다.

$2 \,) \, \underline{12 \quad 42}$ $\qquad 5 \,) \, \underline{25 \quad 15}$
$3 \,) \, \underline{6 \quad 21}$ $\qquad 5 \quad 3$
$ 2 \quad 7$

12와 42의 최소공배수는 $2 \times 3 \times 2 \times 7 = 84$이고, 25와 15의 최대공약수는 5이므로 이러한 분수 중 가장 작은 기약분수는 $\dfrac{84}{5}$이다.

🖎 $\dfrac{84}{5}$

Step B 내신 다지기

39~42쪽

01 6개	**02** ③, ④	**03** 2	**04** 4개	**05** 84
06 $a = 35$, $b = 7$		**07** 35	**08** 45, 90	**09** 12개
10 280	**11** 334개	**12** 28	**13** 24개	**14** 36명
15 9	**16** 75	**17** (1) 8명 (2) 1개		**18** 186
19 45	**20** $\dfrac{120}{7}$	**21** (1) 16개 (2) 7바퀴		
22 1840만 원		**23** (1) 오전 9시 6분 (2) 21번		
24 50	**25** 4개	**26** 504		

01 🔵 **core** 서로소는 최대공약수가 1인 두 자연수이다.
$300 = 2^2 \times 3 \times 5^2$의 약수 중 $8 = 2^3$과 서로소인 수는 소인수 2를 포함하지 않는 수이므로 소인수 2를 제외한 소인수들의 곱으로 구할 수 있다.

$\times$	1	3
1	1	3
5	5	15
5^2	25	75

따라서 1, 3, 5, 15, 25, 75의 6개이다.

🖎 6개

22 I. 소인수분해

02 ⁀core⁀ 서로소는 최대공약수가 1인 두 자연수이다.

③ 5와 15는 홀수이지만 서로소가 아니다.

④ $2 \underline{)\ 4\ \ 6}$ $\qquad$ $3\underline{)\ 12\ \ 15}$
$\qquad$ $2\ \ 3$ $\qquad\qquad$ $4\ \ \ 5$

4와 6의 공배수는 두 수의 최소공배수인
$2 \times 2 \times 3 = 12$의 배수이므로 12, 24, 36, …이다.
12와 15의 공배수는 두 수의 최소공배수인
$3 \times 4 \times 5 = 60$의 배수이므로 60, 120, 180, …이다.
따라서 4와 6의 공배수는 12와 15의 공배수와 같지 않다.

🔲 ③, ④

03 ⁀core⁀ 소인수분해된 꼴에서 최대공약수를 구할 때에는 각 수의 공통인 소인수를 찾아 모두 곱한다. 이때 지수가 같은 것은 그대로, 다른 것은 작은 것을 택한다.

$84 = 2^2 \times 3 \times 7$이므로 $a=2$, $b=1$, $c=1$이다.
따라서 $a-b+c=2$이다.

🔲 2

04 ⁀core⁀ $\dfrac{a}{b}$가 기약분수일 때, a와 b는 서로소이다.

분자는 13 이상 23 이하의 자연수 중에서 12와 서로소인 수이다. 따라서 분자는 13, 17, 19, 23의 4개이다.

🔲 4개

05 ⁀core⁀ 두 분수 $\dfrac{1}{A}$, $\dfrac{1}{B}$ 중 어느 것에 곱해도 자연수가 되게 하는 수는 A, B의 공배수이고 이 중 가장 작은 수는 A, B의 최소공배수이다.

n은 6과 28의 공배수이고, n의 값 중에서 가장 작은 수는 6과 28의 최소공배수이므로 구하는 수는 84이다. 🔲 84

06 ⁀core⁀ a와 b의 최대공약수는 7이므로 a, b는 모두 7의 배수이다.

$a = m \times 7$, $b = n \times 7$ (단, m, n은 서로소)이라 하면
$a+b = m \times 7 + n \times 7 = 42$
$m+n = 6$
$m=5$, $n=1$ ($\because m>n$)이므로
$a=35$, $b=7$이다. 🔲 $a=35$, $b=7$

07 ⁀core⁀ (두 수의 곱)=(최대공약수)×(최소공배수)

$294 =$ (최대공약수)$\times 42$이므로 최대공약수는 7이다.
$A = 7 \times a$, $B = 7 \times b$ (a, b는 서로소, $a>b$)라 하면
최소공배수가 42이므로 $7 \times a \times b = 42$, $a \times b = 6$
$\therefore a=3$, $b=2$ ($\because A$, B는 두 자리 자연수)
따라서 $A = 7 \times 3 = 21$, $B = 7 \times 2 = 14$이므로
$A+B = 21+14 = 35$이다. 🔲 35

08 ⁀core⁀ 24와 360을 각각 소인수의 거듭제곱 꼴로 나타내어 해결한다.

$24 = 2^3 \times 3$과 최소공배수가 $360 = 2^3 \times 3^2 \times 5$인 자연수는
$a \times 3^2 \times 5$ (단, a는 2^3의 약수)
따라서 100 이하의 자연수는 45, 90이다. 🔲 45, 90

09 ⁀core⁀ $\dfrac{1}{A}$, $\dfrac{1}{B}$, $\dfrac{1}{C}$에 곱해 자연수가 되게 하는 수는 A, B, C의 공배수이다.

5, 8, 20의 최소공배수는 $\qquad$ $2\underline{)\ 5\ \ 8\ \ 20}$
$2 \times 2 \times 5 \times 1 \times 2 \times 1 = 40$이므로 500 $\quad 2\underline{)\ 5\ \ 4\ \ 10}$
이하의 자연수는 $500 \div 40 = 12.5$에서 $\quad 5\underline{)\ 5\ \ 2\ \ 5}$
12개이다. $\qquad\qquad$ 🔲 12개 $\qquad 1\ \ 2\ \ 1$

10 ⁀core⁀ $A = a \times G$, $B = b \times G$ (단, a, b는 서로소)일 때, A, B의 최소공배수 $L = a \times b \times G$이다.

$480 = 8 \times 3 \times 4 \times 5$이므로 a의 값이 $\quad 8\underline{)\ 24\ \ 96}\quad A$
될 수 있는 수는 5, $5 \times 2 = 10$, $\qquad\ \ 3\underline{)\ \ 3\ \ \ 12}\quad a$
$5 \times 4 = 20$이다. $\qquad\qquad\qquad\quad\ \ 1\ \ \ \ 4\quad a$
따라서 A의 값이 될 수 있는 수는 $5 \times 8 = 40$,
$5 \times 2 \times 8 = 80$, $5 \times 4 \times 8 = 160$이므로 그 합은
$40 + 80 + 160 = 280$이다. 🔲 280

11 ⁀core⁀ 공약수가 1뿐인 두 수는 서로소이다.

4에서 $28^2 = 784$까지는 $784-4+1 = 781$(개)의 자연수가 있다.
$28 = 2^2 \times 7$에서 28^2은 2와 7을 소인수로 가지므로 28^2과 서로소인 수는 2와 7의 배수가 아닌 수이다.
$784 = 2 \times 392$에서 2의 배수는 $392-1 = 391$(개)
$784 = 7 \times 112$에서 7의 배수는 112개
$784 = 14 \times 56$에서 14의 배수는 56개
따라서 28^2과 서로소인 자연수는
$781 - 391 - 112 + 56 = 334$(개)이다. 🔲 334개

12 ⁀core⁀ 두 수의 공약수는 두 수의 최대공약수의 약수이다.

$56 = 2^3 \times 7$, $84 = 2^2 \times 3 \times 7$의 최대공약수는 $2^2 \times 7 = 28$이다. 모든 공약수의 곱은
$1 \times 2 \times 2^2 \times 7 \times (2 \times 7) \times (2^2 \times 7)$
$= 2^6 \times 7^3 = 2^2 \times 7 \times 2^2 \times 7 \times 2^2 \times 7$
$= (2^2 \times 7)^3$이다.
따라서 어떤 수는 $2^2 \times 7 = 28$이다. 🔲 28

▶ 다른 풀이 ◀

(모든 공약수의 곱)$= 28^{\frac{6}{2}} = 28^3$
따라서 구하는 수는 28이다.

13 ⁀core⁀ 소인수분해된 꼴에서 최소공배수를 구할 때에는 각 수의 공통인 소인수와 공통이 아닌 소인수를 모두 찾아 곱한다. 이때 공통인 소인수의 지수는 같으면 그대로, 다르면 큰 것을 택한다.

최대공약수가 $2 \times 3 \times 5$, 최소공배수가 $2^2 \times 3^3 \times 5^3 \times 7$이므로 $a=3$, $b=2^2$, $c=5^3$이다.
$a \times b \times c = 3 \times 2^2 \times 5^3$에서 약수의 개수는
$(1+1) \times (2+1) \times (3+1) = 2 \times 3 \times 4 = 24$(개)이다.

🔲 24개

14 core 직사각형을 가능한 한 큰 정사각형으로 자를 때, 정사각형의 한 변을 최대공약수로 놓는다.

24와 18의 최대공약수는 6이므로 정사각형 모양의 김의 한 변의 길이는 6 cm이다.

큰 김 한 장당 정사각형 모양의 김

$(24 \div 6) \times (18 \div 6) = 4 \times 3 = 12$(장)이 되므로

큰 김 24장은 $24 \times 12 = 288$(장)이 되었다.

따라서 민주네 반 학생은 모두 $288 \div 8 = 36$(명)이다.

답 36명

15 core 12와 x의 최대공약수는 3이므로 x는 3의 배수이다.

$12 = 2^2 \times 3$이고, $12 \circ x = 3$이므로 x는 3의 배수 중 2의 배수가 아닌 수이다.

$30 = 2 \times 3 \times 5$이고, $90 = 2 \times 3^2 \times 5$, $x \heartsuit 30 = 90$이므로 x는 3^2이거나 $3^2 \times 5$이다. $6 < x < 24$이므로 x는 9이다. 답 9

16 core a는 70의 소인수 중 짝수가 아닌 수의 배수이다.

$70 = 2 \times 5 \times 7$에서 a는 5의 배수이거나 7의 배수이다.

(i) a가 5의 배수인 경우

a는 15의 배수이고 9의 배수가 아닌 수이므로 75이다.

(ii) a가 7의 배수인 경우

a는 21의 배수이고 9의 배수가 아닌 수인데 이것을 만족시키는 수가 없다.

(i), (ii)에서 $a = 75$이다. 답 75

17 (1) 땅콩은 나누어 주었더니 2개가 남았으므로 $50 - 2 = 48$, 호두는 하나도 남지 않았으므로 56이 나누어 먹은 사람 수로 나누어떨어진다.

최대한 많은 친구들과 나누어 먹었으므로

48과 56의 최대공약수를 구하면

$2 \times 2 \times 2 = 8$이므로 지수를 포함하여 총

8명이 나누어 먹었다. ··· ❶

$$
\begin{array}{r|rr}
2 & 48 & 56 \\
\hline
2 & 24 & 28 \\
\hline
2 & 12 & 14 \\
\hline
 & 6 & 7
\end{array}
$$

(2) 친구 한 명이 먹은 땅콩과 호두의 개수는 각각

$48 \div 8 = 6$(개), $56 \div 8 = 7$(개)이므로 그 차는 1개이다.

··· ❷

답 (1) 8명 (2) 1개

채점 기준	배점
❶ (1) 구하기	80 %
❷ (2) 구하기	20 %

18 core 세 수의 어느 수로 나누어도 6이 남는 수는 (세 수의 공배수)+6인 수이다.

최소공배수는

$2 \times 3 \times 5 \times 1 \times 2 \times 1 = 60$이므로

$60 + 6$, $120 + 6$, $180 + 6$, $240 + 6$,

···에서 200에 가장 가까운 수는 186이다.

$$
\begin{array}{r|rrr}
2 & 10 & 12 & 15 \\
\hline
3 & 5 & 6 & 15 \\
\hline
5 & 5 & 2 & 5 \\
\hline
 & 1 & 2 & 1
\end{array}
$$

답 186

19 core 어떤 수로 나눌 때, 부족한 만큼 더한 수와 남는 만큼 뺀 수는 어떤 수로 나누어떨어진다.

175를 나누면 5가 부족하고, 114를 나누면 6이 남으므로 $175 + 5 = 180$과 $114 - 6 = 108$이 a로 나누어떨어진다.

즉, a는 180과 108의 공약수이므로 180과 108의 최대공약수를 구하면

$2 \times 2 \times 3 \times 3 = 36$이다.

36의 약수는 1, 2, 3, 4, 6, 9, 12, 18, 36이고, a는 36의 약수 중 6보다 큰 수이므로 9, 12, 18, 36이 될 수 있다.

$$
\begin{array}{r|rr}
2 & 180 & 108 \\
\hline
2 & 90 & 54 \\
\hline
3 & 45 & 27 \\
\hline
3 & 15 & 9 \\
\hline
 & 5 & 3
\end{array}
$$

따라서 $m = 9$이고, $n = 36$이므로

$m + n = 9 + 36 = 45$이다. 답 45

20 core $\dfrac{A}{B}$, $\dfrac{C}{D}$, $\dfrac{E}{F}$의 어느 것에 곱해도 자연수가 되게 하는 가장 작은 수는 $\dfrac{(B, D, F\text{의 최소공배수})}{(A, C, E\text{의 최대공약수})}$이다.

$$
\begin{array}{r|rrr}
3 & 15 & 12 & 24 \\
\hline
2 & 5 & 4 & 8 \\
\hline
2 & 5 & 2 & 4 \\
\hline
 & 5 & 1 & 2
\end{array}
\qquad
\begin{array}{r|rrr}
7 & 28 & 7 & 35 \\
\hline
 & 4 & 1 & 5
\end{array}
$$

15, 12, 24의 최소공배수는 $3 \times 2 \times 2 \times 5 \times 1 \times 2 = 120$이고, 28, 7, 35의 최대공약수는 7이므로 구하는 가장 작은 기약분수는 $\dfrac{120}{7}$이다. 답 $\dfrac{120}{7}$

21 (1) $28 \times 4 = 112$에서 B의 톱니의 수는 112의 약수이다.

112의 약수는 1, 2, 4, 7, 8, 14, 16, 28, 56, 112이고 이 중 15 이상 28 미만인 수는 16이므로 B의 톱니의 수는 16개이다. ··· ❶

(2) 두 톱니바퀴가 맞물려 돌기 시작한 후 처음으로 다시 같은 톱니에서 맞물리는 것은 B가 $112 \div 16 = 7$(바퀴)를 돌고 난 후이다. ··· ❷

답 (1) 16개 (2) 7바퀴

채점 기준	배점
❶ (1) 구하기	60 %
❷ (2) 구하기	40 %

22 core 12, 9, 18, 27의 최대공약수를 CCTV 사이의 간격으로 한다.

12, 9, 18, 27의 최대공약수는 3이므로 총

$12 \div 3 + 9 \div 3 + 18 \div 3 + 27 \div 3 + 1$

$= 4 + 3 + 6 + 9 + 1 = 23$(대)의 CCTV를 설치한다.

따라서 총 설치비는 최소 $23 \times 80 = 1840$(만 원)이다.

답 1840만 원

23 (1) 구멍 A, B, C에서는 각각 24초, 30초, 45초가 지날 때마다 물이 뿜겨져 나오기 시작한다.

24, 30, 45의 최소공배수는

$3 \times 2 \times 5 \times 4 \times 1 \times 3 = 360$이므로

360초=6분마다 세 구멍에서 동시에 물이 뿜겨져 나오기 시작한다.

$$
\begin{array}{r|rrr}
3 & 24 & 30 & 45 \\
\hline
2 & 8 & 10 & 15 \\
\hline
5 & 4 & 5 & 15 \\
\hline
 & 4 & 1 & 3
\end{array}
$$

오전 9시 이후 처음으로 세 구멍에서 동시에 물이 뿜어져 나오기 시작하는 시각은 6분이 지난 오전 9시 6분이다.

… ❶

(2) 오전 9시부터 11시까지는 2시간=120분이므로 120÷6=20에서 세 구멍에서 동시에 물이 뿜어져 나오기 시작하는 횟수는 오전 9시를 포함하여 1+20=21(번)이다.

… ❷

📋 (1) 오전 9시 6분 (2) 21번

채점 기준	배점
❶ (1) 구하기	80 %
❷ (2) 구하기	20 %

24 core 세 수의 최소공배수를 정육면체의 한 모서리의 길이로 놓는다.

16, 24, 30의 최소공배수는 $2\times2\times2\times3\times2\times1\times5=240$이므로 정육면체의 한 모서리의 길이는 240 mm=24 cm이다.
$(240\div16)\times(240\div24)\times(240\div30)$
$=15\times10\times8=1200$
이므로 필요한 직육면체의 개수는 1200개이다.
따라서 $a=24$, $b=1200$이므로
$b\div a=1200\div24=50$이다.

```
2 ) 16  24  30
2 ) 8   12  15
2 ) 4   6   15
3 ) 2   3   15
    2   1    5
```

📋 50

25 core 4, 5, 6, 8개씩 담으면 1개가 꼭 남으므로 4, 5, 6, 8의 공배수보다 1개 많은 수의 귤이 있다.

4, 5, 6, 8의 최소공배수는 $2\times2\times1\times5\times3\times2=120$이므로 120의 배수보다 1개 많은 수의 귤이 있다. 상자 속에는 100개 이상 150개 이하의 귤이 있으므로 귤의 개수는 120+1=121(개)이다.
$121=13\times9+4$에서 한 봉지에 9개씩 담으면 4개의 귤이 남는다.

```
2 ) 4   5   6   8
2 ) 2   5   3   4
    1   5   3   2
```

📋 4개

26 core A를 소인수의 거듭제곱 꼴로 나타내어 해결한다.

$A=12\times a=2^2\times3\times a$라 하면 A를 14로 나누었을 때 어떤 자연수의 제곱이 되어야 하므로 a는 14의 배수이며 3의 배수이어야 한다.
따라서 가장 작은 a의 값은 $14\times3=42$로 가장 작은 A의 값은 $2^2\times3\times42=504$이다.

📋 504

Step A 만점 승승장구

43~44쪽

01 (1) $A=12$, $B=36$ (2) 4개	**02** 96	**03** 394, 786
04 728	**05** $\dfrac{225}{8}$	**06** 18명	**07** 64, 192
08 1시간 44분		

01 $A=a\times12$, $B=b\times12$, $C=c\times12$ (단, a, b, c의 최대공약수는 1)라 하면
$A+B+C=120$이므로
$a\times12+b\times12+c\times12=10\times12$
$\therefore a+b+c=10$

(1) $C=72=6\times12$에서 $c=6$이므로 $a=1$, $b=3$이다.
$\therefore A=12$, $B=36$

(2) $(a, b, c)=(1, 2, 7)$, $(1, 3, 6)$,
$(1, 4, 5)$, $(2, 3, 5)$에서
$(A, B, C)=(12, 24, 84)$, $(12, 36, 72)$,
$(12, 48, 60)$, $(24, 36, 60)$
따라서 모두 4개이다.

📋 (1) $A=12$, $B=36$ (2) 4개

02 $60=12\times5=2^2\times3\times5$
$40=8\times5=2^3\times5$
ㄱ, ㄴ에서 $a=2^3\times3\times m$ (단, m은 5의 배수가 아닌 자연수) 꼴이다.
$2^3\times3\times4=96$, $2^3\times3\times6=144$이므로 자연수 a의 최댓값은 96이다.

📋 96

03 두 수를 $7\times a$, $7\times b$ (단, a, b는 서로소, $a>b$)라 하면
$7\times a+7\times b=105$, $a+b=15$ ……①
$7\times a-7\times b=7$, $a-b=1$ ……②
①, ②에서 $a=8$, $b=7$이므로
두 수는 56, 49이다.
56, 49의 최소공배수는 $7\times8\times7=392$이고 $392\times2=784$, $392\times3=1176$이므로 1000보다 작은 수 중 두 수로 나누어 항상 2가 남는 수는 $392+2=394$, $784+2=786$이다.

```
7 ) 56  49
    8   7
```

📋 394, 786

04 6, 8, 9의 최소공배수는 $2\times3\times1\times4\times3=72$이다.
$72\times2=144$, $72\times3=216$에서 $a=216+4=220$
$72\times6=432$, $72\times7=504$에서 $b=504+4=508$
따라서 $a+b=220+508=728$이다.

```
2 ) 6   8   9
3 ) 3   4   9
    1   4   3
```

📋 728

05 세 분수에 곱해서 자연수가 되게 하는 가장 작은 분수는
$\dfrac{(15, 3, 25의 \ 최소공배수)}{(16, 40, 24의 \ 최대공약수)}$이다.

```
3 ) 15  3  25       2 ) 16  40  24
5 )  5  1  25       2 )  8  20  12
     1  1   5       2 )  4  10   6
                         2   5   3
```

15, 3, 25의 최소공배수는 $3\times5\times1\times1\times5=75$이고
16, 40, 24의 최대공약수는 $2\times2\times2=8$이므로
구하는 가장 작은 기약분수 $a=\dfrac{75}{8}$이다.

2. 최대공약수와 최소공배수 **25**

두 번째로 작은 기약분수 $b=\dfrac{75}{4}$이므로

$a+b=\dfrac{75}{8}+\dfrac{75}{4}=\dfrac{75}{8}+\dfrac{150}{8}=\dfrac{225}{8}$이다.

답 $\dfrac{225}{8}$

06 $74-2=72$, $113-5=108$, $157-13=144$이므로
72, 108, 144의 최대공약수를 구한다.

72, 108, 144의 최대공약수는
$2\times2\times3\times3=36$이고, 36의 약수
중에서 13보다 큰 수는 18과 36이다.
따라서 학생은 18명이거나 36명인
데 남은 간식 20개를 또 1개씩 나누
어 주어도 간식이 남았으므로 학생 수는 모두 18명이다.

```
2 ) 72  108  144
2 ) 36   54   72
3 ) 18   27   36
3 )  6    9   12
     2    3    4
```

답 18명

07 $M=16\times m$이라 하면 $32=16\times2$, $48=16\times3$,
$192=16\times2^2\times3$에서 m은 2^2의 배수이면서 $2^2\times3$의 약수
인 수이다.
$m=4$일 때, $M=16\times4=64$
$m=12$일 때, $M=16\times12=192$
따라서 M은 64, 192이다.

답 64, 192

08 정문에서 매표소까지 갔다가 다시 정문까지 오는 데 이층버
스는 12분, 미니버스는 16분이 걸린다. 12와 16의 최소공배
수는 48이므로 두 버스는 48분마다 정문에서 동시에 출발하
게 된다. 48분 동안 이층버스는 $48\div12=4$(번)을 왕복하므
로 총 $4\times25=100$(명)의 승객을 수송하고, 미니버스는
$48\div16=3$(번)을 왕복하므로 총 $3\times15=45$(명)의 승객
을 수송한다.
48분 동안 두 버스는 $100+45=145$(명)의 승객을 수송하
므로 96분 동안에는 $145\times2=290$(명)의 승객을 수송한다.
남은 30명을 이층버스만으로는 수송할 수 없으므로 다시 두
버스가 동시에 출발하면 이층버스는 6분 후에, 미니버스는 8
분 후에 매표소에 도착하게 된다.
따라서 320명을 매표소까지 수송하는 데 걸리는 최소 시간
은 $96+8=104$(분), 즉 1시간 44분이다.

답 1시간 44분

II 정수와 유리수

1 정수와 유리수

01 | 정수와 유리수

핵심원리 1 양수와 음수   46쪽

1-1 답 (1) -5 ℃ (2) $+250$원 (3) $+20$ m (4) -4층

1-2 0을 기준으로 0보다 작은 수에는 $-$를, 큰 수에는 $+$를 붙
여서 나타낸다.   답 (1) -5 (2) $+3$ (3) $-\dfrac{2}{3}$ (4) -0.5

1-3 양수는 0보다 큰 수로 양의 부호 $+$를 붙인 수이고, 음수는
0보다 작은 수로 음의 부호 $-$를 붙인 수이다.

답 (1) $+\dfrac{9}{2}$, $+2.9$ (2) -4.3, -5, $-\dfrac{7}{6}$

핵심원리 2 정수   47쪽

2-1 양의 정수, 0, 음의 정수를 통틀어 정수라 한다.
양의 정수는 자연수에 양의 부호 $+$를 붙인 수이므로 $+7$,
$+10$이고 음의 정수는 자연수에 음의 부호 $-$를 붙인 수이
므로 -4이다.
따라서 정수는 -4, 0, $+7$, $+10$이다.

답 -4, 0, $+7$, $+10$

2-2 음의 정수는 자연수에 음의 부호 $-$를 붙인 수이므로 -4,
-10의 2개이다.   답 2개

2-3 답 (1) $+3$ (2) $-\dfrac{12}{3}$, -7 (3) $-\dfrac{12}{3}$, 0, $+3$, -7

핵심원리 3 유리수   48쪽

3-1 (1) 양의 유리수는 분모, 분자가 모두 자연수인 분수에 양의
부호를 붙인 수로 $+3$, $+\dfrac{1}{3}$, $+1.5$, $+8$, $+23$의 5개
이다.
(2) 음의 유리수는 분모, 분자가 모두 자연수인 분수에 음의
부호를 붙인 수로 $-\dfrac{3}{2}$, -10, $-\dfrac{4}{5}$의 3개이다.

답 (1) 5개 (2) 3개

3-2 소수나 기약분수는 정수가 아닌 유리수이다.
9와 $\dfrac{6}{3}=2$는 정수이고, -1.5는 소수, $\dfrac{1}{2}$, $-\dfrac{5}{3}$는 기약
분수이므로 정수가 아닌 유리수는 -1.5, $\dfrac{1}{2}$, $-\dfrac{5}{3}$의 3개
이다.   답 3개

4-1 점 A는 0을 나타내는 점에서 왼쪽으로 5만큼 떨어져 있으므로 -5를 나타낸다.

점 B는 0을 나타내는 점에서 왼쪽으로 $4\frac{1}{2}$만큼 떨어져 있으므로 $-4\frac{1}{2}=-\frac{9}{2}$를 나타낸다.

점 C는 0을 나타내는 점에 있으므로 0을 나타낸다.

점 D는 0을 나타내는 점에서 오른쪽으로 $4\frac{2}{3}$만큼 떨어져 있으므로 $+4\frac{2}{3}=+\frac{14}{3}$를 나타낸다.

답 $A:-5, B:-\frac{9}{2}, C:0, D:+\frac{14}{3}$

4-2 점 A와 B는 각각 0을 나타내는 점에서 왼쪽으로 3, 1.5만큼 떨어져 있으므로 -3과 -1.5를 나타낸다. 점 C는 0을 나타내는 점에 있으므로 0을 나타낸다. 점 D와 E는 각각 0을 나타내는 점에서 오른쪽으로 $\frac{5}{3}$, 4만큼 떨어져 있으므로 $+\frac{5}{3}$와 $+4$를 나타낸다. 답 ②

4-3 답

Step C 유형 다지기

50~52쪽

01 (1) $+8, -4$ (2) $+1000$ (3) -25			**02** ④
03 ③	**04** ③, ⑤	**05** ③, ④	**06** 1	**07** ③
08 8	**09** ②, ③	**10** ④	**11** ③, ④	**12** ②
13 풀이 참조	**14** ⑤	**15** -2		
16 $a=-3, b=2$	**17** -1	**18** $-3, 13$		

01 서로 반대되는 성질을 가지고 있는 양을 수로 나타낼 때, 어떤 기준을 중심으로 한쪽은 +로 나타내고, 다른 한쪽은 −로 나타낸다. 이때 증가하는 양을 +로, 감소하는 양을 −로 나타낸다.
(1) 평균 점수가 0점이므로 평균보다 8점 높은 점수는 $+8$점, 평균보다 4점 낮은 점수는 -4점으로 나타낸다.
(2) 800원 손해를 -800원이라 했으므로 1000원 이익은 $+1000$원이다.
(3) 현재 위치를 기준으로 동쪽으로 10 m 떨어진 거리를 $+10$ m라 했으므로 반대 방향인 서쪽으로 25 m 떨어진 거리는 -25 m이다.

답 (1) $+8, -4$ (2) $+1000$ (3) -25

---

02 ① 1년 전 ⇨ -1년
② 15 % 증가 ⇨ $+15$ %
③ 2 °C 낮아진 ⇨ -2 °C
④ 11 % 인상 ⇨ $+11$ %
⑤ 2만 원 적게 ⇨ -2만 원 답 ④

03 ① 15점 상승 ⇨ $+15$점
② 영상 12 °C ⇨ $+12$ °C
③ 지하 2층 ⇨ -2층
④ 100원 인상 ⇨ $+100$원
⑤ 1시간 후 ⇨ $+1$시간
따라서 ③의 부호만 −로 나머지 넷과 다르다. 답 ③

04 정수는 $0, +\frac{6}{3}=+2$이다. 답 ③, ⑤

05 양의 정수가 아닌 정수는 0과 음의 정수이다.
따라서 $0, -5$이다. 답 ③, ④

06 양의 정수는 3, 2의 2개이므로 $a=2$ ⋯ ❶
음의 정수는 $-8, -5, -\frac{8}{2}=-4$의 3개이므로 $b=3$ ⋯ ❷

따라서 $b-a=1$이다. ⋯ ❸
답 1

채점 기준	배점
❶ a의 값 구하기	45 %
❷ b의 값 구하기	45 %
❸ $b-a$의 값 구하기	10 %

07 ① 5는 정수이다.
② $\frac{8}{2}=4$는 정수이다.
④ $-1, 0, 1$은 정수이다.
⑤ $1, -2$는 정수이다. 답 ③

08 양의 유리수는 $+\frac{8}{4}=+2, \frac{1}{2}, 3.5$의 3개이므로 $a=3$
음의 유리수는 $-3, -1\frac{3}{5}$의 2개이므로 $b=2$
정수가 아닌 유리수는 $\frac{1}{2}, 3.5, -1\frac{3}{5}$의 3개이므로 $c=3$
∴ $a+b+c=8$ 답 8

09 ① 양수는 $\frac{10}{5}, 4.6, +3$의 3개이다.
② 음수는 $-9, -\frac{5}{7}$의 2개이다.
③ 정수는 $\frac{10}{5}, -9, 0, +3$의 4개이다.
④ 자연수는 $\frac{10}{5}, +3$의 2개이다.
⑤ 주어진 수는 모두 유리수이므로 6개이다. 답 ②, ③

10 ① 0은 정수이고, 모든 정수는 유리수이므로 0은 유리수이다.
② 정수는 양의 정수, 0, 음의 정수로 이루어져 있다.

③ 1과 2 사이에는 정수가 존재하지 않는다.

⑤ 모든 정수는 유리수이므로 유리수가 아닌 정수는 존재하지 않는다.　　　　　　　　　　　　　　답 ④

11 ③ 음의 정수 중 가장 큰 수가 -1이고, 가장 작은 수는 구할 수 없다.

④ 음이 아닌 정수는 0과 자연수이다.　　　　답 ③, ④

12 점 A가 나타내는 수는 -4이고, 점 E가 나타내는 수는 $+5(=5)$이다.

점 B는 -2와 -3에서 같은 거리에 있으므로 점 B가 나타내는 수는 -2.5이다.

점 C는 0과 $+1$ 사이를 삼등분하는 점 중 $+1$에 가까운 점이므로 점 C가 나타내는 수는 $+\dfrac{2}{3}\left(=\dfrac{2}{3}\right)$이다.

점 D는 $+2$와 $+3$에서 같은 거리에 있으므로 점 D가 나타내는 수는 $+2.5\left(=+2\dfrac{1}{2}\right)$이다.　답 ②

13 점 A가 나타내는 수는 -3, 점 B가 나타내는 수는 $+2$이다.

답

14 다섯 개의 점 A, B, C, D, E가 나타내는 수는 다음과 같다.

$A : -1, B : -5, C : \dfrac{5}{2}, D : -\dfrac{1}{2}, E : -\dfrac{11}{3}$

③ 정수는 -1, -5의 2개이다.

④ 음수는 -1, -5, $-\dfrac{1}{2}$, $-\dfrac{11}{3}$의 4개이다.

⑤ 정수가 아닌 유리수는 $\dfrac{5}{2}$, $-\dfrac{1}{2}$, $-\dfrac{11}{3}$의 3개이다.

답 ⑤

15 주어진 수를 수직선 위에 나타내면 다음 그림과 같다.

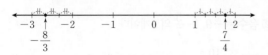

따라서 왼쪽에서 두 번째에 있는 수는 -2이다.　답 -2

16 $-\dfrac{8}{3}$과 $\dfrac{7}{4}$를 수직선 위에 나타내면 다음 그림과 같다.

$\therefore a=-3, b=2$　　　　　　　　답 $a=-3, b=2$

17 다음 그림에서 -6과 4를 나타내는 두 점으로부터 같은 거리에 있는 점이 나타내는 수는 -1이다.

답 -1

18 다음 그림에서 5를 나타내는 점으로부터의 거리가 8인 두 점이 나타내는 수는 -3, 13이다.

답 -3, 13

02 | 수의 대소 관계

핵심
원리 **1** 절댓값　　　　　　　　　　　　　　　53쪽

1-1 답 (1) 6　(2) $\dfrac{7}{4}$　(3) 3.1　(4) 8

1-2 절댓값이 $a(a>0)$인 수는 $+a$, $-a$이다.

(3) 절댓값이 $\dfrac{2}{3}$인 수는 $+\dfrac{2}{3}$, $-\dfrac{2}{3}$이고 이 중 양수는 $+\dfrac{2}{3}$이다.

(4) 절댓값이 1.9인 수는 $+1.9$, -1.9이고 이 중 음수는 -1.9이다.

답 (1) $+5$, -5　(2) $+\dfrac{4}{9}$, $-\dfrac{4}{9}$　(3) $+\dfrac{2}{3}$　(4) -1.9

1-3 $|2.7|=2.7$, $|-6|=6$, $|3|=3$, $\left|-\dfrac{1}{2}\right|=\dfrac{1}{2}$이므로

절댓값이 큰 수부터 차례대로 나열하면

$-6, 3, 2.7, -\dfrac{1}{2}$이다.　　　답 $-6, 3, 2.7, -\dfrac{1}{2}$

핵심
원리 **2** 수의 대소 관계　　　　　　　　　　54쪽

2-1 (1) 양수는 0보다 크므로 $+1.4>0$

(2) 음수는 양수보다 작으므로 $-1.2<+\dfrac{5}{3}$이다.

(3) $\left|-2\dfrac{4}{7}\right|=2\dfrac{4}{7}$, $|-1.8|=1.8$이므로

$\left|-2\dfrac{4}{7}\right|>|-1.8|$

두 음수에서는 절댓값 큰 수가 작으므로

$-2\dfrac{4}{7}<-1.8$

(4) $|+3.2|=3.2$, $|+8|=8$

두 양수에서는 절댓값 큰 수가 크므로 $+3.2<+8$이다.

답 (1) $>$　(2) $<$　(3) $<$　(4) $<$

2-2 ① (음수)<0이므로 $-\dfrac{3}{4}<0$

② $\left|-\dfrac{7}{2}\right|=\dfrac{7}{2}=\dfrac{21}{6}$, $\left|-\dfrac{10}{3}\right|=\dfrac{10}{3}=\dfrac{20}{6}$이므로

$\left|-\dfrac{7}{2}\right|>\left|-\dfrac{10}{3}\right|$　　$\therefore -\dfrac{7}{2}<-\dfrac{10}{3}$

③ $|+1.3|=1.3$, $|-2.1|=2.1$이므로

$|+1.3|<|-2.1|$

④ (양수)>(음수)이므로 $+2.5>-1$

⑤ $\dfrac{8}{5}=\dfrac{64}{40}$, $\dfrac{11}{8}=\dfrac{55}{40}$이고 $\dfrac{64}{40}>\dfrac{55}{40}$이므로 $\dfrac{8}{5}>\dfrac{11}{8}$

답 ③

2-3 여러 수의 대소를 비교할 때는 먼저 양수는 양수끼리, 음수는 음수끼리 대소를 비교한 후 (음수)<0<(양수)임을 이용하는 것이 편리하다.

양수끼리 대소를 비교하면 $0.4<\dfrac{8}{3}$이고 음수끼리 대소를 비교하면 $-7<-\dfrac{2}{5}$이므로 작은 수부터 차례대로 나열하면 -7, $-\dfrac{2}{5}$, 0, 0.4, $\dfrac{8}{3}$이다.

답 -7, $-\dfrac{2}{5}$, 0, 0.4, $\dfrac{8}{3}$

핵심원리 3 부등호의 사용
55쪽

3-1 (1) '초과'는 '크다.'를 의미하므로 $x>7$이다.
(2) '미만'은 '작다.'를 의미하므로 $x<-3$이다.
(3) '작지 않다.'는 '크거나 같다.'를 의미하므로 $x\geq 12$이다.
(4) '이하'는 '작거나 같다.'를 의미하므로 $x\leq -8$이다.

답 (1) $x>7$ (2) $x<-3$ (3) $x\geq 12$ (4) $x\leq -8$

3-2 답 (1) $2\leq a<5$ (2) $-\dfrac{4}{9}\leq x\leq 3.2$ (3) $-\dfrac{1}{2}<m\leq 1.4$

3-3 $\dfrac{5}{4}=1.25$이므로 $-3<x\leq \dfrac{5}{4}$를 만족시키는 정수는 -2, -1, 0, 1이다.

답 -2, -1, 0, 1

Step C 유형 다지기
56~58쪽

01 14	**02** $\dfrac{55}{12}$	**03** 9	**04** ④	**05** ②
06 $m=3, n=-3$		**07** $a=\dfrac{6}{5}, b=-\dfrac{6}{5}$		**08** ⑤
09 4개	**10** 4	**11** ④	**12** ④	**13** ②
14 ②	**15** ⑤	**16** ㄱ, ㄹ	**17** ④	**18** 8
19 10개				

01 절댓값이 7인 두 수는 $+7$과 -7이다. 수직선 위에서 $+7$, -7을 나타내는 두 점 사이의 거리는 14이다.

답 14

02 $a=\left|-\dfrac{9}{4}\right|=\dfrac{9}{4}$

절댓값이 $\dfrac{7}{3}$인 수는 $\dfrac{7}{3}$, $-\dfrac{7}{3}$이므로 $b=\dfrac{7}{3}$

$\therefore a+b=\dfrac{9}{4}+\dfrac{7}{3}=\dfrac{55}{12}$

답 $\dfrac{55}{12}$

03 $|-7|=7$, $\left|-\dfrac{3}{4}\right|=\dfrac{3}{4}$, $\left|+\dfrac{5}{4}\right|=\dfrac{5}{4}$이므로 세 수 -7, $-\dfrac{3}{4}$, $+\dfrac{5}{4}$의 절댓값의 합은

$7+\dfrac{3}{4}+\dfrac{5}{4}=7+\dfrac{8}{4}=7+2=9$이다.

답 9

04 ① 절댓값이 4인 수는 $+4$와 -4의 2개이다.
② $m=-2$이면 $|-2|\neq -2$이다.
③ 음수는 절댓값이 클수록 작다.
⑤ $m=-2$, $n=-3$이면 $|-2|<|-3|$이지만 $-2>-3$이다.

답 ④

05 ① 절댓값은 어떤 수를 나타내는 점과 0을 나타내는 점과의 거리이므로 0을 나타내는 점에서 멀수록 절댓값이 크다.
② 음수는 수직선 위에서 오른쪽에 있는 수가 왼쪽에 있는 수보다 절댓값이 작다.
③ 절댓값은 0이거나 양수이므로 절댓값이 음수인 수는 없다.
⑤ 음수의 절댓값은 양수이고 0의 절댓값은 0이므로 0의 절댓값보다 음수의 절댓값이 크다.

답 ②

06 m이 n보다 6만큼 크므로 두 수 m, n을 나타내는 두 점 사이의 거리가 6이다.

따라서 두 점은 0을 나타내는 점으로부터 각각 $6\times \dfrac{1}{2}=3$만큼 떨어져 있으므로 두 수는 3, -3이다.

이때 $m>n$이므로 $m=3$, $n=-3$이다.

답 $m=3$, $n=-3$

07 두 수의 절댓값이 같으므로 두 수 a, b를 나타내는 점은 각각 0을 나타내는 점에서 각각 $\dfrac{12}{5}\times \dfrac{1}{2}=\dfrac{6}{5}$만큼 떨어진 점이다.

따라서 두 수는 $\dfrac{6}{5}$, $-\dfrac{6}{5}$이고 $a>b$이므로

$a=\dfrac{6}{5}$, $b=-\dfrac{6}{5}$이다.

답 $a=\dfrac{6}{5}$, $b=-\dfrac{6}{5}$

08 0을 나타내는 점에서 가장 멀리 떨어져 있는 점이 나타내는 수는 절댓값이 가장 큰 수이다.

주어진 수의 절댓값의 대소를 비교하면

$|12|>|-8|>\left|-\dfrac{9}{2}\right|>\left|\dfrac{25}{8}\right|>|-2.8|$

따라서 구하는 수는 12이다.

답 ⑤

09 절댓값이 $\dfrac{7}{4}$ 이상 4 미만인 수는 2, 3이다.

절댓값이 2인 수는 2, -2
절댓값이 3인 수는 3, -3

따라서 조건을 만족시키는 정수는 4개이다.

답 4개

10 $|-7|=7$, $\left|\dfrac{11}{5}\right|=\dfrac{11}{5}$, $|4.3|=4.3$,

$\left|-\dfrac{59}{7}\right|=\dfrac{59}{7}$, $|-2|=2$, $\left|+9\dfrac{5}{8}\right|=9\dfrac{5}{8}$,

$|+12|=12$이다.

절댓값이 5보다 큰 수는 -7, $-\dfrac{59}{7}$, $+9\dfrac{5}{8}$, $+12$의

4개이므로 $a=4$이다. ··· ❶

절댓값이 2보다 작은 수는 없으므로 $b=0$이다. ··· ❷

따라서 $a-b=4$이다. ··· ❸

답 4

채점 기준	배점
❶ a의 값 구하기	45 %
❷ b의 값 구하기	45 %
❸ a와 b의 차 구하기	10 %

11 ① 음수는 0보다 작으므로 $-2<0$이다.

② 양수는 음수보다 크므로 $+3.8>-5$이다.

③ $\left|+\dfrac{1}{2}\right|=\dfrac{1}{2}$, $\left|+\dfrac{1}{4}\right|=\dfrac{1}{4}$

두 양수에서는 절댓값이 큰 수가 크므로

$+\dfrac{1}{2}>+\dfrac{1}{4}$이다.

④ $|-1.5|=1.5$, $|-2.4|=2.4$

두 음수에서는 절댓값이 큰 수가 작으므로

$-1.5>-2.4$이다.

⑤ 양수는 음수보다 크므로 $+1>-5.2$이다. 답 ④

12 $-\dfrac{15}{4}<-1.9<0<|-2|<+4.5$이므로 두 번째로 작은 수는 -1.9이다. 답 ④

13 두 음수에서는 절댓값이 작은 수가 크다.

$\left|-\dfrac{7}{5}\right|=\dfrac{7}{5}=1.4<|-2.2|=2.2$이므로

$-\dfrac{7}{5}>-2.2$이다.

양수는 0보다 크므로 $0<+1.3$이고,

두 양수에서는 절댓값이 큰 수가 크므로

$\left|+\dfrac{9}{2}\right|=\dfrac{9}{2}=4.5>|+4.2|=4.2$에서

$+\dfrac{9}{2}>+4.2$이다.

따라서 지호네 집은 B이다. 답 ②

14 '작지 않고'는 '크거나 같고'를 의미하고 '미만'은 '작다.'를 의미하므로 $-1\le x<5$이다. 답 ②

15 ① a는 3.2 이상이다. ⇨ $a\ge3.2$

② a는 4보다 작거나 같다. ⇨ $a\le4$

③ a는 $-\dfrac{2}{5}$ 초과 1.2 미만이다. ⇨ $-\dfrac{2}{5}<a<1.2$

④ a는 -1.8보다 크고 2.6 이하이다.

⇨ $-1.8<a\le2.6$

⑤ a는 $\dfrac{3}{7}$보다 크거나 같고 2 미만이다.

⇨ $\dfrac{3}{7}\le a<2$ 답 ⑤

16 ㄱ. $-\dfrac{1}{2}<x\le3$ 　　ㄴ. $-\dfrac{1}{2}\le x\le3$

ㄷ. $-\dfrac{1}{2}\le x<3$ 　　ㄹ. $-\dfrac{1}{2}<x\le3$

ㅁ. $-\dfrac{1}{2}\le x\le3$

따라서 $-\dfrac{1}{2}<x\le3$을 나타내는 것은 ㄱ, ㄹ이다.

답 ㄱ, ㄹ

17 -4보다 크고 $\dfrac{11}{3}=3\dfrac{2}{3}$보다 작거나 같은 정수는

-3, -2, -1, 0, 1, 2, 3의 7개이다. 답 ④

18 $-\dfrac{16}{3}=-5\dfrac{1}{3}$이므로 $-\dfrac{16}{3}$과 3.2 사이에 있는 정수는

-5, -4, -3, -2, -1, 0, 1, 2, 3이다. 이 중 가장 큰 수는 3이고, 가장 작은 수는 -5이다. ··· ❶

3, -5를 수직선 위에 점으로 나타낼 때, 두 점 사이의 거리는 8이다. ··· ❷

답 8

채점 기준	배점
❶ 가장 큰 정수와 가장 작은 정수 구하기	70 %
❷ 두 수가 나타내는 점 사이의 거리 구하기	30 %

19 $-\dfrac{5}{3}=-\dfrac{10}{6}$이고, $\dfrac{1}{2}=\dfrac{3}{6}$이므로 분모가 6인 유리수는

$-\dfrac{9}{6}$, $-\dfrac{8}{6}$, $-\dfrac{7}{6}$, ···, $\dfrac{2}{6}$이다. 이 중 정수가 아닌 유리수는

$-\dfrac{9}{6}$, $-\dfrac{8}{6}$, $-\dfrac{7}{6}$, $-\dfrac{5}{6}$, $-\dfrac{4}{6}$, $-\dfrac{3}{6}$, $-\dfrac{2}{6}$, $-\dfrac{1}{6}$, $\dfrac{1}{6}$,

$\dfrac{2}{6}$의 10개이다. 답 10개

Step B 내신 다지기

59~62쪽

01 ④ 　　**02** (1) 오른쪽, 200 m 　(2) 오른쪽, 300 m

03 ⑤ 　**04** ④ 　**05** ④ 　**06** ④, ⑤ 　**07** ⑤

08 ② 　**09** ④ 　**10** $a=\dfrac{3}{10}$, $b=-\dfrac{3}{10}$ 　**11** $\dfrac{15}{2}$

12 3 　**13** ④ 　**14** (1) 6 (2) -2 　**15** $-\dfrac{7}{9}$

16 (1) 점 C (2) 점 D (3) 점 B, 점 D, 점 C, 점 A

17 2, -3, 3.5, $\dfrac{19}{5}$, -5.7, $-\dfrac{23}{4}$, $-\dfrac{51}{8}$ 　**18** ④

19 ② 　**20** 6 　**21** 6개 　**22** (1) 13 (2) 5 (3) 18

23 $a=-5.2$, $b=+\dfrac{11}{2}$, $c=0$, $d=+\dfrac{11}{2}$

24 $-\dfrac{4}{5}$, $-\dfrac{3}{4}$, -0.23, 0, $+\dfrac{1}{4}$, $+\dfrac{3}{8}$ 　**25** 6개

26 $\dfrac{1}{b}<\dfrac{1}{a}<\dfrac{1}{d}<\dfrac{1}{c}$ 　**27** 3개

01 `core` 기준보다 크거나 많은 값에는 $+$부호, 작거나 적은 값에는 $-$부호를 붙인다.

④ 출발 3시간 전은 -3시간으로 나타낸다.　　　　답 ④

02 모래구멍의 위치를 0이라 하고, 오른쪽을 $+$, 왼쪽을 $-$로 놓고 문제를 푼다.

(1) 오른쪽으로 800 m, 왼쪽으로 600 m 갔으므로 각각 $+800$ m, -600 m 움직인 것으로 볼 수 있다. 결론적으로 $+200$ m 움직인 것이므로 오른쪽으로 200 m 떨어져 있다. … ❶

(2) $+200$ m의 위치에서 -400 m, $+500$ m 움직인 것으로 $+300$ m의 위치에 있는 것으로 볼 수 있다.

따라서 오른쪽으로 300 m 떨어져 있다. … ❷

답 (1) 오른쪽, 200 m　(2) 오른쪽, 300 m

채점 기준	배점
❶ (1) 구하기	50 %
❷ (2) 구하기	50 %

03 `core` 0을 나타내는 점에서 가장 멀리 떨어진 수가 절댓값이 가장 큰 수이다.

$|-4.3|=4.3$ $|9|=9$, $\left|\dfrac{5}{2}\right|=\dfrac{5}{2}=2.5$,

$\left|-\dfrac{3}{4}\right|=\dfrac{3}{4}=0.75$, $|-10.8|=10.8$

따라서 0을 나타내는 점에서 가장 멀리 떨어져 있는 수는 -10.8이다.

답 ⑤

04 `core` $\dfrac{16}{3}$을 대분수로 나타낸 후 문제를 해결한다.

$\dfrac{16}{3}=5\dfrac{1}{3}$이므로 $-\dfrac{5}{9}$와 $\dfrac{16}{3}$ 사이에 있는 정수는

$0, 1, 2, 3, 4, 5$의 6개이다.　　　　답 ④

05 `core` (음수)$<0<$(양수)이고 양수끼리는 절댓값이 큰 수가 크다.

$\dfrac{5}{2}=2.5$, $|-3.5|=3.5$, $\left|-\dfrac{11}{4}\right|=\dfrac{11}{4}=2.75$이므로

$-4<0<\dfrac{5}{2}<\left|-\dfrac{11}{4}\right|<|-3.5|$이다.　　　答 ④

06 `core` 유리수는 정수를 포함하는 수로 모든 유리수는 수직선 위에 나타낼 수 있다.

④ 유리수는 분모가 0이 아닌 정수, 분자가 정수인 분수로 나타낼 수 있는 수이다.

⑤ 0과 2 사이에는 무수히 많은 유리수가 있다.

답 ④, ⑤

07 `core` 0도 유리수이다.

① 정수는 $15, -21, 0, \dfrac{15}{3}=5$의 4개이다.

② 양수는 $15, \dfrac{2}{9}, \dfrac{15}{3}$의 3개이다.

③ 자연수는 $15, \dfrac{15}{3}=5$의 2개이다.

④ 주어진 수는 모두 유리수이므로 유리수는 7개이다.

⑤ 음의 유리수는 $-7.3, -21, -\dfrac{3}{7}$의 3개이다.

답 ⑤

08 `core` 수직선에서 0의 왼쪽에 있는 수는 음수이고, 오른쪽에 있는 수는 양수이다.

② 점 B가 나타내는 수는 $-\dfrac{5}{3}$이다.　　답 ②

09 `core` 수직선에서 가장 오른쪽에 있는 수가 가장 큰 수이다.

주어진 수를 작은 것부터 차례로 나열하면

$-\dfrac{7}{2}, -1.9, 0, \dfrac{13}{4}, 3.5$이므로 가장 오른쪽에 있는 수는 3.5이다.　　答 ④

10 `core` 0을 나타내는 점에서 같은 거리에 있고, 두 점 사이의 거리가 $2\times a$인 두 점은 각각 a와 $-a$이다.

두 수 a, b는 절댓값이 같고, 수직선 위에서 두 수를 나타내는 점 사이의 거리가 $\dfrac{3}{5}$이므로 두 점은 0을 나타내는 점에서

각각 $\dfrac{3}{5}\times\dfrac{1}{2}=\dfrac{3}{10}$만큼 떨어져 있다.

$a>b$이므로 $a=\dfrac{3}{10}$, $b=-\dfrac{3}{10}$이다.

답 $a=\dfrac{3}{10}$, $b=-\dfrac{3}{10}$

11 `core` 0과 $2\times a$를 나타내는 두 점의 한가운데에 있는 점에 대응하는 수는 a이다.

$|-6|=6$, $|9|=9$, $|0|=0$, $|11|=11$, $|15|=15$, $|-7|=7$이므로 $a=15$, $b=0$이다.

따라서 수직선에서 두 수 a, b를 나타내는 두 점의 한가운데에 있는 점에 대응하는 수는 $\dfrac{15}{2}$이다.　　答 $\dfrac{15}{2}$

12 -2.4와 $\dfrac{18}{5}=3\dfrac{3}{5}$ 사이에 있는 정수는

$-2, -1, 0, 1, 2, 3$이다. … ❶

이 정수 중 절댓값이 가장 큰 정수는 3이다. … ❷

답 3

채점 기준	배점
❶ -2.4와 $\dfrac{18}{5}$ 사이에 있는 정수 구하기	70 %
❷ 절댓값이 가장 큰 정수 구하기	30 %

13 `core` $a\geq b \iff a$는 b보다 크거나 같다. $\iff a$는 b보다 작지 않다.

④ '작지 않고'는 '크거나 같고'이므로 $-3\leq a\leq 6$이다.

답 ④

14 (1) 두 점 A, B 사이의 거리는 32이므로 두 점으로부터 같은 거리에 있는 점은 각 점으로부터 $32\times\dfrac{1}{2}=16$만큼 떨어져 있는 점이다. 따라서 점 C가 나타내는 수는

$-10+16=6$이다. … ❶

(2) 두 점 A, C 사이의 거리는 16이므로 두 점의 한가운데에 있는 점 D가 나타내는 수는 각 점으로부터

$16 \times \dfrac{1}{2} = 8$만큼 떨어진 $-10 + 8 = -2$이다. $\qquad$ ❷

🔲 (1) 6 (2) -2

채점 기준	배점
❶ (1) 구하기	50 %
❷ (2) 구하기	50 %

15 ᶜᵒʳᵉ $x \neq y$, $|x| = |y|$ 이면 $x = -y$이다.

두 수 중 큰 수를 a, 작은 수를 b라 하면 a와 b의 절댓값은 같고, a가 b보다 $\dfrac{14}{9}$만큼 크므로 $a > 0$, $b < 0$이다. 두 수는 0을 나타내는 점으로부터 각각 $\dfrac{14}{9} \times \dfrac{1}{2} = \dfrac{7}{9}$만큼 떨어진 점을 나타내는 수이므로 $a = \dfrac{7}{9}$, $b = -\dfrac{7}{9}$이다.

따라서 두 수 중 작은 수는 $-\dfrac{7}{9}$이다. 🔲 $-\dfrac{7}{9}$

16 ᶜᵒʳᵉ 네 점을 수직선 위에 나타낸 후 문제를 해결한다.

네 점 A, B, C, D를 수직선 위에 나타내면 다음과 같다.

(1) $-\dfrac{2}{5} = -0.4$에서 $|+0.25| < |-0.4|$이므로 0을 나타내는 점에 가장 가까운 점은 $+0.25$에 대응하는 점 C이다.

(2) 점 C와 점 D 사이의 거리는 $0.25 + 0.4 = 0.65$이고, 점 C와 점 A 사이의 거리는 $1.5 - 0.25 = 1.25$이다.
따라서 점 C에 가장 가까운 점은 점 D이다.

(3) 수직선 위에서 왼쪽에 있는 점부터 나열하면 점 B, 점 D, 점 C, 점 A이다.

🔲 (1) 점 C (2) 점 D (3) 점 B, 점 D, 점 C, 점 A

17 ᶜᵒʳᵉ 부호를 떼어내 절댓값을 구하여 크기를 비교한다.

$\left| -\dfrac{51}{8} \right| = \dfrac{51}{8} = 6.375$, $|-5.7| = 5.7$, $|-3| = 3$,

$|2| = 2$, $|3.5| = 3.5$, $\left| -\dfrac{23}{4} \right| = \dfrac{23}{4} = 5.75$,

$\left| \dfrac{19}{5} \right| = \dfrac{19}{5} = 3.8$

$2 < 3 < 3.5 < 3.8 < 5.7 < 5.75 < 6.375$이므로 절댓값이 작은 수부터 차례대로 나열하면

$2, -3, 3.5, \dfrac{19}{5}, -5.7, -\dfrac{23}{4}, -\dfrac{51}{8}$이다.

🔲 $2, -3, 3.5, \dfrac{19}{5}, -5.7, -\dfrac{23}{4}, -\dfrac{51}{8}$

18 ᶜᵒʳᵉ (음수) $< 0 <$ (양수)

① $\left| +\dfrac{3}{4} \right| = \left| +\dfrac{15}{20} \right| = \dfrac{15}{20}$,

$\left| +\dfrac{2}{5} \right| = \left| +\dfrac{8}{20} \right| = \dfrac{8}{20}$

$\therefore +\dfrac{3}{4} > +\dfrac{2}{5}$

② $-2 < +\dfrac{5}{2}$

③ $\left| -\dfrac{2}{5} \right| = 0.4$, $|-0.6| = 0.6$

$\therefore -\dfrac{2}{5} > -0.6$

④ $\left| -\dfrac{1}{4} \right| = \left| -\dfrac{2}{8} \right| = \dfrac{2}{8}$, $\left| -\dfrac{3}{8} \right| = \dfrac{3}{8}$

$\therefore -\dfrac{1}{4} > -\dfrac{3}{8}$

⑤ $-1.4 < 0$ 🔲 ④

19 ᶜᵒʳᵉ $|x| < a \rightarrow -a < x < a$

$\dfrac{8}{5} = 1.6$이고 $-\dfrac{7}{2} = -3.5$이므로 절댓값이 3 미만인 수는 $\dfrac{8}{5}$, 0, 2.4의 3개이다. 🔲 ②

20 ᶜᵒʳᵉ -5.6과 $\dfrac{21}{4}$이 각각 어느 두 정수 사이에 있는지 먼저 생각한다.

-5.6은 -5와 -6 사이에 있는 수로 -6에 가깝고, $\dfrac{21}{4} = 5.25$는 5와 6 사이에 있는 수로 5에 가깝다.

$|a| = |-6| = 6$, $|b| = |5| = 5$이므로 a와 b의 절댓값 중 큰 절댓값은 6이다. 🔲 6

21 ᶜᵒʳᵉ $\dfrac{2}{3}$보다 크고 $\dfrac{7}{5}$보다 작은 분수 중 분모가 15이고 분자가 15와 서로소인 분수를 찾는다.

$\dfrac{2}{3} = \dfrac{10}{15}$이고, $\dfrac{7}{5} = \dfrac{21}{15}$이므로 두 수 사이에 있는 수 중 분모가 15인 기약분수는

$\dfrac{11}{15}, \dfrac{13}{15}, \dfrac{14}{15}, \dfrac{16}{15}, \dfrac{17}{15}, \dfrac{19}{15}$의 6개이다. 🔲 6개

22 (1) 두 점이 가장 멀리 있을 때는 두 점이 나타내는 수의 부호가 다를 때이다.
A : $+4$, B : -9 또는 A : -4, B : $+9$일 때로 두 점 사이의 거리 $a = 13$이다. $\qquad$ ❶

(2) 두 점이 가장 가까울 때에는 두 점이 나타내는 수의 부호가 같을 때이다.
A : $+4$, B : $+9$ 또는 A : -4, B : -9일 때로 두 점 사이의 거리 $b = 5$이다. $\qquad$ ❷

(3) $a + b = 13 + 5 = 18$ $\qquad$ ❸

🔲 (1) 13 (2) 5 (3) 18

채점 기준	배점
❶ (1) 구하기	45 %
❷ (2) 구하기	45 %
❸ (3) 구하기	10 %

23 ᶜᵒʳᵉ 양수는 절댓값이 클수록, 음수는 절댓값이 작을수록 큰 수이다.

가장 작은 수는 음수 중 절댓값이 가장 큰 수로 -5.2이고, 가장 큰 수는 양수 중 절댓값이 가장 큰 수로 $+\dfrac{11}{2}$이다.

절댓값이 가장 작은 수는 0이고,

$\left| +\dfrac{11}{2} \right| = \dfrac{11}{2} = 5.5 > |-5.2| = 5.2$이므로

절댓값이 가장 큰 수는 $+\dfrac{11}{2}$이다.

따라서 $a = -5.2$, $b = +\dfrac{11}{2}$, $c = 0$, $d = +\dfrac{11}{2}$이다.

$\boxed{\text{답}}$ $a = -5.2$, $b = +\dfrac{11}{2}$, $c = 0$, $d = +\dfrac{11}{2}$

24 ⓒⓞⓡⓔ (음수)$<0<$(양수)이고, 음수끼리는 절댓값이 큰 수가 작고, 양수끼리는 절댓값이 큰 수가 크다.

$\left| +\dfrac{3}{8} \right| = \dfrac{3}{8} > \left| +\dfrac{1}{4} \right| = \dfrac{1}{4} = \dfrac{2}{8}$이므로

$+\dfrac{3}{8} > +\dfrac{1}{4}$이다.

$\left| -\dfrac{3}{4} \right| = \dfrac{3}{4} = 0.75$, $|-0.23| = 0.23$,

$\left| -\dfrac{4}{5} \right| = \dfrac{4}{5} = 0.8$

$0.8 > 0.75 > 0.23$이므로 $-0.23 > -\dfrac{3}{4} > -\dfrac{4}{5}$이다.

따라서 작은 수부터 차례대로 나열하면

$-\dfrac{4}{5}$, $-\dfrac{3}{4}$, -0.23, 0, $+\dfrac{1}{4}$, $+\dfrac{3}{8}$이다.

$\boxed{\text{답}}$ $-\dfrac{4}{5}$, $-\dfrac{3}{4}$, -0.23, 0, $+\dfrac{1}{4}$, $+\dfrac{3}{8}$

25 ⓒⓞⓡⓔ 주어진 분수를 대분수나 소수로 바꾸어 그 사이에 있는 정수를 찾는다.

$\dfrac{13}{5} = 2.6$이고, $\dfrac{28}{5} = 5.6$이므로 $\dfrac{13}{5}$ 이상 $\dfrac{28}{5}$ 이하인 정수는 3, 4, 5이다. 절댓값 3, 4, 5인 정수는 -5, -4, -3, 3, 4, 5의 6개이다. $\boxed{\text{답}}$ 6개

26 ⓒⓞⓡⓔ a, b, c, d에 적당한 수를 대입하여 대소 비교를 한다.
$a = -4$, $b = -3$, $c = 2$, $d = 3$이라 하면
$\dfrac{1}{a} = -\dfrac{1}{4}$, $\dfrac{1}{b} = -\dfrac{1}{3}$, $\dfrac{1}{c} = \dfrac{1}{2}$, $\dfrac{1}{d} = \dfrac{1}{3}$이다.

$\left| -\dfrac{1}{4} \right| = \left| -\dfrac{3}{12} \right| = \dfrac{3}{12}$,

$\left| -\dfrac{1}{3} \right| = \left| -\dfrac{4}{12} \right| = \dfrac{4}{12}$,

$\left| \dfrac{1}{2} \right| = \left| \dfrac{3}{6} \right| = \dfrac{3}{6}$, $\left| \dfrac{1}{3} \right| = \left| \dfrac{2}{6} \right| = \dfrac{2}{6}$

$-\dfrac{1}{3} < -\dfrac{1}{4} < \dfrac{1}{3} < \dfrac{1}{2}$이므로 $\dfrac{1}{b} < \dfrac{1}{a} < \dfrac{1}{d} < \dfrac{1}{c}$이다.

$\boxed{\text{답}}$ $\dfrac{1}{b} < \dfrac{1}{a} < \dfrac{1}{d} < \dfrac{1}{c}$

27 ⓒⓞⓡⓔ ㄱ, ㄴ으로 M의 범위를 좁힌 후 ㄷ으로 찾는다.
ㄱ, ㄴ에서 $-3 < M \le 5$이므로 $M = -2$, -1, 0, 1, 2, 3, 4, 5이다. $1 < |M| \le 3$이려면 $|M| = 2$이거나 3이어야 하므로 주어진 조건을 모두 만족시키는 M은 -2, 2, 3의 3개이다. $\boxed{\text{답}}$ 3개

Step A 만점 승승장구

63쪽

| **01** ① | **02** 4개 | **03** ④ | **04** ③ |

01 ② $|m| = |n|$이면 $m = n$이거나 $m = -n$이다.
③ $m = -1$, $n = -2$이면 $m \ge n$이지만 $|m| < |n|$이다.
$(-1 \ge -2, |-1| \le |-2|)$
④ $m = -3$, $n = -3$이면 $|m| = -n$이지만 $m \ne |n|$이다.
$(|-3| = -(-3) = 3, -3 \ne |-3|)$
⑤ $m = 1$, $n = -3$이면 $m > 0 > n$이지만 $|n| > |m|$이다. $(1 > 0 > -3, |1| < |-3|)$ $\boxed{\text{답}}$ ①

02 $\dfrac{3}{5} = \dfrac{12}{20}$이고, $\dfrac{4}{3} = \dfrac{12}{9}$이므로 $\dfrac{12}{20}$과 $\dfrac{12}{9}$ 사이에 있는 정수가 아닌 유리수 중에서 분자가 12인 기약분수는 $\dfrac{12}{19}$, $\dfrac{12}{17}$, $\dfrac{12}{13}$, $\dfrac{12}{11}$의 4개이다. $\boxed{\text{답}}$ 4개

03 ㄱ, ㄴ. D는 네 유리수 중 가장 작은 수이므로 A보다 작은 음수이다.
ㄹ. C와 D가 나타내는 점은 0을 나타내는 점으로부터 같은 거리에 있고 C와 D는 같지 않으므로 C는 양수이다.
ㄷ. B는 양수이면서 D보다 0에 가까운 수이므로 C보다 작은 양수이다.

따라서 네 유리수의 대소 관계는 $D < A < B < C$이다.
$\boxed{\text{답}}$ ④

04 -9의 절댓값은 9이므로 b의 절댓값은 3이다. b는 3이거나 -3인데 2 미만인 a가 b보다 3에 가깝다고 했으므로 $b = -3$이고 $b < a < 2$이다.
c는 3보다 크므로 $b < a < 2 < 3 < c$에서 $b < a < c$이다.
$\boxed{\text{답}}$ ③

2 정수와 유리수의 계산

01 | 유리수의 덧셈과 뺄셈

핵심원리 1 유리수의 덧셈   64쪽

1-1
(1) $(+2)+(+4)=+(2+4)=+6$
(2) $(-1)+(+9)=+(9-1)=+8$
(3) $(+5.8)+(-1.4)=+(5.8-1.4)=+4.4$
(4) $(-3.6)+(-2.9)=-(3.6+2.9)=-6.5$
(5) $\left(-\dfrac{4}{5}\right)+\left(+\dfrac{1}{5}\right)=-\left(\dfrac{4}{5}-\dfrac{1}{5}\right)=-\dfrac{3}{5}$
(6) $\left(-\dfrac{2}{3}\right)+\left(+\dfrac{1}{7}\right)=\left(-\dfrac{14}{21}\right)+\left(+\dfrac{3}{21}\right)$
$=-\left(\dfrac{14}{21}-\dfrac{3}{21}\right)=-\dfrac{11}{21}$

$\boxed{답}$ (1) $+6$ (2) $+8$ (3) $+4.4$ (4) -6.5 (5) $-\dfrac{3}{5}$ (6) $-\dfrac{11}{21}$

1-2
(1) $(+5)+(+3)+(-2)=\{(+5)+(+3)\}+(-2)$
$=(+8)+(-2)=+6$
(2) $(-4)+(+7)+(+6)=(-4)+\{(+7)+(+6)\}$
$=(-4)+(+13)=+9$
(3) $(-2.3)+(+1.1)+(-4.7)$
$=\{(-2.3)+(-4.7)\}+(+1.1)$
$=(-7)+(+1.1)=-5.9$
(4) $\left(+\dfrac{5}{7}\right)+\left(-\dfrac{8}{7}\right)+\left(-\dfrac{2}{7}\right)$
$=\left(+\dfrac{5}{7}\right)+\left\{\left(-\dfrac{8}{7}\right)+\left(-\dfrac{2}{7}\right)\right\}$
$=\left(+\dfrac{5}{7}\right)+\left(-\dfrac{10}{7}\right)=-\dfrac{5}{7}$

$\boxed{답}$ (1) $+6$ (2) $+9$ (3) -5.9 (4) $-\dfrac{5}{7}$

핵심원리 2 유리수의 뺄셈   65쪽

2-1
(1) $(+3)-(-5)=(+3)+(+5)=+(3+5)=+8$
(2) $(+5.4)-(+2)=(+5.4)+(-2)$
$=+(5.4-2)=+3.4$
(3) $\left(-\dfrac{2}{3}\right)-\left(+\dfrac{1}{3}\right)=\left(-\dfrac{2}{3}\right)+\left(-\dfrac{1}{3}\right)$
$=-\left(\dfrac{2}{3}+\dfrac{1}{3}\right)=-1$
(4) $\left(-\dfrac{2}{5}\right)-\left(-\dfrac{8}{5}\right)=\left(-\dfrac{2}{5}\right)+\left(+\dfrac{8}{5}\right)$
$=+\left(\dfrac{8}{5}-\dfrac{2}{5}\right)=+\dfrac{6}{5}$

$\boxed{답}$ (1) $+8$ (2) $+3.4$ (3) -1 (4) $+\dfrac{6}{5}$

2-2
(1) $(+9)-(+2)-(+5)=(+9)+\{(-2)+(-5)\}$
$=(+9)+(-7)=+2$
(2) $(-2.2)-(+1.7)-(-6.8)$
$=\{(-2.2)+(-1.7)\}+(+6.8)$
$=(-3.9)+(+6.8)=+2.9$
(3) $\left(+\dfrac{2}{9}\right)-\left(-\dfrac{5}{9}\right)-\left(-\dfrac{1}{3}\right)$
$=\left(+\dfrac{2}{9}\right)+\left(+\dfrac{5}{9}\right)+\left(+\dfrac{1}{3}\right)$
$=\left(+\dfrac{2}{9}\right)+\left(+\dfrac{5}{9}\right)+\left(+\dfrac{3}{9}\right)=+\dfrac{10}{9}$
(4) $\left(+\dfrac{11}{4}\right)-\left(-\dfrac{1}{2}\right)-\left(+\dfrac{2}{3}\right)$
$=\left\{\left(+\dfrac{11}{4}\right)+\left(+\dfrac{1}{2}\right)\right\}+\left(-\dfrac{2}{3}\right)$
$=\left(+\dfrac{13}{4}\right)+\left(-\dfrac{2}{3}\right)=\left(+\dfrac{39}{12}\right)+\left(-\dfrac{8}{12}\right)$
$=+\dfrac{31}{12}$

$\boxed{답}$ (1) $+2$ (2) $+2.9$ (3) $+\dfrac{10}{9}$ (4) $+\dfrac{31}{12}$

핵심원리 3 유리수의 덧셈과 뺄셈의 혼합 계산   66쪽

3-1
(1) $(+7)-(-5)+(-2)=(+7)+(+5)+(-2)$
$=\{(+7)+(+5)\}+(-2)$
$=(+12)+(-2)=+10$
(2) $(+4.3)-(+2.5)+(-3.2)$
$=(+4.3)+(-2.5)+(-3.2)$
$=(+4.3)+\{(-2.5)+(-3.2)\}$
$=(+4.3)+(-5.7)=-1.4$
(3) $\left(+\dfrac{1}{5}\right)+\left(-\dfrac{4}{5}\right)-\left(-\dfrac{2}{5}\right)$
$=\left(+\dfrac{1}{5}\right)+\left(-\dfrac{4}{5}\right)+\left(+\dfrac{2}{5}\right)$
$=\left\{\left(+\dfrac{1}{5}\right)+\left(+\dfrac{2}{5}\right)\right\}+\left(-\dfrac{4}{5}\right)$
$=\left(+\dfrac{3}{5}\right)+\left(-\dfrac{4}{5}\right)=-\dfrac{1}{5}$
(4) $\left(+\dfrac{1}{12}\right)-\left(+\dfrac{7}{20}\right)+\left(+\dfrac{1}{10}\right)$
$=\left(+\dfrac{1}{12}\right)+\left(-\dfrac{7}{20}\right)+\left(+\dfrac{1}{10}\right)$
$=\left\{\left(+\dfrac{1}{12}\right)+\left(+\dfrac{1}{10}\right)\right\}+\left(-\dfrac{7}{20}\right)$
$=\left\{\left(+\dfrac{5}{60}\right)+\left(+\dfrac{6}{60}\right)\right\}+\left(-\dfrac{7}{20}\right)$
$=\left(+\dfrac{11}{60}\right)+\left(-\dfrac{7}{20}\right)$
$=\left(+\dfrac{11}{60}\right)+\left(-\dfrac{21}{60}\right)=-\dfrac{1}{6}$

$\boxed{답}$ (1) $+10$ (2) -1.4 (3) $-\dfrac{1}{5}$ (4) $-\dfrac{1}{6}$

3-2 (1) $11-8+4-5$

$= (+11)-(+8)+(+4)-(+5)$

$= (+11)+(-8)+(+4)+(-5)$

$= \{(+11)+(+4)\}+\{(-8)+(-5)\}$

$= (+15)+(-13)=2$

(2) $4.2-3.8+1.9=(+4.2)-(+3.8)+(+1.9)$

$= (+4.2)+(-3.8)+(+1.9)$

$= \{(+4.2)+(+1.9)\}+(-3.8)$

$= (+6.1)+(-3.8)=2.3$

(3) $-\dfrac{1}{3}+\dfrac{1}{2}-\dfrac{1}{5}=\left(-\dfrac{1}{3}\right)+\left(+\dfrac{1}{2}\right)-\left(+\dfrac{1}{5}\right)$

$= \left(-\dfrac{1}{3}\right)+\left(+\dfrac{1}{2}\right)+\left(-\dfrac{1}{5}\right)$

$= \left(+\dfrac{1}{2}\right)+\left\{\left(-\dfrac{1}{3}\right)+\left(-\dfrac{1}{5}\right)\right\}$

$= \left(+\dfrac{1}{2}\right)+\left\{\left(-\dfrac{5}{15}\right)+\left(-\dfrac{3}{15}\right)\right\}$

$= \left(+\dfrac{1}{2}\right)+\left(-\dfrac{8}{15}\right)$

$= \left(+\dfrac{15}{30}\right)+\left(-\dfrac{16}{30}\right)=-\dfrac{1}{30}$

目 (1) 2 (2) 2.3 (3) $-\dfrac{1}{30}$

유형 다지기

67~70쪽

01 $(-3)+(+7)=+4$	**02** ⑤	**03** ③
04 $\dfrac{4}{3}$	**05** ㉠ 교환법칙 ㉡ 결합법칙	**06** ③
07 ④	**08** 1362원 **09** ㄱ	**10** (1) 9 (2) -10
(3) -8 (4) 8	**11** ②	**12** (1) -4.5 (2) -10.2
(3) $\dfrac{19}{12}$ (4) -10.8 (5) $-\dfrac{49}{120}$ (6) 0.705		**13** $\dfrac{11}{15}$
14 3	**15** ㄹ, ㄷ, ㄱ, ㅂ, ㄴ, ㅁ	**16** $\dfrac{1}{40}$ **17** (1) -7
(2) $-\dfrac{1}{4}$	**18** $\dfrac{31}{15}$ **19** $-\dfrac{4}{3}$	**20** 2 **21** 3.3
22 -1	**23** $\dfrac{1}{20}$ **24** $a=-4, b=9$	**25** $-\dfrac{19}{6}$

01 수직선 위의 0을 나타내는 점에서 왼쪽으로 3만큼 이동한 후, 다시 오른쪽으로 7만큼 이동하므로

$(-3)+(+7)=+4$이다. 目 $(-3)+(+7)=+4$

02 ① $(-5)+(+7)=+(7-5)=+2$

② $(-3)+(-4)=-(3+4)=-7$

③ $0+(-6)=-6$

④ $(-2)+(-3)=-(2+3)=-5$

⑤ $(+8)+(-5)=+(8-5)=+3$

目 ⑤

03 ① $(-2.1)+(-3.5)=-(2.1+3.5)=-5.6$

② $(+5.7)+(-2.9)=+(5.7-2.9)=+2.8$

③ $\left(+\dfrac{3}{4}\right)+\left(-\dfrac{2}{3}\right)=\left(+\dfrac{9}{12}\right)+\left(-\dfrac{8}{12}\right)$

$= +\left(\dfrac{9}{12}-\dfrac{8}{12}\right)=+\dfrac{1}{12}$

④ $\left(-\dfrac{3}{5}\right)+\left(+\dfrac{7}{10}\right)=\left(-\dfrac{6}{10}\right)+\left(+\dfrac{7}{10}\right)$

$= +\left(\dfrac{7}{10}-\dfrac{6}{10}\right)=+\dfrac{1}{10}$

⑤ $\left(-\dfrac{1}{3}\right)+\left(-\dfrac{5}{6}\right)=\left(-\dfrac{2}{6}\right)+\left(-\dfrac{5}{6}\right)$

$= -\left(\dfrac{2}{6}+\dfrac{5}{6}\right)=-\dfrac{7}{6}$ 目 ③

04 절댓값이 같고 부호가 다른 두 수의 합이 0이므로 보이지 않는 세 면에 있는 수들은 보이는 면에 있는 수들과 각각 절댓값이 같으면서 부호는 반대인 수이다.

보이지 않는 면에 쓰여 있는 수들은 각각

$+\dfrac{5}{3}, +\dfrac{1}{3}, -\dfrac{2}{3}$이므로 그 합은

$\left(+\dfrac{5}{3}\right)+\left(+\dfrac{1}{3}\right)+\left(-\dfrac{2}{3}\right)=+\left(\dfrac{5}{3}+\dfrac{1}{3}\right)+\left(-\dfrac{2}{3}\right)$

$= (+2)+\left(-\dfrac{2}{3}\right)$

$= +\left(2-\dfrac{2}{3}\right)=\dfrac{4}{3}$이다.

目 $\dfrac{4}{3}$

05 ㉠ 두 수의 계산 순서를 바꿨으므로 덧셈의 교환법칙을 사용한 것이다.

㉡ 세 수 중 앞의 두 수를 묶어 먼저 계산하였으므로 덧셈의 결합법칙을 사용한 것이다.

目 ㉠ 교환법칙 ㉡ 결합법칙

06 더하는 두 수의 위치를 바꿨으므로 ㈎에서는 덧셈의 교환법칙을 썼고, 앞의 두 수의 위치가 바뀐 것이므로 ㈏는 -5.2이다.

㈐는 -5.2와 $+5.2$의 합이므로 0이다. 目 ③

07 ① $(+2.7)-(+1.9)=(+2.7)+(-1.9)$

$= +(2.7-1.9)=0.8$

② $(+4.8)-(-1.5)=(+4.8)+(+1.5)$

$= +(4.8+1.5)=6.3$

③ $\left(+\dfrac{5}{8}\right)-\left(+\dfrac{7}{12}\right)=\left(+\dfrac{5}{8}\right)+\left(-\dfrac{7}{12}\right)$

$= \left(+\dfrac{15}{24}\right)+\left(-\dfrac{14}{24}\right)$

$= +\left(\dfrac{15}{24}-\dfrac{14}{24}\right)=\dfrac{1}{24}$

④ $\left(-\dfrac{7}{2}\right)-\left(+\dfrac{5}{3}\right)=\left(-\dfrac{7}{2}\right)+\left(-\dfrac{5}{3}\right)$

$\qquad\qquad\qquad =\left(-\dfrac{21}{6}\right)+\left(-\dfrac{10}{6}\right)$

$\qquad\qquad\qquad =-\left(\dfrac{21}{6}+\dfrac{10}{6}\right)=-\dfrac{31}{6}$

⑤ $\left(-\dfrac{3}{5}\right)-\left(-\dfrac{3}{4}\right)=\left(-\dfrac{3}{5}\right)+\left(+\dfrac{3}{4}\right)$

$\qquad\qquad\qquad =\left(-\dfrac{12}{20}\right)+\left(+\dfrac{15}{20}\right)$

$\qquad\qquad\qquad =+\left(\dfrac{15}{20}-\dfrac{12}{20}\right)=\dfrac{3}{20}$ 　　🔑 ④

08 $1350+(+3.8)+(-1.3)$
$\qquad +(-2.2)+(+5.0)+(+6.7)$
$\quad =1362$
따라서 5월 5일의 환율은 1362원이다. 　　🔑 1362원

09 ㄱ. $(-2.2)-(+1.8)=(-2.2)+(-1.8)$
$\qquad\qquad\qquad\quad =-(2.2+1.8)=-4$

ㄴ. $(+1.4)-(+2.7)=(+1.4)+(-2.7)$
$\qquad\qquad\qquad\quad =-(2.7-1.4)=-1.3$

ㄷ. $\left(-\dfrac{2}{3}\right)-\left(+\dfrac{5}{12}\right)=\left(-\dfrac{2}{3}\right)+\left(-\dfrac{5}{12}\right)$

$\qquad\qquad\qquad\quad =-\left(\dfrac{2}{3}+\dfrac{5}{12}\right)$

$\qquad\qquad\qquad\quad =-\left(\dfrac{8}{12}+\dfrac{5}{12}\right)=-\dfrac{13}{12}$

ㄹ. $\left(+\dfrac{3}{5}\right)-\left(-\dfrac{1}{6}\right)=\left(+\dfrac{3}{5}\right)+\left(+\dfrac{1}{6}\right)$

$\qquad\qquad\qquad\quad =+\left(\dfrac{3}{5}+\dfrac{1}{6}\right)$

$\qquad\qquad\qquad\quad =+\left(\dfrac{18}{30}+\dfrac{5}{30}\right)=\dfrac{23}{30}$

$-4<-1.3<-\dfrac{13}{12}<\dfrac{23}{30}$ 이므로 계산 결과가 가장 작은

것은 ㄱ이다. 　　🔑 ㄱ

10 (1) $(+3)+(+4)-(-2)$
$\qquad =(+3)+(+4)+(+2)$
$\qquad =+(3+4+2)=9$

(2) $(+2)-(+5)+(-6)+(-1)$
$\qquad =(+2)+(-5)+(-6)+(-1)$
$\qquad =(+2)+\{(-5)+(-6)+(-1)\}$
$\qquad =(+2)+(-12)=-(12-2)=-10$

(3) $-11-5+8=(-11)-(+5)+(+8)$
$\qquad\qquad\qquad =(-11)+(-5)+(+8)$
$\qquad\qquad\qquad =-(11+5)+(+8)$
$\qquad\qquad\qquad =(-16)+(+8)$
$\qquad\qquad\qquad =-(16-8)=-8$

(4) $13-7+5-3$
$\qquad =(+13)-(+7)+(+5)-(+3)$
$\qquad =(+13)+(-7)+(+5)+(-3)$
$\qquad =\{(+13)+(+5)\}+\{(-7)+(-3)\}$
$\qquad =(+18)+(-10)=+(18-10)=8$
　🔑 (1) 9 (2) -10 (3) -8 (4) 8

11 ① $(-3)-\left(-\dfrac{3}{4}\right)+\left(+\dfrac{7}{2}\right)$

$\qquad =(-3)+\left\{\left(+\dfrac{3}{4}\right)+\left(+\dfrac{14}{4}\right)\right\}$

$\qquad =(-3)+\left(+\dfrac{17}{4}\right)$

$\qquad =\dfrac{5}{4}$

② $\left(-\dfrac{5}{6}\right)-\left(-\dfrac{2}{3}\right)-\left(-\dfrac{1}{2}\right)$

$\qquad =\left(-\dfrac{5}{6}\right)+\left\{\left(+\dfrac{4}{6}\right)+\left(+\dfrac{3}{6}\right)\right\}$

$\qquad =\left(-\dfrac{5}{6}\right)+\left(+\dfrac{7}{6}\right)$

$\qquad =\dfrac{1}{3}$

③ $\left(+\dfrac{1}{2}\right)+\left(-\dfrac{5}{12}\right)-\left(-\dfrac{1}{4}\right)$

$\qquad =\left(+\dfrac{1}{2}\right)+\left(-\dfrac{5}{12}\right)+\left(+\dfrac{1}{4}\right)$

$\qquad =\left\{\left(+\dfrac{2}{4}\right)+\left(+\dfrac{1}{4}\right)\right\}+\left(-\dfrac{5}{12}\right)$

$\qquad =\left(+\dfrac{3}{4}\right)+\left(-\dfrac{5}{12}\right)$

$\qquad =\left(+\dfrac{9}{12}\right)+\left(-\dfrac{5}{12}\right)=\dfrac{1}{3}$

④ $(-2.5)-(+4.9)+(+3.1)$
$\qquad =\{(-2.5)+(-4.9)\}+(+3.1)$
$\qquad =(-7.4)+(+3.1)=-4.3$

⑤ $(+9.8)-(+6.1)-(-4.3)$
$\qquad =(+9.8)+(-6.1)+(+4.3)$
$\qquad =\{(+9.8)+(+4.3)\}+(-6.1)$
$\qquad =(+14.1)+(-6.1)=8$

　　　　　　　　　　　🔑 ②

12 (1) $(-0.3)-(+1.8)+(-2.4)$
$\qquad =(-0.3)+(-1.8)+(-2.4)$
$\qquad =-(0.3+1.8+2.4)$
$\qquad =-4.5$

(2) $(-8.7)-(+5.8)+(+4.3)$
$\qquad =(-8.7)+(-5.8)+(+4.3)$
$\qquad =\{(-8.7)+(-5.8)\}+(+4.3)$
$\qquad =(-14.5)+(+4.3)$
$\qquad =-10.2$

(3) $\left(+\dfrac{3}{4}\right)+\left(+\dfrac{1}{6}\right)-\left(-\dfrac{2}{3}\right)$

$=\left(+\dfrac{3}{4}\right)+\left(+\dfrac{1}{6}\right)+\left(+\dfrac{2}{3}\right)$

$=+\left(\dfrac{3}{4}+\dfrac{1}{6}+\dfrac{2}{3}\right)$

$=+\left(\dfrac{9}{12}+\dfrac{2}{12}+\dfrac{8}{12}\right)=\dfrac{19}{12}$

(4) $-9.3-(-3.1)-5.2+0.6$

$=(-9.3)-(-3.1)-(+5.2)+(+0.6)$

$=(-9.3)+(+3.1)+(-5.2)+(+0.6)$

$=\{(+3.1)+(+0.6)\}+\{(-9.3)+(-5.2)\}$

$=(+3.7)+(-14.5)=-10.8$

(5) $-\dfrac{3}{8}-\dfrac{1}{2}+\dfrac{2}{3}-\dfrac{1}{5}$

$=\left(-\dfrac{3}{8}\right)-\left(+\dfrac{1}{2}\right)+\left(+\dfrac{2}{3}\right)-\left(+\dfrac{1}{5}\right)$

$=\left(-\dfrac{3}{8}\right)+\left(-\dfrac{1}{2}\right)+\left(+\dfrac{2}{3}\right)+\left(-\dfrac{1}{5}\right)$

$=\left\{\left(-\dfrac{3}{8}\right)+\left(-\dfrac{1}{2}\right)+\left(-\dfrac{1}{5}\right)\right\}+\left(+\dfrac{2}{3}\right)$

$=-\left(\dfrac{15}{40}+\dfrac{20}{40}+\dfrac{8}{40}\right)+\left(+\dfrac{2}{3}\right)$

$=\left(-\dfrac{43}{40}\right)+\left(+\dfrac{2}{3}\right)$

$=\left(-\dfrac{129}{120}\right)+\left(+\dfrac{80}{120}\right)$

$=-\dfrac{49}{120}$

(6) $1.27-2.03+1.49-0.025$

$=(+1.27)-(+2.03)+(+1.49)-(+0.025)$

$=(+1.27)+(-2.03)+(+1.49)+(-0.025)$

$=\{(+1.27)+(+1.49)\}+\{(-2.03)$
$\quad+(-0.025)\}$

$=(+2.76)+(-2.055)=0.705$

답 (1) -4.5 (2) -10.2 (3) $\dfrac{19}{12}$

(4) -10.8 (5) $-\dfrac{49}{120}$ (6) 0.705

13 $-\dfrac{2}{5}+\dfrac{4}{3}+2-\dfrac{8}{15}-\dfrac{5}{3}$

$=\left(-\dfrac{2}{5}\right)+\left(+\dfrac{4}{3}\right)+(+2)-\left(+\dfrac{8}{15}\right)-\left(+\dfrac{5}{3}\right)$

$=\left(-\dfrac{2}{5}\right)+\left(+\dfrac{4}{3}\right)+(+2)+\left(-\dfrac{8}{15}\right)+\left(-\dfrac{5}{3}\right)$

$=\left\{\left(-\dfrac{6}{15}\right)+\left(-\dfrac{8}{15}\right)+\left(-\dfrac{25}{15}\right)\right\}$
$\quad+\left\{\left(+\dfrac{20}{15}\right)+\left(+\dfrac{30}{15}\right)\right\}$

$=-\dfrac{39}{15}+\left(+\dfrac{50}{15}\right)=\dfrac{11}{15}$ 답 $\dfrac{11}{15}$

14 $x=8-3=5,\ y=(-5)-(-7)=-5+7=2$

$\therefore x-y=5-2=3$ 답 3

15 ㄱ. $3+5.2=8.2$

ㄴ. $-4-\dfrac{1}{2}=-\left(4+\dfrac{1}{2}\right)=-4.5$

ㄷ. $8.5-(-2)=8.5+(+2)=10.5$

ㄹ. $9.3-(-3.5)=9.3+(+3.5)=12.8$

ㅁ. $-6+\left(-3\dfrac{1}{2}\right)=-\left(6+3\dfrac{1}{2}\right)=-9.5$

ㅂ. $-1.2+4.3=4.3-1.2=3.1$

따라서 크기가 큰 순서대로 기호를 쓰면 ㄹ, ㄷ, ㄱ, ㅂ, ㄴ, ㅁ이다. 답 ㄹ, ㄷ, ㄱ, ㅂ, ㄴ, ㅁ

16 $a=\dfrac{2}{5}-\left(-\dfrac{1}{2}\right)=\dfrac{2}{5}+\left(+\dfrac{1}{2}\right)=\dfrac{4}{10}+\dfrac{5}{10}=\dfrac{9}{10}$

$\qquad\qquad\qquad\qquad\qquad\qquad\qquad\qquad$ ··· ❶

$b=-\dfrac{5}{8}+\dfrac{3}{2}=-\dfrac{5}{8}+\dfrac{12}{8}=\dfrac{7}{8}$ ··· ❷

$\therefore a-b=\dfrac{9}{10}-\dfrac{7}{8}=\dfrac{36}{40}-\dfrac{35}{40}=\dfrac{1}{40}$ ··· ❸

답 $\dfrac{1}{40}$

채점 기준	배점
❶ a의 값 구하기	40 %
❷ b의 값 구하기	40 %
❸ $a-b$의 값 구하기	20 %

17 (1) □$=-12-(-5)=-12+(+5)=-7$

(2) □$=\dfrac{1}{2}+\left(-\dfrac{3}{4}\right)=-\dfrac{1}{4}$

답 (1) -7 (2) $-\dfrac{1}{4}$

18 $a+\left(-\dfrac{2}{5}\right)=3$에서

$a=3-\left(-\dfrac{2}{5}\right)=3+\left(+\dfrac{2}{5}\right)=\dfrac{17}{5}$

$b-\left(-\dfrac{1}{3}\right)=-1$에서

$b=-1+\left(-\dfrac{1}{3}\right)=-\dfrac{4}{3}$

$\therefore a+b=\dfrac{17}{5}+\left(-\dfrac{4}{3}\right)=\dfrac{31}{15}$ 답 $\dfrac{31}{15}$

19 $-\dfrac{3}{2}+$□$-\left(-\dfrac{11}{3}\right)=\dfrac{5}{6}$에서

$-\dfrac{3}{2}+$□$+\left(+\dfrac{11}{3}\right)=\dfrac{5}{6}$

□$+\dfrac{13}{6}=\dfrac{5}{6}$ $\therefore$□$=\dfrac{5}{6}-\dfrac{13}{6}=-\dfrac{4}{3}$ 답 $-\dfrac{4}{3}$

20 $a<0$이고 $|a|=5$이므로 $a=-5$이다.

$b>0$이고 $|b|=7$이므로 $b=7$이다.

따라서 $a+b=-5+7=2$이다.   답 2

21 절댓값이 2.5인 수는 $+2.5$, -2.5이고 절댓값이 0.8인 수는 $+0.8$, -0.8이다.   ··· ❶

$m-n$이 최대가 되려면 m은 양수이고, n은 음수이어야 하므로 $m=+2.5$, $n=-0.8$이다.   ··· ❷

따라서 $m-n$의 최댓값은

$2.5-(-0.8)=2.5+(+0.8)=3.3$이다.   ··· ❸

답 3.3

채점 기준	배점
❶ 절댓값이 2.5, 0.8인 수 구하기	30 %
❷ 최댓값이 되게 하는 m, n의 값 구하기	50 %
❸ $m-n$의 최댓값 구하기	20 %

22 어떤 수를 □라 하면 $□+(-3)=-7$

$\therefore □=-7-(-3)=-7+3=-4$

따라서 바르게 계산하면

$-4-(-3)=-4+(+3)=-1$이다.   답 -1

23 어떤 수를 □라 하면 $□-\dfrac{2}{5}=-\dfrac{3}{4}$

$\therefore □=-\dfrac{3}{4}+\dfrac{2}{5}=-\dfrac{15}{20}+\dfrac{8}{20}=-\dfrac{7}{20}$ ··· ❶

따라서 바르게 계산하면

$-\dfrac{7}{20}+\dfrac{2}{5}=-\dfrac{7}{20}+\dfrac{8}{20}=\dfrac{1}{20}$이다.   ··· ❷

답 $\dfrac{1}{20}$

채점 기준	배점
❶ 어떤 수 구하기	50 %
❷ 바르게 계산한 값 구하기	50 %

24 네 변에 놓인 세 수의 합은 모두

$6+(-3)+(-2)=1$이므로

$a+(-1)+6=1$에서 $a=-4$

$(-6)+b+(-2)=1$에서 $b=9$ 답 $a=-4$, $b=9$

25 $\left(-\dfrac{1}{3}\right)+\dfrac{5}{6}+\dfrac{1}{6}=\dfrac{2}{3}$이므로

$\left(-\dfrac{1}{3}\right)+b+\left(-\dfrac{1}{2}\right)=\dfrac{2}{3}$에서

$b=\dfrac{2}{3}+\dfrac{1}{2}+\dfrac{1}{3}=\dfrac{3}{2}$

$a+\dfrac{3}{2}+\dfrac{5}{6}=\dfrac{2}{3}$에서 $a=\dfrac{2}{3}-\dfrac{5}{6}-\dfrac{3}{2}=-\dfrac{5}{3}$

$\therefore a-b=-\dfrac{5}{3}-\dfrac{3}{2}=-\dfrac{19}{6}$ 답 $-\dfrac{19}{6}$

---

02 | 유리수의 곱셈과 나눗셈

1-1 (1) $\left(+\dfrac{2}{5}\right)\times(+15)=+\left(\dfrac{2}{5}\times15\right)=+6$

(2) $(-3.4)\times(-2)=+(3.4\times2)=+6.8$

(3) $(-2.8)\times(+3)=-(2.8\times3)=-8.4$

(4) $\left(+\dfrac{3}{8}\right)\times\left(-\dfrac{20}{9}\right)=-\left(\dfrac{3}{8}\times\dfrac{20}{9}\right)=-\dfrac{5}{6}$

답 (1) $+6$ (2) $+6.8$ (3) -8.4 (4) $-\dfrac{5}{6}$

1-2 (1) $(+9)\times\left(+\dfrac{1}{3}\right)=+\left(9\times\dfrac{1}{3}\right)=+3$

(2) $(+0.4)\times(-5)=-(0.4\times5)=-2$

(3) $\left(-\dfrac{5}{8}\right)\times\left(+\dfrac{2}{15}\right)=-\left(\dfrac{5}{8}\times\dfrac{2}{15}\right)=-\dfrac{1}{12}$

(4) $\left(-\dfrac{7}{16}\right)\times\left(-\dfrac{10}{21}\right)=+\left(\dfrac{7}{16}\times\dfrac{10}{21}\right)=+\dfrac{5}{24}$

(5) $\left(+\dfrac{8}{9}\right)\times\left(-\dfrac{3}{4}\right)=-\left(\dfrac{8}{9}\times\dfrac{3}{4}\right)=-\dfrac{2}{3}$

(6) $\left(-\dfrac{14}{15}\right)\times\left(+\dfrac{10}{7}\right)=-\left(\dfrac{14}{15}\times\dfrac{10}{7}\right)=-\dfrac{4}{3}$

답 (1) $+3$ (2) -2 (3) $-\dfrac{1}{12}$ (4) $+\dfrac{5}{24}$ (5) $-\dfrac{2}{3}$ (6) $-\dfrac{4}{3}$

2-1 답 ① 교환법칙 ② 결합법칙

2-2 (1) $\left(+\dfrac{7}{15}\right)\times(-6)\times\left(-\dfrac{5}{21}\right)$

$=\left(+\dfrac{7}{15}\right)\times\left(-\dfrac{5}{21}\right)\times(-6)$

$=\left\{\left(+\dfrac{7}{15}\right)\times\left(-\dfrac{5}{21}\right)\right\}\times(-6)$

$=\left(-\dfrac{1}{9}\right)\times(-6)=+\dfrac{2}{3}$

(2) $\left(-\dfrac{6}{5}\right)\times(+8)\times\left(-\dfrac{5}{4}\right)$

$=(+8)\times\left(-\dfrac{6}{5}\right)\times\left(-\dfrac{5}{4}\right)$

$=(+8)\times\left\{\left(-\dfrac{6}{5}\right)\times\left(-\dfrac{5}{4}\right)\right\}$

$=(+8)\times\left(+\dfrac{3}{2}\right)=+12$

답 (1) $+\dfrac{2}{3}$ (2) $+12$

2-3 (1) $\left(-\dfrac{3}{4}\right)\times\left(-\dfrac{8}{9}\right)\times\left(+\dfrac{5}{6}\right)$

$=+\left(\dfrac{3}{4}\times\dfrac{8}{9}\times\dfrac{5}{6}\right)=+\dfrac{5}{9}$

$(2) (-5) \times (-1.4) \times \left(+\dfrac{3}{7}\right) = +\left(5 \times \dfrac{14}{10} \times \dfrac{3}{7}\right)$

$\qquad\qquad\qquad\qquad = +3$

$(3) \left(+\dfrac{3}{8}\right) \times \left(-\dfrac{5}{12}\right) \times (+20) = -\left(\dfrac{3}{8} \times \dfrac{5}{12} \times 20\right)$

$\qquad\qquad\qquad\qquad\qquad = -\dfrac{25}{8}$

冒 $(1) +\dfrac{5}{9}$ $(2) +3$ $(3) -\dfrac{25}{8}$

핵심원리 3 거듭제곱과 분배법칙   73쪽

3-1 $(1) \left(-\dfrac{1}{3}\right)^2 \times 3^4 = \dfrac{1}{9} \times 81 = 9$

$(2) \left(-\dfrac{1}{2}\right) \times \left(-\dfrac{4}{3}\right) \times (-9)$

$\qquad = -\left(\dfrac{1}{2} \times \dfrac{4}{3} \times 9\right) = -6$

$(3) (-0.2)^2 \times 25 \times (-8) = \left(-\dfrac{1}{5}\right)^2 \times 25 \times (-8)$

$\qquad\qquad\qquad\qquad = \dfrac{1}{25} \times 25 \times (-8) = -8$

冒 $(1) 9$ $(2) -6$ $(3) -8$

3-2 **冒** $(1) 20, 20, 4, -11$ $(2) \dfrac{13}{7}, \dfrac{10}{7}, \dfrac{30}{7}$

3-3 $(1) \left\{\dfrac{1}{3} + \left(-\dfrac{3}{8}\right)\right\} \times (-48)$

$\qquad = \dfrac{1}{3} \times (-48) + \left(-\dfrac{3}{8}\right) \times (-48)$

$\qquad = -16 + 18 = 2$

$(2) 1.4 \times (-5.7) - 1.4 \times (-4.7)$

$\qquad = 1.4 \times \{(-5.7) - (-4.7)\}$

$\qquad = 1.4 \times \{(-5.7) + (+4.7)\}$

$\qquad = 1.4 \times (-1) = -1.4$

冒 $(1) 2$ $(2) -1.4$

핵심원리 4 유리수의 나눗셈   74쪽

4-1 $(1) (-75) \div (+5) = -(75 \div 5) = -15$

$(2) (-27) \div (-3) = +(27 \div 3) = +9$

$(3) (+3.5) \div (+7) = +(3.5 \div 7) = +0.5$

$(4) 0 \div (-4.7) = 0$

冒 $(1) -15$ $(2) +9$ $(3) +0.5$ $(4) 0$

4-2 $(4) 0.8 = \dfrac{8}{10} = \dfrac{4}{5}$ 이므로 역수는 $\dfrac{5}{4}$ 이다.

冒 $(1) 4$ $(2) -\dfrac{1}{2}$ $(3) -\dfrac{7}{3}$ $(4) \dfrac{5}{4}$

4-3 $(1) \left(+\dfrac{5}{3}\right) \div \left(+\dfrac{5}{2}\right) = \left(+\dfrac{5}{3}\right) \times \left(+\dfrac{2}{5}\right)$

$\qquad\qquad\qquad\qquad = +\left(\dfrac{5}{3} \times \dfrac{2}{5}\right) = +\dfrac{2}{3}$

$(2) \left(-\dfrac{3}{2}\right) \div \left(-\dfrac{7}{4}\right) = \left(-\dfrac{3}{2}\right) \times \left(-\dfrac{4}{7}\right)$

$\qquad\qquad\qquad = +\left(\dfrac{3}{2} \times \dfrac{4}{7}\right) = +\dfrac{6}{7}$

$(3) \left(+\dfrac{2}{3}\right) \div \left(-\dfrac{5}{6}\right) = \left(+\dfrac{2}{3}\right) \times \left(-\dfrac{6}{5}\right)$

$\qquad\qquad\qquad = -\left(\dfrac{2}{3} \times \dfrac{6}{5}\right) = -\dfrac{4}{5}$

$(4) \left(-\dfrac{4}{5}\right) \div \left(+\dfrac{2}{15}\right) = \left(-\dfrac{4}{5}\right) \times \left(+\dfrac{15}{2}\right)$

$\qquad\qquad\qquad = -\left(\dfrac{4}{5} \times \dfrac{15}{2}\right) = -6$

冒 $(1) +\dfrac{2}{3}$ $(2) +\dfrac{6}{7}$ $(3) -\dfrac{4}{5}$ $(4) -6$

핵심원리 5 유리수의 혼합 계산   75쪽

5-1 $(1) (-3)^2 \times (-4) \div (-2)^4 = 9 \times (-4) \div 16$

$\qquad\qquad\qquad\qquad = 9 \times (-4) \times \dfrac{1}{16}$

$\qquad\qquad\qquad\qquad = -\left(9 \times 4 \times \dfrac{1}{16}\right) = -\dfrac{9}{4}$

$(2) \dfrac{3}{4} \times \left(-\dfrac{2}{3}\right) \div \dfrac{1}{2} = \dfrac{3}{4} \times \left(-\dfrac{2}{3}\right) \times 2$

$\qquad\qquad\qquad\qquad = -\left(\dfrac{3}{4} \times \dfrac{2}{3} \times 2\right) = -1$

$(3) \dfrac{4}{21} \div \left(-\dfrac{2}{7}\right) \times \dfrac{1}{6} = \dfrac{4}{21} \times \left(-\dfrac{7}{2}\right) \times \dfrac{1}{6}$

$\qquad\qquad\qquad\qquad = -\left(\dfrac{4}{21} \times \dfrac{7}{2} \times \dfrac{1}{6}\right) = -\dfrac{1}{9}$

$(4) -6^2 \times \left(-\dfrac{1}{2}\right)^3 \div \dfrac{1}{3} = -36 \times \left(-\dfrac{1}{8}\right) \div \dfrac{1}{3}$

$\qquad\qquad\qquad\qquad = -36 \times \left(-\dfrac{1}{8}\right) \times 3$

$\qquad\qquad\qquad\qquad = 36 \times \dfrac{1}{8} \times 3 = \dfrac{27}{2}$

冒 $(1) -\dfrac{9}{4}$ $(2) -1$ $(3) -\dfrac{1}{9}$ $(4) \dfrac{27}{2}$

5-2 유리수의 덧셈, 뺄셈, 곱셈, 나눗셈이 섞인 식에서는 거듭제곱 → 괄호 → 곱셈, 나눗셈 → 덧셈, 뺄셈의 순서로 계산해야 한다.

따라서 계산 순서는 ㉣, ㉢, ㉡, ㉠, ㉤이다.

冒 ㉣, ㉢, ㉡, ㉠, ㉤

5-3 $(1) 2^2 - \left\{\left(1 - \dfrac{1}{2}\right) \div \dfrac{1}{3}\right\} \times \dfrac{7}{6}$

$\qquad = 4 - \left\{\left(1 - \dfrac{1}{2}\right) \div \dfrac{1}{3}\right\} \times \dfrac{7}{6} = 4 - \left(\dfrac{1}{2} \div \dfrac{1}{3}\right) \times \dfrac{7}{6}$

$\qquad = 4 - \left(\dfrac{1}{2} \times 3\right) \times \dfrac{7}{6} = 4 - \dfrac{3}{2} \times \dfrac{7}{6} = 4 - \dfrac{7}{4} = \dfrac{9}{4}$

$(2) \left(-\dfrac{9}{4}\right) \times \left[\dfrac{5}{8} - \left\{\dfrac{7}{12} \div \left(-\dfrac{5}{6}\right) - \dfrac{3}{10}\right\}\right] \div \dfrac{39}{16}$

$\qquad = \left(-\dfrac{9}{4}\right) \times \left[\dfrac{5}{8} - \left\{\dfrac{7}{12} \times \left(-\dfrac{6}{5}\right) - \dfrac{3}{10}\right\}\right] \div \dfrac{39}{16}$

$$=\left(-\frac{9}{4}\right)\times\left\{\frac{5}{8}-\left(-\frac{7}{10}-\frac{3}{10}\right)\right\}\div\frac{39}{16}$$

$$=\left(-\frac{9}{4}\right)\times\frac{13}{8}\div\frac{39}{16}$$

$$=\left(-\frac{9}{4}\right)\times\frac{13}{8}\times\frac{16}{39}=-\frac{3}{2}$$

답 (1) $\frac{9}{4}$ (2) $-\frac{3}{2}$

Step C 유형 다지기

76~81쪽

01 ④ 02 (1) -16 (2) $+26$ (3) $+9$ (4) $+3$ (5) $+\frac{4}{3}$

(6) $-\frac{2}{45}$ 03 $-\frac{1}{10}$ 04 ② 05 ㉠ 교환 ㉡ 결합

㉢ $+40$ ㉣ $+120$ 06 ④ 07 (1) $\frac{1}{16}$ (2) $-\frac{27}{64}$

(3) $\frac{4}{25}$ 08 30 09 0 10 0 11 188

12 $\frac{5}{2}$ 13 -7 14 ⑤ 15 $-\frac{1}{8}$ 16 ④

17 ⑤ 18 ④ 19 $-\frac{3}{8}$ 20 $-\frac{4}{5}$ 21 ⑤

22 (1) ㉣, ㉢, ㉡, ㉤, ㉠ (2) $-\frac{19}{4}$ 23 (1) -7 (2) -7

(3) -4 (4) -2 (5) -2 (6) 6 (7) $\frac{41}{10}$ 24 $\frac{11}{6}$

25 $-\frac{9}{2}$ 26 $-\frac{4}{3}$ 27 $-\frac{6}{5}$ 28 (1) ○ (2) × (3) ○

(4) × 29 $-a < a \times a < a$ 30 $a > 0, b < 0, c < 0$

31 ④ 32 $|a| < |b|$ 33 $|x^2| > |y^2|$

34 (1) 9 (2) 3 (3) C : -2, D : 1 35 2 36 $-\frac{9}{10}$

01 ① $\left(+\frac{5}{7}\right)\times\left(-\frac{21}{20}\right)=-\left(\frac{5}{7}\times\frac{21}{20}\right)=-\frac{3}{4}$

② $(+16)\times\left(-\frac{7}{24}\right)=-\left(16\times\frac{7}{24}\right)=-\frac{14}{3}$

③ $\left(-\frac{4}{15}\right)\times\left(+\frac{5}{12}\right)=-\left(\frac{4}{15}\times\frac{5}{12}\right)=-\frac{1}{9}$

④ $(+28)\times\left(-\frac{3}{7}\right)\times\left(-\frac{5}{6}\right)=+\left(28\times\frac{3}{7}\times\frac{5}{6}\right)$

$=+10$

⑤ $\left(-\frac{3}{2}\right)\times\left(+\frac{8}{9}\right)\times(+15)=-\left(\frac{3}{2}\times\frac{8}{9}\times15\right)$

$=-20$

답 ④

02 (1) $(-5)\times(+3.2)=-(5\times3.2)=-16$

(2) $(-6.5)\times(-4)=+(6.5\times4)=+26$

(3) $\left(+\frac{3}{8}\right)\times(+24)=+\left(\frac{3}{8}\times24\right)=+9$

(4) $(+42)\times\left(-\frac{3}{7}\right)\times\left(-\frac{1}{6}\right)=+\left(42\times\frac{3}{7}\times\frac{1}{6}\right)$

$=+3$

(5) $\left(-\frac{5}{21}\right)\times\left(+\frac{14}{25}\right)\times(-10)$

$=+\left(\frac{5}{21}\times\frac{14}{25}\times10\right)=+\frac{4}{3}$

(6) $\left(-\frac{9}{40}\right)\times\left(-\frac{8}{15}\right)\times\left(-\frac{10}{27}\right)$

$=-\left(\frac{9}{40}\times\frac{8}{15}\times\frac{10}{27}\right)=-\frac{2}{45}$

답 (1) -16 (2) $+26$ (3) $+9$ (4) $+3$

(5) $+\frac{4}{3}$ (6) $-\frac{2}{45}$

03 주어진 식은 앞의 수의 분모와 뒤의 수의 분자가 약분되므로 맨 앞의 수의 분자와 맨 뒤의 수의 분모만 남게 되고, 음수가 홀수 개이므로 전체의 부호는 $-$이다.

$\therefore \left(-\frac{1}{2}\right)\times\left(-\frac{2}{3}\right)\times\left(-\frac{3}{4}\right)\times\cdots\times\left(-\frac{8}{9}\right)\times\left(-\frac{9}{10}\right)$

$=-\left(1\times\frac{1}{10}\right)=-\frac{1}{10}$ 답 $-\frac{1}{10}$

04 세 수 a, b, c에 대하여 곱셈의 계산 법칙

교환법칙 : $a\times b=b\times a$

결합법칙 : $(a\times b)\times c=a\times(b\times c)$ 답 ②

05 답 ㉠ 교환 ㉡ 결합 ㉢ $+40$ ㉣ $+120$

06 ① $(-2)^3=-8$

② $-(-2)^3=-(-8)=8$

③ $-3^2=-9$

④ $-(-3)^3=-(-27)=27$

⑤ $5^2=25$

따라서 계산 결과가 가장 큰 것은 ④ $-(-3)^3$이다.

답 ④

07 (1) $\left(+\frac{1}{2}\right)^4=\frac{1}{16}$ (2) $\left(-\frac{3}{4}\right)^3=-\frac{27}{64}$

(3) $\left(-\frac{2}{5}\right)^2=\frac{4}{25}$

답 (1) $\frac{1}{16}$ (2) $-\frac{27}{64}$ (3) $\frac{4}{25}$

08 $(-3)^2-3^3-(-4)^2-(-4)^3$

$=9-27-16-(-64)=9-27-16+64$

$=9+64-(27+16)=73-43=30$ 답 30

09 n이 홀수일 때 $(-1)^n=-1$이고, n이 짝수일 때 $(-1)^n=1$이다.

$(-1)+(-1)^2+(-1)^3+\cdots+(-1)^{499}+(-1)^{500}$

40 II. 정수와 유리수

$$= \{(-1)+1\}+\{(-1)+1\}+\cdots+\{(-1)+1\}$$
$$=0+0+\cdots+0=0$$
<u>0을 250번 더한다.</u>

답 0

10 $(-1)^{84}=(-1)^{64}=(-1)^{48}=1,$
$(-1)^{79}=(-1)^{33}=(-1)^{29}=-1$이므로
$(-1)^{84}+(-1)^{79}+(-1)^{64}-(-1)^{33}$
$-(-1)^{48}+(-1)^{29}$
$=1+(-1)+1-(-1)-1+(-1)$
$=1-1+1+1-1-=0$

답 0

11 $0.65\times123+0.65\times(-23)=0.65\times(123-23)$
$$\qquad\qquad\qquad\qquad\quad=0.65\times100=65$$
$a=23,\ b=100,\ c=65$이므로 $a+b+c=188$

답 188

12 $\left(-\dfrac{5}{8}\right)\times(-7)+\left(-\dfrac{5}{8}\right)\times3$
$$=\left(-\dfrac{5}{8}\right)\times(-7+3)$$
$$=\left(-\dfrac{5}{8}\right)\times(-4)=\dfrac{5}{2}$$

답 $\dfrac{5}{2}$

13 $a\times(b-c)=a\times b-a\times c=2$이므로 $-5-a\times c=2$
$$\therefore a\times c=-5-2=-7$$

답 -7

14 두 수의 곱이 1일 때, 한 수를 다른 수의 역수라 한다.
① $1\times(-1)=-1$ ② $3\times(-3)=-9$
③ $5\times\left(-\dfrac{1}{5}\right)=-1$ ④ $\dfrac{2}{7}\times\left(-\dfrac{7}{2}\right)=-1$
⑤ $\dfrac{4}{9}\times\dfrac{9}{4}=1$

따라서 두 수가 서로 역수인 것은 ⑤ $\dfrac{4}{9},\ \dfrac{9}{4}$이다.

답 ⑤

15 4의 역수는 $\dfrac{1}{4}$이므로 $a=\dfrac{1}{4}$
$-\dfrac{8}{3}$의 역수는 $-\dfrac{3}{8}$이므로 $b=-\dfrac{3}{8}$
$$\therefore a+b=\dfrac{1}{4}+\left(-\dfrac{3}{8}\right)=\dfrac{2}{8}+\left(-\dfrac{3}{8}\right)=-\dfrac{1}{8}$$

답 $-\dfrac{1}{8}$

16 ① $(-39)\div(-3)=+(39\div3)=+13$
② $(+5.5)\div(-5)=-(5.5\div5)=-1.1$
③ $(-6.3)\div(+0.9)=-(6.3\div0.9)=-7$
④ $\left(+\dfrac{2}{3}\right)\div\left(-\dfrac{5}{6}\right)=\left(+\dfrac{2}{3}\right)\times\left(-\dfrac{6}{5}\right)$
$$\qquad\qquad\qquad\qquad=-\left(\dfrac{2}{3}\times\dfrac{6}{5}\right)=-\dfrac{4}{5}$$

⑤ $\left(-\dfrac{4}{5}\right)\div\left(-\dfrac{28}{15}\right)=\left(-\dfrac{4}{5}\right)\times\left(-\dfrac{15}{28}\right)$
$$\qquad\qquad\qquad=+\left(\dfrac{4}{5}\times\dfrac{15}{28}\right)=+\dfrac{3}{7}$$

답 ④

17 $(+54)\div(-6)=-(54\div6)=-9$
① $(+84)\div(-7)=-(84\div7)=-12$
② $(-90)\div(-9)=+(90\div9)=+10$
③ $(-60)\div(+3)=-(60\div3)=-20$
④ $(+64)\div(+8)=+(64\div8)=+8$
⑤ $(+108)\div(-12)=-(108\div12)=-9$

답 ⑤

18 ① $(-15)\div(-6)=(-15)\times\left(-\dfrac{1}{6}\right)$
$$\qquad\qquad\qquad=+\left(15\times\dfrac{1}{6}\right)=\dfrac{5}{2}$$

② $(+9)\div\left(-\dfrac{27}{5}\right)=(+9)\times\left(-\dfrac{5}{27}\right)$
$$\qquad\qquad\qquad=-\left(9\times\dfrac{5}{27}\right)=-\dfrac{5}{3}$$

③ $\left(-\dfrac{15}{8}\right)\div\left(-\dfrac{5}{22}\right)=\left(-\dfrac{15}{8}\right)\times\left(-\dfrac{22}{5}\right)$
$$\qquad\qquad\qquad=+\left(\dfrac{15}{8}\times\dfrac{22}{5}\right)=\dfrac{33}{4}$$

④ $\left(+\dfrac{20}{3}\right)\div\left(-\dfrac{4}{39}\right)\div\left(-\dfrac{5}{2}\right)$
$$=\left(+\dfrac{20}{3}\right)\times\left(-\dfrac{39}{4}\right)\times\left(-\dfrac{2}{5}\right)$$
$$=+\left(\dfrac{20}{3}\times\dfrac{39}{4}\times\dfrac{2}{5}\right)=26$$

⑤ $\left(-\dfrac{35}{18}\right)\div\left(-\dfrac{7}{24}\right)\div\left(-\dfrac{4}{21}\right)$
$$=\left(-\dfrac{35}{18}\right)\times\left(-\dfrac{24}{7}\right)\times\left(-\dfrac{21}{4}\right)$$
$$=-\left(\dfrac{35}{18}\times\dfrac{24}{7}\times\dfrac{21}{4}\right)=-35$$

따라서 계산 결과가 가장 큰 것은 ④이다.

답 ④

19 $\left(-\dfrac{1}{3}\right)\div\left(-\dfrac{5}{6}\right)\div\left(-\dfrac{2}{3}\right)\div\left(+\dfrac{8}{5}\right)$
$$=\left(-\dfrac{1}{3}\right)\times\left(-\dfrac{6}{5}\right)\times\left(-\dfrac{3}{2}\right)\times\left(+\dfrac{5}{8}\right)$$
$$=-\left(\dfrac{1}{3}\times\dfrac{6}{5}\times\dfrac{3}{2}\times\dfrac{5}{8}\right)=-\dfrac{3}{8}$$

답 $-\dfrac{3}{8}$

20 $\dfrac{8}{3}\div\left(-\dfrac{15}{2}\right)\times\left(-\dfrac{3}{2}\right)^2=\dfrac{8}{3}\div\left(-\dfrac{15}{2}\right)\times\dfrac{9}{4}$
$$=\dfrac{8}{3}\times\left(-\dfrac{2}{15}\right)\times\dfrac{9}{4}=-\dfrac{4}{5}$$

답 $-\dfrac{4}{5}$

21 ① $\left(-\dfrac{2}{9}\right)\div(-2)\times\left(-\dfrac{3}{4}\right)$

$=\left(-\dfrac{2}{9}\right)\times\left(-\dfrac{1}{2}\right)\times\left(-\dfrac{3}{4}\right)=-\dfrac{1}{12}$

② $\left(-\dfrac{7}{12}\right)\times\dfrac{25}{42}\div\dfrac{15}{8}$

$=\left(-\dfrac{7}{12}\right)\times\dfrac{25}{42}\times\dfrac{8}{15}=-\dfrac{5}{27}$

③ $\left(-\dfrac{1}{3}\right)^2\div(-4)\times\left(-\dfrac{6}{5}\right)$

$=\dfrac{1}{9}\times\left(-\dfrac{1}{4}\right)\times\left(-\dfrac{6}{5}\right)=\dfrac{1}{30}$

④ $\dfrac{5}{18}\times\left(-\dfrac{1}{2}\right)\div\left(-\dfrac{2}{3}\right)^2=\dfrac{5}{18}\times\left(-\dfrac{1}{2}\right)\div\dfrac{4}{9}$

$=\dfrac{5}{18}\times\left(-\dfrac{1}{2}\right)\times\dfrac{9}{4}$

$=-\dfrac{5}{16}$

⑤ $\left(-\dfrac{8}{5}\right)\times\dfrac{25}{16}\div(-5)^3$

$=\left(-\dfrac{8}{5}\right)\times\dfrac{25}{16}\div(-125)$

$=\left(-\dfrac{8}{5}\right)\times\dfrac{25}{16}\times\left(-\dfrac{1}{125}\right)=\dfrac{1}{50}$ 〔답〕⑤

22 (1) 유리수의 덧셈, 뺄셈, 곱셈, 나눗셈의 혼합 계산 순서는 다음과 같다.
[거듭제곱의 계산 → 괄호 → 곱셈, 나눗셈의 계산 → 덧셈, 뺄셈의 계산]
따라서 ㉣ → ㉢ → ㉡ → ㉤ → ㉠의 순서대로 계산한다.

(2) $-7+\left\{9-\left(-15+4\times\dfrac{21}{8}\right)\right\}\div6$

$=-7+\left\{9-\left(-15+\dfrac{21}{2}\right)\right\}\div6$

$=-7+\left\{9-\left(-\dfrac{9}{2}\right)\right\}\div6$

$=-7+\dfrac{27}{2}\times\dfrac{1}{6}=-7+\dfrac{9}{4}=-\dfrac{19}{4}$

〔답〕(1) ㉣, ㉢, ㉡, ㉤, ㉠ (2) $-\dfrac{19}{4}$

23 (1) $5\times(-2)+3=-10+3=-7$

(2) $4\times(-3)-15\div(3-6)$
$=4\times(-3)-15\div(-3)=-12+5=-7$

(3) $(-3)^2-\{10-(22-5^2)\}$
$=9-\{10-(22-25)\}=9-\{10-(-3)\}$
$=9-(10+3)=9-13=-4$

(4) $2\times(-3)^2+5\times(-4)$
$=2\times9+5\times(-4)=18-20=-2$

(5) $(-2)\times\{(-3)^2-4\times2\}$
$=(-2)\times(9-8)=(-2)\times1=-2$

(6) $(-12)\div\{-7-(3-8)\}$
$=(-12)\div\{-7-(-5)\}=(-12)\div(-7+5)$
$=(-12)\div(-2)=6$

(7) $\dfrac{1}{2}\times\left(4+\dfrac{5}{3}\div\dfrac{1}{3}\right)-\dfrac{2}{5}$

$=\dfrac{1}{2}\times\left(4+\dfrac{5}{3}\times3\right)-\dfrac{2}{5}=\dfrac{1}{2}\times(4+5)-\dfrac{2}{5}$

$=\dfrac{9}{2}-\dfrac{2}{5}=\dfrac{41}{10}$

〔답〕(1) -7 (2) -7 (3) -4 (4) -2 (5) -2 (6) 6 (7) $\dfrac{41}{10}$

24 $5\div3+\dfrac{4}{9}\times\left\{0.25-\left(-\dfrac{1}{8}\right)\right\}$

$=5\times\dfrac{1}{3}+\dfrac{4}{9}\times\left(\dfrac{1}{4}+\dfrac{1}{8}\right)=\dfrac{5}{3}+\dfrac{4}{9}\times\dfrac{3}{8}$

$=\dfrac{5}{3}+\dfrac{1}{6}=\dfrac{11}{6}$ 〔답〕$\dfrac{11}{6}$

25 $\square\div\left(+\dfrac{3}{5}\right)=-\dfrac{15}{2}$ 에서

$\square=\left(-\dfrac{15}{2}\right)\times\left(+\dfrac{3}{5}\right)=-\dfrac{9}{2}$ 〔답〕$-\dfrac{9}{2}$

26 $a\times\dfrac{3}{4}=-\dfrac{1}{2}$ 에서

$a=\left(-\dfrac{1}{2}\right)\div\dfrac{3}{4}=\left(-\dfrac{1}{2}\right)\times\dfrac{4}{3}=-\dfrac{2}{3}$

$\dfrac{1}{5}\div b=\dfrac{2}{15}$ 에서 $\dfrac{1}{5}=\dfrac{2}{15}\times b$

$b=\dfrac{1}{5}\div\dfrac{2}{15}=\dfrac{1}{5}\times\dfrac{15}{2}=\dfrac{3}{2}$

$\therefore a\div b\times3=\left(-\dfrac{2}{3}\right)\div\dfrac{3}{2}\times3=\left(-\dfrac{2}{3}\right)\times\dfrac{2}{3}\times3$

$=-\dfrac{4}{3}$ 〔답〕$-\dfrac{4}{3}$

27 $(-\dfrac{4}{9})\div(-2)^2\times\square=\dfrac{2}{15}$ 에서

$\left(-\dfrac{4}{9}\right)\div4\times\square=\dfrac{2}{15}$, $\left(-\dfrac{4}{9}\right)\times\dfrac{1}{4}\times\square=\dfrac{2}{15}$

$-\dfrac{1}{9}\times\square=\dfrac{2}{15}$

$\therefore \square=\dfrac{2}{15}\div\left(-\dfrac{1}{9}\right)=\dfrac{2}{15}\times(-9)=-\dfrac{6}{5}$

〔답〕$-\dfrac{6}{5}$

28 (1) $(-)\times(-)=(+)$ ⇨ ○
(2) $a=1$, $b=2$일 때, $1\div2=0.5$로 정수가 아니다. ⇨ ×
(3) $(+)-(-)=(+)+(+)=(+)$ ⇨ ○
(4) $a^2>0$이므로 $-a^2<0$이다. ⇨ ×

〔답〕(1) ○ (2) × (3) ○ (4) ×

29 $a>0$에서 $-a<0$, $a\times a>0$이므로 $-a$가 가장 작고
$a\times a$는 1 미만의 수끼리의 곱이므로 a보다 작다.
$\therefore -a<a\times a<a$ 답 $-a<a\times a<a$

> **다른 풀이**
> $0<a<1$ 사이에 a를 만족하는 임의의 유리수를 선택하여 대입해 본다.
> 예를 들어 $a=\dfrac{1}{2}$이면 $-a=-\dfrac{1}{2}$이고
> $a\times a=\dfrac{1}{2}\times\dfrac{1}{2}=\dfrac{1}{4}$이므로 $-a<a\times a<a$이다.

30 $\dfrac{b}{a}<0$에서 a, b는 서로 다른 부호이고, $\dfrac{c}{b}>0$에서 b, c는 같은 부호이다.
$a-b>0$이므로 $a>0$, $b<0$, $c<0$이다.
답 $a>0$, $b<0$, $c<0$

31 $a>0$, $b<0$일 때의 대소 관계는
$b-a<b<a+b<a<a-b$이다.
따라서 ④ $a-b$가 가장 큰 수이다.   답 ④

> **다른 풀이**
> $a=1$, $b=-1$이라 하면 $b-a=-2$, $a+b=0$, $a-b=2$이다.
> 따라서 가장 큰 수는 $a-b$이다.

32 $a\times b>0$에서 a, b는 같은 부호이고, $a+b<0$이므로 a, b는 모두 음수이다.   ··· ❶
따라서 $a>b$이므로 $|a|<|b|$이다.   ··· ❷
답 $|a|<|b|$

채점 기준	배점
❶ a, b의 부호 구하기	50 %
❷ $|a|$, $|b|$의 대소 관계 구하기	50 %

33 x, y는 음수이고 $x<y$이므로 $x^2>y^2>0$이다.
따라서 $|x^2|>|y^2|$이다.   답 $|x^2|>|y^2|$

34 (1) 두 점 A, B 사이의 거리는 $4-(-5)=4+5=9$
(2) $9\times\dfrac{1}{3}=3$
(3) 점 C가 나타내는 수는 $-5+3=-2$
점 D가 나타내는 수는 $-2+3=1$
답 (1) 9 (2) 3 (3) C : -2, D : 1

35 두 점 A, B 사이의 거리는 $6-(-4)=10$
두 점 A, C 사이의 거리는 $10\times\dfrac{3}{5}=6$
따라서 점 C가 나타내는 수는 $-4+6=2$이다.   답 2

> **다른 풀이**
> 두 점 B, C 사이의 거리는 $10\times\dfrac{2}{5}=4$
> 따라서 점 C가 나타내는 수는 $6-4=2$이다.

---

36 두 수 $-\dfrac{9}{5}$와 $\dfrac{9}{4}$를 나타내는 두 점 사이의 거리는
$\dfrac{9}{4}-\left(-\dfrac{9}{5}\right)=\dfrac{9}{4}+\dfrac{9}{5}=\dfrac{81}{20}$이다.   ··· ❶
점 A는 두 점 사이의 거리를 $2:7$로 나누는 점이므로 점 A가 나타내는 수는
$-\dfrac{9}{5}+\dfrac{81}{20}\times\dfrac{2}{9}=-\dfrac{9}{5}+\dfrac{9}{10}=-\dfrac{9}{10}$이다.   ··· ❷
답 $-\dfrac{9}{10}$

채점 기준	배점
❶ $-\dfrac{9}{5}$, $\dfrac{9}{4}$를 나타내는 두 점 사이의 거리 구하기	40 %
❷ 점 A를 나타내는 수 구하기	60 %

Step B 내신 다지기

82~86쪽

01 ⑤	**02** ④	**03** ㉠ 분배법칙 ㉡ 곱셈의 교환법칙
㉢ 곱셈의 결합법칙	**04** 0	**05** ④ **06** 11
07 0	**08** ②	**09** 0 **10** 24 **11** -4
12 ③	**13** $\dfrac{1}{4}$	**14** ③ **15** (1) 연아 (2) 6회
16 $x=8$, $y=-4$	**17** (1) 68점 (2) 96점	**18** $\dfrac{1}{4}$

19 $\dfrac{125}{36}$ **20** ②   **21** $\dfrac{85}{12}$

22 $A=\dfrac{5}{4}$, $B=-1$, $C=-\dfrac{13}{12}$, $D=-\dfrac{1}{2}$, $E=\dfrac{1}{12}$

23 (1) $a>b$, $|a|<|b|$ (2) $a>b$, $|a|<|b|$ **24** 40

25 (1) $0.75\left(=\dfrac{3}{4}\right)$ (2) $\dfrac{1}{12}$ (3) -16 (4) $-\dfrac{9}{2000}$ (5) $\dfrac{4}{7}$

(6) $-\dfrac{16}{3}$ (7) 0   **26** (1) $2\times a$ (2) $-a$ (3) a^3, $-a^3$

27 10   **28** C, D, B, A   **29** $-\dfrac{1}{2}$ **30** $-\dfrac{753}{40}$

01 core 각 수를 계산하여 대소를 비교한다.
① -0.1
② $(-0.1)^2=0.01$
③ $(-0.1)^3=-0.001$
④ $(-0.2)^3=-0.008$
⑤ $(-2)\times(-0.2)^2=(-2)\times0.04=-0.08$
대소를 비교하면
$0.01>-0.001>-0.008>-0.08>-0.1$
따라서 두 번째로 작은 수는 ⑤이다.   답 ⑤

02 core 혼합 계산에서 거듭제곱 ➡ 괄호 ➡ $\times$, $\div$ ➡ $+$, $-$의 순으로 계산한다.
① $(-1)^3\times3=(-1)\times3=-3$

② $\dfrac{1}{2} \times (-2) \times 3 = -\left(\dfrac{1}{2} \times 2 \times 3\right) = -3$

③ $-5 - 2 \div (-1) = -5 - 2 \times (-1) = -5 + 2 = -3$

④ $-3^2 \times \dfrac{1}{3} \div (-1)^{2007} = -9 \times \dfrac{1}{3} \div (-1)$

$$= -9 \times \dfrac{1}{3} \times (-1)$$

$$= 9 \times \dfrac{1}{3} \times 1 = 3$$

⑤ $\dfrac{3}{4} \times \left(-\dfrac{8}{3}\right) - 4 \times \left(-\dfrac{1}{2}\right)^2$

$$= \dfrac{3}{4} \times \left(-\dfrac{8}{3}\right) - 4 \times \dfrac{1}{4} = -2 - 1 = -3 \qquad \boxed{\text{답}} \ ④$$

03 `core` a, b, c가 유리수일 때

교환법칙: $a \times b = b \times a$

결합법칙: $(a \times b) \times c = a \times (b \times c)$

분배법칙: $a \times (b+c) = a \times b + a \times c$

$\qquad (a+b) \times c = a \times c + b \times c$

㉠ -2.4와 -1.6의 합에 $+7$을 곱하여 묶었으므로 분배법칙을 사용했다.

㉡ 두 수의 위치를 바꾸었으므로 교환법칙을 사용했다.

㉢ 두 수를 괄호로 묶었으므로 결합법칙을 사용했다.

$\boxed{\text{답}}$ ㉠ 분배법칙 ㉡ 곱셈의 교환법칙 ㉢ 곱셈의 결합법칙

04 `core` $n \le a < n+1$ (단, n은 정수)이면, $[a]=n$

$[x]$는 x보다 작거나 같은 수 중 최대 정수이다.

$[-1.5] = -2, [1.2] = 1, \left[-\dfrac{1}{3}\right] = -1, \left[\dfrac{1}{2}\right] = 0$

$\therefore [-1.5] + [1.2] - \left[-\dfrac{1}{3}\right] + \left[\dfrac{1}{2}\right]$

$$= -2 + 1 - (-1) + 0 = 0 \qquad \boxed{\text{답}} \ 0$$

05 `core` 거듭제곱 → 괄호 → $\times, \div$ → $+, -$

① $(-2) \times (-4) \div 16 \div \left(-\dfrac{1}{2}\right)$

$$= (-2) \times (-4) \times \dfrac{1}{16} \times (-2)$$

$$= -\left(2 \times 4 \times \dfrac{1}{16} \times 2\right) = -1$$

② $-\left(\dfrac{1}{2}\right)^3 \div \left(\dfrac{1}{2}\right)^2 \times (-4)$

$$= -\dfrac{1}{8} \div \dfrac{1}{4} \times (-4) = -\dfrac{1}{8} \times 4 \times (-4)$$

$$= \dfrac{1}{8} \times 4 \times 4 = 2$$

③ $-3^2 \times (-2)^3 \times (-5)$

$$= -9 \times (-8) \times (-5) = -(9 \times 8 \times 5) = -360$$

④ $\{(-2)^3 - (5 - 3^2)\} \times 2$

$$= \{-8 - (5 - 9)\} \times 2 = \{-8 - (-4)\} \times 2$$

$$= (-8 + 4) \times 2 = (-4) \times 2 = -8$$

⑤ $0.1 \times (-3) - (-3) \times 0.1$

$$= -0.3 - (-0.3) = -0.3 + 0.3 = 0 \qquad \boxed{\text{답}} \ ④$$

06 `core` 음수의 거듭제곱의 부호는 지수가 짝수이면 $+$, 지수가 홀수이면 $-$이다.

$(-2)^2 \times \left(-\dfrac{3}{4}\right)^3 \times \left(-\dfrac{1}{6}\right)^2 \times (+2)^3$

$$= 4 \times \left(-\dfrac{27}{64}\right) \times \dfrac{1}{36} \times 8 = -\dfrac{3}{8}$$

a는 자연수이므로 $a = 8$, $b = -3$

$\therefore a - b = 8 - (-3) = 11 \qquad \boxed{\text{답}} \ 11$

07 `core` $x > 0$일 때 $|x| = x$, $x < 0$일 때 $|x| = -x$이다.

$0 < a < 1$에서 $a - 1 < 0$이므로 $|a-1| = -(a-1)$이다.

$1 - a > 0$이므로 $|1-a| = 1-a$이다.

$\therefore |a-1| - |1-a| = -(a-1) - (1-a)$

$$= -a + 1 - 1 + a = 0 \qquad \boxed{\text{답}} \ 0$$

08 `core` 분배법칙을 사용하여 B의 값을 구한다.

$A - (-3) \times 6 = 14$에서 $A - (-18) = 14$

$\therefore A = 14 + (-18) = -4$

$B \times 4 - B \times 12 \div \dfrac{2}{3} = 7$에서

$B \times 4 - B \times 12 \times \dfrac{3}{2} = 7$, $B \times 4 - B \times 18 = 7$

$B \times (4 - 18) = 7$, $B \times (-14) = 7$

$\therefore B = 7 \div (-14) = 7 \times \left(-\dfrac{1}{14}\right) = -\dfrac{1}{2}$

$\therefore A - B = -4 - \left(-\dfrac{1}{2}\right) = -4 + \dfrac{1}{2} = -\dfrac{7}{2} \qquad \boxed{\text{답}} \ ②$

09 `core` 음수를 홀수 번 곱하면 음수, 짝수 번 곱하면 짝수이다.

$\left(-\dfrac{1}{3}\right)^3 = -\dfrac{1}{27}$, $\left(-\dfrac{1}{3}\right)^2 = \dfrac{1}{9}$, $-\dfrac{1}{3^2} = -\dfrac{1}{9}$,

$-\left(-\dfrac{1}{3}\right)^3 = -\left(-\dfrac{1}{27}\right) = \dfrac{1}{27}$, $-\dfrac{1}{3^4} = -\dfrac{1}{81}$

가장 큰 수는 $\dfrac{1}{9}$이고 가장 작은 수는 $-\dfrac{1}{9}$이므로 그 합은

$\dfrac{1}{9} + \left(-\dfrac{1}{9}\right) = 0$이다. $\qquad \boxed{\text{답}} \ 0$

10 `core` 세 수 a, b, c에 대하여 $(a+b) \times c = a \times c + b \times c$이다.

$(b-c) \div \dfrac{1}{a} = (b-c) \times a = a \times b - a \times c = 16$

$a \times b = 40$이므로 $40 - a \times c = 16$

$\therefore a \times c = 40 - 16 = 24 \qquad \boxed{\text{답}} \ 24$

11 `core` $(-1)^{\text{짝수}} = 1$, $(-1)^{\text{홀수}} = -1$

n이 홀수이므로 n, $3 \times n$은 홀수이고, $2 \times n$, $4 \times n$은 짝수이다.

$(-1)^n - (-1)^{2 \times n} + (-1)^{3 \times n} - (-1)^{4 \times n}$

$$= (-1) - 1 + (-1) - 1 = -4 \qquad \boxed{\text{답}} \ -4$$

12 `core` ■＋▲＝● ➡ ■＝●－▲, ■－▲＝● ➡ ■＝●＋▲

$$\square - \frac{6}{5} + \frac{9}{4} - (-2.7) = \frac{9}{2}$$

$$\square - \frac{6}{5} + \frac{9}{4} + \frac{27}{10} = \frac{9}{2}$$

$$\square - \frac{24}{20} + \frac{45}{20} + \frac{54}{20} = \frac{90}{20}$$

$$\square + \frac{75}{20} = \frac{90}{20}$$

$$\therefore \square = \frac{15}{20} = \frac{3}{4}$$ 답 ③

13 `core` 나눗셈은 나누는 수의 역수를 곱하여 계산한다.

$$\left(-\frac{1}{2}\right)^3 \div A \times (-4) = 2$$

$$\left(-\frac{1}{8}\right) \div A \times (-4) = 2$$

$$\left(-\frac{1}{8}\right) \times \frac{1}{A} \times (-4) = 2$$

$$\left(-\frac{1}{8}\right) \times (-4) \times \frac{1}{A} = 2$$

$$\frac{1}{2} \times \frac{1}{A} = 2, \ \frac{1}{A} = 4 \quad \therefore A = \frac{1}{4}$$ 답 $\frac{1}{4}$

14 `core` 4분음표의 연주 길이를 1로 놓고 생각한다.

4분음표(♩)의 연주 길이를 1로 생각하면

8분음표(♪)$= \frac{1}{2}$, 점 8분음표(♪)$= \frac{1}{2} + \frac{1}{4} = \frac{3}{4}$,

16분음표(♬)$= \frac{1}{4}$, 32분음표(♬)$= \frac{1}{8}$이다.

따라서 악보 한 마디의 총 연주 길이는

$$\frac{1}{8} + \frac{3}{4} + \frac{1}{4} + \frac{1}{8} + \frac{1}{8} + \frac{1}{8} + \frac{1}{4} + \frac{1}{4} + \frac{1}{2} + \frac{1}{4} + \frac{1}{4}$$

$=3$이므로 ♩.의 연주 길이와 같다. 답 ③

15 (1) 수민 : $4 \times 7 + (-6) \times 3 = 10$

준영 : $4 \times 4 + (-6) \times 6 = -20$

연아 : $4 \times 6 + (-6) \times 4 = 0$

따라서 절댓값이 가장 작은 사람은 연아이다. ··· ❶

(2) 수민이와 준영이의 위치의 합은 $10 + (-20) = -10$

연아는 0이므로 민우의 위치는 -10보다 작아야 한다. 짝수와 홀수가 각각 한 번씩 나왔을 때의 결과 값은 $4 - 6 = -2$이므로 홀수는 6회 이상 나와야 한다.

··· ❷

답 (1) 연아 (2) 6회

채점 기준	배점
❶ (1) 구하기	50 %
❷ (2) 구하기	50 %

16 `core` 두 수의 합과 두 수의 절댓값의 합이 같지 않으면 두 수의 부호가 다르다.

$x + y$와 $|x| + |y|$의 값이 같지 않으므로 두 정수 x, y는 다른 부호임을 알 수 있다.

$x > y$이므로 x가 양수이고, y가 음수이다.

$x + y = 4$, $|x| + |y| = 12$이므로 $x = 8$, $y = -4$이다.

답 $x = 8, y = -4$

17 (1) 표에 있는 점수들의 평균을 구하여 70점을 더한다.

$(0 - 8 + 6 - 11 + 3 - 2) \div 6 = (-12) \div 6 = -2(점)$

$\therefore$ (평균)$= 70 - 2 = 68$(점) ··· ❶

(2) 7회까지의 점수의 평균이 72점일 때의 점수의 총합에서 6회까지의 점수의 총합을 뺀다.

$\therefore$ (7회의 점수)$= 72 \times 7 - 68 \times 6 = 504 - 408$

$= 96$(점) ··· ❷

답 (1) 68점 (2) 96점

채점 기준	배점
❶ (1) 구하기	50 %
❷ (2) 구하기	50 %

18 `core` $|x| = |y|$이고 $x \neq y$이면 $x = -y$이다.

$A = B - 1$, $|A| = |B|$에서 $A < 0$, $B > 0$이고

$A = -B$이므로 $A = -\frac{1}{2}$, $B = \frac{1}{2}$이다.

$$\therefore B^3 - A^3 = \left(\frac{1}{2}\right)^3 - \left(-\frac{1}{2}\right)^3 = \frac{1}{8} - \left(-\frac{1}{8}\right) = \frac{1}{4}$$

따라서 A의 세제곱은 B의 세제곱보다 $\frac{1}{4}$ 작다. 답 $\frac{1}{4}$

19 `core` 거듭제곱 → 괄호 → ×, ÷ → ＋, －

$$\frac{3}{4} * \frac{1}{2} = \left\{\left(\frac{3}{4}\right)^2 - \left(\frac{1}{2}\right)^2\right\} \div \frac{1}{4} = \left(\frac{9}{16} - \frac{1}{4}\right) \times 4$$

$$= \frac{5}{16} \times 4 = \frac{5}{4}$$

$$\therefore \left(\frac{3}{4} * \frac{1}{2}\right) * \left(-\frac{5}{6}\right) = \frac{5}{4} * \left(-\frac{5}{6}\right)$$

$$= \left\{\left(\frac{5}{4}\right)^2 - \left(-\frac{5}{6}\right)^2\right\} \div \frac{1}{4}$$

$$= \left(\frac{25}{16} - \frac{25}{36}\right) \div \frac{1}{4}$$

$$= \frac{125}{144} \times 4 = \frac{125}{36}$$

답 $\frac{125}{36}$

20 `core` 나눗셈은 나누는 수의 역수를 곱하여 계산한다.

(어떤 수)$\times \frac{4}{3} = -\frac{32}{81}$에서

(어떤 수)$= -\frac{32}{81} \div \frac{4}{3} = -\frac{32}{81} \times \frac{3}{4} = -\frac{8}{27}$

$\frac{4}{3}$의 역수는 $\frac{3}{4}$이므로 바르게 계산하면

$-\frac{8}{27} \times \frac{3}{4} = -\frac{2}{9}$이다. 답 ②

21 `core` 가장 큰 수는 두 개의 음수와 한 개의 양수의 곱으로 두 개의 음수는 절댓값이 큰 두 유리수를 뽑는다.

$$a = 6 \times \left(-\frac{5}{3}\right) \times \left(-\frac{3}{4}\right) = \frac{15}{2}$$

세 유리수가 음수이고 한 개가 양수이므로 가장 작은 수는 음수인 세 유리수의 곱이 된다.

$$b = \left(-\frac{1}{3}\right) \times \left(-\frac{5}{3}\right) \times \left(-\frac{3}{4}\right) = -\frac{5}{12}$$

$$\therefore a+b = \frac{15}{2} + \left(-\frac{5}{12}\right) = \frac{90}{12} - \frac{5}{12} = \frac{85}{12}$$

$$\boxed{\Xi}\ \frac{85}{12}$$

22 _{core} 구할 수 있는 수를 구한 후, 직선에 놓인 세 수의 합을 구한다.

$-\frac{5}{12} + \frac{1}{6} = B + \frac{3}{4}$ 에서 $B = -\frac{5}{12} + \frac{1}{6} - \frac{3}{4} = -1$

각 직선에 놓인 세 수의 합은

$-1 + \frac{2}{3} + \frac{1}{6} = -\frac{1}{6}$ 이므로

$$A = -\frac{1}{6} - \left(-\frac{5}{12}\right) - (-1) = \frac{5}{4}$$

$$C = -\frac{1}{6} - \frac{3}{4} - \frac{1}{6} = -\frac{13}{12}$$

$$D = -\frac{1}{6} - \left(-\frac{5}{12}\right) - \frac{3}{4} = -\frac{1}{2}$$

$$E = -\frac{1}{6} - (-1) - \frac{3}{4} = \frac{1}{12}$$

$$\boxed{\Xi}\ A = \frac{5}{4},\ B = -1,\ C = -\frac{13}{12},\ D = -\frac{1}{2},\ E = \frac{1}{12}$$

23 _{core} 두 양수에는 절댓값이 큰 수가 크고, 두 음수에서는 절댓값이 작은 수가 크다.

(1) $a > 0$, $c < 0$에서 $a > c$이므로 $b < 0$이다.

따라서 $a > b$이고, $a+b < 0$이므로 절댓값은 b가 더 크다.

(2) $a - b > 0$에서 $b < 0$이고 $a - b > 0$, $a > b$이므로 절댓값은 b가 더 크다.

$$\boxed{\Xi}\ (1)\ a > b,\ |a| < |b|\quad (2)\ a > b,\ |a| < |b|$$

24 네 원의 반지름의 길이는 각각 $\frac{1}{3}$, $\frac{2}{3}$, $\frac{4}{3}$, $\frac{8}{3}$이고, 네 개의 정사각형의 한 변의 길이는 각각 네 원의 반지름의 길이의 2배이므로 $\frac{2}{3}$, $\frac{4}{3}$, $\frac{8}{3}$, $\frac{16}{3}$이다. ⋯ ❶

$\therefore$ (정사각형의 둘레의 길이의 합)

$$= \left(\frac{2}{3} + \frac{4}{3} + \frac{8}{3} + \frac{16}{3}\right) \times 4 = 10 \times 4 = 40 \quad \cdots ❷$$

$$\boxed{\Xi}\ 40$$

채점 기준	배점
❶ 각 정사각형의 한 변의 길이 구하기	50 %
❷ 4개의 정사각형의 둘레의 길이의 합 구하기	50 %

25 _{core} 거듭제곱 → 괄호 → ×, ÷ → +, −

(1) $0.25 - \left(2 - \frac{5}{2}\right) = 0.25 - \left(-\frac{1}{2}\right)$

$$= 0.25 + (+0.5) = 0.75\left(= \frac{3}{4}\right)$$

(2) $\frac{1}{3} - \frac{1}{2} - \left(-\frac{1}{4}\right) = \frac{4}{12} - \frac{6}{12} - \left(-\frac{3}{12}\right)$

$$= \frac{4}{12} - \frac{6}{12} + \frac{3}{12} = \frac{1}{12}$$

(3) $\left(-\frac{1}{2^3}\right) \div \left(\frac{1}{2}\right)^3 \times (-4)^2 = \left(-\frac{1}{8}\right) \div \frac{1}{8} \times 16$

$$= -1 \times 16 = -16$$

(4) $(-0.2)^3 \div (-0.4)^2 \times (0.3)^2$

$$= (-0.008) \div 0.16 \times 0.09$$

$$= \left(-\frac{8}{1000}\right) \div \frac{16}{100} \times \frac{9}{100}$$

$$= \left(-\frac{8}{1000}\right) \times \frac{100}{16} \times \frac{9}{100} = -\frac{9}{2000}$$

(5) $-(-2)^3 \times \frac{1}{9} - \frac{5}{7} \div \left(-\frac{3}{2}\right)^2$

$$= -(-8) \times \frac{1}{9} - \frac{5}{7} \div \frac{9}{4}$$

$$= 8 \times \frac{1}{9} - \frac{5}{7} \times \frac{4}{9} = \frac{8}{9} - \frac{20}{63}$$

$$= \frac{56}{63} - \frac{20}{63} = \frac{36}{63} = \frac{4}{7}$$

(6) $\left\{(-2^2) \times \frac{5}{6} - \frac{7}{12} \div \left(-1\frac{3}{4}\right)\right\} \div \left(-\frac{3}{4}\right)^2$

$$= \left\{(-4) \times \frac{5}{6} - \frac{7}{12} \div \left(-\frac{7}{4}\right)\right\} \div \frac{9}{16}$$

$$= \left\{(-4) \times \frac{5}{6} - \frac{7}{12} \times \left(-\frac{4}{7}\right)\right\} \div \frac{9}{16}$$

$$= \left(-\frac{10}{3} + \frac{1}{3}\right) \div \frac{9}{16} = (-3) \div \frac{9}{16}$$

$$= (-3) \times \frac{16}{9} = -\frac{16}{3}$$

(7) $(-3)^2 \div 2^3 \times \{-2 + 7 - (-3)\}$
$$\qquad\qquad - (-2^2) \div (-4)^3 \times (-12)^2$$

$$= 9 \div 8 \times (-2 + 7 + 3) - (-4) \div (-64) \times 144$$

$$= 9 \div 8 \times 8 - (-4) \div (-64) \times 144$$

$$= 9 \times \frac{1}{8} \times 8 - (-4) \times \left(-\frac{1}{64}\right) \times 144 = 9 - 9 = 0$$

$$\boxed{\Xi}\ (1)\ 0.75\left(= \frac{3}{4}\right)\ (2)\ \frac{1}{12}\ (3)\ -16\ (4)\ -\frac{9}{2000}$$

$$(5)\ \frac{4}{7}\ (6)\ -\frac{16}{3}\ (7)\ 0$$

26 _{core} a에 임의의 값을 넣어 해결한다.

$-1 < a < 0$이므로 $a = -\frac{1}{2}$이라 하면 $-a = \frac{1}{2}$,

$-a^2 = -\frac{1}{4}$, $a^2 = \frac{1}{4}$, $a^3 = -\frac{1}{8}$, $-a^3 = \frac{1}{8}$,

$2 \times a = -1$이다.

(1) 가장 작은 수는 $2 \times a$이다.

(2) 가장 큰 수는 $-a$이다.

(3) 절댓값이 가장 작은 수는 a^3, $-a^3$이다.

$$\boxed{\Xi}\ (1)\ 2 \times a\ (2)\ -a\ (3)\ a^3,\ -a^3$$

27 $a-(-3)=9$에서 $a+3=9$, $a=6$

$5+b=-\dfrac{5}{12}$에서

$b=-\dfrac{5}{12}-5=-\dfrac{5}{12}-\dfrac{60}{12}=-\dfrac{65}{12}$

$c=-4-\left(-\dfrac{3}{4}\right)=-4+\dfrac{3}{4}=-\dfrac{16}{4}+\dfrac{3}{4}=-\dfrac{13}{4}$

············ ❶

$\therefore a\times b\div c=6\times\left(-\dfrac{65}{12}\right)\div\left(-\dfrac{13}{4}\right)$

$=6\times\left(-\dfrac{65}{12}\right)\times\left(-\dfrac{4}{13}\right)=10$

············ ❷

답 10

채점 기준	배점
❶ a, b, c의 값 구하기	50 %
❷ $a\times b\div c$의 값 구하기	50 %

28 core 거듭제곱 → 괄호 → ×, ÷ → +, −

$A:\dfrac{2}{3}\times(-3)^2\div\left(-\dfrac{2}{15}\right)$

$=\dfrac{2}{3}\times9\times\left(-\dfrac{15}{2}\right)=-45$

$B:(-15)\div\left\{\left(-\dfrac{1}{12}\right)\times(-3)^2+2\right\}$

$=(-15)\div\left(-\dfrac{1}{12}\times9+2\right)$

$=(-15)\div\left(-\dfrac{3}{4}+2\right)$

$=(-15)\div\dfrac{5}{4}=(-15)\times\dfrac{4}{5}=-12$

$C:3\times\left(\dfrac{2}{9}-\dfrac{3}{14}\div\dfrac{3}{7}+\dfrac{1}{2}\right)$

$=3\times\left(\dfrac{2}{9}-\dfrac{3}{14}\times\dfrac{7}{3}+\dfrac{1}{2}\right)$

$=3\times\left(\dfrac{2}{9}-\dfrac{1}{2}+\dfrac{1}{2}\right)=3\times\dfrac{2}{9}=\dfrac{2}{3}$

$D:1-[2+(-1)\div\{5\times(-2)+6\}]$

$=1-\{2+(-1)\div(-10+6)\}$

$=1-\{2+(-1)\div(-4)\}$

$=1-\left\{2+(-1)\times\left(-\dfrac{1}{4}\right)\right\}$

$=1-\left(2+\dfrac{1}{4}\right)=1-\dfrac{9}{4}=-\dfrac{5}{4}$

따라서 계산 결과가 큰 순서대로 기호를 쓰면 C, D, B, A이다.

답 C, D, B, A

29 core 거듭제곱 → 괄호 → ×, ÷ → +, −

$a=-16\div\{(-2)\times5+2^2\times3\}$

$=-16\div(-10+12)=-16\div2=-8$

두 수 $-\dfrac{3}{4}$과 $\dfrac{7}{8}$을 나타내는 두 점 사이의 거리는

$\dfrac{7}{8}-\left(-\dfrac{3}{4}\right)=\dfrac{7}{8}+\dfrac{3}{4}=\dfrac{13}{8}$이므로

$b=-\dfrac{3}{4}+\dfrac{13}{8}\times\dfrac{1}{2}=-\dfrac{3}{4}+\dfrac{13}{16}=\dfrac{1}{16}$

$\therefore a\times b=-8\times\dfrac{1}{16}=-\dfrac{1}{2}$

답 $-\dfrac{1}{2}$

30 core 거듭제곱 → 괄호 → ×, ÷ → +, −

$\left(-\dfrac{5}{2}\right)^3-4\times(-2)\div\left\{\dfrac{8}{9}+\left(-\dfrac{16}{3}\right)\right\}\div\left(-\dfrac{3}{4}\right)^2$

$=\left(-\dfrac{125}{8}\right)-4\times(-2)\div\left(\dfrac{8}{9}-\dfrac{48}{9}\right)\div\dfrac{9}{16}$

$=-\dfrac{125}{8}-4\times(-2)\times\left(-\dfrac{9}{40}\right)\times\dfrac{16}{9}$

$=-\dfrac{125}{8}-\dfrac{16}{5}=-\dfrac{625}{40}-\dfrac{128}{40}=-\dfrac{753}{40}$

답 $-\dfrac{753}{40}$

Step A 만점 승승장구

01 -1	**02** (1) 0 (2) -2, -1	**03** (1) $-\dfrac{1}{4}$ (2) $\dfrac{45}{4}$
(3) 102 (4) $\dfrac{2}{45}$	**04** 15	**05** $\dfrac{5}{14}$ **06** -6
07 $-\dfrac{7}{5}$	**08** $a=1$, $b=4$, $c=5$, $d=5$	

01 n이 홀수이면 $n+1$은 짝수이고, n이 짝수이면 $n+1$은 홀수이므로 $(-1)^n\times(-1)^{n+1}=-1$, $2\times n$은 항상 짝수이므로 $(-1)^{2\times n}=1$, $1^{2\times n}=1$이다.

$\therefore (-1)^n\times(-1)^{n+1}+(-1)^{2\times n}-1^{2\times n}$

$=-1+1-1=-1$

답 -1

02 (1) $a\times b=0$, $a\times c>0$에서 $b=0$이다.

(2) $a\times c>0$, $a+c<0$에서 $a<0$, $c<0$이고 $a-c>0$에서 $a>c$이므로 $(a, c)=(-1, -2)$, $(-1, -3)$, $(-2, -3)$이다.

따라서 a의 값은 -2, -1이다.

답 (1) 0 (2) -2, -1

03 (1) $\left\{\dfrac{1}{2^3}+(-0.5)^3\right\}-\dfrac{1}{8}-1.5\div12$

$=\left\{\dfrac{1}{8}+\left(-\dfrac{1}{8}\right)\right\}-\dfrac{1}{8}-\dfrac{3}{2}\times\dfrac{1}{12}$

$=-\dfrac{1}{8}-\dfrac{1}{8}=-\dfrac{1}{4}$

(2) $8-6\times\left(\dfrac{1}{4}-1\dfrac{1}{3}\right)^2\div\left\{\left(-2\dfrac{1}{2}\right)-\left(-\dfrac{1}{3}\right)\right\}$

$=8-6\times\left(-\dfrac{13}{12}\right)^2\div\left(-\dfrac{13}{6}\right)$

$=8-6\times\dfrac{169}{144}\times\left(-\dfrac{6}{13}\right)=8+\dfrac{13}{4}=\dfrac{45}{4}$

II

2. 정수와 유리수의 계산 **47**

(3) $\left\{-12-(-8)^2\div\left(-\dfrac{2}{3}\right)^3\right\}\div\left\{3+\dfrac{1}{2}\div\left(\dfrac{1}{4}-0.75\right)\right\}$

$\quad=\left\{-12-64\times\left(-\dfrac{27}{8}\right)\right\}\div(3-1)$

$\quad=(-12+216)\div2=102$

(4) $\left\{4\times(-0.5)^3-\dfrac{1}{2}\right\}^5\times\left(-\dfrac{1}{3^2}\right)-1.35\times\left(-\dfrac{2}{9}\right)^2$

$\quad=\left\{4\times\left(-\dfrac{1}{8}\right)-\dfrac{1}{2}\right\}^5\times\left(-\dfrac{1}{9}\right)-\dfrac{27}{20}\times\dfrac{4}{81}$

$\quad=\dfrac{1}{9}-\dfrac{1}{15}=\dfrac{2}{45}$

$\boxed{\textbf{답}}$ (1) $-\dfrac{1}{4}$ (2) $\dfrac{45}{4}$ (3) 102 (4) $\dfrac{2}{45}$

04 $A=\left(3-\dfrac{4}{15}\div\dfrac{6}{5}\right)\times\left(-\dfrac{1}{5}\right)^3\div\dfrac{20}{9}$

$\quad=\left(3-\dfrac{4}{15}\times\dfrac{5}{6}\right)\times\left(-\dfrac{1}{125}\right)\div\dfrac{20}{9}$

$\quad=\left(3-\dfrac{2}{9}\right)\times\left(-\dfrac{1}{125}\right)\div\dfrac{20}{9}$

$\quad=\dfrac{25}{9}\times\left(-\dfrac{1}{125}\right)\times\dfrac{9}{20}=-\dfrac{1}{100}$

$B=6-\left(-\dfrac{2}{3}+\dfrac{1}{2}\right)\div\dfrac{3}{4}\times\left(-\dfrac{3}{2}\right)^3$

$\quad=6-\left(-\dfrac{1}{6}\right)\div\dfrac{3}{4}\times\left(-\dfrac{27}{8}\right)$

$\quad=6-\left(-\dfrac{1}{6}\right)\times\dfrac{4}{3}\times\left(-\dfrac{27}{8}\right)$

$\quad=6-\dfrac{3}{4}=\dfrac{21}{4}$

따라서 $-\dfrac{1}{100}<x<\dfrac{21}{4}$ 을 만족시키는 정수 x는 0, 1, 2, 3, 4, 5이므로 그 합은 $0+1+2+3+4+5=15$이다.

$\boxed{\textbf{답}}$ 15

05 $\dfrac{1}{n\times(n+1)}=\dfrac{1}{n}-\dfrac{1}{n+1}$ 을 이용하면

$\dfrac{1}{6}=\dfrac{1}{2\times3}=\dfrac{1}{2}-\dfrac{1}{3}$ 이 되므로 같은 방법으로 주어진 식을 전개한다.

$\therefore \dfrac{1}{6}+\dfrac{1}{12}+\dfrac{1}{20}+\dfrac{1}{30}+\dfrac{1}{42}$

$\quad=\left(\dfrac{1}{2}-\dfrac{1}{3}\right)+\left(\dfrac{1}{3}-\dfrac{1}{4}\right)+\left(\dfrac{1}{4}-\dfrac{1}{5}\right)+\left(\dfrac{1}{5}-\dfrac{1}{6}\right)$

$\qquad+\left(\dfrac{1}{6}-\dfrac{1}{7}\right)=\dfrac{1}{2}-\dfrac{1}{7}=\dfrac{5}{14}$ $\boxed{\textbf{답}}$ $\dfrac{5}{14}$

06 $A=[\{(-3)^2+(-4)\times3\}\div(2-5)]$

$\qquad\qquad\qquad\qquad+\{(-2)^4-6\}\div(-2)$

$\quad=\{(9-12)\div(-3)\}+(16-6)\div(-2)$

$\quad=(-3)\div(-3)+10\div(-2)$

$\quad=1+(-5)=-4$

따라서 -4보다 큰 음의 정수는 $-3,\ -2,\ -1$이므로 그 합은 $(-3)+(-2)+(-1)=-6$이다. $\boxed{\textbf{답}}$ -6

07 ㄱ. ㉮×㉯×㉰의 계산 결과가 가장 작으려면 절댓값이 큰 음수가 되어야 한다.

(i) 음수가 1개인 경우

$\dfrac{7}{3}\times6\times(-5)=-\left(\dfrac{7}{3}\times6\times5\right)=-70$

(ii) 음수가 3개인 경우

$(-5)\times\left(-\dfrac{5}{2}\right)\times\left(-\dfrac{3}{5}\right)=-\left(5\times\dfrac{5}{2}\times\dfrac{3}{5}\right)$

$\qquad\qquad\qquad\qquad\qquad\qquad\quad=-\dfrac{15}{2}$

(i), (ii)에서 $A=-70$

ㄴ. ㉮×㉯÷㉰의 계산 결과가 가장 크려면 절댓값이 큰 양수가 되어야 하므로 나누는 수의 절댓값이 가장 작은 수이어야 한다.

$\left|-\dfrac{3}{5}\right|<\left|\dfrac{7}{3}\right|<\left|-\dfrac{5}{2}\right|<|-5|<6$

절댓값이 가장 작은 수는 $-\dfrac{3}{5}$이므로 나머지 두 수는 절댓값이 큰 음수, 절댓값이 큰 양수이다.

$\therefore B=6\times(-5)\div\left(-\dfrac{3}{5}\right)$

$\qquad=6\times(-5)\times\left(-\dfrac{5}{3}\right)=6\times5\times\dfrac{5}{3}=50$

$A=-70,\ B=50$이므로 $\dfrac{A}{B}=-\dfrac{70}{50}=-\dfrac{7}{5}$

$\boxed{\textbf{답}}$ $-\dfrac{7}{5}$

08 $1-\dfrac{1}{5+\dfrac{1}{5+\dfrac{1}{5}}}=1-\dfrac{1}{5+\dfrac{1}{\dfrac{26}{5}}}$

$\quad=1-\dfrac{1}{5+\dfrac{5}{26}}=1-\dfrac{1}{\dfrac{135}{26}}=1-\dfrac{26}{135}=\dfrac{109}{135}$

$\dfrac{109}{135}=\dfrac{1}{\dfrac{135}{109}}=\dfrac{1}{1+\dfrac{26}{109}}=\dfrac{1}{1+\dfrac{1}{\dfrac{109}{26}}}$

$\quad=\dfrac{1}{1+\dfrac{1}{4+\dfrac{5}{26}}}=\dfrac{1}{1+\dfrac{1}{4+\dfrac{1}{\dfrac{26}{5}}}}$

$\quad=\dfrac{1}{1+\dfrac{1}{4+\dfrac{1}{5+\dfrac{1}{5}}}}$

따라서 $a=1,\ b=4,\ c=5,\ d=5$이다.

$\boxed{\textbf{답}}$ $a=1,\ b=4,\ c=5,\ d=5$

III 문자와 식

1 문자와 식

01 | 문자와 식

문자를 사용한 식　　　90쪽

1-1 (1) (거리)=(속력)×(시간)이므로 시속 x km의 속력으로 8 시간 달린 거리는 $(8 \times x)$ km이다.

(2) (소금의 양)$=\dfrac{(소금물의 \ 농도)}{100} \times (소금물의 \ 양)$이므로

$\dfrac{a}{100} \times 300(g)$이다.

　　　🅐 (1) $(8 \times x)$ km　(2) $\left(\dfrac{a}{100} \times 300\right)$ g

1-2 (1) (속력)$=\dfrac{(거리)}{(시간)}$이므로 시속 $\dfrac{30}{a}$ km이다.

(2) 구하는 세 자리 자연수는 $100 \times a + 10 \times b + c$이다.

　　　🅐 (1) 시속 $\dfrac{30}{a}$ km　(2) $100 \times a + 10 \times b + c$

곱셈과 나눗셈 기호의 생략　　　91쪽

2-1 (1) $4 \times b \times a = 4ab$

(2) $8 \div x \times y = 8 \times \dfrac{1}{x} \times y = \dfrac{8y}{x}$

(3) $(a+b) \times b \times (-1) = -b(a+b)$

(4) $x \times x \div y \div 2 = x \times x \times \dfrac{1}{y} \times \dfrac{1}{2} = \dfrac{x^2}{2y}$

　　　🅐 (1) $4ab$　(2) $\dfrac{8y}{x}$　(3) $-b(a+b)$　(4) $\dfrac{x^2}{2y}$

2-2 (1) $x \div y + z = x \times \dfrac{1}{y} + z = \dfrac{x}{y} + z$

(2) $r \div a \times (m+n) = r \times \dfrac{1}{a} \times (m+n)$

$= \dfrac{r(m+n)}{a}$

(3) $p \times (-3) + q \times p \times 5 = -3p + 5pq$

　　　🅐 (1) $\dfrac{x}{y} + z$　(2) $\dfrac{r(m+n)}{a}$　(3) $-3p + 5pq$

식의 값　　　92쪽

3-1 (1) $3a + 5 = 3 \times (-3) + 5 = -9 + 5 = -4$

(2) $-\dfrac{1}{4}b + 7 = -\dfrac{1}{4} \times 2 + 7 = -\dfrac{1}{2} + 7 = \dfrac{13}{2}$

(3) $x^2 - 3x + 1 = 4^2 - 3 \times 4 + 1 = 16 - 12 + 1 = 5$

(4) $\dfrac{5}{y} + y = 5 \div y + y = 5 \div \dfrac{1}{5} + \dfrac{1}{5} = 5 \times 5 + \dfrac{1}{5}$

$= 25 + \dfrac{1}{5} = \dfrac{126}{5}$

　　　🅐 (1) -4　(2) $\dfrac{13}{2}$　(3) 5　(4) $\dfrac{126}{5}$

3-2 (1) $2xy - 4x = 2 \times \dfrac{1}{2} \times (-1) - 4 \times \dfrac{1}{2}$

$= -1 - 2 = -3$

(2) $4x^2 - y = 4 \times \left(\dfrac{1}{2}\right)^2 - (-1)$

$= 4 \times \dfrac{1}{4} + 1 = 1 + 1 = 2$

(3) $\dfrac{1}{x} + y = 1 \div x + y = 1 \div \dfrac{1}{2} + (-1)$

$= 1 \times 2 + (-1) = 1$

(4) $2x - x^2y = 2 \times \dfrac{1}{2} - \left(\dfrac{1}{2}\right)^2 \times (-1)$

$= 1 - \dfrac{1}{4} \times (-1)$

$= 1 + \dfrac{1}{4} = \dfrac{5}{4}$

　　　🅐 (1) -3　(2) 2　(3) 1　(4) $\dfrac{5}{4}$

3-3 (1) (삼각형의 넓이)$=\dfrac{1}{2} \times (밑변의 \ 길이) \times (높이)$이므로

$\dfrac{1}{2} \times x \times h = \dfrac{xh}{2}$이다.

(2) $\dfrac{xh}{2}$에 $x=2$, $h=5$를 대입하면 $\dfrac{2 \times 5}{2} = 5$이다.

　　　🅐 (1) $\dfrac{xh}{2}$　(2) 5

Step C 유형 다지기

01 (1) $\dfrac{ab}{c}$　(2) $\dfrac{2a}{b} - c$　(3) $a - \dfrac{b}{3}$　(4) $-\dfrac{b}{a} + 3a^2$

02 ⑤　　**03** ③　　**04** ⑤

05 (1) $(3200a + 1500b)$원　(2) $9q + 4$

06 $(0.75xy + 1000)$원　　　　**07** ③

08 $(9x + 6y)$ cm²　　**09** $(5x + 3y)$ km

10 $\left(\dfrac{8}{a} + \dfrac{1}{3}\right)$시간　**11** ㄱ, ㄴ　**12** $5a$ g　**13** ⑤

14 $\left(\dfrac{a}{2} + \dfrac{b}{4}\right)$ g　**15** ③　**16** ②　**17** ④

18 20 °C　**19** 9 °C　**20** (1) $S = 2(xy + xz + yz)$　(2) 32

01 (1) $a \times b \div c = a \times b \times \dfrac{1}{c} = \dfrac{ab}{c}$

(2) $2 \times a \div b - c = 2 \times a \times \dfrac{1}{b} - c = \dfrac{2a}{b} - c$

(3) $a - b \div 3 = a - b \times \dfrac{1}{3} = a - \dfrac{b}{3}$

(4) $b \div (-a) + a \times a \times 3 = b \times \left(-\dfrac{1}{a}\right) + a \times a \times 3$

$\qquad\qquad\qquad\qquad\quad = -\dfrac{b}{a} + 3a^2$

目 (1) $\dfrac{ab}{c}$ (2) $\dfrac{2a}{b} - c$ (3) $a - \dfrac{b}{3}$ (4) $-\dfrac{b}{a} + 3a^2$

02 ① $a \times (-0.1) \times a = -0.1a^2$

② $-a \div b \div c \times 8 = -a \times \dfrac{1}{b} \times \dfrac{1}{c} \times 8 = -\dfrac{8a}{bc}$

③ $(a-b) \div x \times y = (a-b) \times \dfrac{1}{x} \times y = \dfrac{(a-b)y}{x}$

④ $\dfrac{1}{2} \times x \times y + x \div \dfrac{1}{4} \div z = \dfrac{1}{2} \times x \times y + x \times 4 \times \dfrac{1}{z}$

$\qquad\qquad\qquad\qquad\qquad\quad = \dfrac{xy}{2} + \dfrac{4x}{z}$

⑤ $a \div \dfrac{5 \times b}{2} \times \dfrac{1}{c} = a \times \dfrac{2}{5b} \times \dfrac{1}{c} = \dfrac{2a}{5bc}$ 目 ⑤

03 ① $(x \div y) \times z = \dfrac{x}{y} \times z = \dfrac{xz}{y}$

$\quad\ x \div (y \times z) = \dfrac{x}{yz}$

② $x \div y \times z = x \times \dfrac{1}{y} \times z = \dfrac{xz}{y}$

$\quad\ x \times (y \div z) = x \times \dfrac{y}{z} = \dfrac{xy}{z}$

③ $x \times y \div z = x \times y \times \dfrac{1}{z} = \dfrac{xy}{z}$

$\quad\ x \times (y \div z) = x \times \dfrac{y}{z} = \dfrac{xy}{z}$

④ $x \times (y \div z) = x \times \dfrac{y}{z} = \dfrac{xy}{z}$

$\quad\ z \div (x \div y) = z \div \dfrac{x}{y} = z \times \dfrac{y}{x} = \dfrac{yz}{x}$

⑤ $(x \div y) \div z = \dfrac{x}{y} \div z = \dfrac{x}{y} \times \dfrac{1}{z} = \dfrac{x}{yz}$

$\quad\ x \div (y \div z) = x \div \dfrac{y}{z} = x \times \dfrac{z}{y} = \dfrac{xz}{y}$ 目 ③

04 ① $a\ \text{km}\ b\ \text{m} \rightarrow (1000a+b)\ \text{m}$

② x분 y초 $\rightarrow (60x+y)$초

③ x원을 20 % 할인한 가격

$\quad \rightarrow x \times \left(1 - \dfrac{20}{100}\right) = x \times \dfrac{80}{100} = \dfrac{4}{5}x$(원)

④ 백의 자리의 숫자가 x, 십의 자리의 숫자가 3, 일의 자리의 숫자가 y인 세 자리 자연수

$\quad \rightarrow 100x + 30 + y$

⑤ $300\ \text{g}$의 a % $\rightarrow 300 \times \dfrac{a}{100} = 3a$(g) 目 ⑤

05 (1) 3200원인 토스트 a개의 가격은 $3200a$원,

1500원인 우유 b개의 가격은 $1500b$원이므로

(내야 하는 금액)$= 3200a + 1500b$(원)

(2) 9로 나눌 때 몫이 q이고 나머지가 4인 수는 $9q+4$이다.

目 (1) $(3200a+1500b)$원 (2) $9q+4$

06 25 % 할인한 호두과자 한 개의 가격은

$x \times \left(1 - \dfrac{25}{100}\right) = 0.75x$(원) $\cdots$ ❶

상자 포장 가격은 1000원이므로

총 지불한 금액은

$0.75x \times y + 1000 = 0.75xy + 1000$(원) $\cdots$ ❷

目 $(0.75xy + 1000)$원

채점 기준	배점
❶ 할인한 호두과자 1개의 가격 구하기	60 %
❷ 총 지불한 금액 구하기	40 %

07 ③ 한 변의 길이가 x cm인 정사각형의 넓이는 x^2 cm²이다.

目 ③

08 $\dfrac{1}{2} \times 18 \times x + \dfrac{1}{2} \times 12 \times y = 9x + 6y$(cm²)

目 $(9x+6y)$ cm²

09 (거리)=(속력)×(시간)이므로

(총 걸은 거리)=(시속 5 km로 x시간 동안 걸은 거리)

$\qquad\qquad\qquad + $(시속 3 km로 y시간 동안 걸은 거리)

$\qquad\qquad\ = 5x + 3y$(km) 目 $(5x+3y)$ km

10 (시간)$= \dfrac{(거리)}{(속력)}$이므로

(총 걸린 시간)=(등산 코스를 걸은 시간)+(쉰 시간)

$\qquad\qquad\qquad = \dfrac{8}{a} + \dfrac{20}{60} = \dfrac{8}{a} + \dfrac{1}{3}$(시간)

目 $\left(\dfrac{8}{a} + \dfrac{1}{3}\right)$시간

11 ㄷ. (속력)$= \dfrac{(거리)}{(시간)}$이므로 $x \div \dfrac{20}{60} = 3x$(km/시)

ㄹ. 시속 x km로 3시간 이동한 거리는 $x \times 3 = 3x$(km)이므로 남은 거리는 $(180 - 3x)$ km이다.

ㅁ. 트럭이 터널을 완전히 통과하기 위해 이동한 거리는

(트럭의 길이)+(터널의 길이)$= (x+y)$ m

따라서 걸리는 시간은 $\dfrac{x+y}{300}$ 분이다.

따라서 문자를 사용하여 나타낸 식으로 옳은 것은 ㄱ, ㄴ이다.

目 ㄱ, ㄴ

12 (소금의 양)$= \dfrac{(소금물의 농도)}{100} \times (소금물의 양)$이므로

소금의 양은 $\dfrac{a}{100} \times 500 = 5a$(g)이다.

目 $5a$ g

13 (소금물의 농도)$=\dfrac{(\text{소금의 양})}{(\text{소금물의 양})}\times100(\%)$이므로

소금물의 농도는

$\dfrac{30+x}{150+x}\times100=\dfrac{3000+100x}{150+x}(\%)$이다.　　답 ⑤

14 (설탕의 양)$=\dfrac{(\text{설탕물의 농도})}{100}\times(\text{설탕물의 양})$이므로

사용한 설탕의 양은

$\dfrac{a}{100}\times50+\dfrac{b}{100}\times25=\dfrac{a}{2}+\dfrac{b}{4}(\text{g})$이다.

답 $\left(\dfrac{a}{2}+\dfrac{b}{4}\right)\text{g}$

15 $x=-2$일 때, $-x^2=-(-2)^2=-4$

① $\dfrac{16}{x^2}=\dfrac{16}{(-2)^2}=\dfrac{16}{4}=4$

② $-(-x^2)=-(-4)=4$

③ $2x=2\times(-2)=-4$

④ $-\dfrac{1}{x}=-\dfrac{1}{(-2)}=\dfrac{1}{2}$

⑤ $\dfrac{1}{4}x^3=\dfrac{1}{4}\times(-2)^3=\dfrac{1}{4}\times(-8)=-2$　답 ③

16 ① $x+y=(-3)+5=2$

② $x-y=(-3)-5=-8$

③ $-xy=-(-3)\times5=15$

④ $\dfrac{3x-2y}{19}=\dfrac{3\times(-3)-2\times5}{19}=\dfrac{-19}{19}=-1$

⑤ $\dfrac{-x+y}{2}=\dfrac{-(-3)+5}{2}=\dfrac{8}{2}=4$　답 ②

17 $a=2$, $b=-3$, $c=-5$를 대입하면

① $-2a+2b-c=-2\times2+2\times(-3)-(-5)$
$=-4-6+5=-5$

② $(a+b)(b-c)=\{2+(-3)\}\{-3-(-5)\}$
$=(-1)\times2=-2$

③ $-\dfrac{b^2-ac}{5}=-\dfrac{(-3)^2-2\times(-5)}{5}$
$=-\dfrac{9+10}{5}=-\dfrac{19}{5}=-3.8$

④ $\dfrac{5a-2b}{c}=\dfrac{5\times2-2\times(-3)}{-5}$
$=\dfrac{10+6}{-5}=-\dfrac{16}{5}=-3.2$

⑤ $\dfrac{a}{b-c}=\dfrac{2}{-3-(-5)}=\dfrac{2}{2}=1$

따라서 식의 값이 -3에 가장 가까운 것은 ④ -3.2이다.

답 ④

18 $\dfrac{5}{9}(a-32)$에 $a=68$을 대입하면

$\dfrac{5}{9}\times(68-32)=\dfrac{5}{9}\times36=20$이므로

화씨 $68\,^{\circ}\text{F}$는 섭씨 $20\,^{\circ}\text{C}$이다.　　답 $20\,^{\circ}\text{C}$

19 지면의 기온을 $x\,^{\circ}\text{C}$라 하면 지면으로부터의 높이가 $y\,\text{km}$인 곳의 기온은 $(x-6y)\,^{\circ}\text{C}$이다.

$x=18$, $y=1.5$이므로 구하는 기온은

$18-6\times1.5=18-9=9(^{\circ}\text{C})$이다.　　답 $9\,^{\circ}\text{C}$

20 (1) (직육면체의 겉넓이)
$=2\times\{(\text{가로}\times\text{세로})+(\text{가로}\times\text{높이})$
$+(\text{세로}\times\text{높이})\}$이므로

$S=2\times(x\times y+x\times z+y\times z)$
$=2(xy+xz+yz)$　　　　　… ❶

(2) $S=2(xy+xz+yz)$에 $x=2$, $y=3$, $z=2$를 대입하면

$S=2\times(2\times3+2\times2+3\times2)=2\times(6+4+6)$
$=2\times16=32$　　　　　　… ❷

답 (1) $S=2(xy+xz+yz)$ (2) 32

채점 기준	배점
❶ (1) 구하기	50 %
❷ (2) 구하기	50 %

02 | 일차식의 계산

핵심
원리 **1** **다항식과 일차식**　　　　　96쪽

1-1 답 ① 3 ② -5 ③ $-b^2$, 4 ④ -1 ⑤ 2 ⑥ $-8x^2$
⑦ $\dfrac{1}{4}a$, $-\dfrac{3}{7}b$ ⑧ 없음 ⑨ $\dfrac{1}{4}$

1-2 (1) 다항식의 차수는 다항식에서 차수가 가장 큰 항의 차수이므로 $-x^2+3x+1$과 $6a^2+8$의 차수는 2,

$\dfrac{1}{4}x+3$과 $5-0.3y$의 차수는 1, $-2y^3+y$의 차수는 3

이다. $\dfrac{1}{x}-6$은 분모에 문자가 있으므로 다항식이 아니다.

따라서 차수가 가장 큰 다항식은 ㅂ. $-2y^3+y$이다.

(2) 차수가 1인 다항식이 일차식이므로 일차식은 ㄷ, ㄹ이다.

답 (1) ㅂ (2) ㄷ, ㄹ

핵심
원리 **2** **일차식과 수의 곱셈, 나눗셈**　　　97쪽

2-1 (1) $(-3x)\times4=-3\times4\times x=-12x$

(2) $12x\div(-6)=12\times\left(-\dfrac{1}{6}\right)\times x=-2x$

(3) $(2x+3)\times5=2x\times5+3\times5=10x+15$

(4) $(-b+5) \div \dfrac{1}{4} = (-b+5) \times 4 = -b \times 4 + 5 \times 4$
$$= -4b+20$$

답 (1) $-12x$ (2) $-2x$ (3) $10x+15$ (4) $-4b+20$

2-2 (1) $\left(-\dfrac{2}{3}\right) \times 6a = \left(-\dfrac{2}{3}\right) \times 6 \times a = -4a$

(2) $15a \div 9 = 15 \times \dfrac{1}{9} \times a = \dfrac{5}{3}a$

(3) $3\left(4a - \dfrac{2}{3}\right) = 3 \times 4a - 3 \times \dfrac{2}{3} = 12a - 2$

(4) $(5a+2) \times (-2) = 5a \times (-2) + 2 \times (-2)$
$$= -10a - 4$$

(5) $(6x-12) \div 3 = (6x-12) \times \dfrac{1}{3}$
$$= 6x \times \dfrac{1}{3} - 12 \times \dfrac{1}{3}$$
$$= 2x - 4$$

(6) $\left(\dfrac{3}{2}a - \dfrac{6}{5}\right) \div \left(-\dfrac{3}{10}\right)$
$$= \left(\dfrac{3}{2}a - \dfrac{6}{5}\right) \times \left(-\dfrac{10}{3}\right)$$
$$= \dfrac{3}{2}a \times \left(-\dfrac{10}{3}\right) - \dfrac{6}{5} \times \left(-\dfrac{10}{3}\right) = -5a + 4$$

답 (1) $-4a$ (2) $\dfrac{5}{3}a$ (3) $12a-2$ (4) $-10a-4$
(5) $2x-4$ (6) $-5a+4$

핵심
원리 **3** 일차식의 덧셈과 뺄셈   98쪽

3-1 (1) $-\dfrac{1}{2}a + \dfrac{1}{4}a = \left(-\dfrac{1}{2} + \dfrac{1}{4}\right)a = -\dfrac{1}{4}a$

(2) $-4a + a - 5a = (-4+1-5)a = -8a$

(3) $10x+2-6x-5 = (10-6)x + (2-5) = 4x-3$

(4) $\dfrac{x}{3} - 1 + 2x - \dfrac{1}{5} = \left(\dfrac{1}{3} + 2\right)x + \left(-1 - \dfrac{1}{5}\right)$
$$= \dfrac{7}{3}x - \dfrac{6}{5}$$

답 (1) $-\dfrac{1}{4}a$ (2) $-8a$ (3) $4x-3$ (4) $\dfrac{7}{3}x - \dfrac{6}{5}$

3-2 (1) $-2(x+3) + 3(x-5)$
$$= -2x - 6 + 3x - 15$$
$$= x - 21$$

(2) $-(3x-7) - (-4x+6)$
$$= -3x + 7 + 4x - 6$$
$$= x + 1$$

(3) $\dfrac{1}{2}(4x-6) + \dfrac{1}{3}(6x-9)$
$$= 2x - 3 + 2x - 3$$
$$= 4x - 6$$

(4) $-\dfrac{2}{5}(10x+5) + 6\left(-\dfrac{1}{3}x + \dfrac{1}{2}\right)$
$$= -4x - 2 - 2x + 3$$
$$= -6x + 1$$

답 (1) $x-21$ (2) $x+1$ (3) $4x-6$ (4) $-6x+1$

 유형 다지기

01 ㄱ, ㅁ	**02** ①	**03** ②, ⑤	**04** ③

05 (1) $-2x + \dfrac{8}{3}$ (2) $-\dfrac{2}{3}x - 12$ (3) $\dfrac{20}{3}x - 16$

(4) $\dfrac{35}{3}x - \dfrac{20}{3}$ (5) $-28x + 21$ **06** ②   **07** ③

08 $7y$와 $\dfrac{1}{3}y$, 4와 -1, $0.5x$와 $-5x$, y^2과 $-\dfrac{6}{5}y^2$,

$0.2x^2$과 $-\dfrac{2}{3}x^2$ **09** ④   **10** 8   **11** -1

12 $\dfrac{5}{6}x - \dfrac{5}{4}$ **13** ②

14 (1) $2x-4y$ (2) $-15a+7b$ **15** ③   **16** ④

17 ⑤   **18** $2x+9$

01 단항식은 하나의 항으로만 이루어진 식이므로
ㄱ. -5, ㅁ. $-xy^3$이 단항식이다.
ㅂ은 분모에 문자가 있으므로 단항식이 아니다.

답 ㄱ, ㅁ

02 ① 항은 $3x^2$, $-2y$, 3이다.
④ 차수가 가장 큰 항은 $3x^2$이므로 다항식의 차수가 2이다.
⑤ 일차항은 $-2y$이므로 일차항의 계수는 -2이다.

답 ①

03 $ax+b$ (a, b는 상수, $a \neq 0$) 꼴이 일차식이므로
② $0.1x+2$, ⑤ $x^2+x-x^2=x$가 일차식이다.
① 상수항만 있는 다항식이 일차식이 아니다.
③, ④ 차수가 2인 다항식이다.

답 ②, ⑤

04 ① $-\dfrac{3}{5}x \times \left(-\dfrac{10}{9}\right) = -\dfrac{3}{5} \times \left(-\dfrac{10}{9}\right) \times x = \dfrac{2}{3}x$

② $-12p \div \dfrac{3}{4} = -12 \times \dfrac{4}{3} \times p$
$$= -16p$$

③ $(6a-2) \div \dfrac{2}{3} = (6a-2) \times \dfrac{3}{2}$
$$= 6a \times \dfrac{3}{2} - 2 \times \dfrac{3}{2} = 9a-3$$

④ $\left(\dfrac{3}{10}a+2\right) \times (-6) = \dfrac{3}{10}a \times (-6) + 2 \times (-6)$
$$= -\dfrac{9}{5}a - 12$$

⑤ $\left(-\dfrac{4}{5}\right) \times \left(\dfrac{15}{2}x - 10\right)$
$$= \left(-\dfrac{4}{5}\right) \times \dfrac{15}{2}x - \dfrac{4}{5} \times (-10) = -6x + 8$$

답 ③

05 (1) $(-6x+8) \div 3 = (-6x+8) \times \dfrac{1}{3}$
$$= -6x \times \dfrac{1}{3} + 8 \times \dfrac{1}{3} = -2x + \dfrac{8}{3}$$

(2) $-3\left(\dfrac{2}{9}x+4\right)=-3\times\dfrac{2}{9}x-3\times4=-\dfrac{2}{3}x-12$

(3) $(5x-12)\times\dfrac{4}{3}=5x\times\dfrac{4}{3}-12\times\dfrac{4}{3}=\dfrac{20}{3}x-16$

(4) $\dfrac{5}{9}(21x-12)=\dfrac{5}{9}\times21x+\dfrac{5}{9}\times(-12)$

$\qquad\qquad\quad=\dfrac{35}{3}x-\dfrac{20}{3}$

(5) $(20x-15)\div\left(-\dfrac{5}{7}\right)=(20x-15)\times\left(-\dfrac{7}{5}\right)$

$\qquad\qquad\qquad\qquad=20x\times\left(-\dfrac{7}{5}\right)-15\times\left(-\dfrac{7}{5}\right)$

$\qquad\qquad\qquad\qquad=-28x+21$

답 (1) $-2x+\dfrac{8}{3}$ (2) $-\dfrac{2}{3}x-12$ (3) $\dfrac{20}{3}x-16$

$\qquad$ (4) $\dfrac{35}{3}x-\dfrac{20}{3}$ (5) $-28x+21$

06 $-2(3x-5)=-6x+10$

① $(3x-5)\div(-2)=(3x-5)\times\left(-\dfrac{1}{2}\right)$

$\qquad\qquad\qquad\quad=3x\times\left(-\dfrac{1}{2}\right)-5\times\left(-\dfrac{1}{2}\right)$

$\qquad\qquad\qquad\quad=-\dfrac{3}{2}x+\dfrac{5}{2}$

② $(-3x+5)\div\dfrac{1}{2}=(-3x+5)\times2$

$\qquad\qquad\qquad\quad=-3x\times2+5\times2=-6x+10$

③ $(3x-5)\div\dfrac{1}{2}=(3x-5)\times2=3x\times2-5\times2$

$\qquad\qquad\qquad\quad=6x-10$

④ $(-3x+5)\div\left(-\dfrac{1}{2}\right)=(-3x+5)\times(-2)$

$\qquad\qquad\qquad\qquad=-3x\times(-2)+5\times(-2)$

$\qquad\qquad\qquad\qquad=6x-10$

⑤ $(-3x+5)\div(-2)=(-3x+5)\times\left(-\dfrac{1}{2}\right)$

$\qquad\qquad\qquad\qquad=-3x\times\left(-\dfrac{1}{2}\right)+5\times\left(-\dfrac{1}{2}\right)$

$\qquad\qquad\qquad\qquad=\dfrac{3}{2}x-\dfrac{5}{2}$ 답 ②

다른 풀이

$-2(3x-5)=-2\times(3x-5)=(3x-5)\times(-2)$

$\qquad\qquad\quad=(3x-5)\div\left(-\dfrac{1}{2}\right)=(-3x+5)\div\dfrac{1}{2}$

07 동류항은 문자와 차수가 같은 항이다.

① $-2a$와 a^2은 문자는 같지만 차수가 같지 않으므로 동류항이 아니다.

② $3x$와 $3y$는 차수는 같으나 문자가 같지 않아 동류항이 아니다.

③ $-b$와 $\dfrac{1}{3}b$는 문자와 차수가 같으므로 동류항이다.

④ $\dfrac{x}{3}$와 $-x^3$은 문자는 같으나 차수가 같지 않으므로 동류

항이 아니다.

⑤ $4x$와 $-4x^2$은 문자는 같으나 차수가 같지 않으므로 동류항이 아니다. 답 ③

08 동류항은 문자와 차수가 같은 항으로 상수항끼리는 동류항이다.

답 $7y$와 $\dfrac{1}{3}y$, 4와 -1, $0.5x$와 $-5x$,

$\qquad y^2$과 $-\dfrac{6}{5}y^2$, $0.2x^2$과 $-\dfrac{2}{3}x^2$

09 ① $-3(x-7)+2(6+2x)$

$\qquad=-3x+21+12+4x=x+33$

② $-4(2x+5)-3(-3x+1)$

$\qquad=-8x-20+9x-3=x-23$

③ $5(x-2y)-3(2x-3y)$

$\qquad=5x-10y-6x+9y=-x-y$

④ $\dfrac{1}{3}(9x+12)+\dfrac{1}{2}(8x-10)$

$\qquad=3x+4+4x-5=7x-1$

⑤ $\dfrac{2}{3}(-6x+3y)+\dfrac{1}{4}(12y+8x)$

$\qquad=-4x+2y+3y+2x=-2x+5y$ 답 ④

10 $5(4x-2)-(-3x+5)$

$=20x-10+3x-5$

$=23x-15$

x의 계수는 23이고, 상수항은 -15이므로 그 합은

$23-15=8$이다. 답 8

11 $\dfrac{5}{8}(-24a+8b)-\dfrac{2}{5}(10a-15b)$

$=-15a+5b-4a+6b$

$=-19a+11b=ma+nb$에서 $\qquad\qquad\cdots$ ❶

$m=-19$, $n=11$ $\qquad\qquad\qquad\qquad\qquad\cdots$ ❷

$\dfrac{1}{8}(m+n)=\dfrac{1}{8}\times(-19+11)=\dfrac{1}{8}\times(-8)=-1$

$\qquad\qquad\qquad\qquad\qquad\qquad\qquad\qquad\cdots$ ❸

답 -1

채점 기준	배점
❶ 식을 계산하기	50 %
❷ m, n의 값 구하기	10 %
❸ $\dfrac{1}{8}(m+n)$의 값 구하기	40 %

12 $\dfrac{2x-5}{4}+\dfrac{x-6}{3}+2$

$=\dfrac{3(2x-5)+4(x-6)+2\times12}{12}$

$=\dfrac{6x-15+4x-24+24}{12}$

$=\dfrac{10x-15}{12}=\dfrac{5}{6}x-\dfrac{5}{4}$ 답 $\dfrac{5}{6}x-\dfrac{5}{4}$

13
$$\frac{5}{2}(x-8)-\frac{4}{3}\{x-2+2(x+5)+1\}$$
$$=\frac{5}{2}x-20-\frac{4}{3}(x-2+2x+10+1)$$
$$=\frac{5}{2}x-20-\frac{4}{3}(3x+9)$$
$$=\frac{5}{2}x-20-4x-12=-\frac{3}{2}x-32 \qquad \text{답 ②}$$

14 (1) $3x+\{2x-y-3(x+y)\}$
$$=3x+(2x-y-3x-3y)=3x+(-x-4y)$$
$$=3x-x-4y=2x-4y$$
(2) $\{3b-(3a+2b)\}-2\{5b-2(4b-3a)\}$
$$=(3b-3a-2b)-2(5b-8b+6a)$$
$$=b-3a-2(-3b+6a)$$
$$=b-3a+6b-12a=-15a+7b$$
$$\text{답 (1) } 2x-4y \text{ (2) } -15a+7b$$

15 $A-2B=(3x-1)-2(2x+5)=3x-1-4x-10$
$$=-x-11 \qquad \text{답 ③}$$

16 $2A-(B-3C)$
$$=2(-3x+1)-\{(-x+2)-3(2x-7)\}$$
$$=-6x+2-(-x+2-6x+21)$$
$$=-6x+2-(-7x+23)$$
$$=-6x+2+7x-23=x-21 \qquad \text{답 ④}$$

17 어떤 다항식을 □라 하면 □$+(3x+5)=5x-2$이다.
□$=5x-2-(3x+5)=5x-2-3x-5=2x-7$
따라서 바르게 계산한 값은
$(2x-7)-(3x+5)=2x-7-3x-5=-x-12$이다.
$$\text{답 ⑤}$$

18 $A-(-x+4)=2x+1$에서
$A=2x+1+(-x+4)=2x+1-x+4$
$\quad =x+5 \qquad \cdots ❶$
$B+(2x-3)=x-7$에서
$B=x-7-(2x-3)=x-7-2x+3$
$\quad =-x-4 \qquad \cdots ❷$
$\therefore A-B=(x+5)-(-x-4)=x+5+x+4$
$\quad =2x+9 \qquad \cdots ❸$
$$\text{답 } 2x+9$$

채점 기준	배점
❶ A 구하기	40 %
❷ B 구하기	40 %
❸ $A-B$ 구하기	20 %

01 (1) $\dfrac{12ac}{5b}-4(x+y)$ (2) $\dfrac{(x-1)^2}{y^2}$ (3) $-\dfrac{x(x-y)}{y(x+y)}$
(4) $\dfrac{3p(p+q)}{2q}$ **02** ②   **03** ①

04 $(a+b-10)$ cm   **05** 5   **06** $(15a+8b)$원

07 $-x, x^3, -x^2, \dfrac{1}{x}, -\dfrac{1}{x^2}$ **08** $\left(\dfrac{a}{b}+\dfrac{1}{4}\right)$시간

09 (1) $\left(\dfrac{l}{4}-\dfrac{a}{4}\right)$시간 (2) $(15a-a^2)$ cm²

10 (1) $a+10b+500$ (2) $101a+20b+505$

11 (1) -7 (2) 11   **12** 4   **13** (1) $-3a-5$

(2) $a+2$ (3) $2x+3$ (4) $-x+2$ (5) $\dfrac{2}{3}x-\dfrac{1}{3}$ **14** -3

15 $A=-2, B=-3, C=1$

16 $\left(20000-\dfrac{9}{20}x-\dfrac{35000}{y}\right)$원

17 15   **18** $\dfrac{6}{5}a$ %   **19** ⑤   **20** (1) 6 (2) $-\dfrac{5}{9}$

21 6   **22** $44x-89$ **23** $\dfrac{1}{12}x+\dfrac{29}{12}$

24 (1) $\dfrac{20}{x}$시간 (2) 시속 $\dfrac{3}{2}x$ km   **25** -2

26 $-3x+1$ **27** (1) $8-4x$ (2) $3-2x^2$

28 (1) $(-20x+360)$ m² (2) 200 m²

29 $\dfrac{5(a+2b)}{a+b}$ %

01 core 문자와 문자, 수와 문자의 곱에서 곱셈 기호는 생략한다.
(1) $-4a \div (-10b) \times 6c-4 \times (x+y)$
$$=-4a \times \left(-\frac{1}{10b}\right) \times 6c-4(x+y)$$
$$=\frac{12ac}{5b}-4(x+y)$$
(2) $(x-1) \div y \times (x-1) \div y$
$$=(x-1) \times \frac{1}{y} \times (x-1) \times \frac{1}{y}=\frac{(x-1)^2}{y^2}$$
(3) $-(x-y) \times x \div (x+y) \div y$
$$=-(x-y) \times x \times \frac{1}{x+y} \times \frac{1}{y}=-\frac{x(x-y)}{y(x+y)}$$
(4) $p \div \frac{2}{3} \div q \times (p+q)$
$$=p \times \frac{3}{2} \times \frac{1}{q} \times (p+q)=\frac{3p(p+q)}{2q}$$
$$\text{답 (1) } \frac{12ac}{5b}-4(x+y) \text{ (2) } \frac{(x-1)^2}{y^2}$$
$$\text{(3) } -\frac{x(x-y)}{y(x+y)} \text{ (4) } \frac{3p(p+q)}{2q}$$

02 core 수량 사이의 관계를 문자를 사용하여 나타낸 후 곱셈 기호를 생략한다.
① $45 \times \dfrac{x}{100}=\dfrac{9}{20}x$(명)

② (시간)$=\dfrac{(\text{거리})}{(\text{속력})}$이므로 $\dfrac{5}{x}$ 시간

③ $x\times\dfrac{1}{3}+5=\dfrac{1}{3}x+5$

④ $\dfrac{x}{100}\times150=\dfrac{3}{2}x(\text{g})$

⑤ $500\times x+7000=500x+7000(\text{원})$

따라서 ② $\dfrac{5}{x}$는 분모에 문자가 있으므로 일차식이 아니다.

目 ②

03 core 식에 음수를 대입할 때에는 반드시 ( ) 안에 넣어 계산한다.

$a=-2,\ b=3,\ c=-4$를 각 식에 대입한다.

① $a\times b\div\dfrac{1}{c}=a\times b\times c=(-2)\times3\times(-4)=24$

② $a\div b\div c=a\times\dfrac{1}{b}\times\dfrac{1}{c}$
$\qquad\qquad\qquad=(-2)\times\dfrac{1}{3}\times\left(-\dfrac{1}{4}\right)=\dfrac{1}{6}$

③ $a\times(b-c)=(-2)\times\{3-(-4)\}$
$\qquad\qquad\qquad=-2\times7=-14$

④ $a^2-b\times(-c)=(-2)^2-3\times4=4-12=-8$

⑤ $a\div b\times c=a\times\dfrac{1}{b}\times c=(-2)\times\dfrac{1}{3}\times(-4)=\dfrac{8}{3}$

따라서 식의 값이 가장 큰 것은 ① 24이다.

目 ①

04 core 두 선분 AC, DB의 길이를 문자를 사용하여 나타낸 후, 합과 차를 이용해 선분 CD의 길이를 문자를 사용해 나타낸다.

(선분 AC의 길이)$=(10-b)\,\text{cm}$,

(선분 DB의 길이)$=(10-a)\,\text{cm}$이고

(선분 AC의 길이)+(선분 CD의 길이)+(선분 DB의 길이)$=10$이다.

$10-b+$(선분 CD의 길이)$+10-a=10$

(선분 CD의 길이)$=a+b-10(\text{cm})$

目 $(a+b-10)\,\text{cm}$

05 core 나눗셈을 나누는 수의 역수의 곱셈으로 고친다.

$(3a-5b+6)\div\left(-\dfrac{2}{5}\right)$

$=(3a-5b+6)\times\left(-\dfrac{5}{2}\right)$

$=3a\times\left(-\dfrac{5}{2}\right)-5b\times\left(-\dfrac{5}{2}\right)+6\times\left(-\dfrac{5}{2}\right)$

$=-\dfrac{15}{2}a+\dfrac{25}{2}b-15$

a의 계수는 $-\dfrac{15}{2}$이고, b의 계수는 $\dfrac{25}{2}$이므로 두 수의 합은 $-\dfrac{15}{2}+\dfrac{25}{2}=\dfrac{10}{2}=5$이다.

目 5

06 core (내야 하는 금액)=(구입한 개수)×(1개의 가격)

(새우튀김 15개의 가격)$=15\times a=15a(\text{원})$

(20 % 할인된 치킨 두 마리의 가격)

$=5b\times\dfrac{80}{100}\times2=8b(\text{원})$

(내야 하는 금액)$=15a+8b(\text{원})$

目 $(15a+8b)$원

07 core 조건에 맞는 임의의 x의 값을 정하여 각각 대입한다.

$x=-\dfrac{1}{2}$이라 하면 $-x=\dfrac{1}{2}$, $-\dfrac{1}{x^2}=-4$,

$-x^2=-\dfrac{1}{4}$, $\dfrac{1}{x}=-2$, $x^3=-\dfrac{1}{8}$

따라서 크기가 큰 순서대로 나열하면

$-x,\ x^3,\ -x^2,\ \dfrac{1}{x},\ -\dfrac{1}{x^2}$이다.

目 $-x,\ x^3,\ -x^2,\ \dfrac{1}{x},\ -\dfrac{1}{x^2}$

08 core (시간)$=\dfrac{(\text{거리})}{(\text{속력})}$, x분$=\dfrac{x}{60}$ 시간으로 단위를 시간으로 통일한다.

(약속한 역에 도착할 때까지 걸린 시간)

$=$(KTX를 타고 간 시간)+(5개의 역에서 머문 시간)

$=\dfrac{a}{b}+\dfrac{3}{60}\times5=\dfrac{a}{b}+\dfrac{1}{4}(\text{시간})$

目 $\left(\dfrac{a}{b}+\dfrac{1}{4}\right)$시간

09 core (거리)=(속력)×(시간), (시간)$=\dfrac{(\text{거리})}{(\text{속력})}$

(1) 시속 5 km로 a시간 달린 거리는 $5a$ km, 시속 4 km로 달린 거리는 $(l-5a)$ km이다.

(전체 걸린 시간)$=a+\dfrac{l-5a}{4}=\dfrac{l}{4}-\dfrac{a}{4}(\text{시간})$

(2) 가로의 길이가 a cm이면 세로의 길이는 $(15-a)$ cm이다.

(직사각형의 넓이)$=a\times(15-a)$
$\qquad\qquad\qquad=15a-a^2(\text{cm}^2)$

目 (1) $\left(\dfrac{l}{4}-\dfrac{a}{4}\right)$시간 (2) $(15a-a^2)\,\text{cm}^2$

10 (1) (처음의 자연수)$=100a+10b+5$

(바꾼 자연수)$=5\times100+10b+a\times1$
$\qquad\qquad\qquad=a+10b+500$ ⋯ ❶

(2) (처음의 자연수)+(바꾼 자연수)
$=100a+10b+5+a+10b+500$
$=101a+20b+505$ ⋯ ❷

目 (1) $a+10b+500$ (2) $101a+20b+505$

채점 기준	배점
❶ (1) 구하기	50 %
❷ (2) 구하기	50 %

11 core 동류항끼리 모아서 계산한다.

(1) $5x^3-ax^2+2x-3x^2-3=5x^3-(a+3)x^2+2x-3$
x^2의 계수가 4이므로 $-(a+3)=4$이다.
$-a-3=4$ ∴ $a=-7$

(2) 문자를 포함한 항의 계수의 합은 $5+4+2=11$이다.

目 (1) -7 (2) 11

12 `core` 음수를 대입할 때에는 반드시 괄호를 사용한다.

$a=-2$를 대입하면

$$|2a-5|-|3-a|$$
$$=|2\times(-2)-5|-|3-(-2)|$$
$$=|-4-5|-|3+2|$$
$$=|-9|-|5|=9-5=4$$ 답 4

13 `core` $A+\square=B \Rightarrow \square=B-A,\ A-\square=B \Rightarrow \square=A-B$

(1) $\square=7a-4-(10a+1)=7a-4-10a-1$
$\quad\quad=-3a-5$

(2) $5(\square)=5a+3+7=5a+10$
$\quad\quad\therefore \square=(5a+10)\div5=a+2$

(3) $2(\square)=6x+1-(2x-5)=6x+1-2x+5$
$\quad\quad=4x+6$
$\quad\quad\therefore \square=(4x+6)\div2=2x+3$

(4) $x-(\square)-1=4x-(2x+3)=4x-2x-3=2x-3$
$\quad\quad\square=x-1-(2x-3)=x-1-2x+3=-x+2$

(5) $4(\square)=\dfrac{2}{3}x-1-\left(-2x+\dfrac{1}{3}\right)$
$\quad\quad=\dfrac{2}{3}x-1+2x-\dfrac{1}{3}=\dfrac{8}{3}x-\dfrac{4}{3}$
$\quad\quad\therefore \square=\left(\dfrac{8}{3}x-\dfrac{4}{3}\right)\div4=\left(\dfrac{8}{3}x-\dfrac{4}{3}\right)\times\dfrac{1}{4}$
$\quad\quad=\dfrac{2}{3}x-\dfrac{1}{3}$

답 (1) $-3a-5$ (2) $a+2$ (3) $2x+3$
(4) $-x+2$ (5) $\dfrac{2}{3}x-\dfrac{1}{3}$

14 `core` x에 대한 일차식은 $ax+b$ (단, a,b는 상수, $a\neq0$) 꼴이다.

$$-4x^2+6x+7+ax^2+bx-3$$
$$=(-4+a)x^2+(6+b)x+4$$

이때 $-4+a=0$, $6+b=-1$이므로

$a=4$, $b=-7$ $\quad\therefore a+b=-3$ 답 -3

15 `core` 괄호를 푼 후 동류항끼리 계산한다.

$$16\left(\dfrac{1}{2}x+\dfrac{1}{4}\right)-2(5x-1)-(3y+5)$$
$$=8x+4-10x+2-3y-5$$
$$=-2x-3y+1=Ax+By+C$$

따라서 $A=-2$, $B=-3$, $C=1$이다.

답 $A=-2, B=-3, C=1$

16 `core` (내야 하는 금액)=(구입한 개수)×(1개의 가격)

(사과 9개의 가격)=(사과 한 개의 가격)×9

$$=\dfrac{x}{20}\times9=\dfrac{9}{20}x(원)$$

(배 7개의 가격)=(배 한 개의 가격)×7

$$=\dfrac{5000}{y}\times7=\dfrac{35000}{y}(원)$$

$\therefore$ (거스름돈)$=20000-$(내야 하는 금액)

$$=20000-\dfrac{9}{20}x-\dfrac{35000}{y}(원)$$

답 $\left(20000-\dfrac{9}{20}x-\dfrac{35000}{y}\right)$원

17 `core` 동류항끼리 모아 계산한 후, 계수를 비교한다.

$$\left(ax+\dfrac{1}{3}\right)-\left(-\dfrac{1}{2}x+b\right)=ax+\dfrac{1}{3}+\dfrac{1}{2}x-b$$
$$=\left(a+\dfrac{1}{2}\right)x+\left(\dfrac{1}{3}-b\right)$$

$a+\dfrac{1}{2}=1$에서 $a=\dfrac{1}{2}$,

$\dfrac{1}{3}-b=5$에서 $b=-\dfrac{14}{3}$

$$\therefore 2a-3b=2\times\dfrac{1}{2}-3\times\left(-\dfrac{14}{3}\right)=1+14=15$$

답 15

18 `core` (녹아 있는 설탕의 양)=(설탕물의 양)×$\dfrac{\text{(설탕물의 농도)}}{100}$

(녹아 있는 설탕의 양)$=(200+40)\times\dfrac{a}{100}$

$$=240\times\dfrac{a}{100}=\dfrac{12}{5}a(\text{g})$$

(처음 설탕물의 농도)$=\dfrac{\dfrac{12}{5}a}{200}\times100=\dfrac{6}{5}a(\%)$

답 $\dfrac{6}{5}a$ %

19 `core` 첫째 날, 둘째 날, 셋째 날 꽃을 심고 남은 화단의 넓이를 구하여 a, b의 값을 구한다.

첫째 날 꽃을 심고 남은 화단의 넓이는

$$\dfrac{5}{8}\times(16x+40)=10x+25(\text{m}^2)$$

둘째 날 꽃을 심고 남은 화단의 넓이는

$$10x+25-5=10x+20(\text{m}^2)$$

셋째 날 꽃을 심고 남은 화단의 넓이는

$$\dfrac{3}{5}\times(10x+20)=6x+12(\text{m}^2)$$이므로

$a=6$, $b=12$이다.

$$\therefore \dfrac{b}{a}=\dfrac{12}{6}=2$$ 답 ⑤

20 `core` 복잡한 식은 식을 간단히 정리한 후에 수를 대입한다.

(1) $a=2$, $b=-3$을 대입하면

$\dfrac{1}{2}-\dfrac{1}{3}=\dfrac{1}{c}$, $\dfrac{1}{6}=\dfrac{1}{c}$ $\quad\therefore c=6$

(2) 주어진 식을 정리하여 $x=\dfrac{2}{3}$, $y=-\dfrac{1}{2}$을 대입한다.

$$x(x+2y)-2y(x+2y)$$
$$=x^2+2xy-2xy-4y^2$$
$$=x^2-4y^2=\left(\dfrac{2}{3}\right)^2-4\times\left(-\dfrac{1}{2}\right)^2$$
$$=\dfrac{4}{9}-4\times\dfrac{1}{4}=\dfrac{4}{9}-1=-\dfrac{5}{9}$$

답 (1) 6 (2) $-\dfrac{5}{9}$

21 core 괄호를 푼 후 동류항끼리 계산한다.

$x-[6x-2\{3-(x+1)\}]-\{(2x+1)-3(-x+5)\}$
$=x-\{6x-2(3-x-1)\}-(2x+1+3x-15)$
$=x-\{6x-2(2-x)\}-(5x-14)$
$=x-(6x-4+2x)-(5x-14)$
$=x-(8x-4)-(5x-14)$
$=x-8x+4-5x+14=-12x+18$

x의 계수는 -12이고, 상수항은 18이므로 그 합은
$-12+18=6$이다.　　　　　　　　　답 6

22 core a, b 대신에 $3, x$와 $5, 7$을 넣어 나온 수를 다시 대입하여 구한다.

$3\triangle x=3\times x-3-x=2x-3$
$5\triangle 7=5\times 7-5-7=35-5-7=23$
$\therefore (3\triangle x)\triangle(5\triangle 7)$
　$=(2x-3)\triangle 23=(2x-3)\times 23-(2x-3)-23$
　$=46x-69-2x+3-23=44x-89$

답 $44x-89$

23 core 동류항끼리 모아서 계산한다.

$-5x+2+\dfrac{4x-7}{3}=-\dfrac{15}{3}x+\dfrac{6}{3}+\dfrac{4}{3}x-\dfrac{7}{3}$
$\qquad\qquad\qquad\qquad =-\dfrac{11}{3}x-\dfrac{1}{3}$

$\dfrac{9x+3}{2}+\left(-\dfrac{3x-5}{4}\right)=\dfrac{18}{4}x+\dfrac{6}{4}-\dfrac{3}{4}x+\dfrac{5}{4}$
$\qquad\qquad\qquad\qquad\qquad =\dfrac{15}{4}x+\dfrac{11}{4}$

$\therefore A=-\dfrac{11}{3}x-\dfrac{1}{3}+\dfrac{15}{4}x+\dfrac{11}{4}$
$\qquad =-\dfrac{44}{12}x+\dfrac{45}{12}x-\dfrac{4}{12}+\dfrac{33}{12}$
$\qquad =\dfrac{1}{12}x+\dfrac{29}{12}$　　　　답 $\dfrac{1}{12}x+\dfrac{29}{12}$

24 (1) (두 지점을 왕복하는 데 총 걸린 시간)

$=\dfrac{15}{x}+\dfrac{15}{3x}=\dfrac{15}{x}+\dfrac{5}{x}=\dfrac{20}{x}$(시간)　…❶

(2) (평균 속력)$=\dfrac{(총\ 거리)}{(총\ 걸린\ 시간)}=30\div\dfrac{20}{x}$
$\qquad\qquad\qquad =30\times\dfrac{x}{20}=\dfrac{3}{2}x$(km/시)　…❷

답 (1) $\dfrac{20}{x}$ 시간 (2) 시속 $\dfrac{3}{2}x$ km

채점 기준	배점
❶ (1) 구하기	50 %
❷ (2) 구하기	50 %

25 core 일차식은 가장 높은 항의 차수가 일차인 식이다.

$4x(x-2)+2\left\{ax^2-\dfrac{1}{3}(x-6+2x)\right\}$
$=4x^2-8x+2\left\{ax^2-\dfrac{1}{3}(3x-6)\right\}$
$=4x^2-8x+2(ax^2-x+2)$

$=4x^2-8x+2ax^2-2x+4$
$=(4+2a)x^2-10x+4$

x에 대한 일차식이 되려면 이차항이 없어야 하므로 이차항의
계수가 0이어야 한다.
$4+2a=0$이므로 $a=-2$　　　　답 -2

26 core 주어진 식을 간단히 정리한 후 A, B, C에 각 식을 대입하여 동류항끼리 계산한다.

$\dfrac{1}{2}(3A-B)-\dfrac{1}{3}\left(A-2B-\dfrac{1}{2}C\right)$
$=\dfrac{3}{2}A-\dfrac{1}{2}B-\dfrac{1}{3}A+\dfrac{2}{3}B+\dfrac{1}{6}C$
$=\dfrac{9}{6}A-\dfrac{2}{6}A-\dfrac{3}{6}B+\dfrac{4}{6}B+\dfrac{1}{6}C$
$=\dfrac{7}{6}A+\dfrac{1}{6}B+\dfrac{1}{6}C$
$=\dfrac{7}{6}(-3x+1)+\dfrac{1}{6}(x-9)+\dfrac{1}{6}(2x+8)$
$=-\dfrac{21}{6}x+\dfrac{7}{6}+\dfrac{1}{6}x-\dfrac{9}{6}+\dfrac{2}{6}x+\dfrac{8}{6}$
$=-\dfrac{18}{6}x+\dfrac{6}{6}=-3x+1$　　　답 $-3x+1$

27 core 겹쳐서 생기는 도형의 넓이는 각 도형의 넓이의 합에서 겹쳐진 부분의 넓이를 빼서 구한다.

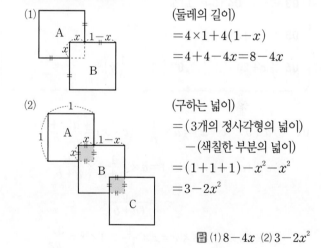

(1) (둘레의 길이)
$=4\times 1+4(1-x)$
$=4+4-4x=8-4x$

(2) (구하는 넓이)
$=(3개의\ 정사각형의\ 넓이)$
　$-(색칠한\ 부분의\ 넓이)$
$=(1+1+1)-x^2-x^2$
$=3-2x^2$

답 (1) $8-4x$　(2) $3-2x^2$

28 (1) 오른쪽 그림과 같이 길을 가
장자리로 이동시키면 길을 제
외한 꽃밭의 가로의 길이가
$24-4=20$(m), 세로의 길
이가 $(18-x)$ m인 직사각형 모양이다.

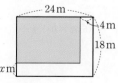

(색칠한 부분의 넓이)$=20\times(18-x)$
$\qquad\qquad\qquad\qquad =-20x+360$(m²)　…❶

(2) $-20\times 8+360=200$(m²)　…❷

답 (1) $(-20x+360)$ m²　(2) 200 m²

채점 기준	배점
❶ (1) 구하기	50 %
❷ (2) 구하기	50 %

29 core $(농도) = \dfrac{(녹아 있는 물질의 양)}{(용액의 양)} \times 100(\%)$

5 %의 오렌지주스 a mL에 들어 있는 오렌지 과즙의 양은

$\dfrac{5}{100} \times a = \dfrac{a}{20}$ (mL)이고,

10 %의 오렌지주스 b mL에 들어 있는 오렌지 과즙의 양은

$\dfrac{10}{100} \times b = \dfrac{b}{10}$ (mL)이다.

∴ (만든 오렌지주스의 농도)

$= \dfrac{\dfrac{a}{20} + \dfrac{b}{10}}{a+b} \times 100 = \dfrac{\dfrac{a+2b}{20}}{a+b} \times 100$

$= \dfrac{a+2b}{20(a+b)} \times 100 = \dfrac{5(a+2b)}{a+b}(\%)$

답 $\dfrac{5(a+2b)}{a+b}$ %

107~108쪽

01 ④	**02** (1) at L (2) $\dfrac{at}{b}$ 시간 (3) $\dfrac{at}{a+b}$ 시간
03 $\dfrac{13}{7}$	**04** $(3n-1)$개
05 (1) $-13x-5$ (2) $10x-9$ (3) $\dfrac{23}{6}x$	
06 $\dfrac{5}{2}x+20$	**07** $\left(\dfrac{2}{3}x + \dfrac{1}{3}y\right)$ %

01 ① $a \div b \times (c+x) = a \times \dfrac{1}{b} \times (c+x) = \dfrac{a(c+x)}{b}$

② $a \div (a+b) \div (a+b) = a \times \dfrac{1}{a+b} \times \dfrac{1}{a+b}$

$= \dfrac{a}{(a+b)^2}$

③ $x \div (y \times z) \times 3 \times x = x \times \dfrac{1}{yz} \times 3 \times x = \dfrac{3x^2}{yz}$

④ $(x+y) \times (x+y) \times a - a \div x = a(x+y)^2 - \dfrac{a}{x}$

⑤ $a \times b \div x \div (a+b) \div c = a \times b \times \dfrac{1}{x} \times \dfrac{1}{a+b} \times \dfrac{1}{c}$

$= \dfrac{ab}{cx(a+b)}$　　답 ④

02 (1) 1시간에 나오는 물의 양이 수도관 A는 a L이고, 수도관 A만 사용하여 t시간 만에 물이 가득 차므로

(물의 양) $= a \times t = at$(L)

(2) 1시간에 나오는 물의 양이 수도관 B는 b L이고, 수영장에 들어가는 물의 양은 at L이므로

(수도관 B만 사용할 때 걸리는 시간) $= \dfrac{at}{b}$ (시간)

(3) 수도관 A, B에서 나오는 물의 양은 1시간에 $(a+b)$L이고, 수영장에 들어가는 물의 양은 at L이므로

(수도관 A, B 두 개를 동시에 사용할 때 걸리는 시간)

$= \dfrac{at}{a+b}$ (시간)

답 (1) at L (2) $\dfrac{at}{b}$ 시간 (3) $\dfrac{at}{a+b}$ 시간

03 $\dfrac{b}{a}$ 꼴이 나오도록 분자와 분모를 모두 a^2으로 나눈 후

$\dfrac{b}{a} = 3$을 대입하여 식의 값을 구한다.

$\dfrac{a^2 + ab + b^2}{a^2 - ab + b^2} = \dfrac{1 + \dfrac{b}{a} + \dfrac{b^2}{a^2}}{1 - \dfrac{b}{a} + \dfrac{b^2}{a^2}} = \dfrac{1+3+9}{1-3+9} = \dfrac{13}{7}$

답 $\dfrac{13}{7}$

04 1열 : 흰 돌 1개, 검은 돌 1개
2열 : 흰 돌 2개, 검은 돌 3개
3열 : 흰 돌 3개, 검은 돌 5개
4열 : 흰 돌 4개, 검은 돌 7개
⋮
n열 : 흰 돌 n개, 검은 돌 $(2n-1)$개
따라서 n열에 나열된 바둑돌의 개수는
$n + (2n-1) = 3n - 1$(개)이다.　　답 $(3n-1)$개

다른 풀이
1열 : 2개
2열 : 5개
3열 : 8개
⋮
n열 : $2 + 3 \times (n-1) = 2 + 3n - 3 = 3n - 1$(개)

05 (1) $2x - 3\left[x + 5\left\{x - \dfrac{1}{15}(3x-5)\right\}\right]$

$= 2x - 3\left\{x + 5\left(x - \dfrac{1}{5}x + \dfrac{1}{3}\right)\right\}$

$= 2x - 3\left\{x + 5\left(\dfrac{4}{5}x + \dfrac{1}{3}\right)\right\}$

$= 2x - 3\left(x + 4x + \dfrac{5}{3}\right) = 2x - 3\left(5x + \dfrac{5}{3}\right)$

$= 2x - 15x - 5 = -13x - 5$

(2) $3\{(4x-2) - (2-x)\} - \{2(3x-1) - (x+1)\}$

$= 3(4x - 2 - 2 + x) - (6x - 2 - x - 1)$

$= 3(5x - 4) - (5x - 3)$

$= 15x - 12 - 5x + 3 = 10x - 9$

(3) $\dfrac{x-1}{2} - 2\left[\dfrac{x}{3} + 1 - 5\left\{\dfrac{x}{4} + 1 - \dfrac{3}{4}\left(1 - \dfrac{x}{5}\right)\right\}\right]$

$= \dfrac{x-1}{2} - 2\left\{\dfrac{x}{3} + 1 - 5\left(\dfrac{x}{4} + 1 - \dfrac{3}{4} + \dfrac{3}{20}x\right)\right\}$

$= \dfrac{x-1}{2} - 2\left\{\dfrac{x}{3} + 1 - 5\left(\dfrac{2}{5}x + \dfrac{1}{4}\right)\right\}$

$$= \frac{x-1}{2} - 2\left(\frac{x}{3} + 1 - 2x - \frac{5}{4}\right)$$

$$= \frac{x}{2} - \frac{1}{2} - 2\left(-\frac{5}{3}x - \frac{1}{4}\right)$$

$$= \frac{x}{2} - \frac{1}{2} + \frac{10}{3}x + \frac{1}{2} = \frac{23}{6}x$$

📋 (1) $-13x-5$ (2) $10x-9$ (3) $\frac{23}{6}x$

06 전체 직사각형의 넓이는 $9 \times (4+x) = 36+9x$이다.
색칠하지 않은 네 부분의 삼각형의 넓이의 합은

$$\frac{1}{2} \times \left\{ 3 \times 4 + 6 \times \frac{4(x+2)}{3} + 3 \times \frac{4-x}{3} + 6 \times x \right\}$$

$$= \frac{1}{2}\left\{ 12 + 8(x+2) + 4 - x + 6x \right\}$$

$$= \frac{1}{2}(12 + 8x + 16 + 4 - x + 6x)$$

$$= \frac{1}{2}(13x + 32) = \frac{13}{2}x + 16$$

따라서 색칠한 부분의 넓이는

$$36 + 9x - \left(\frac{13}{2}x + 16\right) = \frac{5}{2}x + 20\text{이다.}$$

📋 $\frac{5}{2}x + 20$

07 x %의 소금물 150 g에서 50 g을 떠냈을 때의 소금의 양은

$$\frac{x}{100} \times (150 - 50) = x(\text{g})\text{이고,}$$

y %의 소금물 50 g의 소금의 양은

$$\frac{y}{100} \times 50 = \frac{1}{2}y(\text{g})\text{이다.}$$

따라서 새로 만든 소금물의 농도는

$$\frac{x + \frac{1}{2}y}{150} \times 100 = \frac{2}{3}x + \frac{1}{3}y(\%)\text{이다.}$$

📋 $\left(\frac{2}{3}x + \frac{1}{3}y\right)$ %

2 일차방정식

01 | 방정식과 그 해

1 등식   109쪽

1-1 등식은 등호(=)가 포함된 식을 말한다. 따라서 (1), (4), (6)
이 등식이고, 나머지는 등식이 아니다.

📋 (1) ○ (2) × (3) × (4) ○ (5) × (6) ○

1-2 등식에서 등호의 왼쪽 부분이 좌변이고, 오른쪽 부분이 우변
이므로 좌변은 $3x-2$, 우변은 $7-4x$이다.

📋 좌변 : $3x-2$, 우변 : $7-4x$

1-3 📋 (1) $3x-2=7$ (2) $5(8+x)=20$
(3) $800x + 4000 = 12000$ (4) $4x = 52$

2 방정식과 항등식   110쪽

2-1 ㄱ. $-3 + 2 \neq 1$
ㄴ. $2 \times (-3) + 4 = -2$
ㄷ. $-3 - 3 \neq 5 - (-3)$
ㄹ. $3 \times (-3 + 1) + 5 = -1$
따라서 $x = -3$을 해로 갖는 방정식은 ㄴ, ㄹ이다.

📋 ㄴ, ㄹ

2-2 (1) 주어진 방정식에 $x = -1$을 대입하면
$-(-1) + 3 \neq -1 + 1$
주어진 방정식에 $x = 0$을 대입하면 $0 + 3 \neq 0 + 1$
주어진 방정식에 $x = 1$을 대입하면 $-1 + 3 = 1 + 1$
따라서 주어진 방정식의 해는 $x = 1$이다.
(2) 주어진 방정식에 $x = -2$를 대입하면
$-2 + 5 = 2 \times (-2) + 7$
주어진 방정식에 $x = 1$을 대입하면 $1 + 5 \neq 2 \times 1 + 7$
주어진 방정식에 $x = 2$를 대입하면 $2 + 5 \neq 2 \times 2 + 7$
따라서 주어진 방정식의 해는 $x = -2$이다.

📋 (1) $x = 1$ (2) $x = -2$

2-3 (1) x의 값이 -2일 때만 참이고, 다른 수일 때에는 거짓인
등식이므로 방정식이다.
(2) $2x + 5x = 7x$로 양변이 같으므로 항등식이다.
(3) $2x - x + 8 = x + 8$로 양변이 같으므로 항등식이다.
(4) $5(2-x) = 10 - 5x$, $10 - 5x = 10 - x$에서 x의 값이
0일 때만 참이고, 다른 수일 때에는 거짓인 등식이므로
방정식이다.

📋 (1) 방 (2) 항 (3) 항 (4) 방

3 등식의 성질   111쪽

3-1 등식의 양변에 같은 수를 더하거나 빼거나 곱하는 경우 또는
등식의 양변을 0이 아닌 같은 수로 나누는 경우에도 등식은
성립한다. 📋 (1) 5 (2) 7 (3) 4 (4) 8

3-2 (1) $x - 5 + 5 = 3 + 5$ ∴ $x = 8$

(2) $2x + 4 - 4 = -6 - 4$, $2x = -10$, $\frac{2x}{2} = \frac{-10}{2}$
∴ $x = -5$

(3) $\frac{x}{8} + 1 - 1 = -1 - 1$, $\frac{x}{8} = -2$, $\frac{x}{8} \times 8 = -2 \times 8$
∴ $x = -16$

(4) $-7x + 3 - 3 = 31 - 3$, $-7x = 28$
$\frac{-7x}{-7} = \frac{28}{-7}$ ∴ $x = -4$

📋 (1) $x = 8$ (2) $x = -5$ (3) $x = -16$ (4) $x = -4$

01 ㄱ, ㄹ, ㅁ, ㅂ		02 $5x-2=7$		03 ③
04 ⑤	05 ④	06 ②	07 3	08 6
09 ②	10 ④	11 ③	12 $x=2$	13 ⑤
14 ④	15 ㄱ, ㄴ, ㅁ	16 ③	17 ⑤	

01 등식은 등호가 포함된 식이므로 ㄱ, ㄹ, ㅁ, ㅂ이 등식이다.

답 ㄱ, ㄹ, ㅁ, ㅂ

02 답 $5x-2=7$

03 ③ 5개에 5000원이므로 한 개에 1000원이다.
따라서 $1000x=12000$이다.

답 ③

04 ①, ② 등식이 아니므로 방정식이 아니다.
③ 항등식이다.
④ 미지수가 없으므로 방정식이 아니다.
⑤ $x=1$일 때는 참이고, x가 다른 값일 때에는 거짓인 등식
이므로 방정식이다.

답 ⑤

05 미지수의 값에 관계없이 항상 참이 되는 등식을 항등식이라
한다.
① $x=-2$일 때만 참이므로 항등식이 아니다.
② $x=0$일 때만 참이므로 항등식이 아니다.
③ $x=-1$일 때만 참이므로 항등식이 아니다.
④ (좌변)=(우변)이므로 항등식이다.
⑤ $x=-15$일 때만 참이므로 항등식이 아니다.

답 ④

06 미지수의 값에 관계없이 항상 참이 되는 등식은 항등식이다.
①, ④ $x=3$일 때만 참이 되는 등식이므로 방정식이다.
② (좌변)=(우변)이므로 항등식이다.
③, ⑤ 거짓인 등식이다.

답 ②

07 $-3(x-2)=6-mx$에서
$-3x+6=6-mx$
항등식은 (좌변)=(우변)이므로 $m=3$이다.

답 3

08 항등식은 (좌변)=(우변)인 등식이다.
$(a-2)x+b=-2x-6$에서 $a-2=-2$, $b=-6$
$\therefore a=0$, $b=-6$ … ❶
$\therefore a-b=0-(-6)=6$ … ❷

답 6

채점 기준	배점
❶ a, b의 값 구하기	70 %
❷ $a-b$의 값 구하기	30 %

09 $5-2(x+1)=5-2x-2=3-2x$
$\qquad\qquad\qquad =-x+(-x+3)$
따라서 □ 안에 알맞은 식은 $-x+3$이다.

답 ②

10 각 방정식에 $x=-2$를 대입하면
① $2x-4=2\times(-2)-4=-4-4=-8\neq6$
② $-3x+1=-3\times(-2)+1=6+1=7\neq10$
③ $x-5=-2-5=-7$, $2x=2\times(-2)=-4$
$\qquad \therefore -7\neq-4$
④ $-2(x+3)=-2\times(-2+3)=-2$
⑤ $\dfrac{x+4}{2}=\dfrac{-2+4}{2}=1$, $\dfrac{x-1}{3}=\dfrac{-2-1}{3}=-1$
$\qquad \therefore 1\neq-1$

답 ④

11 [ ] 안의 수를 x에 각각 대입하면
① $-4\times(-5+3)=-4\times(-2)=8$
② $\dfrac{2}{3}\times(7+2)=\dfrac{2}{3}\times9=6$
③ $-5\times(-2+1)=-5\times(-1)=5$
$\qquad 2\times(-2)+8=-4+8=4$
$\qquad \therefore 5\neq4$
④ $-3+6=3$, $\dfrac{3}{3}+2=1+2=3$
⑤ $4-3\times2=4-6=-2$, $3\times2-8=6-8=-2$

답 ③

12 $x=0$일 때, $2\times0-5\neq-1$이다.
$x=2$일 때, $2\times2-5=-1$이다.
$x=4$일 때, $2\times4-5\neq-1$이다.
$x=6$일 때, $2\times6-5\neq-1$이다. … ❶
$x=2$일 때 등식이 성립하므로 구하는 해는 $x=2$이다.
… ❷

답 $x=2$

채점 기준	배점
❶ x에 주어진 수를 대입하여 등식이 성립하는지 구하기	80 %
❷ 방정식 $2x-5=-1$의 해 구하기	20 %

13 ① $a+c=b+c$의 양변에서 c를 빼면 $a=b$이다.
② $a-c=b-c$의 양변에 c를 더하면 $a=b$이다.
③ $a+c=b+c$의 양변에서 $2c$를 빼면 $a-c=b-c$이다.
④ $\dfrac{a}{c}=\dfrac{b}{c}$의 양변에 c를 곱하면 $a=b$이다.
⑤ $ac=bc$에서 $c=0$이면 $a\neq b$일 수도 있다.
$\quad$($a=1$, $b=2$, $c=0$이면 $0\times1=0\times2$에서 $ac=bc$이나
$a\neq b$이다.)

답 ⑤

14 ① $a=b$의 양변에서 5를 빼면 $a-5=b-5$이다.
② $a+1.2=b+1.2$의 양변에서 1.2를 빼면 $a=b$이다.
③ $a=\dfrac{b}{2}$의 양변에 4를 곱하면 $4a=2b$이다.

④ $\dfrac{a}{2}=\dfrac{b}{3}$의 양변에 4를 곱하면 $2a=\dfrac{4}{3}b$이다.

따라서 $2a\neq 3b$이다.

⑤ $a-4=b$의 양변에 4를 더하면 $a=b+4$이다.

답 ④

15 ㄱ. $x+1=y$의 양변에 4를 곱하면 $4x+4=4y$이다.

ㄴ. $x=2y$의 양변에 2를 곱하면 $2x=4y$이고

$2x=4y$의 양변에 2를 더하면 $2x+2=4y+2$이다.

ㄷ. $6x=2y$의 양변을 6으로 나누면 $x=\dfrac{y}{3}$이다.

ㄹ. $x=-y$의 양변에 -1을 곱하면 $-x=y$이고,

$-x=y$의 양변에 3을 더하면 $-x+3=y+3$이다.

ㅁ. $x-5=y$의 양변에 2를 곱하면 $2x-10=2y$이고,

$2x-10=2y$의 양변에 10을 더하면 $2x=2y+10$이다.

답 ㄱ, ㄴ, ㅁ

16 ㈎ 등식의 양변에 5를 곱했으므로 '등식의 양변에 같은 수를 곱해도 등식은 성립한다.'는 성질을 이용한 것이다. → ㄷ

㈏ 등식의 양변에 3을 더했으므로 '등식의 양변에 같은 수를 더해도 등식은 성립한다.'는 성질을 이용한 것이다. → ㄱ

㈐ 등식의 양변을 4로 나누었으므로 '등식의 양변을 0이 아닌 같은 수로 나누어도 등식은 성립한다.'는 성질을 이용한 것이다. → ㄹ

답 ③

17 ① $+5$, ② $+x$, ③ $+(-3x)$, ④ $+(-14)$

→ 등식의 양변에 같은 수를 더해도 등식은 성립한다.

⑤ $\div(-6)$ → 등식의 양변을 0이 아닌 같은 수로 나누어도 등식은 성립한다.

답 ⑤

02 | 일차방정식의 풀이

핵심원리 **1** 이항과 일차방정식   115쪽

1-1 답 (1) $x=5-10$ (2) $2x=8+4$

(3) $4x=8+8$ (4) $x+x=-5-3$

1-2 ① $3x+1=7 \Rightarrow 3x=7-1$

② $-2+4x=2x \Rightarrow 4x=2x+2$

③ $9-x=-7x \Rightarrow -x=-7x-9$

④ $5x+1=-8 \Rightarrow 5x=-8-1$

⑤ $9x-7=11 \Rightarrow 9x=11+7$

답 ⑤

1-3 식을 정리했을 때 (일차식)$=0$ 꼴로 나타내어지는 방정식이 일차방정식이다.

① $-3x+6=0$이므로 일차방정식이다.

② $3x+27=3x-1$, $3x-3x+27+1=0$

즉, $0\times x+28=0$으로 일차방정식이 아니다.

③ $0\times x=5$는 일차방정식이 아니다.

④ 차수가 가장 높은 항의 차수가 2이므로 일차방정식이 아니다.

⑤ $2x+1=0$이므로 일차방정식이다.

답 ①, ⑤

핵심원리 **2** 일차방정식의 풀이   116쪽

2-1 (1) $3x-5=4$, $3x=4+5$, $3x=9$

$\therefore x=3$

(2) $-2x+6=10+2x$, $-2x-2x=10-6$, $-4x=4$

$\therefore x=-1$

(3) $-x=2(x+3)$, $-x=2x+6$, $-x-2x=6$,

$-3x=6$

$\therefore x=-2$

(4) $-7x+2=2(6-x)$, $-7x+2=12-2x$,

$-7x+2x=12-2$, $-5x=10$

$\therefore x=-2$

답 (1) 5, 9, 3 (2) 6, 4, -1 (3) 6, 6, 6, -2 (4) 12, 12, 10, -2

2-2 (1) $-4x+3=15$, $-4x=12$ $\therefore x=-3$

(2) $5x-4=3-2x$, $7x=7$ $\therefore x=1$

(3) $2x+7=-(x-19)$, $2x+7=-x+19$

$3x=12$ $\therefore x=4$

(4) $4-2(x-1)=8x-4$, $4-2x+2=8x-4$

$6-2x=8x-4$, $-10x=-10$ $\therefore x=1$

답 (1) $x=-3$ (2) $x=1$ (3) $x=4$ (4) $x=1$

핵심원리 **3** 계수가 소수나 분수인 일차방정식의 풀이   117쪽

3-1 (1) $0.6x+1.2=-2.3-0.1x$의 양변에 10을 곱하면

$6x+12=-23-x$

$7x=-35$ $\therefore x=-5$

(2) $\dfrac{x}{3}-2=-\dfrac{x}{5}+\dfrac{2}{3}$의 양변에 분모의 최소공배수 15를 곱하면

$5x-30=-3x+10$

$8x=40$ $\therefore x=5$

답 (1) 12, -35, -5 (2) 5, 8, 5

3-2 (1) $\dfrac{5x+3}{2}=3x+4$의 양변에 2를 곱하면

$5x+3=2(3x+4)$, $5x+3=6x+8$

$-x=5$ $\therefore x=-5$

(2) $0.1x+0.7=0.6x-0.3$의 양변에 10을 곱하면

$x+7=6x-3$, $-5x=-10$

$\therefore x=2$

(3) $\dfrac{x-4}{5}-\dfrac{2x+6}{3}=0$의 양변에 분모의 최소공배수

15를 곱하면

$3(x-4)-5(2x+6)=0$

$3x-12-10x-30=0,\ -7x-42=0$

$-7x=42$ $\therefore\ x=-6$

답 (1) $x=-5$ (2) $x=2$ (3) $x=-6$

핵심 원리 **4 해가 주어진 방정식**   118쪽

4-1 $5(a+2x)-3(2a-x)=a+1$에 $x=-1$을 대입하면

$5\{a+2\times(-1)\}-3\{2a-(-1)\}=a+1$

$5(a-2)-3(2a+1)=a+1$

$5a-10-6a-3=a+1$

$5a-6a-a=1+10+3$

$-2a=14$ $\therefore\ a=-7$ 답 -7

4-2 $2-\dfrac{x-a}{2}=3a+3$에 $x=3$을 대입하면

$2-\dfrac{3-a}{2}=3a+3$

양변에 2를 곱하면 $4-3+a=6a+6,\ -5a=5$

$\therefore\ a=-1$ 답 ③

4-3 $x=-5$를 $8-\dfrac{4}{5}x=ax+2$에 대입하면

$8+4=-5a+2,\ 5a=-10$

$\therefore\ a=-2$

$x=-5$를 $0.2(4x-b)=1$에 대입하면

$0.2(-20-b)=1,\ 2(-20-b)=10$

$-40-2b=10,\ -2b=50$ $\therefore\ b=-25$

따라서 $a+b=-2-25=-27$이다.   답 ②

핵심 원리 **5 특수한 해를 가질 때**   119쪽

5-1 (1) $-4x+10=2(5-2x)$에서 $-4x+10=10-4x$

$-4x+4x=10-10,\ (-4+4)x=0,\ 0\times x=0$

$\therefore$ 해가 무수히 많다.

(2) $3(x-3)=6+3x$에서 $3x-9=6+3x$

$3x-3x=6+9,\ (3-3)x=15,\ 0\times x=15$

$\therefore$ 해가 없다.

답 (1) 해가 무수히 많다. (2) 해가 없다.

5-2 (1) $a=0,\ b=0$일 때

$0\times x=0$이 되므로 해가 무수히 많다.

(2) $a=0,\ b\neq0$일 때 $0\times x=b$가 되므로 해가 없다.

(3) $a\neq0,\ b=0$일 때 $ax=0$이 되므로 $x=0$이다.

(4) $a\neq0,\ b\neq0$일 때 $ax=b$가 되므로 $x=\dfrac{b}{a}$이다.

답 (1) 해가 무수히 많다. (2) 해가 없다.

(3) $x=0$ (4) $x=\dfrac{b}{a}$

Step C 유형 다지기   120~123쪽

01 ④	**02** ②	**03** ⑤	**04** ①	**05** ㄱ, ㄴ
06 ④	**07** 1	**08** (1) $x=-3$ (2) $x=3$ (3) $x=-4$		
09 ㄴ, ㅁ, ㄹ, ㄷ, ㄱ	**10** (1) $x=\dfrac{11}{25}$ (2) $x=-2$ (3) $x=1$			
(4) $x=5$	**11** ④	**12** 37	**13** ⑤	**14** 5
15 $-\dfrac{1}{8}$	**16** 1	**17** $x=\dfrac{2}{3}$	**18** 2	**19** -51
20 -2	**21** 1, 2, 3, 4, 5		**22** 2, 7	**23** ③
24 4	**25** -6.3			

---

01 ① $-5x+7=1\ \Rightarrow\ -5x=1-7$

② $x=10-4x\ \Rightarrow\ x+4x=10$

③ $3x+12=6\ \Rightarrow\ 3x=6-12$

④ $2x-9=6\ \Rightarrow\ 2x=6+9$

⑤ $12-x=8\ \Rightarrow\ -x=8-12$

답 ④

02 $7x+5=12$에서 5를 이항하면 $7x=12-5$

양변에서 5를 빼는 것과 같다.   답 ②

03 $ax+b=0\,(a\neq0)$ 꼴로 나타낼 수 없는 것을 찾는다.

① $5x-15=0$이므로 일차방정식이다.

② $\dfrac{4}{3}x+4=0$이므로 일차방정식이다.

③ $x-x^2+3=2x-x^2$

$-x+3=0$이므로 일차방정식이다.

④ $-7x+7=0$이므로 일차방정식이다.

⑤ $-x+12=12-x$는 x의 값에 관계없이 항상 성립하므로 항등식이다.   답 ⑤

04 일차방정식은 $ax+b=0\,(a\neq0)$ 꼴이므로

$ax+1=bx-3$에서

$ax-bx+1+3=0$

$(a-b)x+4=0$

따라서 $a-b\neq0$이어야 한다.   답 ①

05 ㄱ. 빵 1개의 가격은 $\dfrac{x}{3}$ 원이므로 $\dfrac{4}{3}x+500\times2=5800$에서

$\dfrac{4}{3}x-4800=0$

ㄴ. $3000-3000\times\dfrac{x}{100}=2500$에서 $-30x+500=0$

ㄷ. $x^3=124$에서 $x^3-124=0$

따라서 일차방정식인 것은 ㄱ, ㄴ이다.   답 ㄱ, ㄴ

06 $5x+11=2(4x+1)$에서 $5x+11=8x+2,\ -3x=-9$

$\therefore\ x=3$

① $-3x-2=7$에서 $-3x=9$ $\therefore\ x=-3$

② $8-3x=x+4$에서 $-4x=-4$ $\therefore\ x=1$

---

62 III. 문자와 식

③ $5x+19=1-4x$에서 $9x=-18$ $\therefore x=-2$

④ $4(-x+2)=x-7$에서 $-4x+8=x-7$,

$\quad -5x=-15$ $\therefore x=3$

⑤ $3(x-3)+x=7$에서 $3x-9+x=7$, $4x=16$

$\quad \therefore x=4$ 　　　　　　　　　　　　　　　目 ④

07 $4x+9=-3x+2$에서

$7x=-7$, $x=-1$ $\therefore a=-1$

$-3(x+1)+17=4x$에서

$-3x-3+17=4x$, $-7x=-14$, $x=2$ $\therefore b=2$

$\therefore a+b=-1+2=1$ 　　　　　　　目 1

08 (1) $8x-3(2x-4)=6$에서

$\quad 8x-6x+12=6$, $2x=-6$ $\therefore x=-3$

(2) $-2(4x+9)-4(-4-3x)=10$에서

$\quad -8x-18+16+12x=10$, $4x=12$

$\quad \therefore x=3$

(3) $7(-3x-5)+3(5x+3)=-2$에서

$\quad -21x-35+15x+9=-2$, $-6x=24$

$\quad \therefore x=-4$

　　　　　　目 (1) $x=-3$ (2) $x=3$ (3) $x=-4$

09 ㄱ. $-2(2x-3)=5x+24$에서

$\quad -4x+6=5x+24$, $-9x=18$ $\therefore x=-2$

ㄴ. $7x-12=8(x-4)$에서

$\quad 7x-12=8x-32$, $-x=-20$ $\therefore x=20$

ㄷ. $4(8-3x)=-3(2x-9)$에서

$\quad 32-12x=-6x+27$, $-6x=-5$ $\therefore x=\dfrac{5}{6}$

ㄹ. $-6(x-4)=10x+8$에서

$\quad -6x+24=10x+8$, $-16x=-16$ $\therefore x=1$

ㅁ. $42-21x=-15(x-2)$에서

$\quad 42-21x=-15x+30$, $-6x=-12$ $\therefore x=2$

따라서 일차방정식의 해가 큰 순서대로 기호를 쓰면 ㄴ, ㅁ,

ㄹ, ㄷ, ㄱ이다. 　　　　　　目 ㄴ, ㅁ, ㄹ, ㄷ, ㄱ

10 (1) $3x-0.4=1.8-2x$의 양변에 10을 곱하면

$\quad 30x-4=18-20x$, $50x=22$ $\therefore x=\dfrac{11}{25}$

(2) $\dfrac{3x+2}{2}-(2x-1)=x+5$의 양변에 2를 곱하면

$\quad 3x+2-2(2x-1)=2(x+5)$

$\quad 3x+2-4x+2=2x+10$, $-3x=6$

$\quad \therefore x=-2$

(3) $2x-\dfrac{5}{6}=\dfrac{x-2}{3}-\dfrac{x-4}{2}$의 양변에 6을 곱하면

$\quad 12x-5=2(x-2)-3(x-4)$

$\quad 12x-5=2x-4-3x+12$

$\quad 13x=13$ $\therefore x=1$

(4) $-0.05x+0.8=0.2x-0.45$의 양변에 100을 곱하면

$\quad -5x+80=20x-45$, $-25x=-125$

$\quad \therefore x=5$

　　　　目 (1) $x=\dfrac{11}{25}$ (2) $x=-2$ (3) $x=1$ (4) $x=5$

11 ① $\dfrac{x}{8}+\dfrac{3}{4}=\dfrac{x}{4}+\dfrac{1}{2}$의 양변에 8을 곱하면

$\quad x+6=2x+4$, $-x=-2$ $\therefore x=2$

② $-\dfrac{x}{6}+\dfrac{4}{3}=\dfrac{1}{3}+\dfrac{x}{3}$의 양변에 6을 곱하면

$\quad -x+8=2+2x$, $-3x=-6$ $\therefore x=2$

③ $1.2x-0.9=x-0.5$의 양변에 10을 곱하면

$\quad 12x-9=10x-5$, $2x=4$ $\therefore x=2$

④ $2.5x-1=0.6x-4.8$의 양변에 10을 곱하면

$\quad 25x-10=6x-48$, $19x=-38$ $\therefore x=-2$

⑤ $-0.4x+1.7=0.05x+0.8$의 양변에 100을 곱하면

$\quad -40x+170=5x+80$, $-45x=-90$

$\quad \therefore x=2$ 　　　　　　　　　　　　目 ④

12 $0.3x-1.2=\dfrac{1}{4}(x+3)$의 양변에 20을 곱하면

$6x-24=5x+15$, $x=39$ $\therefore a=39$ ⋯ ❶

$\dfrac{3}{5}x-\dfrac{1}{3}=\dfrac{2}{3}x-\dfrac{1}{5}$의 양변에 15를 곱하면

$9x-5=10x-3$, $x=-2$ $\therefore b=-2$ ⋯ ❷

$\therefore a+b=37$ ⋯ ❸

　　　　　　　　　　　　　　　　　目 37

채점 기준	배점
❶ a의 값 구하기	40 %
❷ b의 값 구하기	40 %
❸ $a+b$의 값 구하기	20 %

13 $(2x-4):(3x-4)=2:5$에서

$2(3x-4)=5(2x-4)$

$6x-8=10x-20$, $-4x=-12$ $\therefore x=3$ 　目 ⑤

14 $\dfrac{1}{2}(x-2):3=\dfrac{1}{4}(x+3):4$에서

$2(x-2)=\dfrac{3}{4}(x+3)$의 양변에 4를 곱하면

$8(x-2)=3(x+3)$, $8x-16=3x+9$, $5x=25$

$\therefore x=5$ 　　　　　　　　　　　　　目 5

15 $8x-7=-16(x-2a)$에 $x=\dfrac{1}{8}$을 대입하면

$8\times\dfrac{1}{8}-7=-16\left(\dfrac{1}{8}-2a\right)$

$1-7=-2+32a$, $-4=32a$

$\therefore a=-\dfrac{1}{8}$ 　　　　　　　　　　目 $-\dfrac{1}{8}$

16 $\dfrac{3x-a}{5}=3a-\dfrac{2x+2}{3}$에 $x=2$를 대입하면

$\dfrac{6-a}{5}=3a-\dfrac{4+2}{3}$, $\dfrac{6-a}{5}=3a-2$

양변에 5를 곱하면 $6-a=15a-10$

$-16a=-16$ $\therefore a=1$　　　　　　　　　달 1

17 $2(x+a)=x+21$에 $x=15$를 대입하면

$2(15+a)=15+21$, $30+2a=36$, $2a=6$ $\therefore a=3$

$5-3x=-3a(x-1)$에 $a=3$을 대입하면

$5-3x=-9(x-1)$, $5-3x=-9x+9$, $6x=4$

$\therefore x=\dfrac{2}{3}$　　　　　　　　　달 $x=\dfrac{2}{3}$

18 $4(x-2)-12=0$에서

$4x-8-12=0$, $4x=20$ $\therefore x=5$

두 일차방정식의 해가 같으므로 $7m-2x=4$의 해는 $x=5$이다.

$7m-10=4$, $7m=14$ $\therefore m=2$　　　달 2

19 $\dfrac{3}{4}x-1=\dfrac{5}{6}x$의 양변에 12를 곱하면

$9x-12=10x$, $-x=12$ $\therefore x=-12$　　 … ❶

$7x-3=3x+a$의 해가 $x=-12$이므로

식을 정리하여 $x=-12$를 대입하면

$4x=3+a$, $-48=3+a$ $\therefore a=-51$　 … ❷

달 -51

채점 기준	배점
❶ $\dfrac{3}{4}x-1=\dfrac{5}{6}x$의 해 구하기	40 %
❷ a의 값 구하기	60 %

20 $(2-x):(5-2x)=1:3$에서

$3(2-x)=5-2x$, $6-3x=5-2x$, $-x=-1$

$\therefore x=1$

$2x+a(x-4)=8$에 $x=1$을 대입하면

$2+a(1-4)=8$, $2-3a=8$, $-3a=6$ $\therefore a=-2$

달 -2

21 $x-\dfrac{x+2a}{3}=-4$의 양변에 3을 곱하면

$3x-(x+2a)=-12$, $3x-x-2a=-12$

$2x=2a-12$ $\therefore x=a-6$

x가 음의 정수이므로 $a-6<0$ $\therefore a<6$

따라서 자연수 a는 $1, 2, 3, 4, 5$이다.　달 $1, 2, 3, 4, 5$

22 $2x+0.5(x-a)=4$의 양변에 10을 곱하면

$20x+5(x-a)=40$, $20x+5x-5a=40$

$25x-5a=40$, $25x=5a+40$

$\therefore x=\dfrac{5a+40}{25}=\dfrac{a+8}{5}$　　　　 … ❶

x가 자연수이려면 $a+8$이 5의 배수이어야 한다.

이때 a는 10 이하의 자연수이므로 $2, 7$이다.　 … ❷

달 $2, 7$

채점 기준	배점
❶ 일차방정식의 해 구하기	70 %
❷ a의 값 구하기	30 %

23 $ax+0.5=4x-b$에서 $(a-4)x=-0.5-b$

해가 무수히 많으므로 $a-4=0$, $-0.5-b=0$이다.

$a=4$, $b=-0.5$이므로 $ab=4\times(-0.5)=-2$　달 ③

24 $8x-12=a(2x-5)$에서 $8x-12=2ax-5a$,

$8x-2ax=12-5a$, $(8-2a)x=12-5a$

해가 없으므로 $8-2a=0$, $12-5a\ne0$

$\therefore a=4$　　　　　　　　　　　　　　달 4

25 $(a+4)x=6$의 해가 없으므로 $a=-4$

$0.8x+b=cx-1.5$의 해가 무수히 많으므로

$b=-1.5$, $c=0.8$

따라서 $a+b-c=-4-1.5-0.8=-6.3$이다.

달 -6.3

Step B 내신 다지기

124~128쪽

01 ③　　　**02** ⑤

03 (1) $x=3$ (2) $x=3$ (3) $x=-35$ (4) $x=-4$　**04** -1

05 ③　　**06** -1　　**07** 3　　**08** -1

09 (1) $x=10$ (2) $x=5$　**10** 9　　**11** -8

12 (1) $k\ne2$ (2) $k=2, a=3$ (3) $k=2, a\ne3$

13 ②　　　**14** $\dfrac{9}{2}$　　**15** ③　　**16** 5

17 (1) $x=-2$ (2) $x=1$ (3) $x=1$ (4) $x=2$

18 $a=3, x=-2$　**19** 1　　**20** $\dfrac{10}{3}$　　**21** 10

22 (1) $x=\dfrac{16}{3}$ (2) $x=-\dfrac{3}{5}$

23 $m=2$일 때 해가 무수히 많다. $m\ne2$일 때 $x=1$

24 $-\dfrac{11}{8}$　**25** 1　　**26** -1　**27** 0　　**28** $-\dfrac{13}{2}$

29 ②　　**30** (1) -7 (2) 3

01　core 정리했을 때 (일차식)=0 꼴이 되는 방정식이 일차방정식이다.

ㄱ. $x^2-15=0$으로 가장 높은 항의 차수가 2차로 일차방정식이 아니다.

ㄴ. $4x-6=0$이므로 일차방정식이다.

ㄷ. $8x-6=0$이므로 일차방정식이다.

ㄹ. $5x-2=0$이므로 일차방정식이다.

ㅁ. $x^3-6=0$으로 가장 높은 항의 차수가 3차로 일차방정식
   이 아니다.

ㅂ. $2x^2+x-7=0$으로 가장 높은 항의 차수가 2차로 일차
   방정식이 아니다.

따라서 일차방정식은 ㄴ, ㄷ, ㄹ의 3개이다.　　　　🖪 ③

02　core　x가 어떤 값을 갖더라도 항상 참인 등식은 항등식으로 좌변과 우변이 같은 것을 찾는다.

① $0.4x+0.3=0.8x-0.1$은 $x=1$일 때만
   (좌변)$=0.4\times1+0.3=0.7$,
   (우변)$=0.8\times1-0.1=0.7$로 참이므로 방정식이다.

② $1.5x-0.3=2.3x+0.5$는 $x=-1$일 때만
   (좌변)$=1.5\times(-1)-0.3=-1.8$,
   (우변)$=2.3\times(-1)+0.5=-1.8$로 참이므로 방정식
   이다.

③ $0.9x+4=0.3(-8+3x)$에서
   (우변)$=-2.4+0.9x$이므로 모든 x에 대하여
   (좌변)$\ne$(우변)이므로 거짓인 등식이다.

④ $\dfrac{2}{5}x=\dfrac{x-2}{4}+2$에서 (우변)$=\dfrac{1}{4}x+\dfrac{3}{2}$

   $x=10$일 때만 (좌변)$=\dfrac{2}{5}\times10=4$,

   (우변)$=\dfrac{1}{4}\times10+\dfrac{3}{2}=4$로 참이므로 방정식이다.

⑤ $\dfrac{-x+1}{5}=\dfrac{3-x}{5}-0.4$에서 (좌변)$=-\dfrac{1}{5}x+\dfrac{1}{5}$,

   (우변)$=-\dfrac{1}{5}x+\dfrac{1}{5}$

   모든 x에 대하여 (좌변)$=$(우변)이므로 항등식이다.

따라서 항등식은 ⑤이다.　　　　🖪 ⑤

03　core　주어진 방정식을 $ax=b$ 꼴로 정리하여 해를 구한다.

(1) $-3x+8=-4+x$에서
   $-4x=-12$　∴ $x=3$

(2) $x-(7+3x)=-13$에서
   $x-7-3x=-13,\ -2x=-6$　∴ $x=3$

(3) $0.3x-4=-0.5+0.4x$의 양변에 10을 곱하면
   $3x-40=-5+4x,\ -x=35$　∴ $x=-35$

(4) $\dfrac{x}{6}-4=x-\dfrac{2}{3}$의 양변에 6을 곱하면
   $x-24=6x-4,\ -5x=20$　∴ $x=-4$

　🖪 (1) $x=3$ (2) $x=3$ (3) $x=-35$ (4) $x=-4$

04　core　a,b 대신에 $x,1$을 대입하여 구한다.

$a*b=(a+b)-1$이므로
$(x*1)+(2x*5)=1$
$(x+1)-1+(2x+5)-1=1$
$3x=-3$　∴ $x=-1$　　　　🖪 -1

05　core　주어진 방정식을 $ax=b$ 꼴로 정리하여 해를 구한다.

① $6x+7=-2x+23$에서 $8x=16$　∴ $x=2$

② $-\dfrac{2}{3}x+1=\dfrac{1}{2}x-\dfrac{4}{3}$의 양변에 6을 곱하면
   $-4x+6=3x-8,\ -7x=-14$　∴ $x=2$

③ $-0.32-0.3x=-0.02x+0.24$의 양변에 100을 곱
   하면
   $-32-30x=-2x+24,\ -28x=56$　∴ $x=-2$

④ $-(2x-3)+5x=8x-7$에서
   $-2x+3+5x=8x-7,\ -5x=-10$　∴ $x=2$

⑤ $x-\left(-\dfrac{2}{5}x-3\right)=\dfrac{29}{5}$에서 $x+\dfrac{2}{5}x+3=\dfrac{29}{5}$

   양변에 5를 곱하면
   $5x+2x+15=29,\ 7x=14$　∴ $x=2$　　🖪 ③

06　core　$ax+b=cx+d$가 x에 대한 항등식이면 $a=c,\ b=d$이다.

$0.8a(2-x)=2.4bx+1.6$의 양변에 10을 곱하면
$8a(2-x)=24bx+16,\ 16a-8ax=24bx+16$

$16a=16,\ -8a=24b$이므로 $a=1,\ b=-\dfrac{1}{3}$

∴ $3ab=3\times1\times\left(-\dfrac{1}{3}\right)=-1$　　　🖪 -1

07　core　계수가 소수인 일차방정식은 양변에 $10,100,\cdots$ 중 적당한 수를 곱하여 계수를 정수로 고친다.

$0.5(x-3)=0.04x-0.12$의 양변에 100을 곱하면
$50(x-3)=4x-12,\ 50x-150=4x-12$
$46x=138$　∴ $x=3$

$a=1,\ b=3$이므로 $\dfrac{b}{a}=3$이다.　　　🖪 3

08　core　n 대신에 $x+1,\ 3-x$를 넣어 $(x+1)^+,\ (3-x)^+$를 구한 후 주어진 식에 대입한다.

$n^+=2n-1$이므로
$(x+1)^+=2(x+1)-1=2x+2-1=2x+1$
$(3-x)^+=2(3-x)-1=6-2x-1=5-2x$
$2x+1=8x+5-2x,\ -4x=4$
∴ $x=-1$　　　　🖪 -1

09　core　계수가 소수나 분수인 일차방정식은 양변에 적당한 수를 곱하여 계수를 정수로 고친다.

(1) $0.2x-2=\dfrac{7}{5}(x-10)$의 양변에 10을 곱하면
   $2x-20=14(x-10),\ 2x-20=14x-140$
   $-12x=-120$　∴ $x=10$

(2) $\dfrac{2}{5}x-0.4=0.8(2x-8)$의 양변에 10을 곱하면
   $4x-4=8(2x-8),\ 4x-4=16x-64$
   $-12x=-60$　　∴ $x=5$

　🖪 (1) $x=10$ (2) $x=5$

10 core 9의 약수는 1, 3, 9이므로 $[9]=3$이다.

$5\{3x-2(x+2)\}=x-4$에서

$5(3x-2x-4)=x-4$

$5x-20=x-4$, $4x=16$ ∴ $x=4$

따라서 $a=4$이고, 4의 약수는 1, 2, 4의 3개이므로

$3a-[a]=3\times4-[4]=12-3=9$이다. 답 9

11 core 계수가 소수나 분수인 일차방정식은 양변에 적당한 수를 곱하여 계수를 정수로 고친다.

$0.5(x+0.5)=0.2(2x-0.5)-1.55$의 양변에 100을 곱하면

$50x+25=40x-10-155$

$10x=-190$, $x=-19$ ∴ $a=-19$

$\dfrac{x+3}{4}-\dfrac{x+1}{2}-\dfrac{x+5}{6}=4$의 양변에 12를 곱하면

$3(x+3)-6(x+1)-2(x+5)=48$

$3x+9-6x-6-2x-10=48$

$-5x=55$, $x=-11$ ∴ $b=-11$

∴ $a-b=-19-(-11)=-8$ 답 -8

12 core $ax=b$ 꼴에서 해가 한 개이려면 $a\neq0$, 해가 무수히 많으려면 $a=0$, $b=0$, 해가 없으려면 $a=0$, $b\neq0$

$kx+3=a+2x$, $(k-2)x=a-3$에서

(1) $nx=m(n\neq0)$ 꼴이므로

$k-2\neq0$ ∴ $k\neq2$

(2) $0\times x=0$ 꼴이므로

$k-2=0$, $a-3=0$ ∴ $k=2$, $a=3$

(3) $0\times x=m(m\neq0)$ 꼴이므로

$k-2=0$, $a-3\neq0$ ∴ $k=2$, $a\neq3$

답 (1) $k\neq2$ (2) $k=2$, $a=3$ (3) $k=2$, $a\neq3$

13 core 주어진 방정식에 해를 대입하여 a의 값을 구한다.

① $12a+a-1=25$, $13a=26$ ∴ $a=2$

② $10-(-2)=a-3(-2+2)$ ∴ $a=12$

③ $\dfrac{-3}{3}-\dfrac{-3-a}{2}=2$의 양변에 2를 곱하면

$-2+3+a=4$ ∴ $a=3$

④ $6a-\dfrac{2-2a}{2}=10-4a$, $6a-1+a=10-4a$

$11a=11$ ∴ $a=1$

⑤ $0.1(-1-a)-(-0.5a-0.1)+1.2=0$의 양변에 10을 곱하면

$-1-a+5a+1+12=0$

$4a=-12$ ∴ $a=-3$

따라서 a의 값이 가장 큰 것은 ② 12이다. 답 ②

14 core 한 방정식에서 구한 해를 나머지 방정식에 대입한다.

$\dfrac{1}{2}x-3=\dfrac{x-7}{4}$의 양변에 4를 곱하면

$2x-12=x-7$ ∴ $x=5$

$0.8(x-5)=a+1.5(2-x)$에 $x=5$를 대입하면

$0.8(5-5)=a+1.5(2-5)$

∴ $a=\dfrac{9}{2}$ 답 $\dfrac{9}{2}$

15 core $0\times x=(수)$ 꼴일 때 해가 없다.

① $4(x-5)=3x+2$에서

$4x-20=3x+2$ ∴ $x=22$

② $0.8x=2x-1.2$의 양변에 10을 곱하면

$8x=20x-12$, $-12x=-12$ ∴ $x=1$

③ $\dfrac{x}{2}-1=0.5(-7+x)$의 양변에 10을 곱하면

$5x-10=5(-7+x)$, $5x-10=-35+5x$

∴ $0\times x=-25$

따라서 해가 없다.

④ $\dfrac{7(x-3)+1}{5}=-4+\dfrac{7}{5}x$의 양변에 5를 곱하면

$7(x-3)+1=-20+7x$

$7x-21+1=-20+7x$

∴ $0\times x=0$

따라서 해가 무수히 많다.

⑤ $2(0.2x-1.5)=3(-0.8+0.1x)$의 양변에 10을 곱하면

$2(2x-15)=3(-8+x)$, $4x-30=-24+3x$

∴ $x=6$ 답 ③

16 core $a:b=c:d$가 $ad=bc$임을 이용한다.

$\dfrac{1}{8}(x+3):5=(0.4x+1):15$에서

$\dfrac{15}{8}(x+3)=5(0.4x+1)$

$\dfrac{15}{8}x+\dfrac{45}{8}=2x+5$

양변에 8을 곱하면

$15x+45=16x+40$ ∴ $x=5$ 답 5

17 core $|x|$는 $x>0$이면 $|x|=x$, $x<0$이면 $|x|=-x$이다.

(1) $x<0$이므로 $-x>0$이다.

$-x=2$ ∴ $x=-2$

(2) $x>\dfrac{2}{3}$이므로 $3x-2>0$이다.

$3x-2=1$, $3x=3$ ∴ $x=1$

(3) $x>\dfrac{1}{3}$이므로 $1-3x<0$이다.

$-(1-3x)=2$, $-1+3x=2$, $3x=3$

∴ $x=1$

(4) $x>1$이므로 $x-1>0$이다.

$x+x-1=3$, $2x=4$ ∴ $x=2$

답 (1) $x=-2$ (2) $x=1$ (3) $x=1$ (4) $x=2$

18 $ax(x-2)+5=x\left\{\dfrac{1}{2}(4x-6)+x\right\}+11$에서

$ax^2-2ax+5=x(2x-3+x)+11$

$ax^2-2ax+5=x(3x-3)+11$

$ax^2-2ax+5=3x^2-3x+11$

$(a-3)x^2+(-2a+3)x-6=0$

이 식이 일차방정식이 되게 하려면 이차항이 없어야 하므로

$a-3=0$에서 $a=3$이다. … ❶

$(-2a+3)x-6=0$에 $a=3$을 대입하면

$(-6+3)x-6=0$ ∴ $x=-2$ … ❷

📖 $a=3,\ x=-2$

채점 기준	배점
❶ a의 값 구하기	60%
❷ 방정식의 해 구하기	40%

19 core $\dfrac{b}{a}$가 정수이려면 b는 a의 배수이어야 한다.

$\dfrac{3}{8}(x+a)=-0.5x+3$의 양변에 8을 곱하면

$3x+3a=-4x+24$,

$7x=24-3a$ ∴ $x=\dfrac{24-3a}{7}$

이때 $\dfrac{24-3a}{7}$가 양의 정수이려면 $24-3a$는 7의 배수이어

야 한다.

(i) $24-3a=7$일 때, $a=\dfrac{17}{3}$

(ii) $24-3a=14$일 때, $a=\dfrac{10}{3}$

(iii) $24-3a=21$일 때, $a=1$

따라서 자연수 a의 값은 1이다. 📖 1

20 core $0\times x=$(수) 꼴일 때 해가 없다.

$\dfrac{0.2(x+1)}{a}=\dfrac{0.3(x+2)}{5}$의 양변에 $50a$를 곱하면

$10(x+1)=3a(x+2)$, $10x+10=3ax+6a$

$(10-3a)x=6a-10$

해가 없으므로 $10-3a=0$, $6a-10\neq0$

∴ $a=\dfrac{10}{3}$ 📖 $\dfrac{10}{3}$

21 $1.8(x-5)=-0.7x-6$의 양변에 10을 곱하면

$18(x-5)=-7x-60$, $18x-90=-7x-60$

$25x=30$ ∴ $x=\dfrac{6}{5}$ … ❶

$\dfrac{6}{5}\times5=6$이므로 $x=6$을 $ax-\dfrac{1}{2}=2+bx$에 대입하면

$6a-\dfrac{1}{2}=2+6b$, $6(a-b)=\dfrac{5}{2}$ ∴ $a-b=\dfrac{5}{12}$

∴ $24(a-b)=24\times\dfrac{5}{12}=10$ … ❷

📖 10

채점 기준	배점
❶ $1.8(x-5)=-0.7x-6$의 해 구하기	40%
❷ $24(a-b)$의 값 구하기	60%

22 core 계수가 분수인 일차방정식은 양변에 분모의 최소공배수를 곱하여 계수를 정수로 고친다.

(1) $\dfrac{5(2-x)}{4}+\dfrac{3(x+3)}{5}=3x-\dfrac{4x+9}{2}$의

양변에 20을 곱하면

$25(2-x)+12(x+3)=60x-10(4x+9)$

$50-25x+12x+36=60x-40x-90$

$-33x=-176$ ∴ $x=\dfrac{16}{3}$

(2) $\dfrac{1}{2}x+5-2\left\{x-\left(\dfrac{1}{3}x-2\right)\right\}=\dfrac{3-5x}{4}$에서

$\dfrac{1}{2}x+5-2\left(x-\dfrac{1}{3}x+2\right)=\dfrac{3-5x}{4}$

양변에 12를 곱하면

$6x+60-16x-48=9-15x$

$5x=-3$ ∴ $x=-\dfrac{3}{5}$ 📖 (1) $x=\dfrac{16}{3}$ (2) $x=-\dfrac{3}{5}$

23 core $ax=b$에서 $a\neq0$이면 $x=\dfrac{b}{a}$, $a=0$이면 $b=0$일 때 해가 무수히 많고, $b\neq0$일 때 해가 없다.

$mx-2x=m-2$에서 $(m-2)x=m-2$

(i) $m-2=0$일 때

$0\times x=0$이므로 해가 무수히 많다.

(ii) $m-2\neq0$일 때

$x=\dfrac{m-2}{m-2}$이므로 $x=1$이다.

📖 $m=2$일 때 해가 무수히 많다. $m\neq2$일 때 $x=1$

24 core x,y,z 대신에 $2a,-3,5$와 $-\dfrac{1}{2},0.4,8$을 넣어 a의 값을 구한다.

$<2a,-3,5>=-6a-15-10a=-16a-15$이고,

$<-\dfrac{1}{2},0.4,8>=-0.2+3.2+4=7$이므로

$-16a-15=7$, $-16a=22$

∴ $a=-\dfrac{11}{8}$ 📖 $-\dfrac{11}{8}$

25 core 계수가 소수나 분수인 일차방정식은 양변에 적당한 수를 곱하여 계수를 정수로 고친다.

$\dfrac{2-5x}{6}=\dfrac{x}{2}-5$의 양변에 6을 곱하면

$2-5x=3x-30$, $-8x=-32$

$x=4$이므로 $a=4$

$1.2(x-4)-1.5(2-x)=3$에서

$1.2x-4.8-3+1.5x=3$

양변에 10을 곱하면

$12x-48-30+15x=30$, $27x=108$

$x=4$이므로 $b=4$

따라서 $\dfrac{ab}{16}=\dfrac{4\times4}{16}=1$이다. 📖 1

26 $0.8:(3-x)=1.2:5$에서

$4=1.2(3-x),\ 4=3.6-1.2x,\ 1.2x=-0.4$

$\therefore x=-\dfrac{1}{3}$ ⋯ ❶

$6x+4a=3a\left(x+\dfrac{7}{3}\right)$에 $x=-\dfrac{1}{3}$을 대입하면

$-2+4a=3a\times2,\ -2+4a=6a,\ -2a=2$

$\therefore a=-1$ ⋯ ❷

답 -1

채점 기준	배점
❶ $0.8:(3-x)=1.2:5$에서 x의 값 구하기	40 %
❷ a의 값 구하기	60 %

27 core 주어진 방정식에 $x=-3$을 대입하여 상수 m의 값을 구한다.

$0.15x-\dfrac{x-m}{4}=1.5m+2.8$에 $x=-3$을 대입하면

$-0.45-\dfrac{-3-m}{4}=1.5m+2.8$

양변에 20을 곱하면

$-9-5(-3-m)=30m+56$

$-9+15+5m=30m+56$

$-25m=50 \quad \therefore m=-2$

$\therefore m^2+4m+4=(-2)^2+4\times(-2)+4$
$\qquad\qquad\qquad =4-8+4=0$

답 0

28 core 첫 번째 방정식의 해를 구해 비를 이용하여 두 번째 방정식의 해를 구한 후, a의 값을 구한다.

$1.2x-3.2=-1.4x+2$의 양변에 10을 곱하면

$12x-32=-14x+20,\ 26x=52 \quad \therefore x=2$

두 일차방정식의 해가 $2:5$이므로

$x=5$를 $\dfrac{x}{4}-\dfrac{a}{2}=\dfrac{x+2}{3}-\dfrac{a}{3}$에 대입하면

$\dfrac{5}{4}-\dfrac{a}{2}=\dfrac{5+2}{3}-\dfrac{a}{3},\ \dfrac{a}{2}-\dfrac{a}{3}=\dfrac{5}{4}-\dfrac{7}{3}$

$\dfrac{a}{6}=-\dfrac{13}{12} \quad \therefore a=-\dfrac{13}{2}$

답 $-\dfrac{13}{2}$

29 core 주어진 방정식의 해를 구한 후 조건에 맞는 a의 값을 구한다.

$0.2\left(x-\dfrac{1}{4}\right)=-0.5\left(x+\dfrac{a}{2}\right)$의 양변에 10을 곱하면

$2\left(x-\dfrac{1}{4}\right)=-5\left(x+\dfrac{a}{2}\right),\ 2x-\dfrac{1}{2}=-5x-\dfrac{5}{2}a$

$7x=\dfrac{1-5a}{2} \quad \therefore x=\dfrac{1-5a}{14}$

① $a=3$일 때, $x=\dfrac{1-5\times3}{14}=-\dfrac{14}{14}=-1$

② $a=11$일 때, $x=\dfrac{1-5\times11}{14}=-\dfrac{54}{14}=-\dfrac{27}{7}$

③ $a=17$일 때, $x=\dfrac{1-5\times17}{14}=-\dfrac{84}{14}=-6$

④ $a=31$일 때, $x=\dfrac{1-5\times31}{14}=-\dfrac{154}{14}=-11$

⑤ $a=45$일 때, $x=\dfrac{1-5\times45}{14}=-\dfrac{224}{14}=-16$

따라서 a의 값이 될 수 없는 것은 ② 11이다. 답 ②

30 (1) $-\dfrac{a}{2}+3a+4+\dfrac{2-a}{3}=1.5a$의 양변에 6을 곱하면

$-3a+18a+24+2(2-a)=9a$

$15a+24+4-2a=9a$

$4a=-28$

$\therefore a=-7$ ⋯ ❶

(2) $0.4a+3a+4+3.1b=1.5a$에서

$3.4a+4+3.1b=1.5a$

$3.1b=-1.9a-4$

$a=-7$을 대입하면

$3.1b=-1.9\times(-7)-4=13.3-4=9.3$

$\therefore b=3$ ⋯ ❷

답 (1) -7 (2) 3

채점 기준	배점
❶ (1) 구하기	50 %
❷ (2) 구하기	50 %

Step A 만점 승승장구

129~130쪽

01 $x=1$	**02** -2	**03** -1	**04** -25
05 $a=2,b=3$		**06** 2	**07** $-\dfrac{8}{9}$	**08** $x=14$

01 $-5(x-1)+|9-3x|=6x$에서

(i) $x\le3$인 경우

$-5(x-1)+(9-3x)=6x$

$-5x+5+9-3x=6x,\ -14x=-14 \quad \therefore x=1$

(ii) $x>3$인 경우

$-5(x-1)-(9-3x)=6x$

$-5x+5-9+3x=6x,\ -8x=4$

$\therefore x=-\dfrac{1}{2}$

$x>3$인 조건을 만족시키지 않는다.

(i), (ii)에서 $x=1$ 답 $x=1$

02 $\dfrac{10-x}{4}=\dfrac{2x+2}{3}$의 양변에 12를 곱하면

$3(10-x)=4(2x+2)$

$30-3x=8x+8,\ -11x=-22 \quad \therefore x=2$

$4a-3=5-(x-2)$에 $x=2$를 대입하면

$4a-3=5-(2-2)$

$4a-3=5,\ 4a=8$

$\therefore a=2$

$-\dfrac{b}{5}x+0.4=2$에 $x=2$를 대입하면

$-\dfrac{b}{5}\times2+0.4=2$

양변에 5를 곱하면

$-2b+2=10,\ -2b=8$ $\therefore b=-4$

$\therefore a+b=2-4=-2$ 답 -2

03 $\dfrac{4x+3}{8x-5}=\dfrac{1}{5}$에서

$5(4x+3)=8x-5,\ 20x+15=8x-5$

$12x=-20$ $\therefore x=-\dfrac{5}{3}$

$\dfrac{-3ax-10}{3}-6ax=12x-5a$에 $x=-\dfrac{5}{3}$를 대입하면

$\dfrac{5a-10}{3}+10a=-20-5a$

$5a-10+30a=-60-15a$

$50a=-50$ $\therefore a=-1$ 답 -1

04 $8-7x+4a=17$에 $x=-3$을 대입하면

$8+21+4a=17,\ 4a=-12$ $\therefore a=-3$

주어진 방정식은 $8-7x-12=17$이고 17을 상수 b로 잘못

보았다고 하면 잘못 본 방정식은 $8-7x-12=b$

이때 $x=3$을 대입하면

$8-21-12=b$ $\therefore b=-25$

따라서 17을 -25로 잘못 보고 풀었다. 답 -25

05 $1.5x+\dfrac{a}{10}=1.2x+0.5$의 양변에 10을 곱하면

$15x+a=12x+5,\ 3x=5-a$

$\therefore x=\dfrac{5-a}{3}$

$5-a$는 3의 배수이고 양수이므로 $a=2$이다.

$(3-2x):(b-1)=1:2$에서

$2(3-2x)=b-1,\ 6-4x=b-1,\ -4x=b-7$

$\therefore x=\dfrac{7-b}{4}$

$7-b$는 4의 배수이고 양수이므로 $b=3$이다.

답 $a=2,\ b=3$

06 $5a+b=4a-2b$에서 $a=-3b$이므로

$\dfrac{4a+6b}{a+9b}=\dfrac{-12b+6b}{-3b+9b}=\dfrac{-6b}{6b}=-1$

$2cx+\dfrac{4+cx}{5}=4x-7c$에 $x=-1$을 대입하면

$-2c+\dfrac{4-c}{5}=-4-7c$

양변에 5를 곱하면

$-10c+4-c=-20-35c$

$24c=-24,\ c=-1$

$\therefore 8c^2-3c-9=8\times(-1)^2-3\times(-1)-9$

$\qquad\qquad\qquad =8+3-9=2$ 답 2

07 $x\blacksquare4=\dfrac{3x-4}{5}$이므로

$(x\blacksquare4)\blacksquare6=\left(\dfrac{3x-4}{5}\right)\blacksquare6=-2$

$\dfrac{3\times\dfrac{3x-4}{5}-6}{5}=-2$

양변에 5를 곱하면

$\dfrac{3(3x-4)}{5}-6=-10,\ \dfrac{9x-12}{5}=-4$

양변에 5를 곱하면

$9x-12=-20,\ 9x=-8$

$\therefore x=-\dfrac{8}{9}$ 답 $-\dfrac{8}{9}$

08 $\dfrac{4x+1}{8}=3ax+b-2$의 양변에 8을 곱하면

$4x+1=24ax+8b-16$

이 등식은 항등식이므로 $4=24a,\ 1=8b-16$이다.

$\therefore a=\dfrac{1}{6},\ b=\dfrac{17}{8}$

$-4ax+4b=2-8ab$에 $a=\dfrac{1}{6},\ b=\dfrac{17}{8}$을 대입하면

$-4\times\dfrac{1}{6}\times x+4\times\dfrac{17}{8}=2-8\times\dfrac{1}{6}\times\dfrac{17}{8}$

$-\dfrac{2}{3}x+\dfrac{17}{2}=2-\dfrac{17}{6}$

양변에 6을 곱하면

$-4x+51=12-17,\ -4x=-56$

$\therefore x=14$ 답 $x=14$

---

3 일차방정식의 활용

01 | 일차방정식의 활용

핵심원리 **1** 일차방정식의 활용 131쪽

1-1 (1) $x+x+3=27,\ 2x+3=27,\ 2x=24,\ x=12$

(2) $\dfrac{1}{2}\times x\times8=24,\ 4x=24,\ x=6$

(3) $5x+2=42,\ 5x=40,\ x=8$

답 (1) $x+x+3=27,\ x=12$ (2) $\dfrac{1}{2}\times x\times8=24,\ x=6$

(3) $5x+2=42,\ x=8$

1-2 지훈이네 학교의 작년 학생 수를 x명이라 하면

$x+\dfrac{5}{100}x=1050$이다.

$\dfrac{105}{100}x=1050$ $\therefore x=1000$

따라서 지훈이네 학교의 작년 학생 수는 1000명이었다.

冒 1000명

핵심원리 **2** 수에 관한 활용   132쪽

2-1 어떤 수를 x라 하면 $3x+5=5x-1$이다.

$-2x=-6$ $\therefore x=3$

冒 ③

2-2 연속하는 세 자연수 중 가장 작은 수를 x라 하면 세 자연수는 x, $x+1$, $x+2$이다.

세 자연수의 합은 $x+x+1+x+2=78$이므로 $3x=75$,

$x=25$이다.

따라서 가장 작은 수는 25이다.

冒 25

2-3 십의 자리의 숫자를 x라 하면 일의 자리의 숫자는 $x+4$이므로

$10x+x+4=3(x+x+4)+7$

$11x+4=6x+12+7$, $5x=15$, $x=3$

따라서 이 자연수는 37이다.

冒 37

핵심원리 **3** 금액에 관한 활용   133쪽

3-1 x월에 형의 예금액이 민재의 예금액보다 24000원 많아진다고 하면

$10000x=6000x+24000$

$4000x=24000$

$\therefore x=6$

따라서 6월에 형의 예금액이 민재의 예금액보다 24000원 많아진다.

冒 6월

3-2 원가를 x원이라 하면 (정가)$=x+\dfrac{30}{100}x=\dfrac{13}{10}x$(원)

(판매 금액)$=\dfrac{13}{10}x-800$(원)

$\dfrac{13}{10}x-800-x=1000$, $\dfrac{3}{10}x=1800$ $\therefore x=6000$

따라서 물건의 원가는 6000원이다.

冒 6000원

핵심원리 **4** 거리, 속력, 시간에 관한 활용   134쪽

4-1 집에서 텃밭까지의 거리를 x km라 하면 (시간)$=\dfrac{(거리)}{(속력)}$ 이므로 갈 때는 $\dfrac{x}{5}$시간, 올 때는 $\dfrac{x}{4}$시간이 걸렸다.

45분은 $\dfrac{45}{60}=\dfrac{3}{4}$(시간)이므로 $\dfrac{x}{5}+\dfrac{x}{4}=\dfrac{3}{4}$, $4x+5x=15$

$9x=15$ $\therefore x=\dfrac{5}{3}$

따라서 집에서 텃밭까지의 거리는 $\dfrac{5}{3}$ km이다.

冒 $\dfrac{5}{3}$ km

4-2 A, B 사이의 거리를 x km라 하면 (시간)$=\dfrac{(거리)}{(속력)}$이므로 갈 때는 $\dfrac{x}{60}$시간, 올 때는 $\dfrac{x}{90}$시간이 걸렸다.

$\dfrac{x}{60}-\dfrac{x}{90}=\dfrac{1}{3}$, $3x-2x=60$

$\therefore x=60$

따라서 두 지점 A, B 사이의 거리는 60 km이다.

冒 60 km

핵심원리 **5** 농도에 관한 활용   135쪽

5-1 소금물에 물을 넣거나 증발시켜도 소금의 양은 변함이 없음을 이용한다.

10 %의 소금물 500 g에는 소금이 $\dfrac{10}{100}\times500=50$(g) 녹아 있다.

여기에서 x g의 물을 증발시킨다고 하면 소금의 양은 변함 없이 50 g이고, 농도가 20 %이므로

$\dfrac{20}{100}\times(500-x)=50$이다.

$20(500-x)=5000$, $10000-20x=5000$,

$20x=5000$ $\therefore x=250$

따라서 250 g의 물을 증발시키면 20 %의 소금물이 된다.

冒 250 g

5-2 소금물에 물을 넣거나 증발시켜도 소금물에 들어 있는 소금의 양은 변함이 없다.

8 %의 소금물 120 g에서

(소금의 양)$=\dfrac{8}{100}\times120$(g)

물 x g을 넣어 6 %가 된 소금물 $(120+x)$ g에서

(소금의 양)$=\dfrac{6}{100}\times(120+x)$(g)이므로

$\dfrac{8}{100}\times120=\dfrac{6}{100}\times(120+x)$

$960=6(120+x)$, $960=720+6x$

$6x=240$ $\therefore x=40$

따라서 더 넣어야 하는 물의 양은 40 g이다. **冒** 40 g

5-3 섞기 전 두 소금물에 들어 있는 소금의 양의 합과 섞은 후 소금물에 들어 있는 소금의 양은 같음을 이용한다.

20 %의 소금물의 양을 x g이라 하면 23 %의 소금물의 양은 $(100+x)$ g이므로

$\dfrac{29}{100}\times100+\dfrac{20}{100}\times x=\dfrac{23}{100}\times(100+x)$

$2900+20x=2300+23x$

$3x=600$ $\therefore x=200$

따라서 20 %의 소금물의 양은 200 g이다.

답 200 g

136~141쪽

Step C 유형 다지기

01 5	02 ③	03 36	04 ②	05 69
06 48	07 12년 후	08 13살	09 9살	10 4 cm
11 153 cm²		12 1200 cm²		13 ⑤
14 14주 후	15 5000원	16 19500원		17 850명
18 165명	19 3000원	20 61개	21 ②	22 8분
23 60 km	24 ④	25 24분 후	26 2분 후	27 80 m
28 30분 후	29 ③	30 200 m	31 75 g	32 20 g
33 125	34 200 g	35 4	36 320 g	

01 어떤 수를 x라 하면 $6x-3=4x+7$이다.
$2x=10$ ∴ $x=5$
따라서 어떤 수는 5이다.

답 5

02 어떤 수를 x라 하면 $x+9+7=9x$이다.
$-8x=-16$ ∴ $x=2$
따라서 처음 구하려고 한 값은 $2+9=11$이다.

답 ③

03 가장 큰 짝수를 x라 하면 연속하는 세 짝수는 $x-4$, $x-2$, x이다.
$x-4+x-2+x=102$
$3x-6=102$, $3x=108$ ∴ $x=36$
따라서 세 수 중 가장 큰 짝수는 36이다.

답 36

04 가운데 수를 x라 하면 연속하는 세 자연수는 $x-1$, x, $x+1$이다.
$x-1+x+1=x+11$
$2x=x+11$ ∴ $x=11$
따라서 연속하는 세 자연수 중 가운데 수는 11이다.

답 ②

05 처음 수의 일의 자리의 숫자를 x라 하면 처음 수는 $60+x$이고, 십의 자리와 일의 자리의 숫자를 바꾼 수는 $10x+6$이다.
$60+x=(10x+6)-27$
$9x=81$ ∴ $x=9$
따라서 처음 수는 69이다.

답 69

06 이 자연수의 십의 자리의 숫자를 x라 하면 일의 자리의 숫자는 $2x$이다.
이 자연수는 $10x+2x=12x$이고, 일의 자리와 십의 자리의 숫자를 더하면 $x+2x=3x$이다.
$12x=3x+36$, $9x=36$ ∴ $x=4$
따라서 이 자연수는 48이다.

답 48

07 x년 후에 어머니의 나이가 딸의 나이의 두 배가 된다고 하면 x년 후 어머니의 나이는 $(40+x)$살이고, 딸의 나이는 $(14+x)$살이므로
$40+x=2(14+x)$
$40+x=28+2x$ ∴ $x=12$
따라서 12년 후 어머니의 나이는 딸의 나이의 두 배가 된다.

답 12년 후

08 재은이의 나이를 x살이라고 하면 오빠의 나이는 $(x+5)$살이다.
$3x=2(x+5)+3$
$3x=2x+10+3$ ∴ $x=13$
따라서 재은이는 13살이다.

답 13살

09 현재 서우의 나이를 x살이라고 하면 삼촌의 나이는 $(43-x)$살이다.
16년 후의 서우의 나이는 $(x+16)$살이고, 삼촌의 나이는 $43-x+16=59-x$(살)이 되므로
$2(x+16)=59-x$
$2x+32=59-x$, $3x=27$ ∴ $x=9$
따라서 현재 서우는 9살이다.

답 9살

10 처음 정사각형의 한 변의 길이를 x cm라 하면 새로 만들어진 직사각형의 가로의 길이는 $(x+4)$ cm, 세로의 길이는 $(x-3)$ cm가 된다.
$2(x+4+x-3)=18$
$2x+1=9$, $2x=8$ ∴ $x=4$
따라서 처음 정사각형의 한 변의 길이는 4 cm이다.

답 4 cm

11 직사각형의 세로의 길이를 x cm라 하면 가로의 길이는 $(x-8)$ cm이므로
$2(x+x-8)=52$
$4x-16=52$, $4x=68$ ∴ $x=17$
따라서 직사각형의 넓이는 $17×9=153$(cm²)이다.

답 153 cm²

12 직사각형의 가로의 길이를 x cm라 하면 세로의 길이는 $(2x+2)$ cm이다.
$2(x+2x+2)=148$
$3x+2=74$, $3x=72$ ∴ $x=24$ …❶
직사각형의 가로의 길이는 24 cm이고, 세로의 길이는
$24×2+2=48+2=50$(cm)이므로 직사각형의 넓이는
$24×50=1200$(cm²)이다. …❷

답 1200 cm²

채점 기준	배점
❶ 직사각형의 가로의 길이 구하기	60 %
❷ 세로의 길이를 구하여 넓이 구하기	40 %

13 x개월 후에 두 사람의 예금액이 같아진다고 하면
$$50000+5000x=30000+6000x$$
$$1000x=20000 \quad \therefore x=20$$
따라서 20개월 후 두 사람의 예금액이 같아진다. **답 ⑤**

14 x주 후에 도현이의 저금통에 있는 돈이 수아의 저금통에 있는 돈의 2배가 된다고 하면
$$2(14000+500x)=35000+500x$$
$$28000+1000x=35000+500x$$
$$500x=7000 \quad \therefore x=14$$
따라서 14주 후이다. **답 14주 후**

15 상품의 원가를 x원이라 하면 정가는 $x\times\left(1+\dfrac{20}{100}\right)$원이다.
정가에서 15 % 할인된 금액은
$$x\times\left(1+\dfrac{20}{100}\right)\times\left(1-\dfrac{15}{100}\right)$$원이므로
$$x\times\dfrac{120}{100}\times\dfrac{85}{100}=x+100$$
$$\dfrac{51}{50}x=x+100, \ \dfrac{1}{50}x=100 \quad \therefore x=5000$$
따라서 상품의 원가는 5000원이다. **답 5000원**

16 상품의 원가를 x원이라 하면 정가는 $x\times\left(1+\dfrac{30}{100}\right)$원이므로
$$x\times\dfrac{130}{100}-3900=x+600$$
$$\dfrac{30}{100}x=4500 \quad \therefore x=15000 \quad \cdots \ ❶$$
따라서 이 상품의 정가는
$$15000\times\left(1+\dfrac{30}{100}\right)=19500(원)이다. \quad \cdots \ ❷$$
답 19500원

채점 기준	배점
❶ 상품의 원가 구하기	70 %
❷ 상품의 정가 구하기	30 %

17 작년 학생 수를 x명이라 하면
$$\left(1+\dfrac{8}{100}\right)x=918$$
$$\dfrac{108}{100}x=918 \quad \therefore x=850$$
따라서 작년 학생 수는 850명이었다. **답 850명**

18 작년 남자회원 수를 x명이라 하면
여자회원 수는 그대로이므로
(증가한 남자회원 수)=(증가한 전체 회원 수)
$$\dfrac{10}{100}x=250\times\dfrac{6}{100}$$
$$10x=1500 \quad \therefore x=150 \quad \cdots \ ❶$$
따라서 올해 남자회원 수는
$$\left(1+\dfrac{10}{100}\right)\times150=165(명)이다. \quad \cdots \ ❷$$
답 165명

채점 기준	배점
❶ 작년 남자회원 수 구하기	60 %
❷ 올해 남자회원 수 구하기	40 %

19 붕어빵 한 개의 가격을 x원이라 하면
$$8x+600=10x$$
$$2x=600 \quad \therefore x=300$$
붕어빵이 한 개에 300원이므로 진수가 가지고 있는 돈은 $10\times300=3000(원)$이다. **답 3000원**

20 반려동물 수를 x마리라 하면
$$4x+5=5x-9 \quad \therefore x=14 \quad \cdots \ ❶$$
따라서 소시지는 모두 $4\times14+5=61(개)이다. \quad \cdots \ ❷$
답 61개

채점 기준	배점
❶ 반려동물의 수 구하기	60 %
❷ 소시지의 개수 구하기	40 %

21 전체 일의 양을 1이라 하면
(민우가 하루에 일하는 양)$=\dfrac{1}{10}$
(진경이가 하루에 일하는 양)$=\dfrac{1}{15}$
두 사람이 함께 하면 x일이 걸린다고 하면
$$\left(\dfrac{1}{10}+\dfrac{1}{15}\right)x=1$$
$$\dfrac{1}{6}x=1 \quad \therefore x=6$$
따라서 6일이 걸린다. **답 ②**

22 교실의 습도가 65 %가 될 때까지 가습기가 하는 일의 양을 1이라 하면 A사의 가습기가 1분 동안 일하는 양은 $\dfrac{1}{15}$, B사의 가습기가 1분 동안 일하는 양은 $\dfrac{1}{20}$이다.
B사의 가습기를 작동시킨 시간을 x분이라 하면
$$\dfrac{1}{15}\times9+\dfrac{1}{20}x=1$$
$$36+3x=60$$
$$3x=24 \quad \therefore x=8$$
따라서 B사의 가습기를 작동시킨 시간은 8분이다.
답 8분

23 시속 15 km로 간 거리를 x km라 하면 시속 20 km로 간 거리는 $(100-x)$ km이다.
$$\dfrac{x}{15}+\dfrac{100-x}{20}=6$$
$$4x+3(100-x)=360$$
$$4x+300-3x=360 \quad \therefore x=60$$
따라서 시속 15 km로 간 거리는 60 km이다.
답 60 km

24 두 지점 A, B 사이의 거리를 x km라 하면 자전거로 가는 시간은 $\dfrac{x}{10}$ 시간, 자동차로 가는 시간은 $\dfrac{x}{60}$ 시간이다.

$\dfrac{x}{10} = \dfrac{x}{60} + 1$

$6x = x + 60,\ 5x = 60$

$\therefore x = 12$

따라서 두 지점 A, B 사이의 거리는 12 km이다. 　　🖪 ④

25 주완이가 집을 출발한 지 x분 후에 두 사람이 만난다고 하면 주완이가 x분 동안 간 거리와 형이 $(x-9)$분 동안 간 거리가 같으므로 $50x = 80(x-9)$

$30x = 720$　$\therefore x = 24$

따라서 주완이가 출발한 지 24분 후에 두 사람이 만난다.

🖪 24분 후

26 (두 사람이 만날 때까지 이동한 거리의 합)＝(아이스링크의 둘레)이므로 두 사람이 출발한 지 x분 후에 처음으로 만난다고 하면

$140x + 260x = 800$

$400x = 800$　$\therefore x = 2$

따라서 두 사람은 출발한 지 2분 후에 처음으로 만난다.

🖪 2분 후

27 유나의 속력을 분속 $8x$ m, 현우의 속력을 분속 $5x$ m라 하면 $8x \times 15 + 5x \times 15 = 1950$

$120x + 75x = 1950,\ 195x = 1950$

$\therefore x = 10$

따라서 유나가 1분 동안 걸은 거리는 $8 \times 10 = 80$ (m)이다.

🖪 80 m

28 두 사람이 처음으로 만나는 것은 빠른 사람이 호수 한 바퀴를 더 돌아 느린 사람을 따라 잡을 때이다.

(두 사람이 만날 때까지 이동한 거리의 차)＝(호수의 둘레)이므로 두 사람이 출발한 지 x분 후에 처음으로 만난다고 하면

$70x - 50x = 600$

$20x = 600$　$\therefore x = 30$

따라서 두 사람은 출발한 지 30분 후에 처음으로 만난다.

🖪 30분 후

29 (기차가 터널을 완전히 통과하기까지 움직인 거리)
＝(기차의 길이)＋(터널의 길이)이므로 기차의 길이를 x m라 하면 $x + 1500 = 50 \times 40$이다.

$x + 1500 = 2000$　$\therefore x = 500$

따라서 기차의 길이는 500 m이다. 　　🖪 ③

30 열차의 길이를 x m라 하면

열차의 속력은 일정하고 (속력)＝$\dfrac{(거리)}{(시간)}$이므로

$\dfrac{500+x}{10} = \dfrac{850+x}{15}$이다.

$3(500+x) = 2(850+x)$

$1500 + 3x = 1700 + 2x$

$\therefore x = 200$

따라서 열차의 길이는 200 m이다. 　　🖪 200 m

31 10 %의 소금물 600 g에는 $\dfrac{10}{100} \times 600 = 60$ (g)의 소금이 들어 있고, 더 넣은 소금의 양을 x g이라 하면

$\dfrac{20}{100} \times (600+x) = 60 + x$

$12000 + 20x = 6000 + 100x$

$80x = 6000$　$\therefore x = 75$

따라서 75 g의 소금을 더 넣으면 된다. 　　🖪 75 g

32 12 %의 원두커피 50 g에는 $\dfrac{12}{100} \times 50 = 6$ (g)의 커피가 들어 있고 증발시켜야 하는 물의 양을 x g이라 하면

$\dfrac{20}{100} \times (50-x) = 6$

$1000 - 20x = 600$

$20x = 400$

$\therefore x = 20$

따라서 20 g의 물을 증발시켜야 한다. 　　🖪 20 g

33 (i) 수현이의 방법

$\dfrac{10}{100} \times 500 = \dfrac{40}{100} \times (500-x)$

$5000 = 20000 - 40x$

$40x = 15000$　$\therefore x = 375$　　…❶

(ii) 소은이의 방법

$\dfrac{10}{100} \times 500 + y = \dfrac{40}{100} \times (500+y)$

$5000 + 100y = 20000 + 40y$

$60y = 15000$　$\therefore y = 250$　　…❷

$\therefore x - y = 375 - 250 = 125$　　…❸

🖪 125

채점 기준	배점
❶ x의 값 구하기	45 %
❷ y의 값 구하기	45 %
❸ $x-y$의 값 구하기	10 %

34 20 %의 소금물의 양을 x g이라 하면 14 %의 소금물의 양은 $(200+x)$ g이므로

$\dfrac{8}{100} \times 200 + \dfrac{20}{100} \times x = \dfrac{14}{100} \times (200+x)$

$1600 + 20x = 2800 + 14x$

$6x = 1200$　$\therefore x = 200$

따라서 20 %의 소금물의 양은 200 g이다. 　　🖪 200 g

35 섞기 전 두 소금물에 들어 있는 소금의 양의 합은 섞은 후 소금물에 들어 있는 소금의 양과 같다.

9 %의 소금물 300 g에 들어 있는 소금의 양은

$$\frac{9}{100} \times 300 = 27(\text{g})$$

x %의 소금물 200 g에 들어 있는 소금의 양은

$$\frac{x}{100} \times 200 = 2x(\text{g})$$

섞은 후 소금물에 들어 있는 소금의 양은

$$\frac{7}{100} \times 500 = 35(\text{g})$$이므로 $27 + 2x = 35$

$2x = 8$ ∴ $x = 4$　　　　　　　　　　　　🔲 4

36 15 %의 설탕물의 양을 x g이라 하면 20 %의 설탕물의 양은 $(800 - x)$ g이므로

$$\frac{15}{100} \times x + \frac{20}{100} \times (800 - x) = \frac{18}{100} \times 800$$

$$15x + 16000 - 20x = 14400$$

$$5x = 1600 \quad \therefore x = 320$$

따라서 15 %의 설탕물의 양은 320 g이다.　　　🔲 320 g

Step B 내신 다지기

142~146쪽

01 239	**02** 13	**03** 45명	**04** 69	**05** 5개
06 72	**07** 정민 : 12살, 정은 : 15살, 정훈 : 19살			
08 60명	**09** 25 %	**10** 20	**11** 17살	**12** 10송이
13 43명	**14** 25분 후	**15** 170 g	**16** 오후 7시 54분	
17 6750원	**18** (1) 570 m	(2) 1분 20초		**19** 35시간
20 22000원		**21** 360명	**22** 40 km	
23 (1) 8000원	(2) 300개		**24** 3시 $16\frac{4}{11}$ 분	
25 384명	**26** 42000원		**27** 2시간	**28** 150명
29 18 km	**30** 150 g			

01 core 두 수의 합이 250이므로 한 수가 x이면 나머지 수는 $250 - x$이다.

큰 수를 x라 하면 작은 수는 $(250 - x)$이므로

$x = (250 - x) \times 21 + 8$이다.

$x = 5250 - 21x + 8$

$22x = 5258$

∴ $x = 239$

따라서 큰 수는 239이다.　　　　　　　　🔲 239

02 core 어떤 수를 x라 하여 방정식을 세운다.

어떤 수를 x라 하면 $3x - 8 + 40 = 8x - 3$이다.

$-5x = -35$ ∴ $x = 7$

따라서 처음 구하려고 했던 수는 $3 \times 7 - 8 = 13$이다.

🔲 13

03 core (평균) $= \dfrac{(\text{전체 학생의 총점})}{(\text{학생 수})}$

(1학년 1반의 평균) $= \dfrac{3240}{40} = 81$(점)

1학년 2반의 학생 수를 x명이라 하면

(1학년 1반의 평균) = (1학년 2반의 평균)이므로

(평균) × (학생 수) = (전체 학생의 총점)에서

$81x = 3645$ ∴ $x = 45$

따라서 1학년 2반의 학생 수는 45명이다.　　🔲 45명

04 core 가장 작은 수를 x라 하면 연속하는 세 홀수는 $x, x+2, x+4$이다.

연속하는 세 홀수를 $x, x+2, x+4$라 하면

$x + 2 = 6(x + 4 - x) - 1$

$x + 2 = 24 - 1, x + 2 = 23$

∴ $x = 21$

따라서 연속하는 세 홀수는 21, 23, 25이므로 그 합은

$21 + 23 + 25 = 69$이다.　　　　　　　　🔲 69

05 core 두 개를 합쳐서 15개이므로 하나가 x개이면 나머지 하나는 $(15 - x)$개이다.

붕어빵을 x개 샀다면 튀김은 $(15 - x)$개 샀으므로

$800(15 - x) + 1700x = 20000 - 3500$

$12000 - 800x + 1700x = 16500$

$900x = 4500$ ∴ $x = 5$

따라서 붕어빵을 5개 샀다.　　　　　　　🔲 5개

06 core 십의 자리의 숫자가 a, 일의 자리의 숫자가 b인 수는 $10a + b$이다.

처음 수에서 십의 자리의 숫자를 x라 하면 일의 자리의 숫자는 $9 - x$이다.

$10x + (9 - x) = 3\{10(9 - x) + x\} - 9$

$10x + 9 - x = 3(90 - 10x + x) - 9$

$9x + 9 = -27x + 261$

$36x = 252$ ∴ $x = 7$

따라서 처음 수는 72이다.　　　　　　　🔲 72

07 core 정민이의 나이를 x살이라 하고 정은, 정훈이의 나이를 x를 사용한 식으로 나타내어 방정식을 세운다.

정민이의 나이를 x살이라 하면 정은이의 나이는 $(x + 3)$살이고, 정훈이의 나이는 $x + x + 3 - 8 = 2x - 5$(살)이다.

세 사람의 나이의 합은 46살이므로

$x + (x + 3) + (2x - 5) = 46$

$4x - 2 = 46, 4x = 48$

∴ $x = 12$

따라서 정민이의 나이는 12살이고,

정은이의 나이는 $12 + 3 = 15$(살),

정훈이의 나이는 $2 \times 12 - 5 = 24 - 5 = 19$(살)이다.

🔲 정민 : 12살, 정은 : 15살, 정훈 : 19살

08 `core` 학생 수를 x명이라 놓고 수박, 포도, 오렌지의 개수를 x를 사용한 식으로 나타내어 방정식을 세운다.

연우네 반 학생을 x명이라 하면 연우가 산 수박은 $\dfrac{x}{4}$통, 포도는 $\dfrac{x}{3}$송이, 오렌지는 $\dfrac{x}{2}$개이다.

$\dfrac{x}{4}+\dfrac{x}{3}+\dfrac{x}{2}=65$

$\dfrac{13}{12}x=65$ $\therefore x=60$

따라서 연우네 반 학생은 60명이다.　　　　　　🖺 60명

09 `core` 원가 x원인 물건에 a %의 이익을 붙여 정한 정가는 $\left(1+\dfrac{a}{100}\right)x$원이다.

(상품의 정가)$=10000\times\dfrac{140}{100}=14000$(원)

정가에서 x % 할인하여 팔았다고 하면

$14000\times\left(1-\dfrac{x}{100}\right)=10000\times\dfrac{105}{100}$

$14000-140x=10500$

$140x=3500$ $\therefore x=25$

따라서 정가에서 25 % 할인하여 팔았다.　　　🖺 25 %

10 `core` 가운데 수를 x라 놓고 나머지 수를 x를 사용한 식으로 나타내어 방정식을 세운다.

구하는 수를 x라 하면 5개의 숫자는 $x-7$, $x-1$, x, $x+1$, $x+7$이므로

$(x-7)+(x-1)+x+(x+1)+(x+7)=100$

$5x=100$ $\therefore x=20$

따라서 가운데 수는 20이다.　　　　　　　🖺 20

11 `core` 현재 경훈이의 나이를 x살로 놓고 아버지의 나이를 x를 사용한 식으로 나타내어 방정식을 세운다.

현재 경훈이의 나이를 x살이라 하면 아버지의 나이는 $(5x-18)$살이다.

$x=\dfrac{1}{3}(5x-18)-2$

$3x=5x-18-6$

$-2x=-24$ $\therefore x=12$

따라서 5년 후 경훈이는 $12+5=17$(살)이다.　🖺 17살

12 장미꽃 한 송이의 가격을 x원이라 하면

$8x+3000=12x-3000$

$4x=6000$ $\therefore x=1500$　　　　　　 … ❶

민호가 가진 돈은 $8\times1500+3000=15000$(원)이므로 이 돈이 남거나 모자라지 않게 장미꽃을 사면 모두

$15000\div1500=10$(송이)를 살 수 있다.　　 … ❷

🖺 10송이

채점 기준	배점
❶ 장미꽃 한 송이의 가격 구하기	60 %
❷ 살 수 있는 장미꽃의 수 구하기	40 %

13 `core` x개의 텐트에 6명씩 들어갈 때, 마지막 텐트에는 1명만 들어간다는 것은 $(x-1)$개의 텐트에는 6명이 들어가고 1개의 텐트에는 1명이 들어가는 것이다.

캠핑장에 있는 텐트의 수를 x개라 하면

$5x+3=6(x-1)+1$

$5x+3=6x-6+1$ $\therefore x=8$

텐트는 8개이므로 정우네 반 학생은

$5\times8+3=43$(명)이다.　　　　　　　🖺 43명

14 `core` 호수에서 반대 방향으로 출발하여 만날 때까지 두 사람이 이동한 거리의 합은 호수의 둘레 길이와 같다.

백호가 출발한 지 x분 후에 다현이와 만난다고 하면 다현이는 $(x+10)$분을 간 것이므로

$250(x+10)+150x=12500$

$400x=10000$ $\therefore x=25$

따라서 백호가 출발한 지 25분 후에 다현이와 만난다.

🖺 25분 후

15 `core` (소금의 양)$=\dfrac{\text{(소금물의 농도)}}{100}\times$(소금물의 양)

증발시킨 물의 양을 x g이라 하면

$\dfrac{9}{100}\times500+\dfrac{6}{100}\times300=\dfrac{10}{100}\times(800-x)$

$4500+1800=8000-10x$

$\therefore x=170$

따라서 증발시킨 물의 양은 170 g이다.　　🖺 170 g

16 `core` (시간)$=\dfrac{\text{(거리)}}{\text{(속력)}}$

언니가 은비를 잡을 때까지 간 거리를 x m라 하면

$\dfrac{x}{40}=8+\dfrac{x}{60}$

$3x=960+2x$ $\therefore x=960$

은비가 언니에게 잡힐 때까지 걸어간 거리는 960 m이므로 은비가 걸어간 시간은 $\dfrac{960}{40}=24$(분)이다.

따라서 언니가 은비를 잡을 때의 시각은 오후 7시 54분이다.

🖺 오후 7시 54분

17 `core` $x:y=5:6$이면 $5y=6x$, $y=\dfrac{6}{5}x$이다.

현재 내가 가지고 있는 돈을 x원이라 하면 형이 가지고 있는 돈은 $\dfrac{6}{5}x$원이다.

$(x+1500):\left(\dfrac{6}{5}x-1500\right)=5:4$

$5\left(\dfrac{6}{5}x-1500\right)=4(x+1500)$

$6x-7500=4x+6000$

$2x=13500$ $\therefore x=6750$

따라서 현재 내가 가지고 있는 돈은 6750원이다.

🖺 6750원

18 (1) 기차는 1분에 $1.5\text{ km} = 1500\text{ m}$를 가므로 1초에

$\dfrac{1500}{60} = 25\text{(m)}$를 간다.

기차의 길이를 x m라 하면

$\dfrac{680 + x}{25} = 50$, $680 + x = 1250$ $\therefore x = 570$

따라서 기차는 570 m이다. $\qquad\qquad$ ··· 50 %

(2) 기차가 길이가 1430 m인 터널을 완전히 통과하는 데

$\dfrac{1430 + 570}{25} = \dfrac{2000}{25} = 80\text{(초)} \rightarrow 1분 20초가 걸린다.$

$\qquad\qquad\qquad\qquad$ ··· 50 %

🖪 (1) 570 m (2) 1분 20초

채점 기준	배점
❶ (1) 구하기	50 %
❷ (2) 구하기	50 %

19 core 3대의 기계가 350개의 칩을 만드는 데 걸리는 시간을 x시간으로 놓고 방정식을 세운다.

1대의 기계는 1시간 동안 $\dfrac{50}{3 \times 5} = \dfrac{50}{15} = \dfrac{10}{3}$(개)의 반도체 칩을 만든다. 이때 3대의 기계가 350개의 반도체칩을 만드는 데 x시간이 걸린다고 하면

$\dfrac{10}{3} \times 3 \times x = 350$

$10x = 350$ $\therefore x = 35$

따라서 35시간이 걸린다. $\qquad\qquad$ 🖪 35시간

20 x달 후에 큰 형의 예금액이 작은 형의 예금액의 두 배가 된다고 하면

$86000 + 8000x = 2(52000 + 3000x)$

$86000 + 8000x = 104000 + 6000x$

$2000x = 18000$ $\therefore x = 9$ $\qquad\qquad$ ··· ❶

9달 후 작은 형의 예금액은

$52000 + 9 \times 3000 = 52000 + 27000 = 79000$(원)이고,

막내의 예금액은

$39000 + 9 \times 2000 = 39000 + 18000 = 57000$(원)이므로

작은 형의 예금액은 막내의 예금액보다

$79000 - 57000 = 22000$(원) 많아진다. $\qquad$ ··· ❷

🖪 22000원

채점 기준	배점
❶ 몇 달 후에 큰 형의 예금액이 작은 형의 예금액의 2배가 되는지 구하기	60 %
❷ 작은 형과 막내의 예금액의 차 구하기	40 %

21 core (불합격자 수)=(지원자 수)−(합격자 수)

총 지원자 수를 x명이라 하면 남자 지원자 수는 $\dfrac{5}{9}x$명,

여자 지원자 수는 $\dfrac{4}{9}x$명이다.

불합격자 수는 남자가 $\left(\dfrac{5}{9}x - 90\right)$명, 여자가 $\left(\dfrac{4}{9}x - 50\right)$

명이고, 이 비가 $1 : 1$이므로 $\dfrac{5}{9}x - 90 = \dfrac{4}{9}x - 50$이다.

$\dfrac{1}{9}x = 40$ $\therefore x = 360$

따라서 총 지원자 수는 360명이다. $\qquad\qquad$ 🖪 360명

22 core A 지점에서 B 지점까지의 거리를 x km로 놓고 시간에 관한 방정식을 세운다.

A 지점에서 B 지점까지의 거리를 x km라 하면 B 지점에서 C 지점까지의 거리는 $4x$ km이므로

$\dfrac{x}{24} + \dfrac{8}{60} + \dfrac{4}{60}x = 1$

$5x + 16 + 8x = 120$

$13x = 104$ $\therefore x = 8$

따라서 A 지점에서 C 지점까지의 거리는

$x + 4x = 5x = 5 \times 8 = 40\text{(km)}$이다. $\qquad$ 🖪 40 km

23 (1) 이 상품의 원가를 x원이라 하면 정가는 $x \times \left(1 + \dfrac{25}{100}\right)$

원이고, 여기에서 800원을 할인하면 원가에서 15 %의 이익이 생기므로

$x \times \left(1 + \dfrac{25}{100}\right) - 800 = x \times \left(1 + \dfrac{15}{100}\right)$

$125x - 80000 = 115x$

$10x = 80000$ $\therefore x = 8000$

따라서 이 상품의 원가는 8000원이다. $\qquad$ ··· ❶

(2) 상품 1개당 판매 이익은 $8000 \times \dfrac{15}{100} = 1200$(원)이므로

이익이 36만 원이면

$360000 \div 1200 = 300$(개)를 판매한 것이다. $\qquad$ ··· ❷

🖪 (1) 8000원 (2) 300개

채점 기준	배점
❶ (1) 구하기	70 %
❷ (2) 구하기	30 %

24 core 시침과 분침은 각각 1분에 $0.5°$, $6°$씩 움직인다.

3시 x분에 일치한다고 하면 12시를 기준으로 분침은 1분에 $6°$씩 움직이므로 x분까지 움직인 각도는 $6x°$, 시침은 1시간에 $30°$씩 움직이므로 1분에 $0.5°$씩 움직인다. 즉, 3시 x분까지 시침이 움직인 각도는 $(90 + 0.5x)°$이다.

$6x = 90 + 0.5x$

$12x = 180 + x$

$11x = 180$ $\therefore x = 16\dfrac{4}{11}$

따라서 3시와 4시 사이에 시계의 시침과 분침이 일치하는 시각은 3시 $16\dfrac{4}{11}$분이다.

🖪 3시 $16\dfrac{4}{11}$분

25 작년 여학생 수를 x명이라 하면 작년 남학생 수는
$(850-x)$명이다.
올해 증가한 남학생 수는 $0.06(850-x)$명, 감소한 여학생
수는 $0.04x$명이다.
$0.06(850-x)-0.04x=11$
$6(850-x)-4x=1100$
$5100-6x-4x=1100$
$10x=4000$ ∴ $x=400$ ⋯ ❶
따라서 올해 여학생 수는
$(1-0.04)\times400=0.96\times400=384$(명)이다. ⋯ ❷

🔁 384명

채점 기준	배점
❶ 작년 여학생 수 구하기	70 %
❷ 올해 여학생 수 구하기	30 %

26 core 전체 금액을 x원이라 놓고 방정식을 세운다.
전체 금액을 x원이라 하면
$\left(\dfrac{1}{2}x-2000\right)+\left(\dfrac{1}{3}x-1000\right)+\left(\dfrac{1}{4}x-500\right)=x$
$6x-24000+4x-12000+3x-6000=12x$
∴ $x=42000$
따라서 전체 금액은 42000원이다. 🔁 42000원

27 core 물통이 가득 찰 때의 물의 양을 1로 놓고 방정식을 세운다.
A 수도관은 1시간에 물통의 $\dfrac{1}{3}$, B 수도관은 1시간에 물통
의 $\dfrac{1}{4}$을 채운다. 물통이 가득 찰 때의 물의 양을 1이라 하면
두 수도관 A와 B를 사용하여 1시간 동안 채우는 물의 양은
$\left(\dfrac{1}{3}+\dfrac{1}{4}\right)$이다. 이때 1시간에 $\dfrac{1}{12}$씩 물이 빠져 나가므로 1
시간에 $\left(\dfrac{1}{3}+\dfrac{1}{4}-\dfrac{1}{12}\right)$씩 채워진다.
물통에 물을 가득 채우는 데 x시간이 걸린다고 하면
$\left(\dfrac{1}{3}+\dfrac{1}{4}-\dfrac{1}{12}\right)x=1$
$\dfrac{1}{2}x=1$ ∴ $x=2$
따라서 물을 가득 채우는 데 2시간이 걸린다. 🔁 2시간

28 core 의자의 개수를 x개로 놓고 관람객 수를 x를 사용한 식으로 나타내어 방정식을 세운다.
의자의 개수를 x개라 하면 한 의자에 9명씩 앉으면 15명이
남으므로 관람객 수는 $(9x+15)$명, 한 의자에 15명씩 앉으
면 빈 의자가 5개이므로 관람객 수는 $15(x-5)$명이므로
$9x+15=15(x-5)$
$9x+15=15x-75$
$6x=90$ ∴ $x=15$
따라서 오늘 온 단체 관람객 수는
$9\times15+15=135+15=150$(명)이다. 🔁 150명

29 core (1분 동안 걷는 거리)=(보폭)×(1분 동안 걷는 걸음 수)
(1분 동안 준우가 걷는 거리)
$=50\text{ cm}\times120=6000\text{ cm}=60\text{ m}$
(1분 동안 예린이가 걷는 거리)
$=40\text{ cm}\times125=5000\text{ cm}=50\text{ m}$
P 지점에서 Q 지점까지의 거리를 x m라 하면
준우가 30분 늦게 출발했으나 30분 먼저 도착했으므로
$30+$(준우가 걸린 시간)=(예린이가 걸린 시간)-30
$30+\dfrac{x}{60}=\dfrac{x}{50}-30$
∴ $x=18000$
따라서 P 지점에서 Q 지점까지의 거리는
18000 m$=18$ km이다. 🔁 18 km

30 core 처음 덜어낸 소금물의 양을 x g으로 놓고 소금의 양에 관한 방정식을 세운다.
처음 덜어낸 소금물의 양을 x g이라 하면
$\dfrac{12}{100}\times(300-x)+\dfrac{16}{100}\times200=\dfrac{10}{100}\times500$
$3600-12x+3200=5000$
$12x=1800$ ∴ $x=150$
따라서 처음 덜어낸 소금물의 양은 150 g이다.

🔁 150 g

Step A 만점 승승장구

147~148쪽

01 (1) 1344명 (2) 756명		**02** 33분	**03** $\dfrac{25}{13}$ km
04 8 %	**05** 오후 1시 36분	**06** 4시 54$\dfrac{6}{11}$분	
07 10초	**08** 64점		

01 (1) B 중학교의 학생 수를 x명이라 하면
$x\times\dfrac{75}{100}=1008$ ∴ $x=1344$
따라서 B 중학교의 학생 수는 1344명이다.
(2) A 중학교의 남학생 수를 y명이라 하면 A 중학교의 여학
생 수는 $(1008-y)$명이고, B 중학교의 남학생 수는 $\dfrac{3}{2}y$
명, 여학생 수는 $\left(1344-\dfrac{3}{2}y\right)$명이다. 이때 A 중학교의
여학생 수는 B 중학교의 여학생 수의 1.2배이므로
$1008-y=1.2\left(1344-\dfrac{3}{2}y\right)$
$10080-10y=12\left(1344-\dfrac{3}{2}y\right)$

$10080-10y=16128-18y$

$8y=6048$ $\quad \therefore y=756$

따라서 A 중학교의 남학생 수는 756명이다.

🖪 (1) 1344명 (2) 756명

02 물을 이동시킨 지 x분 후에 A 물통의 물의 높이는

$(166-2x)\,\mathrm{cm}$, B 물통의 물의 높이는 $(35+5x)\,\mathrm{cm}$이므로

$166-2x=\dfrac{1}{2}(35+5x)$

$332-4x=35+5x$

$-9x=-297$ $\quad \therefore x=33$

따라서 구하는 시간은 33분이다.

🖪 33분

03 집에서 편의점까지의 거리를 $x\,\mathrm{km}$라 하면 집에서 학교까지

가는 데 걸리는 시간은 $\dfrac{25}{60}=\dfrac{5}{12}$(시간)이고 집에서 편의점

까지 가는 데 걸리는 시간이 $\dfrac{x}{10}$시간이므로 편의점에서 학

교까지 가는 데 걸리는 시간은 $\left(\dfrac{5}{12}-\dfrac{x}{10}\right)$시간이고 시속

$12\,\mathrm{km}$의 속력으로 달린 거리는 $\left(\dfrac{5}{12}-\dfrac{x}{10}\right)\times 12\,\mathrm{km}$이다.

또 학교에서 집으로 오는 데 걸리는 시간은 $\dfrac{50}{60}=\dfrac{5}{6}$(시간)

이고 편의점에서 집까지 오는 데 걸리는 시간이 $\dfrac{x}{12}$시간이

므로 학교에서 편의점까지 오는 데 걸리는 시간은

$\left(\dfrac{5}{6}-\dfrac{x}{12}\right)$시간이고 시속 $4\,\mathrm{km}$로 걸은 거리는

$\left(\dfrac{5}{6}-\dfrac{x}{12}\right)\times 4\,\mathrm{km}$이다.

편의점에서 학교까지 갈 때의 거리와 학교에서 편의점까지

올 때의 거리는 서로 같으므로

$\left(\dfrac{5}{12}-\dfrac{x}{10}\right)\times 12=\left(\dfrac{5}{6}-\dfrac{x}{12}\right)\times 4,$

$5-\dfrac{6}{5}x=\dfrac{10}{3}-\dfrac{x}{3},\ 75-18x=50-5x,\ 13x=25$

$\therefore x=\dfrac{25}{13}$

따라서 집에서 편의점까지의 거리는 $\dfrac{25}{13}\,\mathrm{km}$이다.

🖪 $\dfrac{25}{13}\,\mathrm{km}$

04 설탕물 A의 농도를 $x\,\%$, 설탕물 A의 양을 $a\,\mathrm{g}$, 설탕물 B

의 양을 $2a\,\mathrm{g}$이라 하면

$\dfrac{x}{100}\times a+\dfrac{5}{100}\times 2a=\dfrac{6}{100}\times 3a$

$ax+10a=18a,\ ax=8a$

$a\neq 0$이므로 양변을 a로 나누면 $x=8$

따라서 설탕물 A의 농도는 $8\,\%$이다.

🖪 8 %

05 두 양초의 길이를 1이라 하면 1시간에 줄어드는 길이는

각각 $\dfrac{1}{3}$, $\dfrac{1}{4}$이므로 t시간 후의 양초의 길이는 각각

$1-\dfrac{t}{3}$, $1-\dfrac{t}{4}$이다.

불을 붙인지 t시간 후에 천천히 타는 양초의 길이가 빨리 타

는 양초의 길이의 2배가 된다면

$1-\dfrac{t}{4}=2\left(1-\dfrac{t}{3}\right)$

$12-3t=24-8t$ $\quad \therefore t=\dfrac{12}{5}$

$\dfrac{12}{5}$시간=2시간 24분이므로 불을 붙인 시각은

오후 4시-2시간 24분=오후 1시 36분이다.

🖪 오후 1시 36분

06 4시 x분에 시침과 분침이 서로 반대 방향으로 일직선을 이

룬다고 하면 숫자 12에서 분침은 $6x°$, 시침은

$(120+0.5x)°$이다.

또, 이때의 분침은 시침보다 $180°$만큼 더 회전한 위치에 있

으므로

$6x=120+0.5x+180$

$5.5x=300$

$\therefore x=54\dfrac{6}{11}$

따라서 4시 $54\dfrac{6}{11}$분에 시계의 시침과 분침이 서로 반대 방

향으로 일직선을 이룬다.

🖪 4시 $54\dfrac{6}{11}$분

07 변 AD의 길이를 $x\,\mathrm{cm}$라 하면 변 BC의 길이는

$(x+3)\,\mathrm{cm}$이다.

두 점 P, Q가 동시에 도착하므로

$\dfrac{x+3}{2.8}=\dfrac{x+5}{3}$

$30(x+3)=28(x+5)$

$30x+90=28x+140$

$2x=50$ $\quad \therefore x=25$

따라서 $\dfrac{25+5}{3}=10$(초)가 걸린다.

🖪 10초

08 최저합격점수를 x점이라 하면 전체 평균은 $(x+10)$점, 합

격자의 평균은 $(x+30)$점이다.

불합격자의 평균을 □점이라 하면

$□\times 1.5+3=x$

$□\times 1.5=x-3$

$□=(x-3)\div 1.5=\dfrac{2}{3}\times(x-3)$

(총 점수)=(전체 평균)$\times 80$

= (합격자의 평균)$\times 50$+(불합격자의 평균)$\times 30$

$80(x+10)=50(x+30)+30\times \dfrac{2}{3}(x-3)$

$80x+800=50x+1500+20x-60$

$10x=640$ $\quad \therefore x=64$

따라서 최저합격점수는 64점이다.

🖪 64점

IV 좌표평면과 그래프

1 좌표평면과 그래프

01 | 좌표평면과 그래프

핵심원리 1 수직선 위의 점의 좌표   150쪽

1-1 점 P를 나타내는 수가 a일 때, a는 점 P의 좌표이고, 기호로 $P(a)$와 같이 나타낸다.

네 점 A, B, C, D가 나타내는 수가 각각 -4, $-\dfrac{3}{2}$, 0, $\dfrac{5}{2}$

이므로 각 점의 좌표를 기호로 나타내면

$A(-4)$, $B\left(-\dfrac{3}{2}\right)$, $C(0)$, $D\left(\dfrac{5}{2}\right)$이다.

답 $A(-4)$, $B\left(-\dfrac{3}{2}\right)$, $C(0)$, $D\left(\dfrac{5}{2}\right)$

1-2 답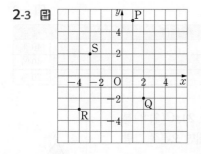

핵심원리 2 순서쌍과 좌표평면 위의 점의 좌표   151쪽

2-1 두 순서쌍 $(a-5, 6)$, $(-4, -2b)$가 서로 같으므로

$a-5=-4$, $6=-2b$

$\therefore a=1$, $b=-3$ 답 $a=1$, $b=-3$

2-2 답 $A(4, 2)$, $B(-5, -1)$, $C(1, 0)$, $D(0, 3)$

2-3 답

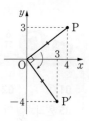

핵심원리 3 사분면   152쪽

3-1 답 (1) 제4사분면 (2) 제2사분면 (3) 제3사분면 (4) 제1사분면

3-2 답 (1) 점 B, 점 C (2) 점 F, 점 H (3) 점 A, 점 D, 점 G

3-3 제3사분면 위의 점의 x좌표의 부호는 $-$, y좌표의 부호도

$-$이므로 제3사분면 위의 점은 ④ $\left(-\dfrac{1}{2}, -3\right)$이다.

답 ④

핵심원리 4 대칭인 점의 좌표   153쪽

4-1 답 (1) $(5, 9)$ (2) $(-5, -9)$ (3) $(-5, 9)$

4-2 (1) x축에 대하여 대칭인 점은 y좌표의 부호만 반대이다.
따라서 $A(-1, 5)$와 x축에 대하여 대칭인 점의 좌표는
$A'(-1, -5)$이다.

(2) y축에 대하여 대칭인 점은 x좌표의 부호만 반대이다.
따라서 $B(3, 2)$와 y축에 대하여 대칭인 점의 좌표는
$B'(-3, 2)$이다.

(3) 원점에 대하여 대칭인 점은 x좌표, y좌표의 부호가 모두
반대이다.
따라서 점 $C(4, -3)$과 원점에 대하여 대칭인 점의 좌
표는 $C'(-4, 3)$이다.

답 (1) $A'(-1, -5)$ (2) $B'(-3, 2)$ (3) $C'(-4, 3)$

4-3 y축에 대하여 대칭인 점은 x좌표의 부호만 반대이다.
따라서 점 $(9, 4)$와 y축에 대하여 대칭인 점의 좌표는
④ $(-9, 4)$이다.   답 ④

핵심원리 5 회전이동시킨 점의 좌표   154쪽

5-1 점 $P(a, b)$를 원점 O를 중심으로
하여 시계 방향으로 $90°$ 회전이동시킨
점 P'의 좌표는 $(b, -a)$이다.
따라서 점 $P(4, 3)$을 시계 방향으로
$90°$ 회전이동시킨 점 P'의 좌표는
$P'(3, -4)$이다.   답 $P'(3, -4)$

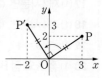

5-2 점 $P(a, b)$를 원점 O를 중심으로 하여 시계 반대 방향으로
$90°$ 회전이동시킨 점 P'의 좌표는 $(-b, a)$이다.
따라서 점 $P(3, 2)$를 시계 반대 방
향으로 $90°$ 회전이동시킨 점 P'의
좌표는 $P'(-2, 3)$이다.
답 $P'(-2, 3)$

핵심원리 6 그래프   155~156쪽

6-1 답

x(분)	1	2	3	4	5
y(cm)	1	2	3	4	5
(x, y)	$(1, 1)$	$(2, 2)$	$(3, 3)$	$(4, 4)$	$(5, 5)$

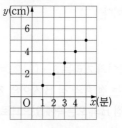

1. 좌표평면과 그래프   **79**

6-2 답 (1) 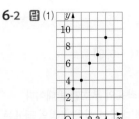 (2)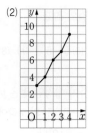

6-3 (1) $x=8$일 때, y의 값은 8이다.

(2) 그래프에서 y의 값이 일정한 구간을 찾으면 된다.

따라서 ㈏, ㈑이다. 답 (1) 8 (2) ㈏, ㈑

6-4 (1) y의 값이 0으로 일정한 부분이 활주로를 달린 시간이다.

즉, x의 값이 0에서 4까지 증가할 때이므로 4분 동안 활
주로를 달렸다.

(2) $x=8$일 때 y의 값은 1이므로 8분 후의 경비행기의 고도
는 1 km이다.

(3) 경비행기의 고도는 2 km가 될 때까지 높아지다가
1.5 km로 낮아진 후 다시 높아진다. 따라서 경비행기가
낮아졌다 다시 높아지기 시작한 것은 활주로를 달리기 시
작한 지 16분 후이다.

답 (1) 4분 (2) 1 km (3) 16분 후

 유형 다지기

157~161쪽

01 ①	**02** C(8)	**03** ②	**04** 풀이 참조
05 원리해설 다 풀자		**06** ②	
07 (1) $(-2, 0)$ (2) $(0, 6)$		**08** -2	**09** 10
10 60	**11** (1) D(6, 4) (2) 20	**12** ③	**13** ⑤
14 2개	**15** $a>0, b<0$	**16** ①	
17 (1) 제2사분면 (2) 제3사분면 (3) 제1사분면 (4) 제2사분면			
18 (1) 제4사분면 (2) 제3사분면 (3) 제1사분면 (4) 제3사분면			
19 $a=1, b=4$			
20 (1) 점 A와 점 B, 점 C와 점 D, 점 E와 점 G, 점 F와 점 H			
(2) 점 A와 점 C, 점 B와 점 D, 점 E와 점 H, 점 F와 점 G			
(3) 점 A와 점 D, 점 B와 점 C, 점 E와 점 F, 점 G와 점 H			
21 0	**22** 풀이 참조	**23** (1) ㄴ (2) ㄷ (3) ㄱ	
24 ③	**25** ㈎ − ㉣, ㈏ − ㉠, ㈐ − ㉡, ㈑ − ㉢		
26 ㄷ	**27** ③		

01 점 A의 좌표는 A$\left(-\dfrac{7}{2}\right)$이다. 답 ①

02 점 A(-2)와 점 B(3) 사이의 거리는 $3-(-2)=5$이다.

점 A와 점 C 사이의 거리는 점 A와 점 B 사이의 거리의 2
배이므로 10이다. 점 C는 점 B의 오른쪽에 있으므로 점 C의

좌표는 점 A에서 오른쪽으로 10만큼 떨어진 $-2+10=8$
이다.

∴ C(8) 답 C(8)

03 ② B$(-3, 0)$ 답 ②

04 답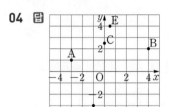

05 답 원리해설 다 풀자

06 y축 위에 있는 점은 x좌표가 0이므로 ② $(0, 3)$이 y축 위에
있는 점이다. 답 ②

07 (1) x축 위에 있는 점의 y좌표는 0이고, x좌표가 -2이므로
구하는 점의 좌표는 $(-2, 0)$이다.

(2) y축 위에 있는 점의 x좌표는 0이고, y좌표가 6이므로 구
하는 점의 좌표는 $(0, 6)$이다.

답 (1) $(-2, 0)$ (2) $(0, 6)$

08 점 $(4-a, a+7)$이 x축 위의 점이므로 y좌표는 0이다.

즉 $a+7=0$이므로 $a=-7$ ⋯❶

점 $(5+b, b-3)$이 y축 위의 점이므로 x좌표는 0이다.

즉 $5+b=0$이므로 $b=-5$ ⋯❷

∴ $a-b=-7-(-5)=-2$ ⋯❸

답 -2

채점 기준	배점
❶ a의 값 구하기	40 %
❷ b의 값 구하기	40 %
❸ $a-b$의 값 구하기	20 %

09 세 점 A$(4, 6)$, B$(2, 2)$, C$(7, 2)$를
좌표평면 위에 나타내면 오른쪽 그림
과 같다.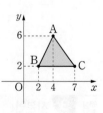

$\triangle$ABC$=\dfrac{1}{2}\times$(밑변)$\times$(높이)

$=\dfrac{1}{2}\times(7-2)\times(6-2)$

$=\dfrac{1}{2}\times5\times4=10$ 답 10

10 네 점 A$(-7, 2)$, B$(-7, -4)$,
C$(3, -4)$, D$(3, 2)$를 좌표평면
위에 나타내면 오른쪽 그림과 같다.

∴ □ABCD$=(3+7)\times(2+4)$

$=10\times6=60$ 답 60

11 (1) □ABCD는 정사각형이므로 한 변의 길이가 4이다.
점 B(2, 0)이고, 점 C(6, 0)이므로 점 D(6, 4)이다.
··· **❶**

(2) □AOCD

$= \dfrac{1}{2} \times \{(\text{윗변의 길이}) + (\text{아랫변의 길이})\} \times (\text{높이})$

$= \dfrac{1}{2} \times (4+6) \times 4 = 20$
··· **❷**

🔖 (1) D(6, 4) (2) 20

채점 기준	배점
❶ (1) 구하기	40 %
❷ (2) 구하기	60 %

12 제2사분면 위의 점은 x좌표가 음수이고, y좌표가 양수이므로 ③ C(-7, 2)가 제2사분면 위의 점이다.

🔖 ③

13 ⑤ x좌표가 양수이고, y좌표가 음수이므로 제4사분면에 속한다.

🔖 ⑤

14 제4사분면 위의 점은 x좌표가 양수이고, y좌표가 음수이므로 C(1, -3), E(2, -4)의 2개이다.

🔖 2개

15 점 P($-a$, b)가 제3사분면 위의 점이므로
$-a < 0$, $b < 0$ ∴ $a > 0$, $b < 0$

🔖 $a > 0$, $b < 0$

16 점 (x, y)가 제3사분면 위의 점이므로 $x < 0$, $y < 0$
∴ $x + y < 0$, $xy > 0$
ㄴ. x, y의 크기를 알 수 없으므로 대소 비교를 할 수 없다.

🔖 ①

17 점 P(a, b)가 제4사분면 위의 점이므로 $a > 0$, $b < 0$이다.
(1) 점 Q(b, a)는 $b < 0$, $a > 0$이므로 제2사분면 위의 점이다.
(2) 점 R($-a$, b)는 $-a < 0$, $b < 0$이므로 제3사분면 위의 점이다.
(3) 점 S(a, $-b$)는 $a > 0$, $-b > 0$이므로 제1사분면 위의 점이다.
(4) 점 T($-a$, $-b$)는 $-a < 0$, $-b > 0$이므로 제2사분면 위의 점이다.

🔖 (1) 제2사분면 (2) 제3사분면 (3) 제1사분면 (4) 제2사분면

18 (1) $a > 0$, $b < 0$이므로 점 P는 제4사분면 위의 점이다.
(2) $-a > 0$, $b < 0$에서 $a < 0$, $b < 0$이므로 점 P는 제3사분면 위의 점이다.
(3) $ab > 0$이므로 a, b는 같은 부호이고, $a + b > 0$이므로 $a > 0$, $b > 0$이다.
따라서 점 P는 제1사분면 위의 점이다.
(4) $ab > 0$이므로 a, b는 같은 부호이고, $a + b < 0$이므로 $a < 0$, $b < 0$이다.
따라서 점 P는 제3사분면 위의 점이다.

🔖 (1) 제4사분면 (2) 제3사분면 (3) 제1사분면 (4) 제3사분면

19 원점에 대하여 대칭인 점은 x좌표, y좌표의 부호가 모두 반대로 바뀐다.
$4 - a = 3$, $5 = -3 + 2b$
∴ $a = 1$, $b = 4$

🔖 $a = 1$, $b = 4$

20 (1) x축에 대하여 대칭인 점은 y좌표의 부호가 반대이다.
따라서 점 A와 점 B, 점 C와 점 D, 점 E와 점 G, 점 F와 점 H가 각각 x축에 대하여 대칭인 점이다.
(2) y축에 대하여 대칭인 점은 x좌표의 부호가 반대이다.
따라서 점 A와 점 C, 점 B와 점 D, 점 E와 점 H, 점 F와 점 G가 각각 y축에 대하여 대칭인 점이다.
(3) 원점에 대하여 대칭인 점은 x좌표와 y좌표의 부호가 모두 반대이다.
따라서 점 A와 점 D, 점 B와 점 C, 점 E와 점 F, 점 G와 점 H가 각각 원점에 대하여 대칭인 점이다.

🔖 (1) 점 A와 점 B, 점 C와 점 D, 점 E와 점 G, 점 F와 점 H
(2) 점 A와 점 C, 점 B와 점 D, 점 E와 점 H, 점 F와 점 G
(3) 점 A와 점 D, 점 B와 점 C, 점 E와 점 F, 점 G와 점 H

21 x축에 대하여 대칭인 점은 y좌표의 부호가 바뀌므로
Q(5, 4)에서 $a = 5$, $b = 4$이다.
··· **❶**
y축에 대하여 대칭인 점은 x좌표의 부호가 바뀌므로
R(-5, -4)에서 $c = -5$, $d = -4$이다.
··· **❷**
∴ $ad - bc = -20 - (-20) = 0$
··· **❸**

🔖 0

채점 기준	배점
❶ a, b의 값 구하기	40 %
❷ c, d의 값 구하기	40 %
❸ $ad - bc$의 값 구하기	20 %

22 🔖

x	1	2	3	4	5	6
y(개)	1	2	2	3	2	4

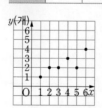

23 (1) 중간에 멈췄으므로 일정 구간에서 y의 값의 변화가 없어야 한다.
따라서 알맞은 그래프는 ㄴ이다.
(2) 도중에 집으로 되돌아갔으므로 y의 값이 감소하여 0이 된 후 다시 증가해야 한다.
따라서 알맞은 그래프는 ㄷ이다.
(3) 도서관에서 곧바로 집으로 돌아왔으므로 y의 값이 계속 감소해야 한다.
따라서 알맞은 그래프는 ㄱ이다.

🔖 (1) ㄴ (2) ㄷ (3) ㄱ

24 • 영화관을 갈 때 ⇨ 그래프는 오른쪽 위로 향한다.

• 영화를 볼 때 ⇨ 그래프는 수평이다.

• 집으로 돌아올 때 ⇨ 그래프는 오른쪽 아래로 향한다.

따라서 상황에 맞는 그래프는 ③이다.　　　　　目 ③

25 물통 (가), (나), (다)를 밑면에 평행하게 가로로 자른 단면의 폭을 비교하여 가장 좁은 것부터 크기순으로 비교하면 (가), (다), (나) 이다. 단면의 폭이 좁을수록 물의 높이가 빠르게 증가하므로 (가)–㉡, (나)–㉠, (다)–㉢이다. 또 물통 (라)는 밑면이 넓고 일정한 폭을 유지하다가 위에서 폭이 한 번 좁아지므로 물이 채워질 때 그 높이는 일정하면서 천천히 증가하다가 어느 한 지점부터 빠르게 증가한다. 따라서 (라)–㉣이다.

目 (가)–㉡, (나)–㉠, (다)–㉢, (라)–㉣

26 ㄱ. 그래프에서 $x=5$일 때 y의 값은 400이므로 은재가 출발한 지 5분 후 집으로부터 떨어진 거리는 400 m이다.

ㄴ. $y=700$일 때 x의 값은 13이므로 은재가 집으로부터 700 m 떨어졌을 때는 출발한 지 13분 후이다.

ㄷ. 은재가 중간에 멈춰있던 시간은 $9-5=4$(분)이다.

ㄹ. 은재가 집에서 출발한 후 멈췄다가 다시 걷기 시작한 것은 집에서 출발한 지 9분 후이다.

따라서 옳지 않은 것은 ㄷ이다.　　　　　目 ㄷ

27 (가) 그래프가 수평이다.

　　⇨ 미세먼지 농도가 변함없다. (ㄷ)

(나) 그래프가 오른쪽 위로 향한다.

　　⇨ 미세먼지 농도가 높아진다. (ㄱ)

(다) 그래프가 수평이다.

　　⇨ 미세먼지 농도가 변함없다. (ㄷ)

(라) 그래프가 오른쪽 아래로 향한다.

　　⇨ 미세먼지 농도가 낮아진다. (ㄴ)　　　目 ③

Step B 내신 다지기

162~165쪽

01 6	**02** ④	**03** 3	**04** ③	**05** ③
06 43	**07** 4	**08** (1) Q$(8,-4)$ (2) R$(-8,4)$		
09 (1) 제1 사분면 (2) 제1 사분면		**10** 21	**11** 0	
12 제2 사분면		**13** 8	**14** 20	
15 (1) 제4 사분면 (2) 제4 사분면 (3) 제2 사분면 (4) 제1 사분면				
16 ⑤	**17** 16	**18** $\frac{3}{2}$	**19** P′$(4,2)$	**20** ①
21 (1) 100 m (2) 6분 후, 18분 후, 30분 후, 42분 후 (3) 24분 후				
22 ㄴ, ㄷ				

01 core 두 순서쌍 (a,b), (c,d)가 같으면 ⇨ $a=c$, $b=d$

두 순서쌍 $(-2a, 6)$, $(-10, b+5)$가 서로 같으면

$-2a=-10$ ∴ $a=5$

$6=b+5$ ∴ $b=1$

∴ $a+b=6$　　　　　目 6

02 core $|x|=a$일 때, $x=a$ 또는 $x=-a$

$|a|=3$이므로 $a=-3$ 또는 $a=3$

$|b|=1$이므로 $b=1$ 또는 $b=-1$

$(0, a)$ ⇨ $(0, -3)$, $(0, 3)$

$(b, 2a)$ ⇨ $(1, -6)$, $(1, 6)$, $(-1, -6)$, $(-1, 6)$

따라서 순서쌍 $(0, a)$, $(b, 2a)$로 좌표평면에 나타낼 수 있는 모든 점은 6개이다.　　　　　目 ④

03 core 각 점의 좌표를 먼저 구해 본다.

네 점 A, B, C, D의 좌표를 구하면

A$(-2, 1)$, B$(3, 2)$, C$(-3, -3)$, D$(1, -4)$이다.

$m=-2+3+(-3)+1=-1$

$n=1+2+(-3)+(-4)=-4$

∴ $m-n=-1-(-4)=3$　　　　　目 3

04 core x축 위의 점 → y좌표가 0, y축 위의 점 → x좌표가 0

③ 점 (a, b)가 x축 위의 점이면 $b=0$이므로

점 (b, a)는 y축 위의 점이다.　　　　　目 ③

05 core 점 (a, b)와 x축에 대하여 대칭 → $(a, -b)$, y축에 대하여 대칭 → $(-a, b)$, 원점에 대하여 대칭 → $(-a, -b)$

① 점 A$(2, 3)$과 x축에 대하여 대칭인 점의 좌표는 $(2, -3)$이다.

② 점 B$(-2, 0)$과 원점에 대하여 대칭인 점의 좌표는 $(2, 0)$으로 x축 위에 있다.

③ 점 C$(-3, 2)$와 원점에 대하여 대칭인 점의 좌표는 $(3, -2)$이다.

④ 점 D$(-1, -3)$과 y축에 대하여 대칭인 점의 좌표는 $(1, -3)$이다.

⑤ 점 E$(4, -1)$과 y축에 대하여 대칭인 점의 좌표는 $(-4, -1)$이다.　　　　　目 ③

06 core 세 점을 좌표평면 위에 나타내어 삼각형 ABC의 넓이를 구한다.

△ABC

$=10 \times 9 - \dfrac{1}{2} \times 2 \times 9$

$\qquad -\dfrac{1}{2} \times 8 \times 7 - \dfrac{1}{2} \times 10 \times 2$

$=90-9-28-10=43$　　　目 43

07 core 점 (a, b)가 제1 사분면 위에 있을 때, $a>0$, $b>0$

점 (a, b)가 제4 사분면 위에 있을 때, $a>0$, $b<0$

점 A는 제1 사분면 위에 있으므로 $2a-6>0$에서

$a=4, 5, 6, \cdots$

점 B는 제4사분면 위에 있으므로 $4a-17<0$에서
$a=4, 3, 2, \cdots$
따라서 $a=4$이다.   📋 4

08

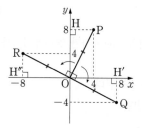

(1) $\overline{QH'}=\overline{PH}=4$, $\overline{OH'}=\overline{OH}=8$
     $\therefore Q(8, -4)$ ··· ❶
(2) $\overline{RH''}=\overline{PH}=4$, $\overline{OH''}=\overline{OH}=8$
     $\therefore R(-8, 4)$ ··· ❷

    📋 (1) $Q(8, -4)$ (2) $R(-8, 4)$

채점 기준	배점
❶ (1) 구하기	50 %
❷ (2) 구하기	50 %

09 core **점 (p, q)의 부호**
제1사분면 → $(+, +)$, 제2사분면 → $(-, +)$,
제3사분면 → $(-, -)$, 제4사분면 → $(+, -)$
(1) 점 $P(a, b)$가 제3사분면 위의 점이므로
  $a<0, b<0$
  $a-b>0$ $(\because |a|<|b|)$, $ab>0$이므로 점 Q는 제1사분면 위의 점이다.
(2) 점 (x, y)는 제2사분면 위의 점이므로 $x<0, y>0$
  점 (a, b)는 제4사분면 위의 점이므로 $a>0, b<0$
  b와 x, a와 y는 각각 서로 같은 부호이므로
  $bx>0, ay>0$
  따라서 점 (bx, ay)는 제1사분면 위의 점이다.

    📋 (1) 제1사분면 (2) 제1사분면

10 core x축 위의 점은 y좌표가 0이고, y축 위의 점은 x좌표가 0이다.
점 P는 x축 위의 점이므로 $\dfrac{2q-7}{5}=0$, $q=\dfrac{7}{2}$
점 Q는 y축 위의 점이므로 $2p-3=0$, $p=\dfrac{3}{2}$
$\therefore 4pq=4\times\dfrac{3}{2}\times\dfrac{7}{2}=21$ 📋 21

11 x축에 대하여 대칭인 점은 y좌표의 부호만 바뀌므로
$2a=a-5$에서 $a=-5$
$b=-2b+6$, $3b=6$에서 $b=2$ ··· ❶
$A(-10, 2)$이고 y축에 대하여 대칭인 점은 x좌표의 부호만 바뀌므로 $C(3c+1, c-1)=C(10, 2)$이다.
$c-1=2$에서 $c=3$ ··· ❷

따라서 $a+b+c=-5+2+3=0$이다.   ··· ❸
    📋 0

채점 기준	배점
❶ a, b의 값 구하기	50 %
❷ c의 값 구하기	40 %
❸ $a+b+c$의 값 구하기	10 %

12 core **점 (p, q)의 부호**
제1사분면 → $(+, +)$, 제2사분면 → $(-, +)$,
제3사분면 → $(-, -)$, 제4사분면 → $(+, -)$
점 $P(2a, -3)$은 제4사분면 위의 점이므로 $2a>0$에서 $a>0$이다.
점 $Q(4, 3b)$는 제1사분면 위의 점이므로 $3b>0$에서 $b>0$이다.
$-2a<0$, $ab>0$이므로 점 $R(-2a, ab)$는 제2사분면 위의 점이다.   📋 제2사분면

13 core 원점에 대하여 대칭인 두 점은 x좌표와 y좌표의 부호가 모두 반대이다.
$2a-4=-9-\dfrac{a}{2}$, $\dfrac{5}{2}a=-5$, $a=-2$
$5-b=-3b-3$, $2b=-8$ $\therefore b=-4$
따라서 $ab=-2\times(-4)=8$이다.   📋 8

14 core 점 (a, b)와 x축에 대하여 대칭 → $(a, -b)$, y축에 대하여 대칭 → $(-a, b)$, 원점에 대하여 대칭 → $(-a, -b)$
x축에 대하여 대칭인 경우 y좌표의 부호만 바뀌므로 점 B의 좌표는 $B(3, 2)$이다.
원점에 대하여 대칭인 경우 x좌표와 y좌표의 부호가 모두 바뀌므로 점 C의 좌표는 $C(-3, 2)$이다.
y축에 대하여 대칭인 경우 x좌표의 부호만 바뀌므로 점 D의 좌표는 $D(-3, -2)$이다.

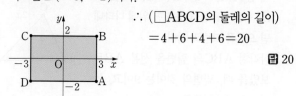

$\therefore$ (□ABCD의 둘레의 길이)
$\qquad = 4+6+4+6=20$
    📋 20

15 core **점 (p, q)의 부호**
제1사분면 → $(+, +)$, 제2사분면 → $(-, +)$,
제3사분면 → $(-, -)$, 제4사분면 → $(+, -)$
$ab>0$, $a+b<0$이므로 $a<0, b<0$
(1) $ab>0$, $a+b<0$이므로 점 R는 제4사분면 위의 점이다.
(2) $|a|<|b|$에서 $a-b>0$, $b-a<0$이므로 점 S는 제4사분면 위의 점이다.
(3) $b<0$, $-a>0$이므로 점 T는 제2사분면 위의 점이다.
(4) $-b>0$, $-a>0$이므로 점 U는 제1사분면 위의 점이다.
    📋 (1) 제4사분면 (2) 제4사분면 (3) 제2사분면 (4) 제1사분면

16 ⓒ x축 위의 점은 y좌표가 0이고, y축 위의 점은 x좌표가 0이다.

점 $P(2p-1, p+5)$가 x축 위에 있으므로

$p+5=0$, $p=-5$

점 $Q(4-2q, 5q+1)$이 y축 위에 있으므로

$4-2q=0$, $q=2$

① $A(p+5, q-10)=A(0, -8)$ ⇨ y축

② $B(3q+1, q-2)=B(7, 0)$ ⇨ x축

③ $C(p+q, 2p+5q)=C(-3, 0)$ ⇨ x축

④ $D(pq+10, 3p+q)=D(0, -13)$ ⇨ y축

⑤ $E(5p+2q, p-q)=E(-21, -7)$ ⇨ 제3사분면

🔲 ⑤

17 x축에 대하여 대칭인 점은 x좌표는 같고, y좌표는 부호만 다르다.

$3a+2=a-2$, $2a=-4$

∴ $a=-2$ ⋯❶

$8-2b=3b-2$, $-5b=-10$ ∴ $b=2$ ⋯❷

두 점 A, B의 좌표는 각각 $A(-4, 4)$, $B(-4, -4)$이다.

⋯❸

따라서 $\triangle ABO = \dfrac{1}{2} \times 8 \times 4 = 16$이다.

⋯❹

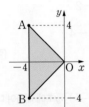

🔲 16

채점 기준	배점
❶ a의 값 구하기	25 %
❷ b의 값 구하기	25 %
❸ 두 점 A, B의 좌표 구하기	20 %
❹ $\triangle ABO$의 넓이 구하기	30 %

18 ⓒ $\triangle ABC$의 넓이를 구하는 식을 만들어 a의 값을 구한다.

세 점 $A(4, -3)$, $B(-5, -3)$, $C(-2, 2a)$를 좌표평면 위에 나타내면 오른쪽 그림과 같다.

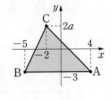

삼각형 ABC의 밑변을 선분 AB로 보았을 때, 밑변의 길이는 9이고, 높이는 $2a+3$이므로

$\triangle ABC = \dfrac{1}{2} \times 9 \times (2a+3) = 27$

$2a+3=6$ ∴ $a=\dfrac{3}{2}$

🔲 $\dfrac{3}{2}$

19 ⓒ 점 $P(a, b)$를 시계 방향으로 $90°$ 회전이동시킨 점 P'의 좌표는 $P'(b, -a)$이다.

시계 반대 방향으로 $270°$ 회전이동시킨 것은 시계 방향으로 $90°$ 회전이동시킨 것과 같다.

따라서 $P'(4, 2)$이다.

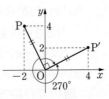

🔲 $P'(4, 2)$

20 ⓒ 그래프에서 x축은 시간, y축은 높이를 나타낸다.

상황에 알맞은 그래프의 모양을 생각하면

(ⅰ) 1층에서 엘리베이터를 탄다.

⇨ 그래프가 오른쪽 위로 향한다.

(ⅱ) 3층에서 택배기사가 탄다.

⇨ 그래프가 수평이다.

(ⅲ) 3층에서 9층까지 수민이와 택배기사가 엘리베이터를 함께 탄다.

⇨ 그래프가 오른쪽 위로 올라간다.

(ⅳ) 9층에서 택배기사가 내린다.

⇨ 그래프가 수평이다.

(ⅴ) 9층에서 13층까지 수민이가 엘리베이터를 타고 내린다.

⇨ 그래프가 오른쪽 위로 향한다.

따라서 상황에 맞는 그래프는 ①이다.

🔲 ①

21 ⓒ 대관람차는 점점 위로 올라가다 최대 100 m인 지점까지 간 후 다시 아래로 내려간다.

(2) $y=50$일 때 x의 값을 구하면 6, 18, 30, 42이다.

따라서 지면으로부터의 높이가 50 m일 때는 출발한 지 6분, 18분, 30분, 42분 후이다.

(3) 1번 칸이 1바퀴 돌아 처음 위치로 돌아오는 것은 출발한 지 24분 후이다.

🔲 (1) 100 m (2) 6분 후, 18분 후, 30분 후, 42분 후 (3) 24분 후

22 ⓒ 5 km를 달리므로 $y=5$일 때의 x의 값을 찾으면 두 사람이 걸린 시간을 구할 수 있다.

ㄱ. 태영이는 22.5분, 태식이는 25분이 걸렸으므로 태영이는 태식이보다 2.5분 빨리 결승점에 도착한다.

ㄴ. 출발한지 10분 후의 두 사람의 거리는

$2.5-2=0.5(\text{km})=500(\text{m})$이다.

ㄷ. 출발한 지 20분 후에 태영이가 태식이를 추월하였다.

🔲 ㄴ

![Step A 만점 승승장구]

166~167쪽

01 (1)-(가), (2)-(다), (3)-(나)	**02** 6815 m
03 $D(6, -13)$	**04** (1) 7 (2) $\dfrac{15}{2}$
05 $C(8, 4)$	**06** ④

01 용기 (1)은 위로 갈수록 폭이 좁아지므로 물의 높이는 점점 **빠**
르게 증가한다. ➡ (가)
용기 (2)는 위로 갈수록 폭이 넓어지다가 밑면의 반지름이 바
뀌면서 일정해지므로 물의 높이는 서서히 증가하다가 일정하
게 증가한다. ➡ (다)
용기 (3)은 밑면의 반지름의 길이가 3번 바뀌므로 물의 높이
가 높아지는 속력이 3번 변한다. ➡ (나)

🔑 (1)−(가), (2)−(다), (3)−(나)

02 윤서는 7분에 $235+235=470(\text{m})$를 움직인다.
1시간 41분$=101$분에서
$101=7\times14+3$이므로
14번 왕복하고 3분을 더 걸었다.
따라서 총 움직인 거리는
$470\times14+235=6815(\text{m})$이다. **🔑 6815 m**

03 x축에 대하여 대칭인 점은 x좌표는 같고, y좌표의 부호만 바
뀌므로 $-a+2=-4$, $-6=2b-4$이다.
$a=6$, $b=-1$이므로
$ab=-6$, $3a+5b=18-5=13$
점 C의 좌표는 $\text{C}(-6, 13)$이고 원점에 대하여 대칭인 점은
x좌표와 y좌표의 부호가 모두 바뀌므로 점 D의 좌표는
$\text{D}(6, -13)$이다. **🔑 D(6, −13)**

04 (1) 세 점 $\text{O}(0,0)$, $\text{A}(2,4)$,
$\text{B}(-3,1)$을 좌표평면 위에
나타내면 오른쪽 그림과 같
다.
$\therefore \triangle\text{OAB}$
$=5\times4-\dfrac{1}{2}\times(2\times4+3\times1+5\times3)$
$=7$

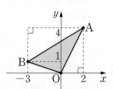

(2) 세 점 $\text{O}(0,0)$, $\text{A}(1,4)$,
$\text{B}(4,1)$을 좌표평면 위에 나타내
면 오른쪽 그림과 같다.
$\therefore \triangle\text{OAB}$
$=4\times4-\dfrac{1}{2}\times(4\times1+3\times3+1\times4)$
$=\dfrac{15}{2}$

🔑 (1) 7 (2) $\dfrac{15}{2}$

05 평행사변형에서 두 대각선은 서로 이등분하므로 선분 AC와
선분 BD가 만나는 점의 좌표는 선분 BD의 중점의 좌표와
같다.
$\left(\dfrac{3+1}{2}, \dfrac{-1+3}{2}\right)=(2,1)$

점 $\text{C}(x, y)$라 하면
$\dfrac{-4+x}{2}=2$, $\dfrac{-2+y}{2}=1$에서 $x=8$, $y=4$
$\therefore \text{C}(8, 4)$ **🔑 C(8, 4)**

06 점 $\text{P}(ab, b-a)$가 제3사분면 위에 있으므로 $ab<0$,
$b-a<0$에서 $a>0$, $b<0$이다.
① 점 $\text{A}(-4a, 5b)$에서 $-4a<0$, $5b<0$이므로 점 A는
제3사분면 위에 있다.
② 점 $\text{B}(ab, 2a-5b)$에서 $ab<0$이고 $2a-5b>0$이므로
점 B는 제2사분면 위에 있다.
③ 점 $\text{C}\left(-\dfrac{b}{a}, ab+7\right)$에서 $-\dfrac{b}{a}>0$이나 $ab+7$의 부호
를 알 수 없으므로 점 C는 제1사분면이나 제4사분면 위
에 있다.
④ 점 $\text{D}\left(-\dfrac{3}{8}ab, -4a\right)$에서 $-\dfrac{3}{8}ab>0$, $-4a<0$
이므로 점 D는 제4사분면 위에 있다.
⑤ 점 $\text{E}\left(\dfrac{a+b}{ab}, \dfrac{ab}{a-b}\right)$에서 $ab<0$, $a-b>0$이나
$a+b$의 부호를 알 수 없으므로 점 E는 제3사분면이나
제4사분면 위에 있다. **🔑 ④**

2 정비례와 반비례

01 | 정비례와 반비례

핵심원리 1 정비례

168쪽

1-1 (1) 1분이 지날 때마다 2 L씩 물이 늘어난다.
(2) x의 값이 2배, 3배, 4배, …로 변함에 따라 y의 값도 2
배, 3배, 4배, …로 변하므로 y는 x에 정비례한다.
(3) 매분 2 L씩 물을 넣으므로 x분 후의 물의 양은 $2x$ L이
다.
따라서 x와 y 사이의 관계를 식으로 나타내면 $y=2x$이다.
🔑 (1) 2, 4, 6, 8 (2) 정비례한다. (3) $y=2x$

1-2 🔑

x	1	2	3	4	5	…
y	3	6	9	12	15	…

➡ $y=3x$

1-3 y가 x에 정비례하면 $y=ax(a\neq0)$로 나타내어진다.
(4) $\dfrac{y}{x}=-3$에서 $y=-3x$

🔑 (1) ◯ (2) ✕ (3) ✕ (4) ◯

2-1 오른쪽 아래로 향하는 직선으로 제2, 4 사분면을 지난다.
$x=-2$일 때, $y=3$이므로 ②의 그래프이다.   **답** ②

2-2 $y=ax$에서 $a<0$인 그래프이다.
① x의 값이 증가하면 y의 값은 감소한다.
② 제2, 4 사분면을 지난다.
④ 점 $(1,-4)$를 지난다.
⑤ 오른쪽 아래로 향하는 직선이다.   **답** ③

2-3 ① $x=0$일 때, $y=0$이므로 점 $(0,0)$을 지난다.
② $x=-5$일 때, $y=\dfrac{2}{5}\times(-5)=-2$이므로
  점 $(-5,-2)$를 지난다.
③ $x=-2$일 때, $y=\dfrac{2}{5}\times(-2)=-\dfrac{4}{5}$이므로
  점 $\left(-2,-\dfrac{4}{5}\right)$를 지난다.
④ $x=5$일 때, $y=\dfrac{2}{5}\times5=2$이므로 점 $(5,2)$를 지난다.
⑤ $x=2$일 때, $y=\dfrac{2}{5}\times2=\dfrac{4}{5}$이므로 점 $\left(2,\dfrac{4}{5}\right)$를 지난다.
  답 ④

3-1 (2) (1)의 표에서 x의 값이 2배, 3배, …로 변함에 따라 y의 값이 $\dfrac{1}{2}$배, $\dfrac{1}{3}$배, …로 변하므로 y는 x에 반비례한다.
(3) $xy=18$이므로 x와 y 사이의 관계를 식으로 나타내면 $y=\dfrac{18}{x}$이다.

  답 (1) 18, 9, 6, 3, 2, 1   (2) 반비례한다.   (3) $y=\dfrac{18}{x}$

3-2 **답**

x	1	2	3	4	5	6
y	300	150	100	75	60	50

$\Rightarrow y=\dfrac{300}{x}$

3-3 y가 x에 반비례하면 $y=\dfrac{a}{x}(a\neq0)$로 나타내어진다.
  답 (1) ×   (2) ○   (3) ○   (4) ×

4-1 $y=-\dfrac{3}{x}$의 그래프는 $x=-1$일 때, $y=-\dfrac{3}{-1}=3$이므로 점 $(-1,3)$을 지나고 원점에 대하여 대칭인 한 쌍의 곡선이다.   **답** ⑤

4-2 $y=\dfrac{a}{x}$에서 $a>0$인 그래프이다.
① 제1, 3 사분면을 지난다.
② $x=20$을 대입하면 $y=\dfrac{5}{20}=\dfrac{1}{4}$이므로 점 $\left(20,\dfrac{1}{4}\right)$을 지난다.
③ 원점을 지나지 않는 곡선이다.
⑤ 각 사분면에서 x의 값이 증가하면 y의 값은 감소한다.
  답 ④

4-3 $y=\dfrac{a}{x}(a\neq0)$의 그래프는 $|a|$가 클수록 좌표축에서 멀리 떨어져 있다.
$\left|\dfrac{1}{4}\right|<|1|<|-3|<|-5|<\left|\dfrac{15}{2}\right|$이므로
$y=\dfrac{15}{2x}$의 그래프가 좌표축에서 가장 멀리 떨어져 있다.
  답 ⑤

5-1 (1) 1시간에 5 cm씩 타므로 x시간 후에 탄 양초의 길이는 $5x$ cm이다.   ∴ $y=5x$
(2) $y=5x$에 $x=3$을 대입하면 $y=5\times3=15$
  따라서 불을 붙인 지 3시간 후 탄 양초의 길이는 15 cm 이다.
(3) 양초의 길이가 28 cm이므로 $y=5x$에 $y=28$을 대입하면 $28=5x$ ∴ $x=5.6$
  5.6시간=5시간 36분이므로 5시간 36분 후에 양초는 다 탄다.
  답 (1) $y=5x$ (2) 15 cm   (3) 5시간 36분 후

5-2 (1) y분 동안 나온 물의 양은 xy L이므로 $xy=360$
  ∴ $y=\dfrac{360}{x}$
(2) $y=\dfrac{360}{x}$에 $x=20$을 대입하면 $y=\dfrac{360}{20}=18$
  따라서 물탱크에 물을 가득 채우는 데 18분이 걸린다.
  답 (1) $y=\dfrac{360}{x}$ (2) 18분

01	(1) 16, 32, 48, 64 (2) $y=16x$	02 ②	03 ⑤
04 ④	05 ④	06 (1) ⑤ (2) ① (3) ④ (4) ③	
07 ⑤	08 ②	09 1	10 -4	11 ②
12 1	13 ②	14 (1) $y=\dfrac{3}{2}x$ (2) $-\dfrac{9}{2}$	
15 ④	16 (1) 24, 12, 8, 6, 4, 2 (2) $y=\dfrac{24}{x}$		
17 ㉡, ㉢	18 $y=-\dfrac{15}{x}$	19 ②, ⑤	20 ③
21 A:③, B:④, C:⑤, D:②, E:①			22 ③
23 -1	24 8개	25 ④	26 ⑤
27 A$(-6, 2)$	28 $y=\dfrac{12}{x}$	29 ③, ⑤	30 -2
31 12	32 9	33 $-\dfrac{1}{2}$	34 9
35 (1) $y=60x$ (2) 7시간		36 25분	
37 45 m	38 (1) $y=\dfrac{400}{x}$ (2) 16명	39 30개	
40 20 cm²	41 2대		

01 (2) $\dfrac{y}{x}=16$이므로 x와 y 사이의 관계를 식으로 나타내면
$y=16x$이다.

답 (1) 16, 32, 48, 64 (2) $y=16x$

02 $y=ax(a\neq0)$ 꼴을 찾으면 되므로 ② $y=\dfrac{2}{7}x$이다. **답** ②

03 y가 x에 정비례하므로 $y=ax(a\neq0)$로 놓고
$x=15$, $y=9$를 대입하면
$9=15a$ ∴ $a=\dfrac{3}{5}$
∴ $y=\dfrac{3}{5}x$ **답** ⑤

04 ④ x의 값이 증가하면 y의 값도 증가하는 그래프이다.
답 ④

05 $y=ax(a\neq0)$의 그래프는 $|a|$가 작을수록 x축에 가깝다.
따라서 ④ $y=\dfrac{1}{5}x$의 그래프가 x축에 가장 가깝다.
답 ④

06 (1) $y=\dfrac{2}{3}x$의 그래프는 원점과 점 $(3, 2)$를 지나는 직선이므로 ⑤이다.

(2) $y=-\dfrac{2}{3}x$의 그래프는 원점과 점 $(3, -2)$를 지나는 직선이므로 ①이다.

(3) $y=2x$의 그래프는 원점과 점 $(-1, -2)$를 지나는 직선이므로 ④이다.

(4) $y=-4x$의 그래프는 원점과 점 $(-1, 4)$를 지나는 직선이므로 ③이다.

답 (1) ⑤ (2) ① (3) ④ (4) ③

07 ⑤ $y=-\dfrac{4}{3}x$에 $x=-6$, $y=-8$을 대입하면
$-8\neq-\dfrac{4}{3}\times(-6)$ **답** ⑤

08 $y=\dfrac{7}{5}x$의 그래프가 점 $(-2a, 14)$를 지나므로
$y=\dfrac{7}{5}x$에 $x=-2a$, $y=14$를 대입한다.
$14=\dfrac{7}{5}\times(-2a)$, $-\dfrac{14}{5}a=14$
∴ $a=-5$ **답** ②

09 점 $(4-2a, 3a+7)$이 $y=5x$의 그래프 위의 점이므로
$3a+7=5(4-2a)$, $3a+7=20-10a$, $13a=13$
∴ $a=1$ **답** 1

10 $y=ax$의 그래프가 점 $(-2, 8)$을 지나므로
$8=-2a$ ∴ $a=-4$ **답** -4

11 $y=ax$의 그래프가 점 $(-3, 15)$를 지나므로
$15=-3a$ ∴ $a=-5$
$y=-5x$에 점의 좌표를 각각 대입하면
① $-20\neq-5\times(-4)$ ② $-15=-5\times3$
③ $10\neq-5\times2$ ④ $-5\neq-5\times(-5)$
⑤ $10\neq-5\times\dfrac{1}{2}$
따라서 이 그래프 위의 점은 ②이다. **답** ②

12 $y=ax$의 그래프가 점 $(-2, 1)$을 지나므로
$1=-2a$, $a=-\dfrac{1}{2}$
$y=bx$의 그래프가 점 $(2, 3)$을 지나므로
$3=2b$, $b=\dfrac{3}{2}$
∴ $a+b=-\dfrac{1}{2}+\dfrac{3}{2}=1$ **답** 1

13 그래프가 원점을 지나는 직선이므로 $y=ax$로 놓는다.
$y=ax$의 그래프가 점 $(-5, 6)$을 지나므로
$6=-5a$, $a=-\dfrac{6}{5}$
∴ $y=-\dfrac{6}{5}x$ **답** ②

14 (1) 그래프가 원점을 지나는 직선이므로 $y=ax$로 놓는다.

$y=ax$의 그래프가 점 $(2, 3)$을 지나므로

$$3=2a, a=\frac{3}{2} \qquad \therefore y=\frac{3}{2}x$$

(2) $y=\frac{3}{2}x$에 $x=-3$, $y=k$를 대입하면

$$k=\frac{3}{2}\times(-3)=-\frac{9}{2}$$

답 (1) $y=\frac{3}{2}x$ (2) $-\frac{9}{2}$

15 그래프가 원점을 지나는 직선이므로 $y=ax$로 놓는다.

$y=ax$의 그래프가 점 $(-4, 3)$을 지나므로

$$3=-4a, a=-\frac{3}{4} \qquad \therefore y=-\frac{3}{4}x$$

① $\left(-6, \frac{9}{2}\right)$ ② $\left(-2, \frac{3}{2}\right)$ ③ $\left(-1, \frac{3}{4}\right)$

④ $\left(2, -\frac{3}{2}\right)$ ⑤ $(4, -3)$

따라서 주어진 그래프 위의 점은 ④이다.   답 ④

16 (2) $xy=24$이므로 x와 y 사이의 관계를 식으로 나타내면

$$y=\frac{24}{x}$$이다.

답 (1) 24, 12, 8, 6, 4, 2 (2) $y=\frac{24}{x}$

17 y가 x에 반비례하므로 $y=\frac{a}{x}(a\neq0)$ 꼴을 찾으면 된다.

따라서 y가 x에 반비례하는 것은 ㉡, ㉣이다.   답 ㉡, ㉣

18 y가 x에 반비례하므로 $y=\frac{a}{x}(a\neq0)$로 놓고

$x=-3$, $y=5$를 대입하면

$$5=\frac{a}{-3} \qquad \therefore a=-15$$

$$\therefore y=-\frac{15}{x}$$

답 $y=-\frac{15}{x}$

19 $y=ax$의 그래프는 $a>0$일 때, $y=\frac{a}{x}$의 그래프는 $a<0$일 때, 각 사분면에서 x의 값이 증가하면 y의 값도 증가한다.

따라서 ② $y=\frac{3}{8}x$와 ⑤ $y=-\frac{7}{x}$의 그래프이다.

답 ②, ⑤

20 ③ $a>0$이면 x의 값이 증가할 때 y의 값은 감소하고, $a<0$이면 x의 값이 증가할 때 y의 값도 증가한다.

답 ③

21 $y=\frac{a}{x}$의 그래프는 $a>0$이면 제1, 3사분면을 지나고 $a<0$이면 제2, 4사분면을 지난다.

또, a의 절댓값이 클수록 좌표축에서 멀리 떨어진 곡선이므

로 A, B, C, D, E의 그래프로 알맞은 것은 각각 ③, ④, ⑤, ②, ①이다.

답 A : ③, B : ④, C : ⑤, D : ②, E : ①

22 ③ $y=-\frac{8}{x}$에 $x=\frac{1}{2}$, $y=-4$를 대입하면

$$-4\neq-\frac{8}{\frac{1}{2}}$$

답 ③

23 $y=\frac{20}{x}$의 그래프가 점 $(4a, -5)$를 지나므로

$$-5=\frac{20}{4a}=\frac{5}{a} \qquad \therefore a=-1$$

답 -1

24 구하는 점은 $(-1, 15)$, $(-3, 5)$, $(-5, 3)$, $(-15, 1)$, $(1, -15)$, $(3, -5)$, $(5, -3)$, $(15, -1)$의 8개이다.

답 8개

25 $y=\frac{a}{x}$의 그래프가 점 $(-3, 6)$을 지나므로

$$6=\frac{a}{-3} \qquad \therefore a=-18$$

$y=-\frac{18}{x}$에 점의 좌표를 각각 대입하면

① $18=-\frac{18}{-1}$ ② $-3=-\frac{18}{6}$

③ $-9=-\frac{18}{2}$ ④ $14\neq-\frac{18}{4}$

⑤ $-6=-\frac{18}{3}$

답 ④

26 $y=\frac{a}{x}$의 그래프가 점 $(4, 7)$을 지나므로

$$7=\frac{a}{4}, a=28$$

$y=\frac{28}{x}$의 그래프가 점 $(-7b, 2)$를 지나므로

$$2=\frac{28}{-7b}, -14b=28, b=-2$$

$$\therefore a+10b=28-20=8$$

답 ⑤

27 $y=\frac{a}{x}$의 그래프가 점 $(4, -3)$을 지나므로

$$-3=\frac{a}{4}, a=-12$$

이 그래프는 $y=-\frac{12}{x}$의 그래프이고

$x=-6$을 대입하면 $y=-\frac{12}{-6}=2$

따라서 점 A의 좌표는 A$(-6, 2)$이다.   답 A$(-6, 2)$

28 그래프가 원점에 대하여 대칭인 한 쌍의 곡선이므로

$y=\dfrac{a}{x}$ 로 놓고 $x=6$, $y=2$를 대입하면 $2=\dfrac{a}{6}$

$\therefore a=12$

따라서 x와 y 사이의 관계를 식으로 나타내면 $y=\dfrac{12}{x}$이다.

🖎 $y=\dfrac{12}{x}$

29 $y=\dfrac{a}{x}$에 $x=2$, $y=3$을 대입하면 $3=\dfrac{a}{2}$, $a=6$이므로

$y=\dfrac{6}{x}$의 그래프이다.

$y=\dfrac{6}{x}$에 점의 좌표를 대입하여 성립하지 않는 것을 찾는다.

③ $-3 \neq \dfrac{6}{2}$ ⑤ $-3 \neq \dfrac{6}{-\frac{1}{2}}$ 🖎 ③, ⑤

30 그래프가 원점에 대하여 대칭인 한 쌍의 곡선이므로 $y=\dfrac{a}{x}$

로 놓는다. $y=\dfrac{a}{x}$의 그래프가 점 $(-3, 2)$를 지나므로

$2=\dfrac{a}{-3}$, $a=-6$

$y=-\dfrac{6}{x}$의 그래프가 점 $(3, k)$를 지나므로

$k=-\dfrac{6}{3}=-2$ 🖎 -2

31 $y=-\dfrac{3}{2}x$에 $x=-4$를 대입하면

$y=-\dfrac{3}{2}\times(-4)=6$이므로 점 A의 좌표는 $(-4, 6)$이다.

따라서 $\triangle\text{ABO}=\dfrac{1}{2}\times4\times6=12$이다. 🖎 12

32 점 C의 좌표를 $\text{C}\left(a, \dfrac{9}{a}\right)$라 하면 두 점 A, B의 좌표는

각각 $\text{A}\left(0, \dfrac{9}{a}\right)$, $\text{B}(a, 0)$이다.

따라서 $\square\text{AOBC}=a\times\dfrac{9}{a}=9$이다. 🖎 9

33 $y=-\dfrac{8}{x}$에 $x=4$를 대입하면 $y=-\dfrac{8}{4}=-2$이므로

$y=ax$의 그래프는 점 $(4, -2)$를 지난다.

$-2=4a$ $\therefore a=-\dfrac{1}{2}$ 🖎 $-\dfrac{1}{2}$

34 $y=ax$에 $x=2$, $y=3$을 대입하면 $3=2a$, $a=\dfrac{3}{2}$

$y=\dfrac{b}{x}$에 $x=2$, $y=3$을 대입하면 $3=\dfrac{b}{2}$, $b=6$

$\therefore ab=\dfrac{3}{2}\times6=9$ 🖎 9

35 (1) (거리)$=$(시간)$\times$(속력)이므로 x와 y 사이의 관계를 식으로 나타내면 $y=60x$이다.

(2) $y=60x$에 $y=420$을 대입하면 $420=60x$, $x=7$이다.

따라서 420 km를 가는 데 걸리는 시간은 7시간이다.

🖎 (1) $y=60x$ (2) 7시간

36 물을 넣기 시작한 후 x분이 지났을 때의 수면의 높이를

y cm라 하면 수면의 높이는 매분 2 cm씩 올라가므로

$y=2x$이다. 물통이 가득 찰 때의 수면의 높이는 50 cm이므

로 $50=2x$, $x=25$

따라서 물통에 물을 가득 채우는 데 걸리는 시간은 25분이

다. 🖎 25분

37 철사 40 g당 가격이 500원이므로 160 g의 가격은

$500\times4=2000$(원)이다.

이때 y가 x에 정비례하므로 $y=ax$로 놓고

$x=8$, $y=2000$을 대입하면

$2000=8a$ $\therefore a=250$

$\therefore y=250x$

$y=250x$에 $y=11250$을 대입하면

$11250=250x$ $\therefore x=45$

따라서 11250원 모두 사용하여 살 수 있는 철사의 길이는

45 m이다. 🖎 45 m

38 (1) 8명이 돌리면 50분이 걸리므로 $x\times y=8\times50$

$\therefore y=\dfrac{400}{x}$

(2) $y=\dfrac{400}{x}$에 $y=25$를 대입하면

$25=\dfrac{400}{x}$, $25x=400$, $x=16$

따라서 25분 만에 전단지를 모두 돌리려면 16명이 필요하다.

🖎 (1) $y=\dfrac{400}{x}$ (2) 16명

39 구슬 540개를 x명에게 나누어 주면 한 명이 y개씩 받으므로

$xy=540$ $\therefore y=\dfrac{540}{x}$

$y=\dfrac{540}{x}$에 $x=18$을 대입하면 $y=\dfrac{540}{18}=30$이므로

18명에게 나누어 줄 때 한 명이 받는 구슬은 30개이다.

🖎 30개

40 직육면체의 부피는 일정하므로 직육면체의 밑넓이를 $x\text{ cm}^2$,

높이를 y cm라 하면

$x\times y=52\times5$, $y=\dfrac{260}{x}$ ··· ❶

$y=\dfrac{260}{x}$에 $y=13$을 대입하면 $13=\dfrac{260}{x}$

$13x=260$, $x=20$

따라서 밑넓이는 20 cm²가 된다. ··· ❷

🖎 20 cm²

채점 기준	배점
❶ x와 y 사이의 관계를 식으로 나타내기	50 %
❷ 새로 만든 직육면체의 밑넓이 구하기	50 %

41 인쇄기 x대로 주문한 일을 마치는 데 y일이 걸린다고 하면

$$x \times y = 3 \times 10 \quad \therefore y = \frac{30}{x}$$

이 일을 6일 만에 마친다고 했으므로

$y = \frac{30}{x}$에 $y=6$을 대입하면 $6 = \frac{30}{x}$에서 $x=5$이므로

6일 동안 일을 마치려면 5대의 인쇄기가 필요하다.

따라서 인쇄소에서는 $5-3=2$(대)의 인쇄기를 더 구입해야

한다.　　　　　　　　　　　　　　　　　　　🖺 2대

Step B **내신 다지기**

180~185쪽

01 ㄱ, ㄴ, ㄹ	02 (1) $y=-\dfrac{48}{x}$ (2) -8	03 ④
04 ⑤	05 ㉢, ㉣　06 -2　07 2	08 12개
09 $\dfrac{9}{2}$	10 ②　11 ②　12 1200 cm³	

13 $a=585, b=\dfrac{39}{4}, c=13$　　14 ①　　15 ③

16 1872000원　　　17 16　　18 ④　　19 $-\dfrac{7}{3}$

20 15　　21 ④　　22 2시간 24분

23 (1) S(3, 2) (2) $\dfrac{3}{2}$　　24 30분 후　　25 25 g

26 750개　　27 (1) $y=600x$ (2) 20분

28 (1) $y=\dfrac{19}{3}x$ (2) 당번 수 : 9명, 당번 횟수 : 57회

01 　core 　y가 x에 정비례하므로 $y=ax(a \neq 0)$ 꼴을 찾는다.

ㄱ. $y = \dfrac{1}{2} \times 6 \times x$이므로 $y=3x$

ㄴ. $y=5x$

ㄷ. $xy=60$이므로 $y=\dfrac{60}{x}$

ㄹ. $y=\dfrac{1}{7}x$

ㅁ. $y=x+120$

따라서 y가 x에 정비례하는 것은 ㄱ, ㄴ, ㄹ이다.

🖺 ㄱ, ㄴ, ㄹ

02 　core 　표에서 두 변수 x, y의 값이 모두 주어졌을 때를 찾는다.

(1) $x=6$일 때, $y=-8$이므로 $xy=-48$

$\therefore y = -\dfrac{48}{x}$

(2) $x=2$일 때, $y=A$이므로 $A = -\dfrac{48}{2} = -24$

$x=B$일 때, $y=3$이므로 $3 = -\dfrac{48}{B}$, $B=-16$

$\therefore A - B = -24 - (-16) = -8$

🖺 (1) $y = -\dfrac{48}{x}$ (2) -8

03 　core 　$y=ax$, $y=\dfrac{a}{x}$의 그래프는 $a<0$일 때, 제2, 4사분면을 지난다.

④ $y=\dfrac{7}{4x}$의 그래프는 $\dfrac{7}{4}>0$에서 제1, 3사분면을 지나므로 제2사분면을 지나지 않는다.　　🖺 ④

04 　core 　$y=ax$의 그래프는 원점을 지나는 직선이고, $y=\dfrac{a}{x}$의 그래프는 원점을 지나지 않는 대칭인 한 쌍의 곡선이다.

① $a<0$이면 두 그래프 모두 제2사분면과 제4사분면을 지난다.

② $y=\dfrac{a}{x}$의 그래프는 원점을 지나지 않는다.

③ $y=ax$의 그래프는 원점을 지난다.

④ $a>0$일 때, $y=ax$의 그래프는 x의 값이 증가하면 y의 값도 증가하나 $y=\dfrac{a}{x}$의 그래프는 x의 값이 증가하면 y의 값은 감소한다.

⑤ $y=3x$의 그래프와 $y=\dfrac{3}{x}$의 그래프는 모두 제1, 3사분면을 지나므로 두 점에서 만난다.

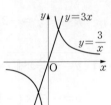

🖺 ⑤

05 　core 　$y=ax(a \neq 0)$의 그래프는 $|a|$가 클수록 y축에 가까워진다.

$y=ax(a \neq 0)$의 그래프에서

$a>0$이면 제1, 3사분면을 지나고 (㉣, ㉤, ㉥),

$a<0$이면 제2, 4사분면을 지난다. (㉠, ㉡, ㉢)

또, a의 절댓값이 클수록 y축에 더 가까운 직선이므로 각 그래프의 a의 값의 크기는 ㉢<㉡<㉠<㉥<㉤<㉣이다.

따라서 a의 값이 가장 작은 것은 ㉢, 가장 큰 것은 ㉣이다.

🖺 ㉢, ㉣

06 　core 　$y=\dfrac{24}{x}$에 주어진 두 점의 좌표를 대입하여 a, b의 값을 각각 구한다.

$y=\dfrac{24}{x}$에 $x=a$, $y=4$를 대입하면

$4 = \dfrac{24}{a}$, $4a=24$, $a=6$

$y=\dfrac{24}{x}$에 $x=-3$, $y=b$를 대입하면

$b = \dfrac{24}{-3} = -8$

$\therefore a+b = 6 + (-8) = -2$　　🖺 -2

07 `core` y가 x에 반비례하므로 $y=\dfrac{a}{x}(a\neq0)$로 놓는다.

y가 x에 반비례하므로 $y=\dfrac{a}{x}$로 놓고 $x=-2$, $y=4$를 대입하면

$4=\dfrac{a}{-2}$, $a=-8$

$y=-\dfrac{8}{x}$의 그래프가 점 $(2t,\,-2)$를 지나므로

$-2=-\dfrac{8}{2t}$, $4t=8$ $\quad\therefore t=2$ 　📋 2

08 `core` $y=\dfrac{a}{x}$의 그래프가 점 $(p,\,q)$를 지날 때, 정수 $p,\,q$에 대하여 $|p|$는 $|a|$의 약수이다.

$y=\dfrac{a}{x}$의 그래프가 점 $(4,\,3)$을 지나므로

$3=\dfrac{a}{4}$, $a=12$

따라서 이 그래프는 $y=\dfrac{12}{x}$의 그래프이다.

x좌표, y좌표가 모두 정수인 점은 $(1,\,12)$, $(2,\,6)$, $(3,\,4)$, $(4,\,3)$, $(6,\,2)$, $(12,\,1)$, $(-1,\,-12)$, $(-2,\,-6)$, $(-3,\,-4)$, $(-4,\,-3)$, $(-6,\,-2)$, $(-12,\,-1)$의 12개이다.　📋 12개

09 `core` 그래프가 점 $(p,\,q)$를 지나면 식에 $x=p$, $y=q$를 대입하였을 때, 등식이 성립한다.

$y=\dfrac{a}{x}$의 그래프가 점 $(3,\,1)$을 지나므로

$1=\dfrac{a}{3}$, $a=3$에서 $y=\dfrac{3}{x}$

$y=\dfrac{3}{x}$에 $x=2$, $y=b$를 대입하면 $b=\dfrac{3}{2}$

$\therefore a+b=3+\dfrac{3}{2}=\dfrac{9}{2}$ 　📋 $\dfrac{9}{2}$

10 `core` $y=ax(a\neq0)$의 그래프는 원점을 지나는 직선이고 $y=\dfrac{a}{x}(a\neq0)$의 그래프는 원점에 대하여 대칭인 한 쌍의 곡선이다.

① ㉠ : $y=\dfrac{a}{x}$가 점 $(2,\,3)$을 지나므로
$3=\dfrac{a}{2}$, $a=6$ $\quad\therefore y=\dfrac{6}{x}$

② ㉡ : $y=\dfrac{a}{x}$가 점 $(-1,\,6)$을 지나므로
$6=\dfrac{a}{-1}$, $a=-6$ $\quad\therefore y=-\dfrac{6}{x}$

③ ㉢ : $y=ax$가 점 $(6,\,4)$를 지나므로
$4=6a$, $a=\dfrac{2}{3}$ $\quad\therefore y=\dfrac{2}{3}x$

④ ㉣ : $y=ax$가 점 $(2,\,3)$을 지나므로
$3=2a$, $a=\dfrac{3}{2}$ $\quad\therefore y=\dfrac{3}{2}x$

⑤ ㉤ : $y=ax$가 점 $(3,\,-3)$을 지나므로
$-3=3a$, $a=-1$ $\quad\therefore y=-x$ 　📋 ②

11 `core` 각 관계를 나타낸 식을 구한 후, 그에 맞는 그래프를 찾는다.

ㄱ. (거리)=(속력)×(시간)이므로 $xy=4$에서
$y=\dfrac{4}{x}$ ⇨ ⑤

ㄴ. 철사 1 m에 2 g이므로 $y=2x$ ⇨ ①

ㄷ. $8=\dfrac{1}{2}\times x\times y$에서 $y=\dfrac{16}{x}$ ⇨ ③

ㄹ. $xy=8$에서 $y=\dfrac{8}{x}$ ⇨ ④

$\therefore$ ㄱ-⑤, ㄴ-①, ㄷ-③, ㄹ-④　📋 ②

12 `core` 반비례 관계의 식은 $y=\dfrac{a}{x}$로 놓는다.

압력을 x기압, 부피를 y cm³라 하면

y는 x에 반비례하므로 $y=\dfrac{a}{x}$로 놓는다.

$y=\dfrac{a}{x}$에 $x=1.2$, $y=3000$을 대입하면

$3000=\dfrac{a}{1.2}$에서 $a=3600$

$y=\dfrac{3600}{x}$에 $x=3$을 대입하면 $y=\dfrac{3600}{3}=1200$

따라서 압력을 3기압으로 하면 부피는 1200 cm³가 된다.

📋 1200 cm³

13 `core` 그래프의 식에 지나는 점의 좌표를 대입하여 $a,\,b,\,c$의 값을 구한다.

유람선 A는 1분에 60 m를 이동하므로 그래프의 식은 $y=60x$이고, 유람선 B는 1분에 45 m를 이동하므로 그래프의 식은 $y=45x$이다.

$y=60x$에 $x=c$, $y=780$을 대입하면

$780=60c$ $\quad\therefore c=13$

$y=45x$에 $x=13$, $y=a$를 대입하면

$a=45\times13=585$

$y=60x$에 $x=b$, $y=585$를 대입하면

$585=60b$ $\quad\therefore b=\dfrac{39}{4}$

📋 $a=585$, $b=\dfrac{39}{4}$, $c=13$

14 `core` 정비례 관계의 식은 $y=ax$로 놓는다.

추의 무게를 x g, 늘어나는 용수철의 길이를 y cm라 하면

y는 x에 정비례하므로 $y=ax$로 놓는다.

$y=ax$에 $x=8$, $y=20$을 대입하면

$20=8a$, $a=\dfrac{5}{2}$

$y=\dfrac{5}{2}x$에 $x=12$를 대입하면 $y=\dfrac{5}{2}\times12=30$

따라서 늘어난 용수철의 길이는 30 cm이다.　📋 ①

15 `core` (소금물의 농도)=$\dfrac{(소금의 양)}{(소금물의 양)}\times100(\%)$

(소금물의 농도)=$\dfrac{80}{400}\times100=20(\%)$

$$\therefore y=\frac{20}{100}\times x=\frac{1}{5}x$$

따라서 그래프는 오른쪽 위를 향하는 직선으로 점 $(5, 1)$을 지나고 소금의 양 $x>0$이므로 제1사분면에만 그래프가 나타난다.   답 ③

16 core 초밥 접시 수를 x접시, 판매 금액을 y원이라 하여 식을 세운다.

초밥 한 접시가 3000원이므로 판 접시를 x접시, 판매 금액을 y원이라 하면 $y=3000x$이다.
오늘 판 접시는 $650-26=624$(접시)이므로
$y=3000x$에 $x=624$를 대입하면
$y=3000\times624=1872000$
따라서 오늘 이 초밥집의 판매 금액은 1872000원이다.
    답 1872000원

17 core 점 P와 점 Q의 x좌표를 $y=\dfrac{a}{x}$에 대입하여 각 점의 y좌표를 a를 사용하여 나타낸다.

점 P의 x좌표가 2이므로 $y=\dfrac{a}{x}$에 $x=2$를 대입하면
$$y=\frac{a}{2}\quad\therefore \mathrm{P}\left(2, \frac{a}{2}\right)$$
점 Q의 x좌표가 4이므로 $y=\dfrac{a}{x}$에 $x=4$를 대입하면
$$y=\frac{a}{4}\quad\therefore \mathrm{Q}\left(4, \frac{a}{4}\right)$$
점 P의 y좌표와 점 Q의 y좌표의 차가 4이므로
$$\frac{a}{2}-\frac{a}{4}=4, \frac{a}{4}=4\quad\therefore a=16 \qquad 답\ 16$$

18 core 톱니바퀴 A와 B는 맞물려 돌아가므로 각 톱니바퀴의 (톱니 수)×(회전수)는 같다.

톱니바퀴 A와 B의 (톱니 수)×(회전수)는 같으므로
$$30\times5=x\times y에서 y=\frac{150}{x}$$
원점에 대하여 대칭인 한 쌍의 곡선이고, 톱니 수 $x>0$이므로 제1사분면에만 그래프가 나타난다.
$x=30$일 때, $y=5$이므로 점 $(30, 5)$를 지난다.   답 ④

19 $y=-4x$에 $x=2a$, $y=-24$를 대입하면
$-24=-4\times2a$, $-24=-8a$ $\therefore a=3$ ···❶
$y=-4x$에 $x=5$, $y=-3b+1$을 대입하면
$-3b+1=-4\times5$, $-3b+1=-20$, $-3b=-21$
$\therefore b=7$ ···❷
$y=\dfrac{b}{ax}$는 $y=\dfrac{7}{3x}$이다.
$y=\dfrac{7}{3x}$에 $x=c$, $y=-1$을 대입하면
$-1=\dfrac{7}{3c}$, $-3c=7$ $\therefore c=-\dfrac{7}{3}$ ···❸

    답 $-\dfrac{7}{3}$

채점 기준	배점
❶ a의 값 구하기	30 %
❷ b의 값 구하기	30 %
❸ c의 값 구하기	40 %

20 core 주어진 점을 이용하여 $y=ax$의 식을 먼저 구한다.

$y=ax$의 그래프가 점 $(2, 5)$를 지나므로
$$5=2a, a=\frac{5}{2}$$
$y=-\dfrac{2}{5}x$의 그래프가 두 점 $\mathrm{P}(p, 3)$, $\mathrm{Q}(5, q)$를 지나므로
$3=-\dfrac{2}{5}p$에서 $p=-\dfrac{15}{2}$, $q=-\dfrac{2}{5}\times5=-2$
$\therefore pq=-\dfrac{15}{2}\times(-2)=15$ 답 15

21 core 직선이 지나는 점의 좌표로 나오는 물의 양을 구한다.

④ b와 c에서 나오는 물의 양은 2분 동안 각각 2 L, 4 L이므로 1분에 1 L씩 차이가 난다.   답 ④

22 core 태양열 전지판을 x개, 충전 시간을 y시간으로 놓고 식을 세운다.

태양열 전지판이 x개이고, y시간 충전한다고 하면
$x\times y=12\times6=72$에서 $y=\dfrac{72}{x}$
전지판이 30개이므로 $y=\dfrac{72}{x}$에 $x=30$을 대입하면
$$y=\frac{72}{30}=\frac{12}{5}$$
따라서 $\dfrac{12}{5}$시간$=2\dfrac{2}{5}$시간$=2$시간 24분 동안 충전해야 한다.

    답 2시간 24분

23 core □PQRS는 정사각형이므로 네 변의 길이가 같음을 이용한다.

(1)
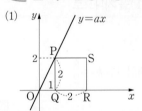

점 P의 좌표가 $(1, 2)$이므로 □PQRS는 한 변의 길이가 2인 정사각형이다.
따라서 점 S의 x좌표는 $1+2=3$이고, y좌표는 점 P의 y좌표와 같다. $\therefore \mathrm{S}(3, 2)$

(2) 점 S의 좌표가 $(5, 3)$이므로 □PQRS는 한 변의 길이가 3인 정사각형이다.
따라서 점 Q의 x좌표는 $5-3=2$이고, x축 위에 있으므로 y좌표는 0이다. $\therefore \mathrm{Q}(2, 0)$
점 P의 x좌표는 점 Q의 x좌표와 같고, y좌표는 점 S의 y좌표와 같다. $\therefore \mathrm{P}(2, 3)$
따라서 $y=ax$에 $x=2$, $y=3$을 대입하면 $a=\dfrac{3}{2}$이다.

    답 (1) $\mathrm{S}(3, 2)$ (2) $\dfrac{3}{2}$

24 민준이는 10분 동안 80 kcal를 소모하므로 $y=ax$에 $x=10$, $y=80$을 대입하면 $80=10a$, $a=8$
$\therefore y=8x$

$y=8x$에 $y=720$을 대입하면 $720=8x$, $x=90$에서 민준이는 90분간 수영한다. ··· ❶

수아는 10분 동안 60 kcal를 소모하므로 $y=bx$에 $x=10$, $y=60$을 대입하면 $60=10b$, $b=6$

$\therefore y=6x$

$y=6x$에 $y=720$을 대입하면 $720=6x$, $x=120$에서 수아는 120분간 수영한다. ··· ❷

따라서 수아는 민준이가 수영을 마치고 30분 후에 수영을 마친다. ··· ❸

🖺 30분 후

채점 기준	배점
❶ 민준이가 수영하는 시간 구하기	40 %
❷ 수아가 수영하는 시간 구하기	40 %
❸ 수아가 민준이보다 몇 분 늦게 수영을 마치는지 구하기	20 %

25 core $(농도)=\dfrac{(소금의 양)}{(소금물의 양)}\times100(\%)$

소금물 200 g의 식은 $y=\dfrac{x}{200}\times100=\dfrac{1}{2}x$이므로

$y=25$를 대입하면 $25=\dfrac{1}{2}x$, $x=50$

소금물 300 g의 식은 $y=\dfrac{x}{300}\times100=\dfrac{1}{3}x$이므로

$y=25$를 대입하면 $25=\dfrac{1}{3}x$, $x=75$

따라서 소금의 양의 차는 $75-50=25(g)$이다. 🖺 25 g

26 $y=\dfrac{a}{x}$에 $x=2000$, $y=600$을 대입하면

$a=600\times2000=1200000$이므로

$y=\dfrac{1200000}{x}$이다. ··· ❶

비누 가격을 2000원에서 20 % 할인하면

$2000\times\left(1-\dfrac{20}{100}\right)=1600(원)$이다. ··· ❷

$x=1600$일 때, $y=\dfrac{1200000}{1600}=750$

즉, 예상되는 판매량은 750개이다. ··· ❸

🖺 750개

채점 기준	배점
❶ x와 y 사이의 관계를 나타낸 식 구하기	40 %
❷ 2000원에서 20 % 할인된 가격 구하기	30 %
❸ 예상되는 판매량 구하기	30 %

27 core (물의 부피)=(1분간 넣는 물의 양)×(물을 넣는 시간)

(1) 물의 높이는 1분에 1.5 cm씩 증가하므로 물의 부피는 1분에 $20\times20\times1.5=600(cm^3)$씩 증가한다.

따라서 x분 동안 물을 넣을 때의 부피가 y cm³이므로 $y=600x$이다.

(2) 물통의 부피는 $20\times20\times30=12000(cm^3)$이므로

$12000=600x$, $x=20$

따라서 물통을 가득 채우려면 20분이 걸린다.

🖺 (1) $y=600x$ (2) 20분

28 (1) 1일에 x명씩 $240-12=228$(일) 동안 청소를 하고, 36명이 y회씩 당번을 하므로 $228x$는 $36y$와 같다.

$36y=228x$에서 $y=\dfrac{19}{3}x$ ··· ❶

(2) $y=\dfrac{19}{3}x$, $7\leq x\leq10$에서 y는 자연수가 되어야 하므로 x는 3의 배수인 9가 된다.

$y=\dfrac{19}{3}x$에 $x=9$를 대입하면 $y=\dfrac{19}{3}\times9=57$

따라서 당번 수는 9명이고, 당번 횟수는 57회이다. ··· ❷

🖺 (1) $y=\dfrac{19}{3}x$ (2) 당번 수 : 9명, 당번 횟수 : 57회

채점 기준	배점
❶ (1) 구하기	50 %
❷ (2) 구하기	50 %

Step A 만점 승승장구

186~187쪽

01 ④   02 8   03 39

04 (1) $y=\dfrac{2}{13}x$ (2) 156개   05 $y=\dfrac{20}{11}x$

06 (1) $y=\dfrac{3}{2}x$ (2) $x=2$, $y=3$

01 ① $x=-5$일 때, $y=2$이므로 $y=-\dfrac{2}{5}x$의 그래프이다.

② $x=-1$일 때, $y=3$이므로 $y=-3x$의 그래프이다.

③ $x=1$일 때, $y=4$이므로 $y=4x$의 그래프이다.

④ $x=1$일 때, $y=2$이므로 $y=2x$의 그래프이다.

⑤ $x=5$일 때, $y=1$이므로 $y=\dfrac{1}{5}x$의 그래프이다.

㉠은 ①과 ② 사이에 있으므로 $-3<a<-\dfrac{2}{5}$

$\dfrac{2}{5}<-a<3$이므로 $y=-ax$의 그래프로 적당한 것은 ④이다. 🖺 ④

02

점 A의 x좌표를 m이라 하면 $(m>0)$
점 A는 $y=2x$의 그래프 위에 있으므로 A$(m, 2m)$
점 A와 점 B는 원점에 대해 대칭이므로
B$(-m, -2m)$이고 C$(-m, 2m)$, D$(m, -2m)$이다.
(□ACBD의 둘레의 길이)$=12m=24$
$\therefore m=2$
따라서 A$(2, 4)$이다.
점 A는 $y=\dfrac{a}{x}$의 그래프 위에 있으므로
$4=\dfrac{a}{2}$에서 $a=8$ 🈁 8

03 $y=\dfrac{a}{x}$의 그래프가 점 D$(4, 3)$을 지나므로
$3=\dfrac{a}{4}$, $a=12$ $\therefore y=\dfrac{12}{x}$
$x=-t$일 때 $y=-\dfrac{12}{t}$이므로 점 B의 좌표는
B$\left(-t, -\dfrac{12}{t}\right)$이다.
(색칠한 부분의 넓이)
$=\triangle AOE+\square ABCO+\triangle OCF+\square EOFD$
$=\dfrac{1}{2}\times t\times 3+t\times\dfrac{12}{t}+\dfrac{1}{2}\times\dfrac{12}{t}\times 4+3\times 4$
$=\dfrac{3}{2}t+12+\dfrac{24}{t}+12$
$=\dfrac{3}{2}\left(t+\dfrac{16}{t}\right)+24$
$=\dfrac{3}{2}\times 10+24$
$=15+24=39$ 🈁 39

04 (1) 처음 사탕의 개수가 $4x$개, 꺼낸 사탕의 개수가 $5y$개이므로 처음 초콜릿의 개수는 $3x$개, 꺼낸 초콜릿의 개수는 $2y$개이다. 남은 사탕의 개수는 $(4x-5y)$개, 남은 초콜릿의 개수는 $(3x-2y)$개이고
6 : 5의 비로 남아 있으므로
$(4x-5y):(3x-2y)=6:5$
$6(3x-2y)=5(4x-5y)$
$18x-12y=20x-25y$
$13y=2x$ $\therefore y=\dfrac{2}{13}x$

(2) 처음에 있던 사탕의 개수가 $4x$개이고 $y=\dfrac{2}{13}x$이므로 처음에 있던 사탕의 개수는 (4와 13의 공배수)개이다. 즉, 52의 배수를 구하면 된다.
$52\times 2=104$, $52\times 3=156$, $52\times 4=208$
따라서 처음에 있던 사탕의 개수는 156개이다.
🈁 (1) $y=\dfrac{2}{13}x$ (2) 156개

05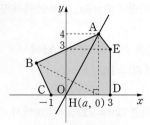

점 A에서 x축에 수선을 내려 x축과 만나는 점을 H라 하면
$\square ABCO=\triangle BCH+\triangle ABH-\triangle AOH$
$=\dfrac{1}{2}\times(a+1)\times 2+\dfrac{1}{2}\times(a+2)\times 4$
$\quad-\dfrac{1}{2}\times a\times 4$
$=a+5$
$\square AODE=\triangle AOH+\square AHDE$
$=\dfrac{1}{2}\times a\times 4+\dfrac{1}{2}\times(3+4)\times(3-a)$
$=\dfrac{21}{2}-\dfrac{3}{2}a$
$\square ABCO=\square AODE$이므로
$a+5=\dfrac{21}{2}-\dfrac{3}{2}a$ $\therefore a=\dfrac{11}{5}$
오각형 ABCDE의 넓이를 이등분하는 직선의 식을
$y=bx$라 하고 $x=\dfrac{11}{5}$, $y=4$를 대입하면
$4=b\times\dfrac{11}{5}$ $\therefore b=\dfrac{20}{11}$
따라서 구하는 직선의 식은 $y=\dfrac{20}{11}x$이다.
🈁 $y=\dfrac{20}{11}x$

06 (1) A가 1회전할 때, B가 b회전한다면
$5\times 3.14\times 1=x\times 3.14\times b$에서 $b=\dfrac{5}{x}$
이때 D가 d회전한다고 하면 C의 회전수는 B의 회전수와 같으므로
$4\times 3.14\times\dfrac{5}{x}=5\times 3.14\times d$에서 $d=\dfrac{4}{x}$
또, E의 회전수는 D의 회전수와 같으므로 E가 $\dfrac{4}{x}$회전할 때, F는 1회전한다.
$y\times 3.14\times\dfrac{4}{x}=6\times 3.14\times 1$
$\therefore y=\dfrac{3}{2}x$

(2) C의 지름은 4이고 B의 지름 x보다 크므로
$0<x<4$이고 $y=\dfrac{3}{2}x$에서 y가 정수가 되려면
$x=2$이다.
$\therefore x=2$, $y=\dfrac{3}{2}\times 2=3$
🈁 (1) $y=\dfrac{3}{2}x$ (2) $x=2$, $y=3$

MEMO

MEMO

원리
해설
수학

수학 꽉 잡는

급속충전 에이급수학

내신 대비에 제격!

최상위 에이급수학의 실력에
재빠르게 진입합니다.

수학 쫌 한다면

에이급수학

3A를 완성하는
중학수학 최고의 문제집

문제 해결력	**A**
논리 사고력	**A**
종합 응용력	**A**

누구도 따라올 수 없는 수학 자신감
바로 에이급수학입니다.

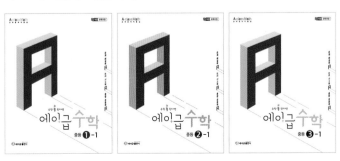